全国公路工程造价人员资格考试培训教材

公路工程技术

Gonglu Gongcheng Jishu

交 通 部 公 路 工 程 定 额 站
湖南省交通厅交通建设造价管理站

人民交通出版社

内 容 提 要

本书是全国公路工程造价人员资格考试培训教材之一,全面介绍了作为公路工程造价人员应了解和掌握的公路工程相关技术。

本书为全国公路工程造价人员资格考试重要备考用书。同时,本书也是从事公路工程造价管理、公路工程设计、施工、监理等工程技术人员学习公路工程造价知识的参考用书,也可供有关院校师生学习参考。

图书在版编目（CIP）数据

公路工程技术/交通部公路工程定额站，湖南省交通厅交通建设造价管理站. —北京：人民交通出版社，2007.5
全国公路工程造价人员资格考试培训教材
ISBN 978-7-114-06495-1

Ⅰ.公... Ⅱ.①交...②湖... Ⅲ.道路工程-工程技术-资格考核-教材 Ⅳ.U4

中国版本图书馆 CIP 数据核字（2007）第 047879 号

书　　名：全国公路工程造价人员资格考试培训教材
　　　　　公路工程技术
著 作 者：交通部公路工程定额站　湖南省交通厅交通建设造价管理站
责任编辑：卢仲贤
出版发行：人民交通出版社
地　　址：(100011)北京市朝阳区安定门外外馆斜街 3 号
网　　址：http://www.ccpress.com.cn
销售电话：(010)85285838，85285995
总 经 销：北京中交盛世书刊有限公司
经　　销：各地新华书店
印　　刷：北京鑫正大印刷有限公司
开　　本：787 × 1092　1/16
印　　张：20.75
字　　数：517 千
版　　次：2007 年 5 月 第 1 版
印　　次：2007 年 6 月 第 2 次印刷
书　　号：ISBN 978-7-114-06495-1
印　　数：3001 – 7000 册
定　　价：46.00 元

编委会 Bianweihui

《全国公路工程造价人员资格考试培训教材》

审定委员会

编写委员会

前言 Qianyan

公路交通是国民经济和社会发展的重要先导性、基础性产业。公路交通的发展必须贯彻落实党和国家关于构建社会主义和谐社会,建设节约型、创新型国家的伟大战略决策。建立公路工程造价人员培训考试制度,培养一支高素质的造价管理队伍,切实加强公路建设中的投资控制和造价管理,最大限度地节约资金和资源,就是贯彻落实这一战略决策的具体实践。

公路工程造价人员培训考试制度已在全国实施了十余年。为了统一培训内容,提高培训质量,交通部公路工程定额站曾组织力量于 1994 ~ 1998 年编撰了一套五册培训教材和一册复习题集,并于 2001 ~ 2002 年进行修订。这套培训教材的使用效果得到了业内人士的一致认可。

近几年,国家在工程造价领域出台了一些新的法律、法规,交通主管部门也颁布实行了一些新的技术标准。为了在培训教材中吸纳实践中的最新经验和成果,体现国家新的标准和规范,2005 年起,交通部公路工程定额站委托湖南省交通厅交通建设造价管理站对原教材和复习题库进行修编。

湖南省交通厅交通建设造价管理站接受任务后,立即组织交通系统有关专家和长沙理工大学等高校有关教授组成编写小组,依据考试大纲的要求制定《修编计划》,分工负责,对原教材进行调整、充实和修改。

2006 年交通部公路工程定额站邀请了上海、新疆、湖北、湖南等省公路工程造价专家对新编修教材进行了认真细致的评审。后又经 2006 年参加公路工程造价人员培训考试的考生试用本新编教材,在广泛收集考生和任课教师意见后,组织考前培训的任课教师对本新编教材做了进一步的修改。这样才形成了新版《全国公路工程造价人员资格考试培训教材》。

新版教材增加了“工程量清单计价、风险管理、市场经济下造价咨询、全寿命周期成本概念、职业道德”等内容;补充了“定额的编制、常用材料参数、决算的编制”；充实了“经济评价、辅助工程量的计算、材料价格的计算”等。在新版教材中对公路施工技术做了较为详细的介绍，特别是隧道的导管、管棚等施工技术，并在有关章节中编入了最新公路工程施工招投标规定。

新版《全国公路工程造价人员资格考试培训教材》分为：《公路工程造价管理相关知识》、《公路工程定额编制与管理》、《公路工程造价编制与项目经济评价》、《公路工程技术》、《公路工程施工招投标与计量》、《复习题库与案例分析》、《考试复习指南》七册。

新版《全国公路工程造价人员资格考试培训教材》保留了原教材的一些内容。修编工作主要由湖南省交通厅交通建设造价管理站、长沙理工大学等专家、教授完成。在编写过程中交通部公路工程定额站的领导和专家多次来长沙进行指导。在此，对交通部公路工程定额站的领导、专家和参加《全国公路工程造价人员资格考试培训教材》的所有原编写人员和修编人员表示感谢。

由于编写时间较短，加上受主客观条件所限，错漏之处在所难免，在使用中如发现问题，请及时与湖南省交通厅交通建设造价管理站联系。

编　者

2007 年 3 月

目录 Mulu

第一章　绪　　论

公路建设要求严格遵守国家规定的公路基本建设程序，而勘测设计与组织施工是基本建设程序中两个极其重要的工作环节。工程设计与施工组织是否科学，对整个工程造价和使用效果都有很大的影响。由于公路工程是由路基、路面、桥涵、交通工程等不同结构组成，它们各有不同的设计原则和施工方法。这种项目式的土木建筑工程特别需要有效的组织和有丰富经验的经营者管理。所以，作为从事工程造价的工作人员，熟悉或掌握有关的公路工程技术的基本知识，无疑是十分必要的。

第一节　公路的基本组成

公路是一种铺筑在地面上主要供车辆行驶的线形工程构造物，主要承受车辆荷载的重复作用和经受各种自然因素的长期影响。因此，公路不仅要有平顺的线形和缓的纵坡，而且要有稳定坚实的路基、平整耐用的路面、牢固可靠的人工构造物，以及其他必要的防护工程和附属设施。

一、线形组成

所谓线形，是指道路中线在空间的形状。道路中线是一条平面有曲线、纵面有起伏的立体空间曲线，其平面线形由直线和平曲线组成，平曲线包括圆曲线和缓和曲线；纵面线形由纵坡线和竖曲线组成（见图1-1）。这条立体空间曲线，由平面图、纵断面图和横断面图来表示。

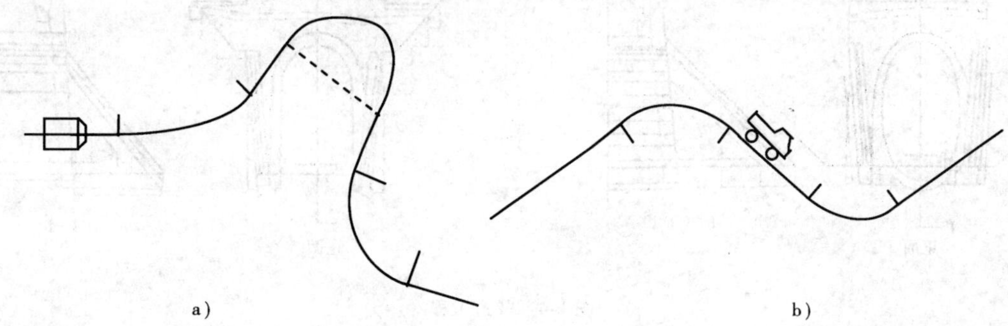

图1-1　公路的平面与纵面

a）平面；b）纵面

二、公路工程的组成部分

公路是承受荷载及自然因素影响的交通工程构造物，包括路基工程、路面工程、隧道工程、桥涵工程、防护工程以及交通安全和沿线设施。

1. 路基工程

路基是公路的重要组成部分,它是按照路线位置和一定技术要求修筑的带状构造物,承受由路面传来的荷载,是行车部分的基础。其断面形状一般有路堤、路堑、半填半挖路基等断面形式,如图 1-2 所示。

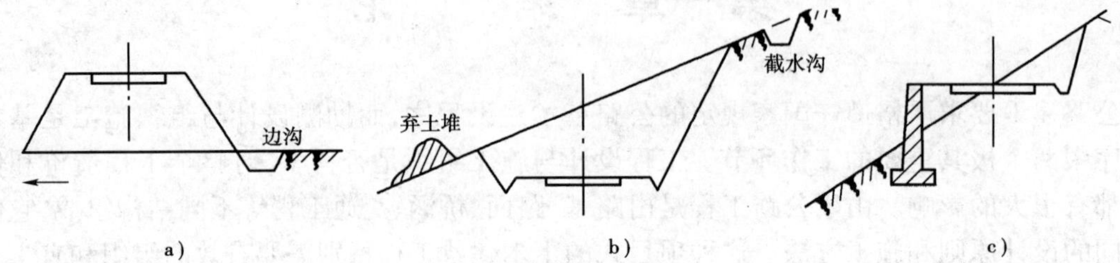

图 1-2　路基的典型断面
a)路堤;b)路堑;c)半填半挖

2. 路面工程

路面是用各种不同坚硬材料铺筑在路基上供汽车直接行驶的地带,通常由面层、基层、垫层等组成(如图 1-3 所示)。路面是公路上最重要的建筑物,行车的安全、舒适与经济均取决于路面的质量,因此,通常以路面的质量来评价整条公路的质量。

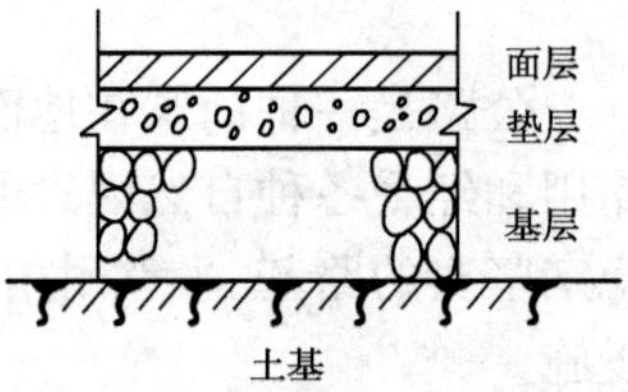

图 1-3　路面结构

3. 隧道工程

一般在公路建设中为了克服地形和高程上的障碍(如山梁、山脊、垭口等),改善和提高拟建公路的平面线形和纵坡,缩短公路里程,或为避免山区公路的各种病害(如滑坡、崩坍、岩堆、泥石流等不良地质地段),以保护生态环境,必须修建隧道,如图 1-4 所示。

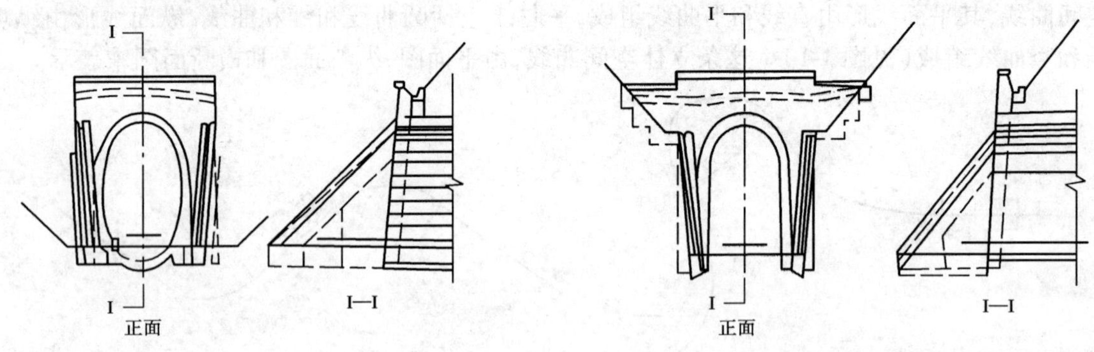

图 1-4　隧道工程

4. 桥涵工程

桥涵工程是指在公路建设中为了保证拟建的公路工程项目连续,河沟水流通畅,船只的航行和维持原有道路的交通运输等而建造的结构物,如图 1-5 所示。

5. 防护工程

防护工程指为保证路基的强度和稳定或行车安全所修筑的工程设施,如挡土墙、护坡等,如图 1-6 所示。

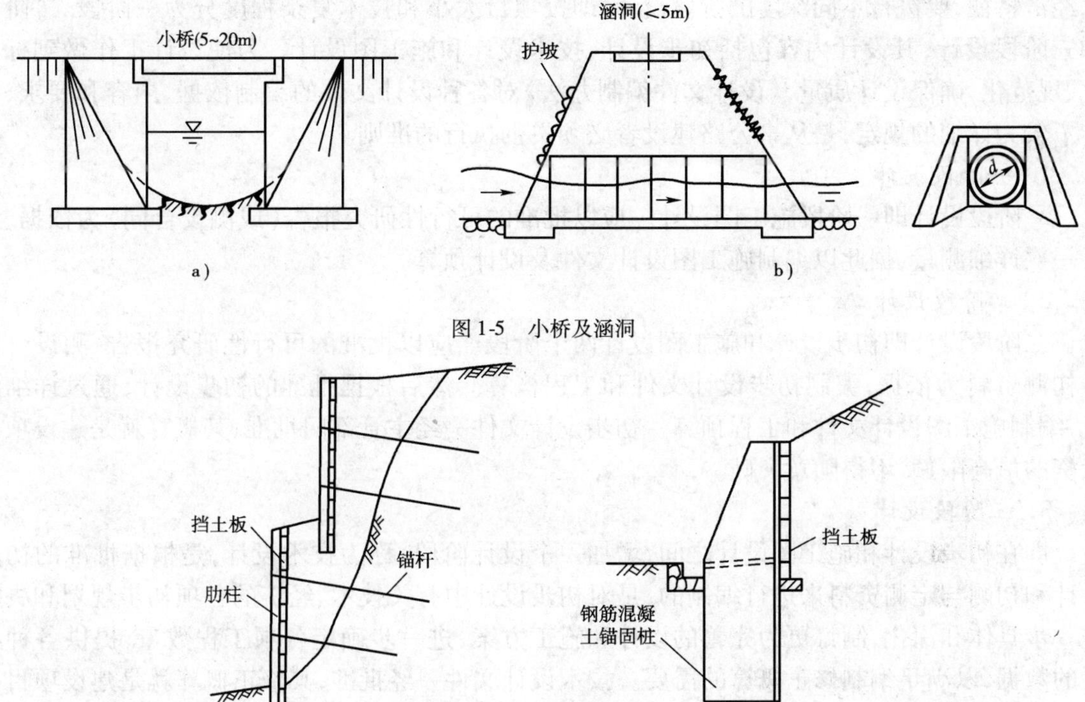

图 1-5　小桥及涵洞

图 1-6　防护工程

6. 交通安全及沿线设施

包括照明设施、安全设施、服务设施等。

照明设施:如灯柱、弯道反光镜等。

安全设施:护栏、隔离栅、路面标线、交通标志等。交通标志指使驾驶员知道前面路段的情况和特点的设施,有警告标志、禁令标志、指示标志三种。

服务设施:如加油站、服务区、汽车站等。

植树绿化与美化工程为道路使用者提供一个安全、舒适的行车环境,是美化公路、保护环境不可缺少的部分。植树绿化有美化路容、保持水土、稳固路基、防风固砂、净化空气等作用,而且可提高行车的安全性。

第二节　工程设计

工程设计是指从技术上和经济上对拟建工程的特定要求,考虑社会和自然方面的因素,运用科学技术知识,进行全面规划,制订一个完整方案,编制一整套工程建设所需的图纸及说明,它是国家基本建设计划的具体化,是组织工程施工的主要依据。

一、设计阶段

根据《公路工程基本建设项目设计文件编制办法》(以下简称《设计文件编制办法》)的规定,为适应从事公路建设的各级管理部门和不同层次建立经济关系的需要,结合公路建设的技术经济特征，要进行不同深度的阶段设计，即按项目大小和技术复杂程度分为一阶段、二阶段和三阶段设计，其设计内容包括初步设计、技术设计和施工图设计。为使设计工作做到标准化、规范化，确保设计质量，《设计文件编制办法》对各种设计文件的编制依据、内容和要求，都作了较为详细的规定，是从事公路建设者必须贯彻执行的准则。

1. 一阶段设计

一阶段设计即一阶段施工图设计。应以批准的可行性研究报告（或测设合同）为依据，进行一次详细测量，据此以编制施工图设计文件及设计预算。

2. 二阶段设计

二阶段设计即初步设计和施工图设计两个阶段。应以批准的可行性研究报告、测设合同和初测资料为依据，编制初步设计文件和工程概算。然后根据批准的初步设计，通过详细测量，编制施工图设计文件和工程预算。初步设计文件一经主管部门批准，其概算就是建设项目投资的最高限额，不得随意突破。

3. 三阶段设计

即在初步设计和施工图设计之间，增加一个设计阶段，称为技术设计，是根据批准的初步设计和初测与定测资料来进行编制的，是对初步设计中有关技术、经济的各项初步规划和决定进一步具体和深化，制订更为完善的设计和施工方案，进一步确定各项工程数量，提供各种必要的数据，以满足编制修正概算的需要。技术设计文件一经批准，其修正概算就是建设项目投资的最高限额，不得随意突破。

目前，公路基本建设项目一般采用两阶段设计。对于技术简单、方案明确的小型项目，可采用一阶段设计。对于技术复杂、基础资料缺乏或不足的建设项目，或建设项目中的特殊大型桥梁、隧道、互通式立体交叉等部分工程，必要时可采用三阶段设计。

二、设计原则

初步设计和技术设计，相对而言，其设计是比较粗的，而施工图设计是建设项目的最后设计阶段，要求提出完整的施工图表资料，其内容包括确定路线和各种建筑物、构筑物的具体位置、尺寸、结构、用料、设备等；编制建筑安装施工的图纸和说明书，确定施工工艺要求和施工方法，提供主体工程数量和辅助工程等的必要数据，以满足编制施工组织总设计和施工图预算的需要，是组织施工的指令性技术经济文件。初步设计、技术设计和施工图设计的深度和作用各不相同，但在设计的全过程中，均应体现以下几条主要原则：

（1）要精心设计，贯彻勤俭建国，从实际出发，因地制宜，安全适用，就地取材的原则，使设计的建设项目，在技术上先进，经济上合理，具有良好的社会综合效益。

（2）要节约用地，尽量少占良田，重视环境保护，要顺应地形、地貌，使公路建筑工程与沿线自然景观有机地融为一体。在有条件的地方，应结合施工，改土造田，注意与农田水利的综合利用，支援农业。在进行方案比选时，应将占地多少作为重要条件之一。

（3）要千方百计节约建设项目的投资，减少资源的占用与消耗，加强技术经济的分析工作，重视经济效益。工程设计要遵循技术与经济相统一的原则，正确处理两者之间的关系。

工程设计是基本建设程序中的一个具有决定性的工作环节，对建设工程的顺利实施，提高投资经济效益，都有着重要影响。因此，要严格遵守基本建设程序，认真做好工程设计，不断改进工程造价管理。有了先进合理的工程设计和合理确定的设计概算,又有了控制工程造价的有效办法和手段,就为加快工程施工进度、提高工程质量、不断降低工程造价、严格按客观经济规律办事,提供了必要的前提条件。

第三节　工程施工

公路施工规模大、技术复杂、质量要求高、工期紧,耗费的资源比较多,是一项高度社会化而又十分复杂的物质生产活动。因此,在施工生产中合理组织生产诸要素,严格按施工程序进行活动,科学地做好施工组织工作,对完成公路工程建设任务具有十分重大的意义。

一、公路工程施工过程

施工单位接受施工任务后,依次经历开工前的规划组织准备阶段和现场条件准备阶段、正式施工阶段、竣工验收阶段等,按设计要求完成施工任务。各施工阶段的相互关系如图1-7所示。对于不同规模、不同性质的具体工程项目,各阶段的工作内容不尽相同。

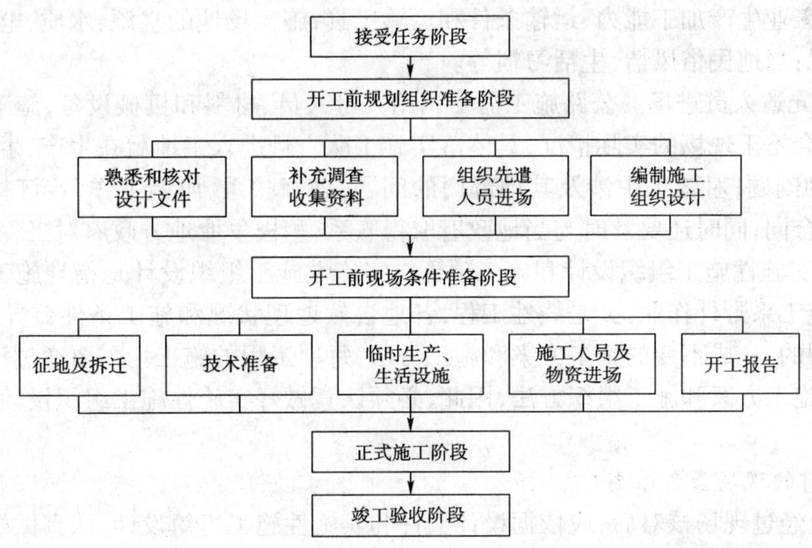

图1-7　公路工程施工阶段的相互关系图

下面就各个阶段的主要工作简要介绍如下。

1. 接受施工任务

施工企业获得施工任务通常有三种方式:一是由上级主管单位统一接受任务,按行政隶属关系安排计划下达;二是经主管部门同意后,对外接受任务;三是自行对外投标,中标后获得任务。随着我国改革开放的深入和社会主义市场经济体制的形成和发展,施工任务将主要以参加投标的方式,在建筑市场的竞争中获得。

获得施工任务,从法律角度上讲,是以签订工程承包合同加以确认的。因此,施工企业接受的工程项目,必须与项目业主签订工程施工承包合同,明确双方的经济、技术责任,互相制约,互相促进,共同保证按质、按量、按期完成工程项目的建设任务。合同一经签订,就具有法律效率,双方均应认真履行。

2. 开工前的规划组织准备

施工企业的施工准备工作千头万绪,涉及面广,必须有计划、按步骤、分阶段地进行,才能在较短的时间内为工程开工创造必要的条件。准备工作的基本任务是:了解施工的客观条件,根据工程的特点、进度要求,合理安排施工力量,从人力、物力、技术和施工组织等方面为工程施工提供一切必要的条件。

开工前的施工准备工作分为战略性的规划组织和战术性的现场条件准备两大部分内容。前者是总体的部署,后者是具体的落实,其主要内容包括以下几个方面。

(1)熟悉和核对设计文件。设计文件是工程施工最重要的依据,组织技术人员熟悉和了解设计文件,是为了明确设计者的设计意图,掌握图纸、资料的主要内容及有关的原始资料。此外,从设计到施工通常都要间隔一段时间,勘测设计时的原始自然状况也许会由于各种原因有所变化,因此,必须对设计文件和图纸进行现场核对。

(2)补充调查收集资料。进行现场补充调查,是为了优化和修改设计、编制实施性施工组织设计、因地制宜地布置施工场地等收集资料,调查的主要内容有:工程地点的地形、地质、水文、气候条件;自采加工材料场储备、地方生产材料情况、施工期间可供利用的房屋数量;当地劳动力资源、工业生产加工能力、运输条件和运输工具;施工场地的水源、水质、电源,以及生活物资供应状况;当地民俗风情、生活习惯等。

(3)组织先遣人员进场。公路施工需要调用大量人员、材料和机械设备,施工先遣人员的任务,就是结合施工现场的实际情况,具体落实施工队一旦进入工地后在生产、生活、环境等方面必须解决的问题;对施工中涉及其他部门的问题,做好联系、协调工作,签订相应的会谈纪要、协议书或合同;同时还要及时与当地政府取得联系,积极争取地方政府对工程施工的支持。

(4)编制实施性施工组织设计和施工预算。实施性施工组织设计是指导施工的重要技术文件。公路施工系野外作业,又是线性工程,各地自然地理状况和施工条件差异较大,不可能采用一种定型的、一成不变的施工方案和施工方法,每项工程的施工均需要通过深入细致的工作,个别确定施工方案和施工组织方法,因此,必须认真做好实施性施工组织设计,并编制相应的施工预算。

3. 开工前的现场条件准备

施工企业经过现场核对后,应依据设计文件和实施性施工组织设计,认真做好施工现场的准备工作。开工前准备工作包括:征地拆迁,技术准备工作,建立临时生产、生活设施以及人员、机具、材料的陆续进场。

上述各项具体准备工作完成后,即可向项目业主或监理工程师提出开工申请。开工申请必须按规定的格式编写,并按上级要求或工程合同规定的最后日期之前提出。施工准备工作未做好,不得提出开工申请。

必须指出,施工准备工作不仅在施工前进行,它还贯穿于整个施工过程之中,因为构成公路工程的路基、路面、桥涵等各项工程,各有其不同的施工方法和工艺要求,且在时间上和空间上又都存在相互制约和相互影响的因素。故在各项工程施工之前,必须认真细致地做好相应的现场准备工作。

4. 工程施工

在施工准备工作完成、提交开工申请并被批准之后,才能开始正式施工。施工应严格按照设计图纸进行,如需变更,必须事先按规定程序报经批准。要按照施工组织设计确定的施工方法、施工顺序及进度要求进行施工。各分项工程,特别是地下工程和隐蔽工程,应隧道工序检查合格,做好施工原始记录,才能进入下一道工序的施工。施工要严格按照设计要求和施工技术规范、验收规程进行,保证质量,安全操作,不留隐患,发现问题,及时解决。

公路工程施工是一项复杂的系统工程,必须科学合理地组织,建立正常、文明的施工秩序,有效地使用人力、物力和财力。施工方案要因地制宜、结合实际,施工方法要先进合理、切实可行。施工中既要注意工程质量和施工进度,又要注意保护环境、安全生产,确保优质、高效、低耗、安全地全面完成施工计划任务。

5. 竣工验收

建设项目按设计要求建成后,施工企业应自行初验。经初验符合设计要求,并具备相应的施工文件资料,应及时报请上级单位组织竣工验收。

根据建设项目的规模大小,分别由国家计委或交通部,或省、自治区、直辖市交通主管部门组织验收。参加竣工验收的人员,应包括主管部门、建设单位、交工验收组代表、质量监督、造价管理、设计、施工、监理、接管养护、当地有关部门代表以及特邀专家。

竣工验收工作以设计文件为依据,按照国家有关规定,分析检查结果,评定工程质量等级,形成竣工验收鉴定书,并经竣工验收委员会签认。

竣工验收通过后,施工单位应认真做好工程施工的技术总结,并建立技术档案按管理等级建档保存。

二、公路工程施工的特点

公路工程施工是一种生产计划和生产管理都比较难的生产形态,属于项目式生产范畴。它与工农业生产比较,具有如下特点。

(1)公路是固定在土地上的构筑物,而施工生产是流动的,所以公路工程施工组织是复杂的,这是区别于工业生产的最根本的特点。由于公路工程的固定性,就需要把众多的劳力、施工机具、材料,在时间和空间上加以合理的组织,从而使它们在线性型的施工现场按照科学的施工顺序流动,不致互相妨碍而影响施工,这是施工组织的重要内容。

(2)公路工程是根据具体的设计来建造的,而构成公路的各项工程各有不同的功能要求和施工方法,使得各项工程具有各自不同的结构和造型。由于其施工生产的单件性和工程结构的多样性,所以施工组织是多变的,因而一般不能采用固定不变的施工模式,要按照不同的工程对象,采用不同的施工工艺和施工组织方法进行。所以,要求施工设备和作业人员必须具有较强的适应性,职工要有高度熟练的技能。只有做好施工组织工作,方能合理地调配各种资源,保证工程施工的顺利进行。

(3)公路工程规模大、建设周期长,所以施工组织工作是非常艰巨的。由于规模大,需要消耗大量的人力和物力;施工组织工作不仅要做好开工年度的安排,而且要对尔后各年度亦应作出统筹部署,同时还要考虑各种不同工程之间的开竣工的衔接,只有这样,方能保证公路工程施工生产的连续且有序的进行。

(4)公路工程是在露天施工,有些是在高空和地下作业,受气候和自然条件的影响与制约,这就决定了公路施工组织工作的特殊性和不能全年连续均衡的进行施工生产。故在施工组织中,要对雨季、冬季和高温季节采取特殊的技术措施和施工方法,在高空和地下作业则要采取必要的防护措施,以确保工程质量和施工安全。同时,为了尽可能连续而均衡地进行施工生产,在施工安排上要注意避免气候、自然条件对施工生产所产生的不利影响。如雨季就不要安排桥涵水下工程施工,这样可减少防洪围水工作,达到节约费用,保证工程质量的目的。

综上所述,公路工程施工的特点,集中表现在施工条件复杂多变,它给施工生产活动带来很大的困难,故要求针对公路工程的不同对象,不同的施工条件,从实际出发,稳妥而科学地做好施工组织工作。

三、公路工程施工组织的基本原则

公路工程施工组织是指按照国家批准的公路基本建设计划、设计文件、招标承包合同的各项规定和要求,对拟建的公路建设项目的施工进度、质量、造价、安全等各方面作出最优的计划安排,合理配置资源,制订节约和综合利用资源的目标与措施,规定合理的施工程序,使公路工程施工具有科学性,以保证公路工程施工的顺利进行,从而提高投资效益。

编制施工组织设计时,要充分考虑施工生产过程中的连续性、平行性、协调性和均衡性的相互关系,它是公路工程施工作业的基本组合方式,是作为计算分析和合理配置各种资源的重要依据。

1. 连续性

指施工生产过程中的各阶段、各工序之间在时间上是紧密衔接的,不发生任何不合理的中断现象,并尽可能减少或消除技术停歇时间,这是提高劳动效率的重要条件。

2. 平行性

指施工生产过程中的各项施工生产活动,在时间上和空间上应尽可能地平行进行,这是充分利用工作面的有效途径。

3. 协调性

指施工生产过程中的各阶段、各工序之间在人员和设备上要保持适当的比例关系,不致发生不配套、不平衡,相互脱节的现象,从而充分调动职工的生产积极性,不断提高设备的利用率。

4. 均衡性

指在整个建设工期及其各个施工生产环节中,任务完成平衡,工作负荷相对稳定,不出现时松时紧,忙闲不均,赶工突击等现象。

施工生产过程中的连续性、平行性、协调性和均衡性的根本目的,是为了建设工程能够最经济地实施,从而避免突击性施工,其经济效果具体表现在以下几个方面:

(1)可合理地最低限度地配置施工现场各类人员的数量,既保证施工生产需要,又避免频繁调动,窝工浪费。

(2)可使施工用的机械设备、工具、周转性消耗材料等减少到最低限度,并能尽量重复使用,节约费用。

(3)可以减少因施工过程中阶段性的停工、待料,以及由于其他原因而引起的工人、机械设备的损失时间,从而避免造成浪费。

(4)可以合理地减少临时设施和现场管理费用。

(5)可以实现优质高产、安全生产和文明施工。

总之,综上所述,不仅是组织施工,而且也是编制施工组织设计时,必须认真探讨的一些问题。作为具体参与这项工作的造价工程师,必须具备这些基本知识。

四、施工程序

施工程序,是指建筑安装工程施工阶段或施工过程中,必须遵守时间上的先后和空间方向的顺序,以及工序之间的衔接等要求。所以,遵循科学的施工程序是编制施工组织设计,拟定工程进度计划应首先考虑的问题,它是加快施工进度和保证工程质量的重要手段。

1. 施工过程中建设工程的施工程序

如公路工程中路面工程应在路基土石方和桥涵工程按照设计要求和验收规范的规定完成之后,并经验收合格方能进行铺筑;场地清理和大型临时设施建筑,则应在建设项目的主体工程开工之前完成,常称为三通一平;交通工程等其他沿线设施,一般都在路基、路面、桥涵等工程完成之后才进行。这些符合客观规律的合理程序,一般是不应打乱的,只有这样,才能使各项工程的实施在时间上做到紧密衔接,在空间上实现统筹安排,避免季节上气候的不利影响,从而连续地、均衡地、有节奏地进行施工,保证人力、设备充分发挥作用,达到工期短、质量好、消耗少、成本低的效果。

2. 工程项目(单位工程)的施工程序

是指路基、路面、桥梁、涵洞等各项工程中的分部分项工程施工的时间与空间的先后顺序。即既要考虑空间上的施工流向顺序,也要考虑各工种工序在时间上的紧密衔接问题,其目的在于保证工程质量和安全施工的前提下,各工种工序之间应当相互创造条件,以充分利用工作面,争取时间,缩短工期,节约费用。故它的合理的程序,应该是先主体工程,后附属工程;先地下工程,后地上工程;先下部工程,后上部工程。如桥梁工程的施工程序,一般应是:防水围堰、基坑开挖、砌筑基础圬工或浇筑混凝土、墩台工程、上部构造,若上部采用预制构件,则构件的预制可与基础、下部工程同时开始进行,最后是导流设施和竣工场地清理。若系多孔桥梁工程,则各个分部分项工程又可相互交错进行,这样就能更充分地利用时间和空间,更快更好地完成施工任务。

思 考 题

1. 公路由哪些部分组成?从事工程造价工作的人员,为什么要熟悉和掌握有关的公路工程技术的基本知识?

2. 根据《公路工程基本建设项目设计文件编制办法》的规定,结合公路建设的技术经济特征应进行不同深度的阶段设计。简述不同设计阶段所包括的设计内容的名称及采用不同设计阶段应具备的条件。

3. 公路施工过程由哪几个阶段组成?各阶段各有什么主要工作内容?

4. 公路工程施工前的规划组织和现场准备工作一般包括哪些内容?

5. 公路工程施工具有哪些特点?

第二章 路基工程

路基是公路工程的重要组成部分,它是按照线路位置和一定技术要求修筑的带状构造物,它既是路线的主体,又是路面的基础。路基设计及施工质量的优劣直接关系到公路的使用质量和工程造价。随着我国高等级公路的建设与发展,人们对路基修筑技术越来越重视,要求也越来越高。

第一节 概述

一、基本要求

路基的强度和稳定性是保证路面强度和稳定性的先决条件,提高路基的强度和稳定性,可以适当减薄路面结构层厚度,从而达到降低工程造价的目的。因此,除要求路基断面尺寸符合设计外,路基应满足下列基本要求。

1. 具有足够的整体稳定性

路基是在天然地面上填筑或挖去一部分而建成。路基修建后,改变了原地面的天然平衡状态。当地质不良时,修建路基可能加剧原地面的不平衡状态,从而发生沉陷、滑坍、崩塌等病害,造成路基损害。为防止路基在行车荷载及自然因素作用下,发生较大的变形或破坏,必须因地制宜采取一定的措施来保证路基整体稳定性。

2. 具有足够的强度

路基强度是指在行车荷载作用下路基抵抗变形的能力。行车荷载及路基路面自重同时对路基下层及地基形成一定压力,这些压力都可能使路基产生变形,直接影响路面结构的使用性能。为保证路基在外力及自重作用下,不致产生超过容许范围的变形,要求路基应具有足够的强度。

3. 具有足够的水温稳定性

路基在地面水和地下水作用下,其强度将会显著降低。特别是在季节性冰冻地区,由于水温的变化,路基会发生周期性冻融作用,形成冻胀与翻浆,使路基强度急剧下降。因此,路基不仅要有足够的强度,还应采取措施确保路基在不利的水温状况下强度不致显著降低,这就要求路基应具有一定的水温稳定性。

二、路基设计内容

公路路基主要由路基体、排水设施、防护设施、加固工程、附属设施(取土场、弃土堆、护坡道、碎落台)等构成,如图 2-1 所示。

公路路基设计,应认真做好调查研究,贯彻因地制宜、就地取材的原则,执行有关环境保护的政策法规,设计完善的排水设施和防护工程,采取经济有效的病害防治措施,防止各种不利

图 2-1　路基施工图

的自然因素对路基造成危害，以保证路基有足够的强度和稳定性。路基设计的具体内容包括以下几个主要方面：

(1)对公路所经地区的自然状况进行勘测与调查，搜集必要的设计资料，作为路基设计的依据。

(2)根据路线纵断面设计确定的填挖高度，结合沿线地质、水文情况，对路基主体工程（路堤、路堑、半填半挖路基及有关工程）进行设计，确定一般路段的边坡坡度及路基断面形状。对工程地质或水文地质条件复杂及路基高填、深挖等地段进行个别设计及特殊处理。

(3)根据地面水流及地下水埋藏情况，总体规划排水系统，设计排除地面水及地下水的结构物。

(4)进行路基防护与加固设计，包括坡面防护、冲刷防护及支挡建筑物的布设等。

(5)路基附属设施的设计，包括取土场、弃土堆、护坡道、碎落台等的布设。

三、路基横断面组成及横断面形式

1. 路基横断面组成

公路路基横断面一般由行车道、路肩（土路肩、硬路肩）、中间带、边坡、护坡道、边沟等组成。各级公路路基标准横断面见图 2-2。

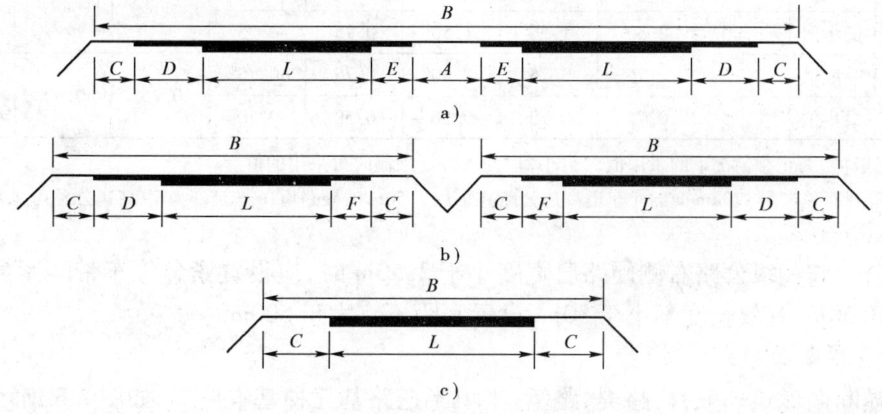

图 2-2　路基标准断面图

a)整体式断面；b)分离式断面；c)双车道断面

B-路基宽度；*L*-行车道宽度；*D*-硬路肩宽度；*E*-左侧路缘带宽度；*F*-分离式路基左侧硬路肩宽度；*C*-土路肩宽度；*A*-中央分隔带宽度

各级公路车道宽度一般规定见表2-1。

各级公路车道宽度 表2-1

设计车速(km/h)	120	100	80	60	40	30	20
车道宽度(m)	3.75	3.75	3.75	3.50	3.50	3.25	3.00(单车道时为3.50)

注:高速公路为8车道,当设置左侧硬路肩时,内侧车道宽度可采用3.50m。

高速公路、一级公路整体式断面必须设置中间带。中间带由两条左侧路缘带及中央分隔带组成,其各部分宽度见表2-2。

中 间 带 宽 度 表2-2

设计速度(km/h)		120	100	80	60
中央分隔带宽度(m)	一般值	3.00	2.00	2.00	2.00
	最小值	2.00	2.00	1.00	1.00
左侧路缘带宽度(m)	一般值	0.75	0.75	0.50	0.50
	最小值	0.75	0.50	0.50	0.50
中间带宽度(m)	一般值	4.50	3.50	3.00	3.00
	最小值	3.50	3.00	2.00	2.00

注:"一般值"为正常情况下的采用值;"最小值"为条件受限时可采用的值。

高速公路、一级公路以及二级公路的连续上坡路段,当通行能力、运行安全受到影响时,应设置爬坡车道,其宽度为3.5m。高速公路、一级公路互通式立体交叉、服务区、停车区、公共汽车停靠站、管理设施等的出入口处,应设置加(减)速车道。各级公路路肩宽度,一般规定见表2-3。

各级公路路肩宽度 表2-3

<table>
<tr><td colspan="2" rowspan="2">设计速度(km/h)</td><td colspan="4">高速公路、一级公路</td><td colspan="5">二级公路、三级公路、四级公路</td></tr>
<tr><td>120</td><td>100</td><td>80</td><td>60</td><td>80</td><td>60</td><td>40</td><td>30</td><td>20</td></tr>
<tr><td rowspan="2">右侧硬路肩宽度(m)</td><td>一般值</td><td>3.00
或3.50</td><td>3.00</td><td>2.50</td><td>2.50</td><td>1.50</td><td>0.75</td><td rowspan="2">—</td><td rowspan="2">—</td><td rowspan="2">—</td></tr>
<tr><td>最小值</td><td>3.00</td><td>2.50</td><td>1.50</td><td>1.50</td><td>0.75</td><td>0.25</td></tr>
<tr><td rowspan="2">土路肩宽度(m)</td><td>一般值</td><td>0.75</td><td>0.75</td><td>0.75</td><td>0.50</td><td>0.75</td><td>0.75</td><td rowspan="2">0.75</td><td rowspan="2">0.50</td><td rowspan="2">0.25(双车道)
0.50(单车道)</td></tr>
<tr><td>最小值</td><td>0.75</td><td>0.75</td><td>0.75</td><td>0.50</td><td>0.50</td><td>0.50</td></tr>
</table>

注:1."一般值"为正常情况下的采用值;"最小值"为条件受限制时可采用的值。
2.计算行车速度为120km/h的4车道高速公路宜采用3.50m的硬路肩;6车道、8车道高速公路可采用3.00m的硬路肩。

高速公路和一级公路右侧硬路肩宽度小于2.50m时,应设置紧急停车带。紧急停车带的宽度应为3.50m,有效长度不小于30m,设置间距不宜大于500m。

2. 路基横断面形式

路基横断面形式一般有:路堤、路堑、半填半挖路基三种基本形式,如图2-3所示。

路堤是高于原地面的填方路基,其作用是支承路床和路面。路床是路面的基础,是指路面底面以下路基部分,承受由路面结构传来的荷载。其中填土高度低于1m者为矮路堤,1~18m(土质)或1~20m(石质)为一般路堤,高于18(或20)m者为高路堤。

图 2-3　路堑及路堤形式

路堑是低于原地面由开挖所形成的路基。挖方边坡坡度，应根据边坡高度、土石种类与性质（密实程度、风化程度等）、地面水情况及施工方法等因素，综合分析确定。

半填半挖路基是一部分路基由填筑而成，一部分路基由开挖形成的路基结构。

四、路基几何要素

1. 路基宽度

公路路基宽度为车道宽度与路肩宽度之和。当设有中间带、变速车道、爬坡车道、紧急停车带、错车道等时，尚应包括这些部分的宽度。各级公路路基宽度一般规定见表 2-4。

各级公路路基宽度　　表 2-4

公路等级		高速公路、一级公路								
设计速度(km/h)		120			100			80		60
车道数		8	6	4	8	6	4	6	4	4
路基宽度(m)	一般值	45.00	34.50	28.00	44.00	33.50	26.00	32.00	24.50	23.00
	最小值	42.00	—	26.00	41.00	—	24.50	—	21.50	20.00

公路等级		二级公路、三级公路、四级公路					
设计速度(km/h)		80	60	40	30	20	
车道数		2	2	2	2	2 或 1	
路基宽度(m)	一般值	12.00	10.00	8.50	7.50	6.50（双车道）	4.50（单车道）
	最小值	10.00	8.50	—	—	—	

注:1. “一般值”为正常情况下的采用值;“最小值”为条件受限制时可采用的值。

2. 八车道高速公路路基宽度“一般值”为设置左侧硬路肩、内侧车道采用 3.50m 时的宽度;八车道高速公路路基宽度“最小值”为不设置左侧硬路肩、内侧车道采用 3.75m 时的宽度。

二级公路因交通量、交通组成等需要设置慢车道的路段，设计速度为 80km/h 时，其路基宽度可采用 15.0m；设计速度为 60km/h 时可采用 12.0m。四级公路宜采用双车道路基宽；交通量小的路段，可采用单车道 4.50m 路基宽，如图 2-4 所示。

图 2-4　路基宽度

2. 路基高度

路基高度的设计，应使路肩边缘高出路基两侧地面积水高度，同时要考虑地下水、毛细水和冰冻的作用，不致影响路基的强度和稳定性。

路基设计高程，无中央分隔带的公路，应为路基边缘高度；有中央分隔带的公路，应为中央分隔带外侧边缘的高度；在设置超高加宽路段，则为设置超高加宽前的路基边缘高度。

沿河及受水浸淹的路基设计高度，应高出按表 2-5 规定的设计洪水频率的计算水位加壅水高度、波浪侵袭高度和 0.5m 的安全高度。

路基设计洪水频率　　表 2-5

公路等级	高速公路	一	二	三	四
设计洪水频率	1/100	1/100	1/50	1/25	按具体情况确定

在水文及水文地质条件不良地段，路基最小填土高度应考虑路基土的性质、土体干湿状态、冰冻作用、并结合地形及排水条件确定。如受设计高程限制难以达到最小填土高度时，应采取其他工程措施（如设隔离层、排水层等）来保证路基的稳定。一般地段路基最小填土高度为：砂性土 0.3 ~ 0.5m，黏性土 0.4 ~ 0.7m，粉性土 0.5 ~ 0.8m。

3. 路基边坡坡度

路基边坡坡度是指路基边坡的倾斜程度，一般用边坡的高度与水平距离的比值来表示。一般土质边坡的坡度应根据边坡高度，土的湿度、密实程度，地下水、地表水的情况，土的成因类型及生成时代等因素确定。岩石边坡的坡度应根据岩性、地质构造、岩石的风化破碎程度、边坡高度、地下水及地表水等因素综合分析确定。岩石挖方边坡应注意岩体结构面的情况，如受结构面控制的挖方边坡，则应按结构面的情况设计边坡。当岩层倾向路基时，应避免设计高的挖方边坡。

五、路基压实度

路堤、路床及路堤基底均应进行压实。压实质量以压实度 K 表示，即工地干密度 r 与最大干密度 r_0 之比，即：

$$K = \frac{r}{r_0}$$

土质路堤(含土石路堤)的压实度应不低于表2-6的标准。

路基压实度标准 表2-6

填挖类别	路床顶面以下深度(m)	路基压实度(%)		
		高速公路、一级公路	二级公路	三级公路、四级公路
零填及挖方	0~0.30	—	—	≥94
	0.30~0.80	≥96	≥95	—
填方	0~0.80	≥96	≥95	≥94
	0.80~1.50	≥94	≥94	≥93
	>1.50	≥93	≥92	≥90

注:1. 表列数值以重型击实试验法为准。

2. 特殊干旱或特殊潮湿地区的路基压实度,表列数值可适当降低。

3. 三级公路修筑沥青混凝土或水泥混凝土路面时,其路基压实度应采用二级公路标准。

压实度的评定以一个工班完成的路段压实层为检验评定单元比较恰当。检验评定段的压实度 K 按下式计算,若 $K \geqslant$ 标准值 K_0,则为合格。

$$K = \bar{K} - \frac{t \times s}{\sqrt{n}}$$

式中:$\bar{K}$——检验评定段内压实度算术均值;

t——t 分布表中随自由度和保证率而变的系数;

s——均方差;

n——检验点数,应不少于8~10点。

六、路基土的分类与分级

1. 路基土分类

土的分类方法很多,目的不同,方法各异,有地质分类,工程分类等。根据《公路土工试验规程》规定,按土的粒径分为巨粒组、粗粒组和细粒组。巨粒组包括漂石(块石)、卵石(碎石);粗粒组包括砾石(粗、中、细)、砂(粗、中、细);细粒组包括粉粒、黏粒。土颗粒级划分(按粒径划分)为:

巨粒组($D>60$mm):$D=60\sim200$mm 为卵石(碎石),$D>200$mm 为漂石(块石);

粗粒组($D=0.074\sim60$mm):$D=2\sim60$mm 为砾,$D=0.074\sim2$mm 为砂;

细粒组($D<0.074$mm):$D=0.074\sim0.002$mm 为粉粒,$D<0.002$mm 为黏粒。

公路土的工程分类为巨粒土、粗粒土、细粒土和特殊土,分类总体系见表2-7。

2. 土石工程分级

为安排施工及土石方工程计价,常按土石开挖难易程度进行分级。现行公路工程定额采用六级分类,一般土木工程采用十六级分类。公路工程定额土石分类与十六级分类对应关系见表2-8。

公路工程定额分类及十六级分类"开挖难易程度"的开挖方法是指常规人力施工及爆破作业而言。随着我国公路工程机械化施工水平的提高,开挖难易程度的概念随之发生变化。

交通部发布的《公路工程工程量清单计量规则》(2003 年版)对土石划分的规定为:“在公路路基土石挖方中用不小于 165kW(220 马力)推土机单齿松动器无法松动,须用爆破或钢楔大锤或用气钻方法开挖的,以及大于或等于 $1m^3$ 的孤石为石方,余为土方。”

公路土的工程分类 表 2-7

土　类	土　名	备　注
巨粒土	漂石土、卵石土	粒径大于 60 mm的颗粒占 50% 以上的土称巨粒土
粗粒土	砾类土、砂类土	粒径大于 0.074 mm的颗粒占 50% 以上的土称粗粒土
细粒土	粉质土、黏质土、有机质土	粒径小于 0.074 mm的颗粒占 50% 以上的土称细粒土
特殊土	黄土	低液限黏土
	膨胀土	高液限黏土
	红黏土	高液限粉土
	盐渍土	

公路土、石分类对照表 表 2-8

公路工程定额分类	松土	普通土	硬土	软石	次坚石	坚石
十六级分类	I ~ II	III	IV	V ~ VI	VII ~ IX	X ~ XXI

按照范本的规定,显然,公路工程定额中的软石(V ~ VI 类)是有可能被 165kW 推土机单齿松动器所松动的。这样,土方、石方的概念就将发生变化。因此,大型土、石方机械化程度提高后,土、石分类的主要因素是“爆破与否”,需要爆破的称石方,不需要爆破的称土方(包括带松土器的大型推土机先松动后推走的软石、破碎的石方在内,软石需要爆破的仍称为石方)。

七、天然密实方与压实方

路基横断面设计图所显示的挖填方工程量,一般称为“断面方”。断面方中包含填方与挖方,填方系按压实后的体积计算,称“压实方”;挖方是按天然密实体积计算,称“天然密实方”。实践表明,天然密实的 $1m^3$ 土体开挖运来填筑路堤,并不等于 $1m^3$ 的压实方。公路工程定额规定:当以填方压实体积为工程量,采用天然密实方为计量单位的定额时,所采用定额应乘以调整系数。由于调整系数的采用,应在路基土石方工程数量的计算及填挖平衡调运过程中充分注意和考虑,不应简单地只按断面方进行调配。

天然密实方定额折算为压实方定额的调整系数见表 2-9。

调 整 系 数 表 2-9

公 路 等 级	土　方				石方
	松土	普通土	硬土	运输	
二级及以上等级公路	1.23	1.16	1.09	1.19	0.92
三、四级公路	1.11	1.05	1.00	1.08	0.84

第二节　施工前的准备工作

路基工程施工,尤其是路基土石方的开挖及填筑,是公路工程施工过程最前期所开展的工程。其准备工作包括组织准备、物质准备和技术准备三个方面。组织准备包括建立健全施工组织机构，制订施工管理、工程监理的规章制度等；物质准备包括材料、机具的购置、配置、运输、储存及供水、供电、通信等；生产、生活设施的布设及修建等。技术准备包括现场调查、核对设计文件、恢复路线、清理现场、路基放样等技术性工作。

技术准备工作的涉及面较广，因而要求设计阶段就必须认真对待，严格按照设计文件编制办法的规定及要求，提供公路用地图表，需拆迁或赔偿的建筑物、电力、通信、上下水管道的管线设施及坟地、水利设施等的数量、种类、位置、桩号、所属单位（或个人）、用途及新旧程度，砍树、挖根、除草等清场工程数量以及排水、临时道路等开工前进行准备工作所必需的调查资料及设计意图。本节仅就与工程造价分析关系较为密切的路基施工前技术性及物质性准备工作简要介绍如下。

一、复测及放样

恢复和固定路线包括中线及高程的复测，水准基点复测及增设，横断面的检查与补测等。放样指按图纸要求现场定出路基轮廓，以便施工，包括路基边缘、坡口、坡脚、边沟、护坡道、借土场、弃土场的具体位置。

复测及放样过程中应注意复查土石分类是否恰当，地下水、地表水状况及由此影响的土基干湿状态是否与设计文件一致，砂石料的状况是否出入过大等，发现设计文件存在不妥时，应提出变更设计的方案，进行补充测量，及时办理变更手续。

复测及放样的费用，在承包人其他直接费项下的施工辅助费中开支，不予计量及支付。但当承包人复测及放样过程中引发其他重大变更设计方案的勘测设计工作，其费用则不应由承包人承担。

二、土样试验

路基施工前，应对沿线及借土场挖取有代表性的土样进行天然密实度、含水量、液限、塑性指数等试验。用于填方的土样应测定其最大干密度与最佳含水量。

土样试验费用在承包人其他直接费项下的施工辅助费中开支，不予计量与支付。

三、场地疏干

路基施工应保持场地干燥，地表水及地下水应始终处于良好的排疏状态。因此开工前就应因势利导地设置一些纵横排水沟渠或砂、砾、碎石垫层，形成临时排水系统，以确保施工场地不积水和不受冲刷损坏。临时排水设施应与永久性排水设施相结合，其费用视其性质而定。若该项设施将成为永久性工程，应按建筑安装项目予以计量与支付；若该项设施仅系“临时”性质，则应在承包人临时设施费中开支，不予计量与支付。

四、临时道路及桥涵

路基施工一般都要破坏原有现场、地貌。因此，组织施工时，应充分考虑维护施工期间的场内、外交通，保证机具、材料、人员和给养的送运，修筑必要的临时道路及桥涵。施工过程中，如需阻断原有道路交通时，应事先设置便道、便桥和必要的行车标志及灯光，以维持现有交通不致中断。

修建、维护及拆除临时道路及桥涵,公路工程定额编制在第七章临时工程。公路工程概预算编制办法规定按建筑安装工程对待,在第七项临时工程列支。公路工程国内招标文件范本工程量清单则规定在100章总则103-1临时道路、桥梁的修建和养护中计列。造价分析中,需要特别注意区分承包人现场经费中的临时设施费开支范围与建筑安装工程中的临时工程界限。

五、场地清除

公路用地范围内的既有垃圾坑(堆)、有机杂质、淤泥、泥炭、软土、盐渍土及各种溶穴、水井、池塘均应妥善处置,对历史文物、自然保护区应妥善保护。路基施工范围内的树木、灌木丛等应予清除、运走。原地面的表土、草皮应按设计要求的深度和范围清除。当路基填土高度小于1m时,应将路基范围内的树墩、竹根、树根全部挖除,并将坑穴填平压实,填土高度在1m以上时,允许保留树墩、竹根、树根;采用机械施工的路堑及取土坑等,均应将树墩、竹根、树根全部挖除。

清除树木、灌木、草丛、表土等的费用按建筑安装工程的规定计量与支付。计量伐树时,胸径15cm者为一棵,超过时胸径每增加5cm按增加一株棵,胸径小于10cm的树木,归入砍伐灌木林,砍伐灌木林每1000m^{2}中220棵以下其等级为稀,220棵以上其等级为密。清除淤泥、泥炭、软土等可结合软弱地基处治方案予以计量与支付。

六、拆迁

公路用地范围及其附近因施工影响的既有房屋、道路、河沟、水利设施、通信及电力设施、上下水管道、坟墓及其他建筑物应拆除、迁移或加固。对地下构筑物应以不影响新结构物为原则,按设计要求的深度、厚度、宽度予以拆除。拆迁工作由施工单位负责完成的,按其所完成的工程量,依建筑安装工程的定额及有关规定予以计量及支付(赔偿费除外);拆迁工作由业主负责完成的,在工程建设其他费用中开支。

七、承包人驻地建设

承包人驻地建设是指承包人为了工程的有效实施和管理,应结合所承包的工程规模及工期要求等因素,自行选址建设、管理和维护所必需的生活和生产用的临时建筑物、构筑物,如办公室、宿舍、食堂、试验室、仓库、工棚、储料场等房屋及其他临时设施等。

承包人驻地建设费用在设计阶段的编制概预算文件时,系包括在施工单位现场经费中的临时设施费中,不单独列出;在施工实施招标阶段,由于临时设施费是现场经费的内容,应包括在报价单价内。至于《公路工程国内招标文件范本》、《公路工程国际招标文件范本》工程量清单100章总则中所列的“承包人驻地建设”,主要是参照世界银行施工招投标有关范本资料编写的。由于国外招标工程,监理工程师和承包商管理人员的驻地建设都是永久性房屋,所以总则中所列的“承包人驻地建设”是指永久性的建筑物,工程完工后产权归业主所有。因此,承包人驻地建设费中需修建某些永久性房屋(当前主要是指外商人员),则可在总则中单列项目,按总则规定支付。这些情况都应在招标文件技术规范的总则中阐明,避免在标底和报价编制中产生重复计算。

八、临时公用设施

临时公用设施指通信、供电、供水、污水及垃圾处理、取暖、防火、急救及医疗服务等内容。路基施工前,应做好通信、通电、通水等各项有关准备工作,以保证工程顺利开展。

第三节　路基土石方作业

土石方作业除路基本身的填筑、开挖外,还应包括取土坑、弃土堆、护坡道、碎落台及路基整修等。

一、填方路堤

1. 基底处理及零填挖路床

(1)基底处理。填方路堤施工前的原地面,除应按有关规定进行清理外,对其基底,还应按下列规定办理。

①应做好原地面临时排水设施,并与永久排水设施相结合。排走的雨水,不得流入农田、耕地;亦不得引起水沟淤积和路基冲刷。

②路基填筑范围内,原地面的坑、洞、墓穴等,应用原地的土或砂性土回填,并按规定压实。

③路堤基底为耕地或松土时,应先清除有机土、种植土,清除深度按设计要求清理,一般不小于15cm,基底清理后应按规定要求压实。在深耕地段,必要时应将松土翻挖、打碎,再整平、压实。

④路基基底原状土的强度不符合要求时,应进行换填,换填深度应不小于30cm,并应按规定要求予以分层压实。

⑤路基经过水田、池塘、洼地时,应根据情况采用排水疏干,换填稳定性好的土或抛石挤淤、打沙桩、铺垫砂砾石、碎石等处理措施,确保填方基底具有一定的强度和稳定性。

⑥路堤填筑时,应从最低处起分层填筑,逐层压实;当原地面纵坡大于12%或横坡陡于1:5时,应按设计要求挖台阶,或设置坡度向内并大于4%、宽度大于2m的台阶。

基底处理中,属于场地清理内容的划入准备工作项下计价,属于工程措施的划入排水设施或软基处治项下计价。基底处理中的挖台阶、耕地填前夯(压)实及填前挖松、翻压等费用摊入填方工程单价中。

(2)零填挖路床。零填挖地段路床面以下0~30cm的原地面天然密实度若达不到路基压实度的要求时,应将原地面翻挖压实,使其压实度达到要求。零填挖路床面若位于易致翻浆的土层上,且翻挖、晾晒等处理后仍不能降低含水量,压实度难以达到设计要求时,则应采取换填透水性良好的土等技术措施。

零填翻挖、压实一般按翻挖面积以 m^2 为单位计价。若需采取换土等技术措施,则宜改按换填体积以 m^3 为单位计价,计价中,包括原土外运及换土的挖、装、运、铺、压等作业费用。

2. 填料选择

一般的土和石都可用作路堤填料。卵石、碎石、砾石、粗砂等透水性良好的填料,只要分层填筑、压实，可以不控制含水量；用黏性土等透水性不良的填料，应在接近最佳含水量的情况下分层填筑与压实。高速公路、一级公路路基填料最大粒径，根据设计规范的要求，填方路基在路面底面以下0~80cm，填料最大粒径为10cm；80cm以上最大粒径为15cm；零填及路堑路床在路面底面以下深度0~30cm，填料最大粒径为10cm。

泥炭、淤泥、沼泽土、冻土、有机土、含草皮土、生活垃圾、树根和含有腐朽物质的土不得用作路堤填料。

液限大于50、塑性指数大于26的土，透水性很差，且干时坚硬难挖、湿时具有较大的可塑性、黏结性和膨胀性，毛细现象显著，能长时间保持水分，承载能力很低，一般不宜用作路基填料；如非用不可时，除要求在接近最佳含水量的情形下充分压实外，并应设置完善的排水设施，也可采取改良土性的其他技术措施。

含水量超过规定的土，不得直接作为路基填料，需要应用时，必须采取满足设计要求的技术措施，经检查合格后方可使用。

含盐量超过规定的强盐渍土和过盐渍土不能用作高等级公路路基填料；膨胀土除非表层用非膨胀土封闭，一般也不宜用作高等级公路路基填料。

工业废渣可用作路基填料，但应先进行试验及检验有害物质含量，以免污染环境。

实际施工中，当有多种材料源可供选择时，应优先选用那些挖取方便、压实容易、强度高、水稳性好的填料。路基受水浸淹部分更应选用水稳性好的填料。

3. 最佳含水量

路基填土的压实应在接近最佳含水量的状态下进行。天然土通常接近最佳含水量，分层填铺后应及时进行碾压。土的含水量过大时，应翻晒晾干至符合要求的含水量再整平压实。填土接近最佳含水量的容许范围，与土的种类和压实度要求有关，在一定的压实要求下，砂类土比细粒土的范围大；在同一种土中，压实度要求低的比要求高的范围大。最佳含水量范围的具体值可从该种土的标准击实试验曲线上查得。

天然土过干需加水时，可于前一天在取土点浇洒，使水均匀渗入；高速、一级公路大量填方的机械化施工，一般大型取土地都采用推土机先推运集土，前一天下班前用洒水车洒水，经一夜使土润湿至最佳含水量，第二天用装载机装土，平地机平整，压路机碾压成型，其压实效果良好。填方数量不大时，也可将土铺摊后再均匀洒水。采用人工加水时，达到最佳含水量所需要的加水量按下式计算：

$$V = (w_0 - w) \times \frac{Q}{1 + w}$$

式中：V——所需加水量(t)；

w——天然土的含水量，以小数计；

w_0——最佳含水量，以小数计；

Q——需加水的土的质量(t)。

用公式计算出的加水量，如机械化加水施工时，尚应根据气候温度和运输远近情况，考虑水分自然蒸发因素适当加大水的数量。

路堤填料的加水或洒水费用应摊入填方计价中，包括洒水汽车吸水、运水、洒水、空回的费用。若吸水需交纳水费，水费应摊入填方单价之中。

4. 路堤填筑

路堤应水平分层填筑压实,用透水性不良的土填筑路堤时,应严格控制其含水量在最佳含水量的 ±2% 以内。用开山土石混合料填筑路堤时,其高度限制在路床面以下 100cm。如土石易于分清时,宜分段填筑;如不易分清时,应按石含量的多少区别对待,分层施工,不得乱抛乱填。分层填筑时,石块最大粒径应小于层厚的 2/3。

土方路堤采用机械压实时,分层的最大松铺厚度:高速公路、一级公路不应超过 30cm;其他公路,按土质类别、压实机具功能、碾压遍数等,经过试验确定,但最大松铺厚度不宜超过 50cm。填筑到路床顶面最后一层的最小压实厚度,不应小于 8cm。

填石路堤的分层松铺厚度:高速公路及一级公路不宜大于 50cm,其他公路不宜大于 100cm。填石路堤倾填前,路堤边坡坡脚应用粒径大于 30cm 的硬质石料码砌。当设计无规定时,填石路堤高度小于或等于 6m 时,其码砌厚度不应小于 1m;当高度大于 6m 时,码砌厚度不应小于 2m。

土石路堤不得采用倾填方法,均应分层填筑,分层压实,每层铺填厚度应根据压实机械类型和规格确定,不宜超过 40cm。土石混合料中,当石料含量超过 70% 时,应先铺大块石料,且大面向下,摆放平稳,再铺小块石料、石渣或石屑嵌缝找平,然后碾压;当石料含量小于 70% 时,土石可混合铺填,但应避免硬质石块(特别是尺寸大的硬质石块)集中。

高速公路及一级公路土石路堤的路床顶面以下 30 ~ 50cm 范围内应填筑符合路床要求的土并分层压实,填料最大粒径不大于 10cm;其他公路填筑砂类土厚度为 30cm,最大粒径不大于 15cm。

实际施工中,沿线土质经常发生变化,应特别注意避免不同性质的土任意混填而造成路基病害,正确的填筑方式应满足下述要求:

(1)根据《公路路基施工技术规范》,同一水平层路基的全宽应采用同一种填料,不得混合填筑。

(2)性质不同的填料,应水平分层、分段填筑,分层压实。同一水平层路基的全宽应采用同一种填料,不得混合填筑。每种填料的填筑层压实后的连续厚度不宜小于 500mm。填筑路床顶最后一层时,压实厚度不应小于 100mm。

(3)潮湿式冻融敏感性小的填料应填筑在路基上层,强度较小的填料应填筑在下层。

(4)在透水性好的压实层上填筑透水性较好的填料前,应在其表面设 2% ~4% 的双向横坡,并采取相应的防水措施,不得由透水性较好的填料所填筑的路堤边坡上覆盖透水性不好的填料。

5. 填方压实

实践证明,经过压实的土体,其塑性变形、渗透系数、毛细水作用及隔温性能等都有明显改善。压实工作的组织应以压实原理为依据,以尽可能小的压实功获得良好的压实效果为目的,并注意以下要点:

(1)压实机具应先轻后重,以便能适应逐渐增长的土基强度。

(2)碾压速度宜先慢后快,以免引起疏松土推挤拥起。

(3)压实机具的运行线路一般直线段应从路缘向路中心,以使形成路拱;弯道设有超高坡度时,由低一侧向高一侧碾压,以便形成单向超高坡度。碾压时,相邻轮迹(轮或印)应重叠

1/3左右(15~20cm),对振动压路机一般重叠40~50cm,使各点都得到压实,避免土基产生不均匀沉陷。

(4)经常注意并检查土的含水量及压实度,并视需要采取相应措施。最佳含水量约控制在无塑性土的塑限含水量的0.65倍;塑性土可用相当于塑性限度的含水量。

压实机具可分为静力式、夯击式和振动式三大类。不同的压实机具对不同土质的压实效果不同,如对砂性土以振动式机具效果最好,夯击式次之,碾压式较差;对黏性土则以碾压式和夯击式较好,而振动式较差,甚至无效。各种压路机的使用技术性能见表2-10。

各种压路机的使用技术性能 表2-10

压路机类型		应用技术性能		
		最佳压实厚度(cm)	碾压次数	适用范围
自行式光轮压路机	5t	10~15	12~16	各类土及路面
	10t	15~25	8~10	各类土及路面
	12t	20~30	6~8	各类土及路面
拖式光轮压路机	5t	10~15	8~10	各类土
拖式轮胎压路机	10t	15~20	8~10	各类土
	15t	25~45	6~8	各类土
	20t	40~70	5~7	各类土
振动压路机	0.75t	50	2	非黏性土
	6.5t	120~150	2	非黏性土

此外,压实机具的单位压力不应超过土的强度极限,否则会引起土基破坏。选择压实机具时,还应考虑土的状态、层厚及对压实度的要求,当土的含水量小、土层厚、压实度要求高时,应选择重型机具;反之可选轻型,如图2-5所示。各种压实机具对不同含水量的土碾压次数参见表2-11。

图2-5 压实机具

各种压实机具对不同含水量的土碾压次数参考表　表 2-11

压实机具名称		每层填土厚度（疏松时）(m)	每点经过压实（或夯实）次数				合理采用压实机具的条件
			无塑性土壤		塑性土壤		
			最佳含水量时	低于最佳含水量时	最佳含水量时	低于最佳含水量时	
拖式光面路碾（5t以内）羊蹄路碾		0.10～0.15	6 4	9 6	9 8	15 12	碾压段不小于100m，用以压实塑性土
8～12t压路机		0.20～0.30	4	6	8	12	碾压段不小于100m，用以压实塑性土，通常用于路堤最上层及路槽底
300kg重夯机 1000kg重夯机		0.30～0.50 0.35～0.65	3 3	4 4	4 4	6 6	工作面受限制及构造物接头处的填土
1000kg夯击板	举高1m	0.60～0.70	4	5	5	7	工作面受限制时，用于无塑性及石质土壤
	举高2m	0.70～0.90	3	4	3	5	

注：1. 夯板宜用于松散土、砾石及石质土的压实。

2. 颗粒不同的松砂可采用洒水夯实或振动机压实。

3. 颗粒大小一致的砂，可用夯夯实。

4. 用汽车、铲运机等填筑路堤时，表内数值可酌情减低。

填筑路堤时，为保证路基边缘有足够的压实度，一般在施工时需超出设计宽度填筑。采用机械碾压时，路堤每边加宽的填筑宽度视路堤填筑高度而定，通常在20～50cm之间。加宽填筑的工程数量不应计入计价方数量，但应将其所发生的费用摊入填方计价方量的单价中。加宽填筑所发生的费用除与计价填方相同的内容外，还应包括路堤填筑完成后如需按设计断面清除加宽部分的刷坡清除及清除的废弃土方外运等内容。

填筑路堤完成后是否清除加宽填筑部分，应结合路基稳定及环境美化等多种因素综合考虑。当保留加宽填筑部分更有利于路基稳定，对路容、环境、景观也无大碍，且利大于弊时，一般也可不予清除。

6. 桥涵及其他构造物处的填筑

桥台台背、涵洞两侧及涵顶、挡土墙墙背的填筑，一般是在这些构造物基本完成后进行。由于场地狭窄，又要保证不损坏构造物，填筑比较困难，而且容易积水，若填筑不良，填土与构造物连接处往往出现沉降差，影响行车舒适与安全，甚至影响构造物的稳定及其安全。

1）填料

除设计文件另有规定外，一般应选用砾石土或砂性土，特别应注意不要将构造物挖基的劣质土混入填料。当采用非透水性土时，应在土中增加外掺剂如石灰、水泥等。

2）填筑

桥涵填土的范围：台背填土顺路线方向长度，顶部为距翼墙尾端不少于台高加2m；底部距基础内缘不少于2m；拱桥台背填土长度不应少于台高的3～4倍；涵洞填土每侧不应少于2倍孔径长度。

桥台背后填土应与锥坡填土同时进行。涵洞、管道缺口填土，应在两侧对称均匀分层回填压实;涵顶填土的松铺厚度应符合规定,涵顶填土未达到能允许重型车辆或施工机械通行条件时,应严格禁止这些车辆或机械通行,涵顶面填土压实厚度大于50cm时,方可通过重型机械和汽车;挡土墙填料宜选用砾石土或砂类土,墙趾部分的基坑,应及时回填压实,并作成向外倾斜的横坡,整个回填结束后,顶部应及时封闭。

3)排水

在施工中要避免雨水流入,对已有的积水应挖沟引出或用水泵排出。地下水可设盲沟引出。当不得不用非渗水土填筑时,应在其上设横向盲沟或用黏土等不透水材料封顶。挡土墙墙背应作好反滤层,使挡土墙墙背后的渗水能从泄水孔顺利流出。

4)压实

填土应在接近最佳含水量状态下分层压实或夯实,每层松铺厚度不宜超过20cm,当采用小型夯具时,一级以上的公路松铺厚度不宜大于15cm。为保证压实质量,条件许可时仍应尽量采用大型压实机械。场地狭窄及临近构造物边缘及涵顶50cm内,应用小型压实机械分层压实或夯实。夯压遍数应通过试验确定,以达到规定的压实度要求为准。适用于"三背"填土压实(或夯实)的小型机械有蛙式打夯机、内燃打夯机、手扶式振动压路机、振动平板夯机等。

7. 填方计价

按照《公路工程工程量清单计量规则》工程量清单的规定,路基填方按表2-12所列名称及单位进行计量与支付。

路基填方计价名称及单位 表2-12

名称		单位	名称		单位
1	回填土	m^2	3	石方	m^3
2	土方	m^3			

填方计价按"压实方"计量,在分析和计算工程造价时应注意其与天然密实方的关系,还应注意由于压实基底或清除表土后而增加的回填工程量,此外,还应考虑路堤自然沉降而增加的填方工程量。

需要特别指出的是,填方地段路面宽度内的填筑高程只计算至路床面,即设计填方断面内应扣除包括垫层在内的路面总厚度。在高等级公路设计施工中,尤其高速公路、一级公路扣与不扣这个厚度,其所影响的工程量为数不小。

二、挖方路基

1. 路基开挖注意事项

(1)开挖土方不得乱挖超挖,严禁掏洞取土。在不影响边坡稳定的情况下采用爆破施工时,应经过设计审批,一般禁止采用爆破法施工。

(2)路堑开挖前应首先处理好排水,并根据断面的土层分布、地形条件、施工方法,以及土方的利用和废弃情况等综合考虑,力求做到运距短、占地少。

(3)注意边坡稳定,及时设置必要的支挡工程。开挖时必须按横断面自上而下,依照设计边坡逐层进行,防止因开挖不当导致塌方;在地质不良拟设支挡构造物的地段,应考虑在分段开挖的同时,分段修建支挡构造物,以保证安全。

(4)有效地扩大工作面,以利提高生产效率,保证施工安全。

(5)开挖中应避免超挖。超挖数量不予计量及支付费用,路床面发生超挖,承包人还需自费回填并压实。

(6)开挖中,对适用的土、砂、石等材料,在经济合理的前提下,应尽量利用作混凝土集料、路面材料、填方填料及施工砌筑料等。路基开挖所产生的利用料,既不应随意废弃,也不得重复计算利用料的开采费用。

2. 路堑开挖方案

路堑开挖方案的选择,应考虑当地地形条件、工程量大小、施工工期及能采用的机具等因素。此外,尚需考虑土层分布及其利用、废弃等情况。一般傍山开挖或半挖半填的路基,可采用分层纵挖法(如图 2-6 所示)。路堑开挖可根据具体情况采用横挖、纵挖法或混合式开挖法,如图 2-7 所示。

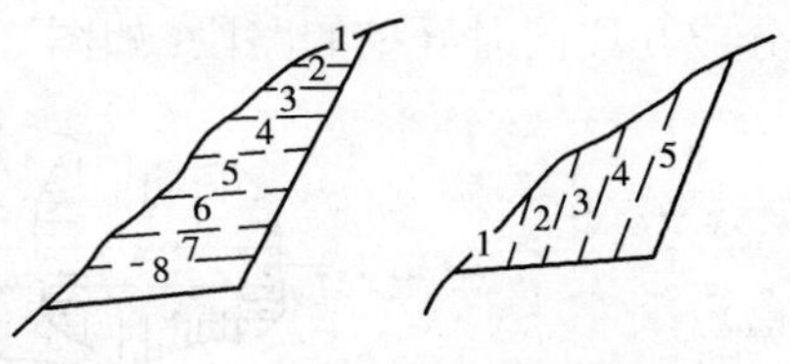

图 2-6　分层纵挖法

1)横挖法

从路堑的一端或两端按横断面全宽向前开挖,称为横挖法,适用于短而深的路堑。当路堑深度不深时,可以一次挖到设计高程,称单层横挖法(如图 2-8 所示);路堑较深时,可分成几个台阶进行开挖,称分层横挖法(如图 2-9 所示)。分层开挖的台阶高度应视施工操作的方便和安全施工而定,用人力开挖一般宜为 1.5～2m,用机械开挖每层台阶高度可增加到 3～4m。无论自两端一次横挖到路基高程或分台阶横挖,各层均应设独立的出土通道和临时排水设施。

图 2-7　路堑开挖

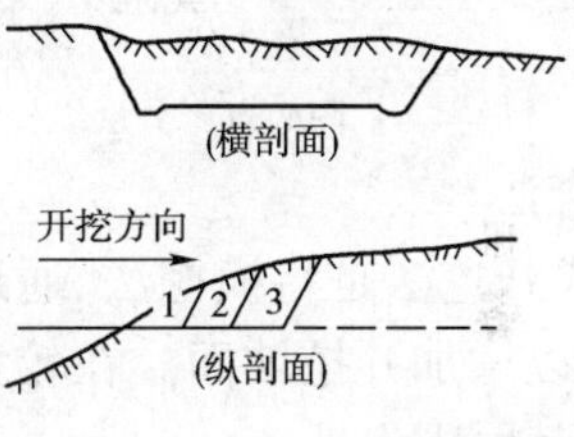

图 2-8　单层横挖法

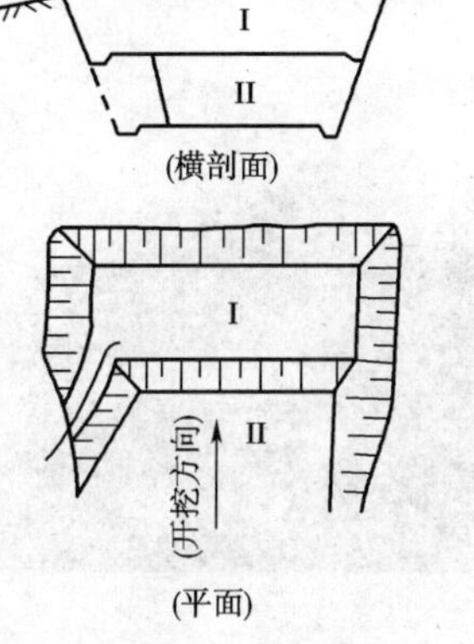

图 2-9　分层横挖法

分层横挖使得工作面纵向拉开,多层多向出土,可以容纳较多的施工机械,能够加快开挖进度,提高工作效率。

2)纵挖法

纵向开挖可分为分段纵挖法、分层纵挖法和通道纵挖法。

分段纵挖法适用于路堑较长、运距较远,一侧堑壁有条件挖穿(俗称开马口),可把长路堑分成几段同时开挖的路段(如图 2-10 所示)。

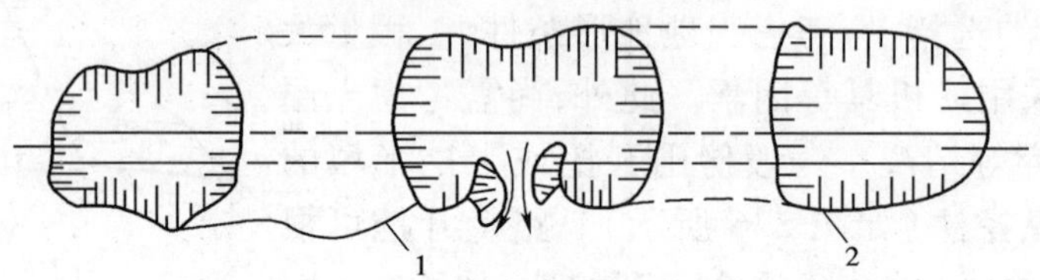

图 2-10　分段纵挖法

分层纵挖法是沿线路全宽,以深度不大的纵向分层开挖,开挖顺序如图 2-11 所示。

通道纵挖法是先沿纵向挖出通道,然后开挖两旁,如路堑较深,可分几次进行。在路幅较宽开挖面较大的重点土石方工程量集中地段,这是加快施工进度的有效开挖方法,如图 2-12 所示。

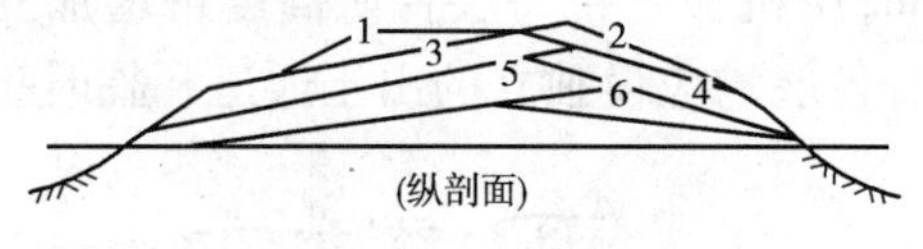

图 2-11　分层纵挖法

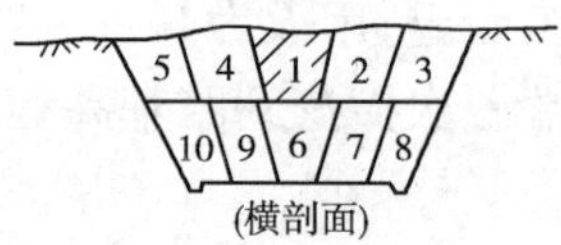

图 2-12　通道纵挖法

3)混合法

混合式开挖法是将横挖法、通道纵挖法混合使用,即先顺路堑方向挖通通道,然后沿横向坡面挖掘,以增加开挖坡面。在较大的挖方地段,还可沿横向再开劈工作面。

3. 土方机械作业

土方挖掘及运输作业中,应视工程具体情况选备适宜的挖掘机械、装运机械、平整机械和压实机械,最大限度地发挥机械施工的效率和功能,如图 2-13 所示。常用的土方机械作业有如下几种。

图 2-13　土方挖掘及运输机械

1)推土机作业

推土机由切土、运土、卸土、倒退(或折返)、空回等过程组成一个循环。影响作业效率的主要因素是切土和运土两个环节。推土机的基本作业方式有下坡推土、并列推土、拉槽推土、接力推土、波浪式推土等。

下坡推土是利用推土机的向下重力加速切土并增加推土量,对普通土坡度宜为10% ~18%,不得超过30%,对于松土不宜少于10%,不得大于15%,否则回空困难;并列推土是两三台推土机并列推进,减少土的溜失,铲刀间距一般约15~20cm;拉槽推土是推土机连续多次同轨迹推土,形成浅槽,减少土的漏失,一般槽深不大于铲刀高度;接力推土是取土场较长而土质较硬时,可自近而远分段将土推送成堆,然后再由远而近将各段土堆推送至卸土点,节约运土时间;波浪式推土是推土机切土时应将铲刀最大限度切入土中,当发动机稍有超负荷现象将铲刀缓缓起升,当发动机恢复正常,再将铲刀降下切土,多次起伏,直到铲刀前堆满土为止,其优点是机械功率得以充分发挥,缺点是空回时土道不平,产生颠簸。

2)铲运机作业

当采用分层纵挖法挖掘的路堑长度较长(超过100m)时,宜采用铲运机作业。铲运机能够完成土方的铲装、运输、铺装、整平和预压等项作业,而且具有相当的机动灵活性。铲运机的作业由铲装、运送、卸铺、回程等组成一个循环过程。铲运机的铲土方法有一般铲土、波浪式铲土、跨铲铲土、下坡铲土、顶推铲土等。

一般铲土时应使铲刀以最大深度切入土中(不超过30cm),随着行驶阻力的增加而逐渐减少铲土深度,直到铲斗装满为止;波浪式铲土适用于较硬的土,铲刀以最大深度切入土中后随着铲运机负荷逐渐增加,发动机转速降低,相应减小切土深度,反复进行,直至铲斗装满为止;跨铲铲土适用于较坚硬土层,把取土场设计为多个铲道,交错铲土,相邻铲土道间留出半个铲斗宽不铲,使铲土道前后左右重合起来,既缩短铲土道长度和铲土时间,又由于铲土的后半段减小了切土宽度,能使铲运机有足够的牵引力将铲斗装满;下坡铲土主要是利用铲运机的向下重力提高铲土效率,一般下坡角度为7°~8°,最大不超过15°,进行下坡铲土应特别注意安全;顶推铲土是指铲运机在坚硬的土、冻深20cm以内的土或松散的干砂中作业时,由于铲运机的附着力不足,牵引力不能充分发挥时,可用推土机在铲运机铲土行程中进行顶推助铲,这种双机配合的施工方法须具有一定工作面和工程量,方可避免推土机过于闲置。

铲运机施工的运行线路要综合考虑施工效率、地形条件、机械磨损等因素,以达到运距短、坡道平缓和修筑通道工作量小等目的。常见的运行线路有椭圆形、“8”字形、“S”字形、穿梭形和螺旋形等。

3)挖掘机作业

挖掘机按其铲斗形式分,有正铲、反铲、拉铲和抓铲。正铲挖掘机主要用于开挖停机面以上的挖土作业,挖掘力大,生产率高,可以直接开挖各类土和经爆破后的岩土、冻土等。正铲工作面高度应不小于1.5m,否则挖掘不能满斗而影响效率。正铲挖掘机的基本作业方式有运土车辆位于侧面的侧向开挖方式及车辆停在挖掘机后方的正向开挖方式。侧向开挖的卸土回转角小于90°,车辆直线进出,缩短了循环时间。正向开挖的卸土回转角大于90°,从而增加了循环时间,且车辆需要掉头或倒驶,施工现场显得较为拥挤,但正向开挖的工作面较宽,适宜于挖掘路堑进口处。反铲挖掘机用于停机面以下的挖土作业,铲斗向下强制切土,摩阻力较大，故挖掘力比正铲小，效率比正铲低，适用于开挖沟、槽、坑等土石方作业。作业方式有沟端开挖及沟侧开挖两种。沟端开挖时从一端开始，沿沟中线倒退进行，运土车辆停在沟侧，动臂只回转40°~45°即可卸料。沟侧开挖时，挖掘机系沿沟侧行驶。反铲挖掘机的挖掘深度与开挖工作面宽度成反比，即挖掘深度大，开挖工作面宽度小。拉铲挖土机的铲斗用钢丝绳牵引挖土，利用铲斗的惯性可将铲斗抛出臂杆外3~5m。拉铲挖掘机的开挖方法与反铲挖掘机基本相同，只是它的回转半径大，挖掘深度深，适用于地下水位高、含水量大的河道开挖或甩土工程。抓铲挖掘机是靠铲斗的自重切土垂直上下动作，操作难度大，生产效率低，使用范围小，一般用于开挖竖井或挖捞河泥等水下挖方，不适用于开挖坚硬土。

4)装载机作业

装载机是一种工作效率较高的铲土及运输机械,它兼有推土机和挖掘机两者的工作能力,可以进行铲掘、推运、整平、装载和牵引等多种作业。其优点是适应性强、作业效率高、操纵驾驶方便,是一种发展较快的循环作业机械。装载机铲土后,能视运输车辆停置位置前进、后退或调转方向卸土,灵活机动。

装载机按行走方式分为轮胎式与履带式两种。其适用范围主要取决于使用场所、土石料特性和工作环境。选用时应注意装载机的经济合理运距,如果整个采、装、运作业的循环作业时间较少,自铲自运是经济合理的;如果运输距离较远,应与其他运输工具配合使用。与其他运输工具配合时,应注意装载机的斗容与车箱载重量的配合,通常以2~4斗装满一车箱为宜。车箱长度要比装载机的斗宽大25%~75%,铲斗45°倾斜卸载时,斗齿最低点要比车箱侧壁高出20~100cm。为充分发挥装载机效率,其作业循环时间,小型的不超过15s,大型的不超过20s,而且应考虑装载机走行与转弯速度。

5)平地机作业

平地机是一种铲土、运土、卸土同时进行的连续作业机械。主要工作装置是一把刮刀,它可以调整四种作业动作,即刮刀平面回转、刮刀左右端升降、刮刀左右引伸和刮刀机外倾斜,来完成刮刀刀角铲土侧移、刮刀刮土侧移、刮刀刮土直移和机身外刮土等作业。刮刀刀角刮土侧移适用于开挖边沟,并利用开挖出来的土修整路基断面或填筑低路堤。刮刀铲土侧移适用于侧向移土修筑路堤、平整场地、回填沟渠等作业。刮刀刮土直移适用于修筑不平度较小的场地,在路基施工中可用于路拱的整修或填筑材料的整平。机外刮土主要用于刷路堤、路堑边坡和开挖边沟等。

6)自卸汽车作业

自卸汽车是路基工程施工中常用的运输机械,一般用于土石方及工程材料运输的自卸汽车载质量为3.5~15t。自卸汽车行驶速度快、机动灵活,越野性能好,生产效率高,但厂牌、规格、型号很多,从技术管理、物资供应、设备保养和维修,以及技术工人的培养等多方面因素考虑,选用的车型及规格越少越好,最好选用标准化、系列化、成批定型生产的自卸汽车。

实际施工中,应注意自卸汽车的车箱容积(或载质量)与工程使用的施工机械相配套;注意施工现场的地理及气候等条件,当条件较好时可选用中、重型自卸汽车;在多雨或开挖地段积水较多的地段,宜选用全轮驱动的自卸汽车。自卸汽车台班产量按以下办法估算。

(1)求每一工作循环的行驶时间(s):

$$T=\frac{L\times 2}{V}$$

式中：V——行驶速度（km/s）；

L——运输距离（km）。

（2）求每一工作循环所需时间（s）：

$$T'=T+t$$

式中：t——固定操作时间（s），等于装车、卸车、调头、等装的时间之和，参见表 2-13。

自卸汽车固定操作时间及定额容载量表 表 2-13

自卸汽车		分类时间(s)								
载质量(t)	容载量(m^3)	其他			装车			合计		
		卸车	调位	等装	挖掘机台班产量(m^3)					
					300 以内	300～450	450 以外	300 以内	300～450	450 以外
3.5	1.9	0.8	1	1	3.2	2.5	1.9	6	5.3	4.7
4.5	2.5	0.8	1.2	1	3.7	3.2	2.3	6.5	6	5.3
6.5	3.6	1	1.3	1	4.7	3.8	2.6	8	6.8	5.9
8	4.4	1	1.3	1	5.5	4.3	3.1	8.8	7.5	6.4
10	5.5	1	1.3	1	7	4.9	3.5	10.3	8.2	6.8
12	6.6	1.2	1.5	1	8	6.3	4.3	11.7	10	8
15	8	1.2	1.5	1	10	7.7	5.3	13.7	11.4	9

（3）求每台班运输次数：

$$N=\frac{8\times 60\times 60\times 80\%}{T'}$$

式中：80% 为汽车台班时间利用系数。

（4）求每车台班产量（m^3）：

$$台班产量=N\times 每车容载量$$

4. *石方开挖*

路基石方除软石的松软部分可用大功率推土机松动，或人力使用撬棍、十字镐、大锤松动开挖外，软石的紧密部分及次坚石、坚石通常采用爆破法开挖。有条件时宜采用松土法开挖，局部情况亦可采用破碎法开挖。松土法及破碎法均属于非爆破开挖石方的施工方式。

1）爆破法（见图 2-14）

开挖路基石方所采用的爆破方法，要根据石方的集中程度、地质、地形条件及路基断面形状等具体情况而定，一般可分为小炮和洞室炮两大类。小炮指钢钎炮、葫芦炮、猫洞炮等；洞室炮则随药包性质、断面形状和地形的变化而不同。炸药用量在 1000kg 以上为大炮，1000kg 以下为中小炮。施工单位应根据地形、地质、开挖断面及施工机械配置等情况，采用能保证边坡稳定的施工方法，应以小型及松动爆破为主，不允许过量爆破，未经批准，不得采用大、中型爆破。石方爆破方法主要有如下几种。

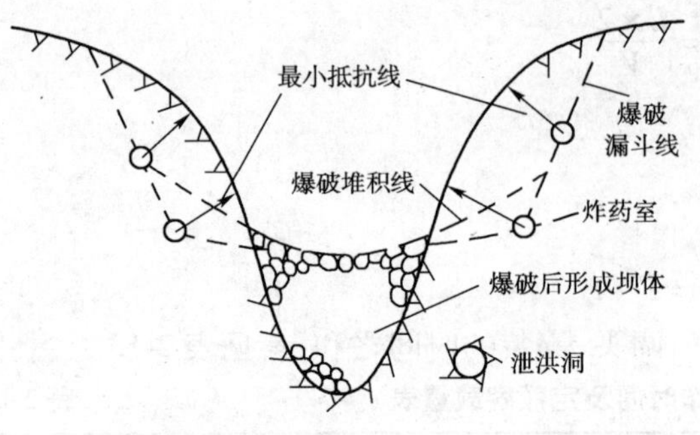

图 2-14　爆破法施工

(1)浅孔爆破(钢钎炮)。浅孔爆破又称钢钎炮,炮孔直径小于75mm,深度不超过5m。浅孔爆破操作简便,对设计边坡外的岩体振动损害小。平均耗药量也少,又比较机动灵活,因而是一种不可缺少的炮型,特别是在工程分散、石方量小,以及整修边坡、开挖边沟、炸孤石时非常适用。浅孔爆破也常用于开辟工作面及其他炮型的辅助炮型。

(2)深孔爆破。深孔爆破是指孔径大于75mm,深度5m以上的爆破,其炮孔多采用冲击式钻机和潜孔钻机打成,配合挖运机械,可实现石方施工机械化,可以成为高速施工的一个发展途径。深孔爆破用于石方集中与地形平缓的垭口或深路堑,效果较好,它的单位耗药量为4.41~7.35kg/m^3,平均每m钻孔可爆岩11~20m^3。

(3)光面爆破和预裂爆破。光面爆破是在开挖界限的周边,适当排列一定间隔的炮孔,在有侧向临空面的情况下,用控制抵抗线和药量的方法进行爆破,使之形成一个光滑平整的边坡面。预裂爆破是在开挖界限处按适当间隔排列炮孔,在没有侧向临空面和最小抵抗线的情况下,用控制炸药用量的方法,预先炸出一条裂缝,使拟爆体与山体分开,作为隔振减振带,以保护开挖界限以外的山体或建筑物,减弱爆体爆破造成的破坏作用。光面爆破及预裂爆破之后,边坡壁上通常均留下半个炮孔痕迹。

(4)微差爆破。相邻药包或前后排药包以毫秒的时间间隔(一般15~75ms)依次起爆,称微差爆破,亦称毫秒爆破。其优点是:当装药量相等时,可减振1/3~2/3;前发药包为后发药包开创了临空面,从而加强了岩石的破碎效果;降低多排孔一次爆破的堆积高度,有利于挖掘机作业。由于逐发或逐排依次爆破,减少了岩石夹制力,可节省炸药20%,并可增大孔距,提高每米钻孔的炸落方量。

(5)药壶炮(葫芦炮)。药壶炮又称葫芦炮,是指将炮眼底部扩大成葫芦形,以便将炸药基本集中埋置于炮眼底部的扩大部分,以提高爆破效果的一种炮型。它适用于结构均匀致密的黏土(硬土)、次坚石、坚石。当炮眼深度小于2.5m,节理发育的软石,地下水较发育或雨季施工时,不宜采用。

(6)猫洞炮。猫洞炮是将集中药包直接放入直径为0.2~0.5m、炮眼深为2~6m的水平或略有倾斜的炮洞中进行爆破的一种炮型。它适用于均匀致密黏土(硬土)、胶结良好的古河床、冰渍层、软石、节理发育的次坚石、坚石,坚石可利用裂隙修成导洞或药室,这种炮型对大孤石、独岩包等爆破效果更佳。对于炮眼深度小于2.5m,节理发育的软石,地下水较发育或雨季施工时,不宜采用。

(7)洞室炮(药室法)。洞室炮又称大爆破施工,是采用导洞和药室装药,用药量在1000kg以上的爆破。公路石方施工一般不宜采用。只有当路线穿过孤独山丘,开挖后边坡不高于6m,且根据岩石产状和风化程度,确认开挖后,边坡稳定,方可考虑大爆破方案,但须作好技术设计,有详细技术经济论证和边坡稳定性分析,并报主管部门审批。

爆破法开挖石方应按以下程序进行:施爆区管线调查→炮位设计及设计审批→配备专业施爆人员→用机械或人工清除施爆区覆盖层和强风化岩石→钻孔→爆破器材检查与试验→炮孔(或坑道、药室)检查与废渣清除→装药并安装引爆器材→布置安全岗和施爆区安全员→炮孔堵塞→撤离施爆区和飞石、强地震波影响区内的人、畜→起爆→清除瞎炮→解除警戒→测定爆破效果(包括飞石、地震波对施爆区内外构造物造成的损伤及造成的损失)。

2)松土法

开挖岩石除了采用爆破法之外,松土法也愈来愈被广泛采用。松土法是充分利用岩体自身存在的各种裂面和结构面,用推土机牵引的松土器将岩体翻碎,再用推土机或装载机与自卸汽车配合,将翻松的岩块搬运出去。松土法避免了爆破法所具有的危险性,而且有利于开挖边坡的稳定及附近建筑物的安全。随着推土机和松土器的大型化,能够采用松土法施工的范围将会逐步扩大。从国外的工程实践及发展趋势看,只要能够使用松土法施工的场合,就应尽量不用爆破法施工。

砂岩、石灰岩、页岩等沉积岩,因为存在沉积层面,是比较容易松开的岩石,层面厚度愈薄愈容易松开。花岗岩、玄武岩、安山岩等岩浆岩,因为不成层状或带状,松开比较困难。片麻岩、片岩、石英岩等变质岩,松开的难易程度视岩体破裂面情况而异。松土法的作业效率与岩体的裂面和风化程度有关:岩体被裂面分隔成较大块时,松开效率较好;岩体已裂成小块或粒状时,只能劈成沟槽,效率不高。

选择松土器型号可以按上述岩性分析判断,也可根据室内的抗压强度及抗拉强度试验判断各型松土器的劈开性能,判断时应充分注意室内系单块岩石进行试验,所得数据较实际为大的特点。国外还有以现场岩石试验(如弹性波速试验、电阻试验、现场力学试验)数据来分析及选择松土器型号。松土器型号的选择,最好能在施工现场用松土器直接进行实物松劈操作试验,从而得出切合实际的结果。多齿松土器适于松动破碎而较薄的岩体;单齿松土器适于松动较坚硬较厚的岩体。

松土作业应尽可能顺着岩层的下坡方向进行,松土间隔一般为1.0~1.5m。遇到较坚硬岩石松土器难于贯入,或引起机械后部翘起及履带打滑,这时可用另一台推土机在后面顶推。若岩石较为完整与坚硬,也可以先进行适当的浅孔松动爆破,然后再进行松土作业。

非爆破法开挖路基石方的施工方式,除松土法作业外,还有破碎法开挖。这种方法是用破碎机凿碎岩块,凿子装在推土机或挖掘机上,利用活塞的冲击作用,使凿子产生冲击力,因此其破碎岩块的能力取决于活塞的大小。破碎法宜用于岩体裂缝较多、岩块体积较小、抗压强度低于100MPa的岩石。破碎法的工作效率不高,不宜作为开挖岩石的主要方法,仅用于不能使用爆破法或松土法施工的局部场合。

5. 挖方计价

按照《公路工程工程量清单计量规则》工程量清单的规定,路基挖方按表2-14所列名称及单位进行计量与支付。

范本规定开挖土方及石方的计价中包括：开挖，免费运距以内的运输（含利用方及废方），路基边坡、边沟（指无铺砌的边沟），路床的整型、碾压（含挖方路床面以下30cm范围内的翻松）等作业的费用。不同的施工方式（如人力施工或机械施工，爆破法或松动法等）应在单价分析中综合考虑。

路基挖方计价名称及单位　　表2-14

	名　称	单　位
1	挖土方	m^3
2	挖石方	m^3
3	挖除非适用材料（包括淤泥）	m^3

公路工程定额编列了各种通常采用的路基开挖方式，造价分析时应结合工程项目的实际情况及公路等级、质量要求、施工单位机械化水平、施工组织、设计等多种因素，合理使用定额。

需要指出的是，《公路工程国内招标文件范本》规定了挖方应挖至路床顶面，并对路床的压实检验，要求应翻松、碾压达到规定的压实度。但路床若发生超挖，承包人应自费回填并压实。在高等级公路中，包括垫层在内的路面结构层较厚，一次挖掘到路床顶面，不论从工程量计算或施工安排、路基整型等方面看都是经济合理的。因此，一般招标文件技术规范中规定这部分挖路路槽工程数量列入挖方数量内，其挖路槽价格则综合在挖方单价中，所以在概算或预算编制时，为了标底和概算或预算便于对照比较，二者编制内容应尽量取得一致，编完后在造价文件总说明中，说明挖方总数量内包括了挖路槽数量，以便于查核。

三、取土坑、弃土堆、护坡道及碎落台

1. 取土坑

取土坑应有正确的形状，以保证路基排水。取土坑的长、宽、深度视填土数量、施工方法及保证排水而定，在平原地区其深度一般为1m。取土坑的底面可作成向外倾斜的单向横坡，坡度为2%～3%。取土坑积水应有一定的处治措施，以保证路基强度不受影响。

取土坑的开挖费用应摊入填方计价。利用取土坑作蒸发池时，其技术要求应在取土坑设计中予以考虑。为取土坑单独设计的排水沟等处治措施，可按规定在排水工程项下计列。

2. 弃土堆

弃土堆应堆成规则形状，其边坡不应陡于1∶1.5，顶面应作成向外倾斜的单向横坡，坡度不小于2%。弃土堆高度不宜高于3m。路堑旁的弃土堆，其内侧坡脚与路堑坡顶之间的距离，对于干硬土不应小于3m，对于湿软土不应小于路堑深加5m。弃土堆呈带状沿路堆置时，上坡方面应连续而不中断，并在弃土堆前设置截水沟；在下坡方面应每隔50～100m设不小于1m宽的缺口，以利排水。当沿河弃土时，不得阻塞河流、挤压桥孔或造成河岸冲刷。堆放弃土，不得干扰正常交通。并应防止对灌溉沟渠及天然水流的污染和淤塞，任何因弃土污染和淤塞而造成的损失，承包人应自费进行处治。

弃土堆的堆置费用（包括装卸、远运费用在内）应摊入挖方单价。废弃土堆单独设计的截水、排水设施可按规定在排水工程项下计入。

3. 护坡道

为保证路基稳定，当路基边缘与取土坑底之高差大于2m时，一般应根据填土高度、土质及水文情况等，设置宽1～2m的护坡道。护坡道不单独计量与支付。

4. 碎落台

在易风化岩石、粗砂、中砂、黄土和其他不良土质的路堑中，应视边坡高度和土的性质设置一般不小于1m宽的碎落台，并做成向路倾斜2%的单向横坡，如边坡较低或已适当加固时，可不设碎落台。碎落台不单独计量与支付，其开挖费用在挖方中计入。

四、路基整修

路基土石方工程基本完成后，应进行路基整修（或整型）工作，将合乎质量要求的路基移交路面施工。

路基整修应按设计文件要求检查路床面的中线和高程，以及路基宽度、边坡坡度、截、排水沟系统。路基整修后应达到质量检验标准的要求。外观鉴定时，路基应表面平整，边线顺直，曲线圆滑；边坡坡面平顺稳定；取土坑、弃土堆、护坡道、碎落台位置适当、整齐，美观。石方路基上边坡不得有松石、险石。

路基整修（或整型）工作的费用应摊入路基土石方作业的相关填挖方工程单价内，不单独计量与支付。

第四节　排 水 设 施

一、基本要求

水是危害公路的主要自然因素。路基沉陷、冲刷、坍塌、翻浆，沥青路面松散、剥落、龟裂，水泥混凝土路面唧泥、错台、断裂等病害，均不同程度地与地面水和地下水的侵蚀有关。水的作用加剧了路基和路面结构的损坏，加快了路面使用性能的变坏，缩短了公路的使用寿命。因而，排水系统是公路工程的重要组成部分，对保证公路的使用性能与使用寿命具有十分重要的作用。

路基排水系统的设置，是为将可能危害路基稳定的地面水和地下水采用适当的排水设施，使水迅速排出路基范围之外。排水设计应对公路沿线农灌系统、天然河沟、水源地、养殖水域进行调查，确定可以纳入路基排放水流的河沟、渠道或排水体，并结合路线平纵面、沿线地形、地质条件、桥涵位置等情况综合考虑，全面规划，总体设计。路基排水系统的设计应注意各种排水设施之间的联系及进出水口的处理，应注意与农灌沟渠的关系，防止冲毁农田或其他农田水利设施，如图2-15所示。

路基排水分排地面水及地下水两大类。排除地面水一般可采用边沟、截水沟、排水沟、跌水、急流槽及拦水带等设施；排除地下水一般可采用明沟、暗沟、渗沟等设施。排水系统在高等级公路中的地位尤为重要，高等级公路路幅一般较宽，必须十分重视排除路面水，保证路面置于可靠的路基之上。

二、地表排水设施

1. 边沟

边沟设于路基挖方地段和高度小于边沟深度的填方地段。边沟排水应引入桥、涵或路基

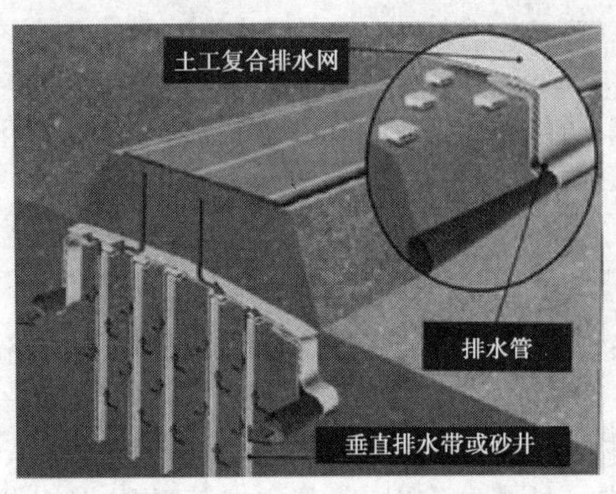

图 2-15　排水构造图

以外的沟谷,其结合部应妥善设计,以使边沟水流顺畅排走,如图 2-16 所示。边沟是否作砌石或混凝土铺砌应结合公路等级、路线纵坡及地质、水文条件确定,见图 2-17。

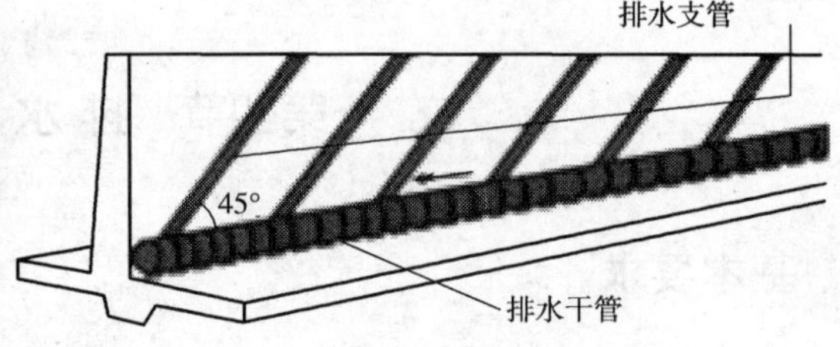

图 2-16　地表排水设施

图 2-17　边沟排水设施

无铺砌的边沟其开挖工程量包含在路基挖方中计量与支付;有铺砌的边沟计价时,包括沟槽土石开挖(指砌体所占部分)、整型、夯实、废方弃运,铺砌材料的采备、供应、加工、运输,砌体砌筑,混凝土现浇或预制、安装、养生等作业的费用(一切与此有关作业的价款,下同)。

2. 截水沟及排水沟

当路基挖方上侧山坡汇水面积较大时，应于挖方坡顶5m以外设置截水沟。截水沟水流一般不应引入边沟，当必须引入时，应切实做好防护措施。

边沟、截水沟、取土坑或路基附近的积水，均可采用排水沟排至桥涵或路基以外的洼地或天然河沟。

截水沟长度一般不宜超过500m，其平、纵转角处应设曲线连接，其沟底纵坡应不小于0.3%。当流速大于土壤容许冲刷的流速时，应对沟面采取加固措施或设法减小沟底纵坡。

无铺砌的截水沟、排水沟按其开挖土石方的工程量计价。计价中，包括沟槽开挖、整型、夯实、废方弃运等作业费用。有铺砌或加固沟面的截水沟、排水沟，按加固或铺砌类型的圬工工程量计价。计价中，应包含沟槽开挖的土石方工程量。

边沟、截水沟、排水沟的计量单位，《公路工程国内招标文件范本》技术规范规定按长度m计。实际工作中，由于沟道尺寸难于定型，加固类别的选择范围又较广泛，计量单位仍以体积单位m^3计较为方便。

3. 跌水与急流槽

跌水与急流槽设于水沟通过陡坡地段，一般采用砌石或混凝土结构，其各部位尺寸应根据水文、地形、地质及当地气候条件确定，其边墙高度高出设计水位应不少于0.2m。跌水与急流槽的进水口应予适当加固，出水口应注意防止冲刷，一般应设置跌水井等消能设施。为防止基底滑动，急流槽底面每隔2.5~5m可设置凸榫嵌入基底土中。急流槽较长时应分段修筑，每段长5~10m，段间接头应用防水材料填缝，要求密实无孔隙。

跌水与急流槽的计价应包括消力池、消力槛、抗滑平台等附属设施。其计量与支付的内容与有铺砌或加固的边沟、截水沟、排水沟大体相同。

4. 蒸发池

在气候干燥且排水困难地段，可设置蒸发池。取土坑作蒸发池时，其与路基边沟距离不应小于5m，面积较大的蒸发池应不小于20m。蒸发池水位应低于排水沟的沟底，蓄水深度不大于1.5~2.0m，蓄水容量一般不超过200~300m^3。

设置蒸发池时应不致使附近地区形成泥沼化，并应注意保持当地环境质量。

利用取土坑作蒸发池时，对蒸发池的技术要求应在取土坑设计时一并考虑，蒸发池不计量与支付。非利用取土坑的蒸发池，其土方作业费用按土方开挖的有关规定予以计量与支付。

5. 油水分离池

污水进入油水分离池前应先通过隔栅和沉砂池处理，且不得由于设置油水分离池而污染当地生态环境。池底、池壁和隔板应采用砌浆片石或现浇混凝土进行加固。

三、地下排水设施

1. 明沟、暗沟、排水槽、暗管

当地下水位高，潜水层埋藏不深时，可采用明沟或排水槽，截流地下水或降低地下水位，明沟或排水槽必须深入到潜水层。明沟一般以干砌片石加固，并设反滤层以使水流渗入明沟。明沟及排水槽可兼排地面水。排水槽可用木料、混凝土、干砌或浆砌片石筑成。

为排出泉水或地下集中水流，可采用暗沟（见图2-18）或暗管。高等级公路的中央分隔带也需要采用纵向、横向的暗沟及暗管将集水排出路基之外。暗沟一般采用砌片石或混凝土筑成,暗管一般为混凝土预制安装构件。

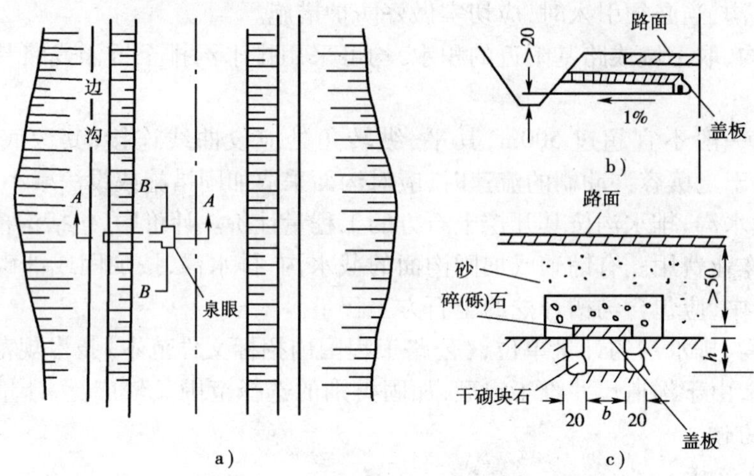

图 2-18　暗沟布置及构造(尺寸单位:cm)

a)平面;b)横断面;c)纵断面

明沟、暗沟、排水槽、暗管的计价,一般按构筑物的体积以 m^3 为单位计量与支付,计价内容包括沟槽开挖及砌筑、浇筑或预制、安装等作业的费用。

2. 渗沟、渗井

为降低地下水或拦截地下含水层中的水流可设置渗沟。渗沟是常见的地下排水沟渠,可视地下水流情况纵、横向设置(如图 2-19 ~ 图 2-21 所示)。渗沟应设在冻结深度以下,并尽可能设于不透水土层上。为防止地面水进入渗沟,沟顶应设封闭层,为防止泥沙淤塞渗沟,应设反滤层。渗沟布置尽可能与地下水流互相垂直,以能拦截更多的地下水。

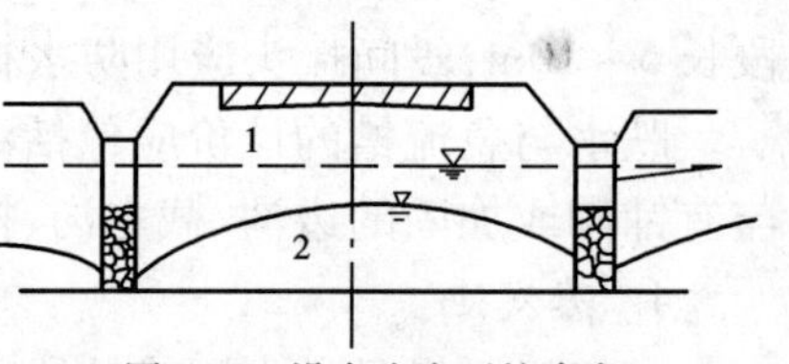

图 2-19　设在边沟下的渗沟

1-原地下水位;2-降低后地下水位

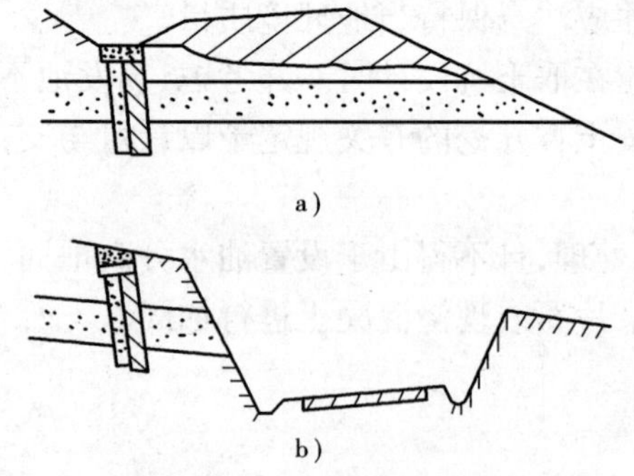

图 2-20　拦截山坡储水层向路基的渗沟

a)路堤上方的渗沟;b)路堑边坡上方的渗沟

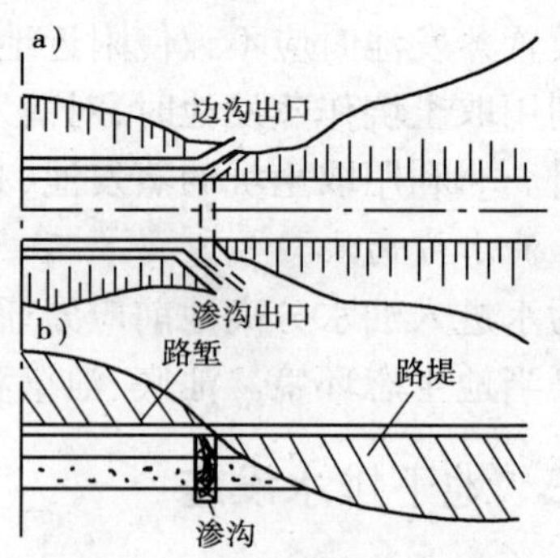

图 2-21　拦截路堑层间水的渗沟

a)平视图;b)侧视图

渗沟与暗沟在构造上差异不大,但其作用则大不相同。渗沟按排水层的构造形式,可分为盲沟、管式渗沟及洞式渗沟三类(如图 2-22 所示)。盲沟一般设在流量不大,渗沟长度不长的地段,排水层采用粒径较大的碎石、砾石填充。近些年来的高等级公路建设中,为防止泥沙淤

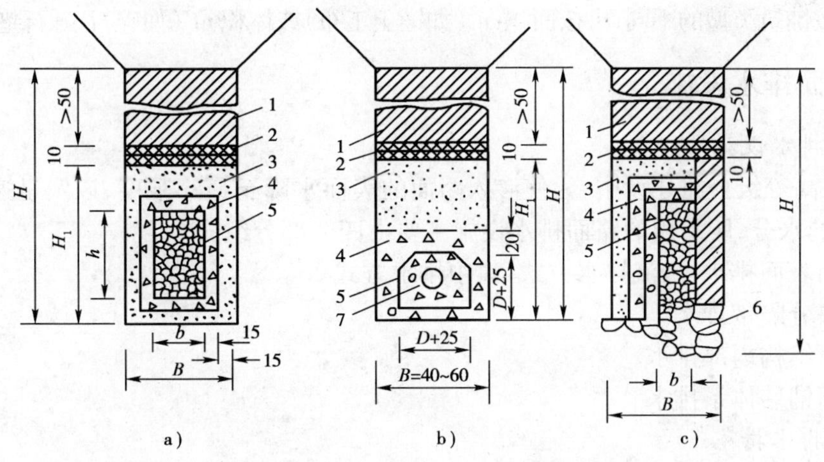

图 2-22　渗沟构造图(尺寸单位:cm)

a)盲沟;b)管式渗沟;c)洞式渗沟

1-黏土夯实;2-双层反铺草皮;3-粗砂;4-石屑;5-碎石;6-浆砌片石沟洞;7-预制混凝土管

塞排水孔隙,盲沟亦有用土工布包裹者,虽效果尚好,但造价较高。盲沟由于排水阻力较大,沟底纵坡一般以采用5%左右为宜。管式渗沟是用排水管排地下水,设于地下水埋藏较深及引水较长地段,深度可达5~6m。排水管集水部分的管壁应设渗水孔眼、缝隙或间隔,以保证向管内渗水。洞式渗沟用于地下水量较大地段,洞孔可用砌石构筑,其大小依设计流量而定,沟底纵坡应不小于0.5%,当沟底纵坡较大时,宜作成台阶式。

渗沟出口除必须保证泄水顺畅不产生倒灌现象外,还应注意不让水流停滞或冲刷路基边坡。渗沟施工宜由下游向上游施工,并应随挖、随撑、随填。

当路线经过地区地形平坦,地面水或浅层地下水无法排除影响地基稳定,而下面又有透水土层时,可设置像竖井或吸水井一样的渗井。渗井构造如图2-23所示。

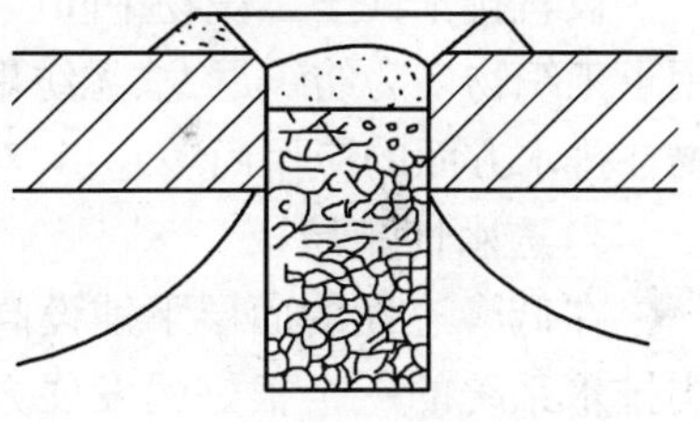

图 2-23　渗井构造图

渗水井上部为集水结构,四周除留进水口外,井口周围可用黏土筑堤围护,亦可在顶上加筑混凝土盖,严防渗水井淤塞。渗水井下部为排水结构,井深必须穿过不透水层而达透水层内,井内填充碎、砾石及粗砂等透水材料。渗井造价高于渗沟,一般不轻易采用。

渗沟及渗井的计价,《公路工程国内招标文件范本》技术规范规定按修建长度以m为单位计量。但由于渗沟的设计尺寸不尽相同,其封闭层、反滤层、填充层的材料变化因素又较多,按m计量难度较大。实际工作中多按结构类型的不同,按渗沟、渗井的体积以m^3为单位计量。不论取定何种计量单位,计价时均应包括沟槽的开挖、整型、夯实、废方弃运、回填压实,材料的采备、供应、加工、运输,沟道或管道的铺设、安装,土工布、反滤层的设置等作业的费用。

3. 隔离层

当地下水位高,路线纵面设计难于满足最小填土高度时,可在路基内设置隔离层。隔离层由透水材料或不透水材料筑成。隔离层应设在最高地下水位之上,同时应高出边沟水位0.2m;隔离层至路基边缘的高度视公路等级而定,一般为0.45~0.70m。

隔离层按铺筑类型的不同,可按面积 m^2(如铺土工布)或体积 m^3(如碎石、砾石垫层)计价。

四、路面排水设施

1. 路面排水设施的组成

当前,在高等级公路建设中,为使渗入路面的表面水降至最小限度,以及迅速地排除进入路面结构内的水分,所采用的路面排水设施主要由四个部分组成。

(1)路面表面排水:漫流排水方式、集中排水方式。

(2)中央分隔带排水。

(3)路面结构内部排水。

(4)桥面铺装体系排水。

2. 路面排水措施

防止和减少路面水的损害应从结构本身入手。设置路面排水系统,将积滞在路面结构内的水分迅速排出路面和路基结构,改善路面的使用性能,是国内外工程实践中用得较多的一项措施,综合起来有以下几种类型。

1)开级配透水性沥青混凝土表层

这种不同于传统的密实型结构的面层,利用其相互连通的孔隙,使路表水迅速下渗并在路面结构层内排出,其排水效率远比表面径流为高;消除了路面水膜,减少水漂和喷雾并缓解镜面反射,另外还能降低噪声。

2)排水性土工织物中间层

设置排水性土工织物中间层以排除路面结构内的积水。土工织物的排水效果有好有坏,所用土工织物多为纺织尼龙、无纺聚丙烯和玻璃纤维几种,以无纺聚丙烯效果较好,但国内土工织物在排水方面的应用尚属起步,对于垂直差动位移和水平位移较大的情况,效果并不理想。

3)透水性基层

在低渗透性的面层下铺设高渗透性、强度足够的处治碎石基层,迅速排除渗入水是路面结构排水系统的一个很好的发展方向。

4)路面边缘排水系统

在路肩设置排水盲沟,排除路面结构中渗流到路面边缘的水。

5)中央分隔带排水

(1)一般路段中央分隔带排水。一般路段的中央分隔带,其排水系统的主要作用是排除中央分隔带范围内的表面渗水。在有表面铺面封闭的情况下,中央分隔带表面采用与两侧路面相同坡度的双向横坡,降落在中央分隔带上的表面水流向两侧路面,进入路面表面排水设施。当中央分隔带未采用铺面封闭时,分隔带表面作成向内微凹的横断面形式。降落在分隔带上的表面水横向流向分隔带的低凹处,汇集在分隔带的中央部位,一部分水通过中央分隔带回填土的渗透性向下渗流,一部分水沿纵坡方向流动(在流动过程中,亦向下渗透),排泄到桥涵水道中。中央分隔带排水系统主要由渗沟、渗沟内的集水管和每隔一定间距设置的横向排水管组成。

(2)超高路段中央分隔带排水。高等级公路超高路段不允许上侧半幅路面的表面水横向漫流过下侧半幅路面。因此,超高路段的中央分隔带,除应具有一般路段中央分隔带应具有的一切功能和构造要求外，尚应设置明沟拦截上侧半幅路面漫流过来的表面水。针对不同的中央分隔带形式，目前在高等级公路建设中主要采用以下两种方式：

①凸形中央分隔带。采取在中央分隔带路缘石外侧设置纵向格栅盖板沟，并通过每隔一定间距设置集水井，并通过横向排水管将水排出路基范围之外。

②凹形中央分隔带。在中央分隔带内设置纵向格栅盖板沟，上侧半幅路面的表面水直接漫流入中央分隔带内的纵向沟，每隔一定间距设置集水井，通过横向排水管将水排出路基范围之外。

第五节　路基边坡防护与加固

公路路基在水流、波浪、雨水、风力及冰冻等自然因素影响下，可能导致边坡坍塌、路基损坏等病害。为保证路基稳定，除做好排水设施外，还必须根据当地条件，因地制宜地采用经济合理的防护、加固措施。路基的防护与加固工程不仅可以稳定路基，而且可以美化路容，提高公路使用质量。高等级公路建设中，注重路基防护与加固尤为重要，采取植物防护不仅消除了施工痕迹，稳定了路基边坡，而且能使高等级公路景观协调，获得良好的环保效益及舒适的行车条件。

路基防护与加固工程，按其作用不同，可以分为坡面防护、冲刷防护和支挡构造物三大类。一般把防止冲刷和风化，主要起隔离作用的措施称为防护工程；把防止路基或山体因重力作用而坍滑，主要起支承作用的支挡结构物称为加固工程。

一、坡面防护

坡面防护主要是用以防护易于冲蚀的土质边坡和易于风化的岩石边坡，应根据边坡的土质、岩性、水文地质条件、坡度、高度及当地材料，采取相应防护措施。坡面防护包括植物防护和工程防护。

1. 植物防护

植物防护是一种施工简单、费用不高、效果较好的坡面防护措施。植物能覆盖表土，防止雨水冲刷，调节土的湿度，防止产生裂缝；固结土壤，避免坡面风化剥落。植物还能保护环境，美化路容。植物防护一般采用种草、铺草皮和种植灌木。高等级公路建设中，坡面植物防护往往与砌石或空心混凝土预制块（或煤渣空砖）铺筑的网格工程相结合，如图 2-24 所示。

图 2-24　植物防护

坡面防护应选择耐旱力强、容易生长、蔓面大、根部发达、茎低矮、多年生的草本植物；选择的花草应有观赏价值。坡面防护植树中，乔木不利边坡稳定，一般不宜采用。坡面防护树种应采用根系发达、枝叶茂盛、能迅速生长之低矮的灌木。植物生长要求的最小土层厚度见表2-15。

植物生长要求的最小土层厚度 表2-15

类别	草	灌木		乔木	
		大	小	浅根	深根
植物生长的最小土层厚度(cm)	15	30	45	60	90

计价时，对于不设圬工网格的植物坡面防护，种草、铺草皮及种植灌木丛，按铺、种面积以m^2为单位计量与支付；种植乔木按不同树种以株为单位计量与支付。计价中，包括树木、草皮、草籽的供应、运输、种植、浇水、施肥、铺撒表土、防虫、修剪、管理等作业的费用。

对于圬工网格内的植物坡面防护计价，有两种处理方式：一是把植物坡面防护的工作内容综合进圬工网格工程单价内；二是把圬工网格及植物坡面防护分别按其实际完成的工程量计量与支付。采用何种方式计价，在编制概算、预算时，应视公路工程定额的划分而定，在编制标底和报价时，应根据招标文件的规定而定。

2. 工程防护

1)坡面处治

边坡过陡或植物不易生长的坡面，可视具体情况，选用勾缝、灌浆、抹面、喷浆、嵌补、锚固、喷射混凝土等坡面处治措施，如图2-25所示。

图2-25 坡面处治

勾缝与灌浆适用于岩石较坚硬、不易风化的路堑边坡防护，节理裂缝多而细者用勾缝，大而深者用灌浆。勾缝与灌浆一般用水泥砂浆，裂缝较宽、较深时可用混凝土灌注。勾缝及灌浆前应将松动石块、泥土、草木根等杂质予以清除。

抹面适用于易风化而表面比较完整，尚未剥落的岩石边坡，如页岩、泥岩、泥灰岩或千枚岩等软质岩层。抹面应均匀紧贴坡面，抹面面积较大时，应留伸缩缝。对被处治坡面应进行清理，坑洼须用小石块嵌补整平，洒水湿润坡面，使砂浆与坡面结合良好。抹面完后应夯拍出浆抹光，注意洒水养生。

喷浆是将砂浆均匀喷射在易风化岩层的坡面上，形成一个保护层。喷浆防护坡面效果较好，施工也比较简便，但耗用水泥量较多。

嵌补适用于补平坡面岩石中较深的局部凹坑,或者边坡上有一层较松软和易风化的岩层已被风化成凹陷时,防止岩石继续破损碎落,以保证整个边坡稳定。嵌补一般可用砌石方式完成。

锚固适用于岩石层理或构造面倾向路基、有顺层滑动的可能时采用,其做法是垂直岩面钻孔至不滑动的较完整或坚硬岩层中,将钢筋穿入,灌注混凝土使其固结,阻止不稳定的岩层下滑。

喷射混凝土与喷浆一样,适用于易风化但尚未严重风化且坡面较干燥的岩石边坡。对高而陡的边坡,上部岩层较破碎而下部岩层完整的边坡和需大面积防护的边坡,采用喷射混凝土较为经济,喷射厚度以 8cm 为宜,分 2 ~ 3 次喷射。高等级公路建设中,喷射混凝土防护坡面常与锚固钢筋配合使用,防护效果良好。

坡面处治一般按处治面积计量与支付。但由于处治对象的地形、地质情况变化较大,处治方案的可变因素又较多,按面积计价时的工程含量往往也出入较大,实际工作中也经常按处治的设计体积以 m^3 为单位计量与支付。

2)护坡及护面墙

护坡一般用于填方坡面,可用砌石或铺砌混凝土预制块、煤渣空心砖等材料构筑。护坡有满铺式、条式及网格式等多种铺筑形式。护坡用于冲刷防护时应符合防冲刷的技术要求。

护面墙一般用于软质岩层或较破碎岩石挖方边坡较陡的地段,护面墙不承受墙后侧压力,故所防护的边坡应无滑动或滑坍情况,挖方边坡应符合稳定要求。由于施工后的岩石路堑边坡不能完全平整,护面墙修筑前应适当清理,清理出新鲜面应及时砌筑,并注意护面墙厚度必须满足设计要求(见表 2-16)。护面墙顶部应用原土夯填或砂浆抹面,防止边坡水流冲刷及水渗入护面墙墙后引起破坏。

护面墙墙厚尺寸表 表 2-16

墙高 H(m)	边坡比(高:宽)	墙厚(m)	
		墙顶	墙底
$H \leqslant 2$	1:0.5	0.4	0.4
$2 < H \leqslant 6$	1:0.5	0.4	$0.4 + H/10$
$6 < H \leqslant 10$	1:0.5 ~ 1:0.75	0.4	$0.4 + H/20$
$10 < H < 15$	1:0.75 ~ 1:1	0.6	$0.6 + H/20$

护面墙基础应置于可靠地基上,对个别软弱段落,可用拱形结构跨过,如图 2-26 所示,有时为使墙面美化,亦可采用拱形。为增加护面墙的稳定性,可分台阶设置,如图 2-27 所示。对于防护松散夹层的护面墙,最好在夹层底部土层中留出 1m 宽的边坡平台,并予加固,如图2-28 所示。对于岩性极不相同的挖方边坡,应根据具体情况综合考虑,如图 2-29 所示的上部软质岩石形成凹洞,可用干砌或浆砌圬工补平,以支撑其上面的岩层,坡脚则设置护面墙。

护坡及护面墙一般按圬工体积以 m^3 为单位计价。计价中,应包括挖(清)基、备料、搭拆脚手架、砌筑、勾缝、养生等作业的费用。

二、沿河路基防护

沿河路基,直接承受水流冲刷,为了保证路基稳定坚固,必须采取措施防止冲刷。冲刷防护有两种类型，一种是直接防护，以加固岸坡为主；另一种是间接防护，以改变水流方向，降低流速，减少冲刷为主。设计时应根据河流特性、河道地形、地质、水文条件，采用直接加固岸坡或导流构造物改变水流性质，也可采用综合防护措施。各种冲刷防护工程均应加强基础处理，一般应将基础埋置于冲刷深度以下或置于基岩上。

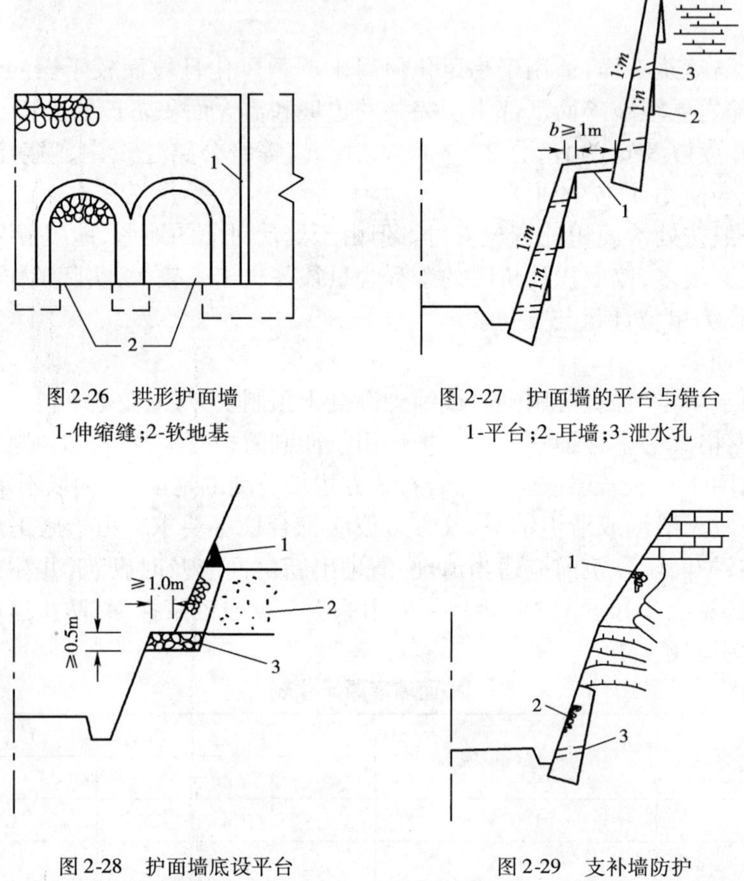

图 2-26　拱形护面墙
1-伸缩缝；2-软地基

图 2-27　护面墙的平台与错台
1-平台；2-耳墙；3-泄水孔

图 2-28　护面墙底设平台
1-封顶；2-松散夹层；3-平台

图 2-29　支补墙防护
1-支补墙；2-护面墙；3-泄水孔

1. 直接防护措施

路基边坡及河岸冲刷防护主要类型如表 2-17 所示。

表中植物防护及石砌护坡的基本情况同前述坡面防护。石笼防护使用范围比较广泛，可用于防护河岸或路基边坡，同时也是加陡边坡、减少路基占地宽度及加固河床、防止淘刷的常用措施，石笼可作成多种形式，常见的为箱形、扁长形及圆柱形等。

抛石防护主要用于受水流冲刷的边坡和坡脚，以及挡土墙、护坡的基础等。抛石的石料尺寸，应视水深、流速和波浪情况确定。抛石防护横剖面如图 2-30 所示。

计价时，植物防护同前述坡面防护。护坡及护岸挡墙计价除一般常规所包含内容外，还应充分考虑开挖基础中的排水因素，增加围堰及抽水、排水等工作内容。抛石、石笼按抛、堆体积以 m^3 为单位计量与支付，计价中包括材料（石笼含铁丝或钢筋等）的采备、供应、运输，石料抛掷或堆码，石笼的制作、笼内装石、捆扎安放等作业的费用。

路基边坡及河岸冲刷防护工程 表2-17

防护类型	结构形式	适用条件		注意事项
		容许流速(m/s)	水文地形条件	
植物防护	铺草皮	1.2~1.8	水流方向与路线近乎平行,不受各种洪水主流冲刷的季节性漫水的路堤边坡防护	
	种植防水林、挂柳		有浅滩地段的河岸冲刷防护	
干砌片石护坡	单层干砌厚一般为0.25~0.35m 双层干砌厚上层为0.25~0.35m 下层为0.15~0.25m	2~4	水流方向较平顺的河岸滩地边缘,不受主流冲刷的路堤边坡	应设置垫层,厚度一般为0.1~0.2m
浆砌片石护坡	厚0.25~0.4m 厚0.3~0.6m	4~6 4~8	主流冲刷及波浪作用强烈处的路堤边坡	有冻胀变形的边坡上,应设置垫层
抛石	石块尺寸根据流速波浪大小计算,一般为0.3~0.5m	3	水流方向较平顺,无严重局部冲刷地段、已被水浸的路堤边坡及河岸	抛石厚度不应小于石块尺寸之两倍
石笼	镀锌铁丝编织成箱形或圆形笼内填石块	5~6	受洪水冲刷,但无滚石的地段和大石料缺少地区	
浸水挡土墙	浆砌片(块)石或混凝土	5~8	峡谷急流地段,水流冲刷严重地段	基础应埋在冲刷线以下1m,冰冻线以下0.25m。基础前设冲刷防护措施,墙身设泄水孔
混凝土预制块板	平面尺寸一般为0.3~0.5m^2,厚度为0.06~0.25m。受波浪作用严重的地方,平面尺寸可用2.0~3.0m^2,厚度可用0.5m	3~12	水流急、冲刷严重地段及无石料地区	应设置垫层,厚度一般为0.1~0.2m

2. 间接防护措施(导治构造物)

为调节水流流速及方向,防护路基免受水流冲刷,可设置导治构造物。设置导治构造物时,应根据河道的地形、地质、水文条件和防护要求,合理规划、布设,应特别注意设置导治构造物后不使农田、村庄和上下游路基冲刷加剧。导治构造物一般可采用顺坝、丁坝、石笼护坡等。设置顺坝、丁坝等导治构造物时应注意坝身、坝头、坝根及坝基的冲刷。坝根应嵌入河岸足够深度,一般为3~5m,必要时与坝根连接的河岸应予加固。

顺坝常与水流平行,对通航河流比较适宜,多用于凹岸,起疏导水流作用,顺坝起点(上游)应选择水流匀顺的过渡河段,终点可与河岸连在一起。当顺坝为淹没式时,可在坝后设置格坝,以便淤积及防止边坡与河岸遭受冲刷。

丁坝能将水流挑离河岸,用于改变流向、减低流速及束水归槽,改变流态,保护河岸和路基。按丁坝轴线与水流方向夹角，丁坝可分为上挑式、下挑式和正挑式。丁坝长度一般不宜大于河宽的1/4，坝间相距一般为坝长的1～1.25倍，水流较平地段，可增至3～4倍，淹没式丁坝的下游适当长度内应进行铺砌。丁坝断面为梯形，其尺寸及边坡坡度可参照表2-18确定。

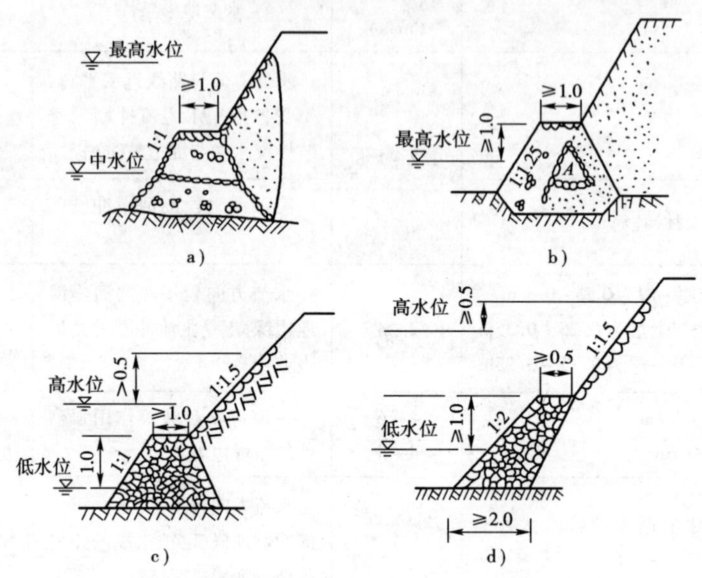

图2-30　抛石防护（尺寸单位：m）

丁坝断面尺寸及边坡坡度　　表2-18

类别	坝头顶宽(m)	坝身顶宽(m)	坝头边坡	迎水边坡	背水边坡	备　注
渗水坝	2～4	2～3	1:2.5～1:4.0	1:2.0～1:2.5	1:1.5～1:2.5	当坝高低于3.0m，流速较大时，坝顶宽应由计算确定
石坝			1:1.0～1:3.0	1:0.5～1:2.0	1:0.5～1:2.0	坝顶宽由计算确定（不包括浆砌片石）
石梢坝	2～4	2～3	1:2.0～1:4.0	1:1.5～1:2.5	1:1.5～1:2.5	

导治构造物计价一般按圬工体积以 m^3 为单位计量与支付。计价中包括以挖基开始至圬工完成的一切相关费用。

三、支挡构造物

支挡构造物用以防止路基变形或支挡路基本身，以保证路基稳定性。常用的支挡构造物类型有各种挡土墙、垄石、填石、石垛等具有承重作用的构造物。

挡土墙在公路工程中的运用相当广泛，既可用以稳定路堤和路堑边坡，减少挖填土石方工程量，又可用于防止水流冲刷路基，更常被用作整治滑坡、崩坍等路基病害。挡土墙种类很多，可根据设计要求及现场条件，材料供应等多种因素因地制宜，经济合理地设置与选择。

1. 普通重力式挡土墙

普通重力式挡土墙依靠墙身自重支撑土压力，一般多采用片块石砌筑，在缺乏石料地区有时也用混凝土修建。重力式挡墙圬工量较大，但其断面形式简单，施工方便，可就地取材，适应性较强，在公路工程中应用最为广泛。

重力式挡土墙应有排水设施，以疏干墙后土体，避免墙后积水形成静水压力，减少寒冷地区回填土的冻胀压力，消除黏性土填料浸水后的膨胀压力(如图2-31所示)。

为避免地基不均匀沉陷引起墙体开裂，应在地质条件变化处设置沉降缝；为防止圬工硬化收缩及温度变化产生裂缝，应设置伸缩缝。沉降缝和伸缩缝可合并设置，一般墙长10～15m设置一道。

重力式挡墙的墙背，应根据地形条件、挡墙作用等因素，采用仰斜、俯斜、垂直或折线形，墙背坡度一般不宜缓于1∶0.3。

2. 衡重式挡土墙

衡重式挡土墙利用衡重台上的填料和全墙重心后移增加墙身稳定，减小墙体断面尺寸。衡重式挡墙墙面坡度较陡，下墙墙背又为仰斜，故可降低墙高，减少基础开挖工程量，避免过多扰动山体的稳定。作为路堑墙，有时还可利用台后净空拦挡山坡碎落物。

衡重式挡土墙基底面积较小，对地基承载力要求较高，应设置于较坚实的地基上。衡重式挡土墙形式如图2-32所示，图中墙体面坡通常采用1∶0.05，上墙墙背俯斜坡比为1∶0.25～1∶0.45之间，下墙墙背仰斜坡比为1∶0.25。上墙下墙的高度比采用2∶3，衡重台宽度通过计算、验算确定。

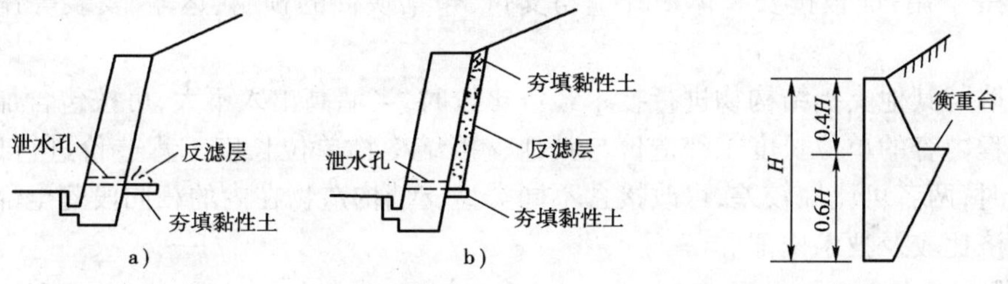

图2-31　墙背排水设施

图2-32　衡重式挡土墙示意图

衡重式挡土墙和普通重力式挡土墙一样，一般多为石砌圬土，其构造要求及其他技术规定与普通重力式挡土墙基本相同。

重力式和衡重式挡土墙计价时，按圬工砌体体积 m^3 为单位计量与支付，计价中包括挖基、搭拆脚手架、拌运砂浆、砌筑、勾缝、养生等作业的费用。护岸墙及浸水挡土墙还包括挖基及砌筑过程中的围堰、排水费用。

3. 加筋土挡土墙

加筋土挡土墙(见图2-33所示)是由面板、筋带和填料三部分组成的复合结构，依靠填料与筋带的摩擦力来平衡面板所承受的水平土压力，即保持加筋土挡土墙的内部稳定；并以这一复合结构去抵抗筋带后部一般填料所产生的土压力，即起支挡作用，获得加筋土挡墙的外部稳定。

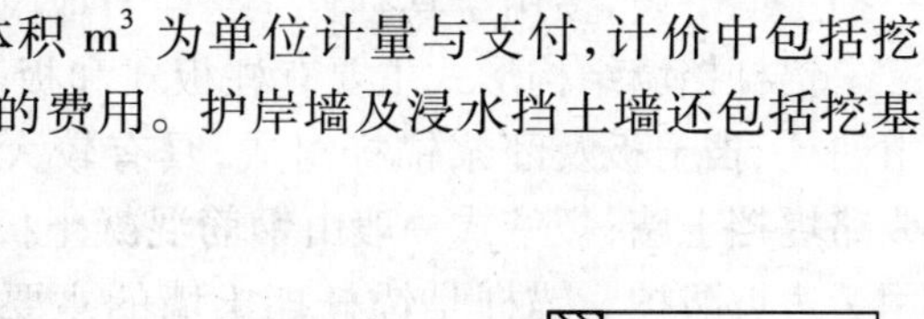

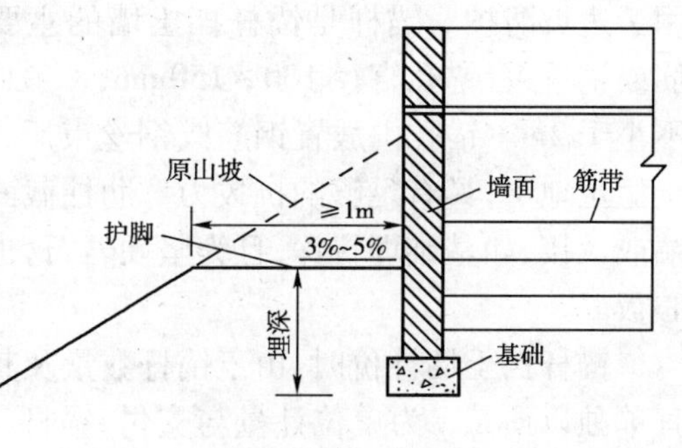

图2-33　加筋土挡土墙

加筋土挡土墙的面板一般采用钢筋混凝土预制块件，厚度应不小于8cm，形状可为十字形、六角形、L形、矩形、槽形等，墙顶和角隅可采用异形板和角隅面板。筋带有扁钢带、钢筋混凝土带、聚丙稀土工带等，高等级公路的加筋土挡土墙以不采用聚丙烯土工带为好。钢筋混凝土带应分节预制，分节长度一般宜小于3m，形状为条形或楔形，截面尺寸宽10～25cm，厚6～8cm，受力钢筋直径不小于8mm。钢筋混凝土带的接长及其与面板的连接，可采用钢筋焊接或螺栓结合，结合点应作防锈处理。

加筋体填料最好采用有一定级配的砂、砾类土，也可采用碎石土、中低液限黏性土、稳定土及满足质量要求的工业废渣。一般不要采用高液限黏性土及其他特殊土，禁止采用腐殖土等不良土壤作填料。

加筋土挡土墙布设区域内出现层间水、裂隙水、涌泉时，应先修筑排水构造物，再作加筋土工程。加筋土挡墙工程中的反滤层、透水层、隔水层等防排水设施应按图纸要求与加筋体施工同步进行。

加筋土挡土墙是一种复合结构，组合因素较多，计价宜分部分项按公路工程定额划分的细目计价。按照《公路工程国内招标文件范本》工程量清单的要求，可分为基础、面板、筋带、填料分别计价。基础可分砌石或混凝土，筋带可分塑带、钢带或钢筋混凝土带，填料可分天然料或人工配合稳定土等。计量单位除塑带、钢带按t计外，其他均以体积m^3计。计价中，基础应含基坑开挖、回填、夯实及基底处理、废方弃运等费用，填料应含反滤层、透水层、隔水层等防排水设施及压实等费用，面板按安装体积计量与支付，包括块件的预制、运输、安装等作业的费用。

加筋土挡墙与其他支挡结构物进行技术经济比较时，当墙高出入不大，可按包含加筋土复合体的全部工程内容的单位长度工程造价与其他支挡结构物单位长度工程造价进行比较；当墙高出入过大时，两者可比性较差，可改接含不同类型支挡构造物在内的相同段落全部路基工程造价进行经济比较及技术论证。

4. 锚杆挡土墙

锚杆挡土墙（如图2-34所示）是由钢筋混凝土墙面和锚杆组成的支挡构造物，它依靠锚固在稳定地层的锚杆所提供的拉力维持挡土墙平衡，多用于具有较完整岩石地段的路堑边坡支挡。

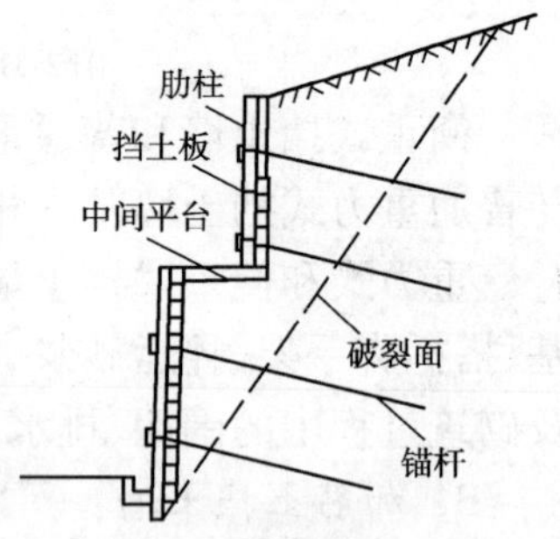

图2-34　两级柱板式锚杆挡土墙结构示意图

锚杆挡墙结构形式主要有柱板式和板壁式两种。柱板式一般由肋柱、挡土板及灌浆锚杆组成，具有较大的抗拔力，可用于路堑或路堤挡土墙；板壁式一般由钢筋混凝土板和楔缝式锚杆组成，多用于边坡防护。锚杆是锚杆挡土墙的主要受力构件，可为单根钢筋或钢丝束，锚孔直径100～150mm，一般向下倾斜10°～15°，间距不小于2m。锚孔内放置钢筋或钢丝束后，灌注水泥砂浆使其锚固于稳定地层，具有足够的抗拔力。肋柱截面多为矩形，也有设计为T形的，底端一般作成自由端或铰接，如基础埋置深，且为坚硬岩石，也可作为固定端。挡土板可采用槽形板、矩形板和空心板。

锚杆挡土墙计价时，由于锚杆数量及其埋置深度受地形、地质条件的变化因素影响较大，宜单独以质量t为单位计量与支付，锚杆计价内容包括钻孔、灌浆等与锚杆相关的一切工作。除锚杆外的钢筋混凝土肋柱、挡土板以圬工体积m^3为单位计量，计价内容包括混凝土块件

(含钢筋)的预制、安装等工作。锚杆挡土墙墙后填土或填料,不应作为锚杆挡土墙的相关项目计入,应在路基土石方作业中计价。

5. 锚定板挡土墙

锚定板挡土墙(见图2-35所示)是一种适用于填方的轻型支挡结构物,由墙面系、钢拉杆、锚定板组成,依靠埋置于填料中的锚定板所提供的抗拔力维持挡土墙的稳定,主要特点是结构轻、柔性大。

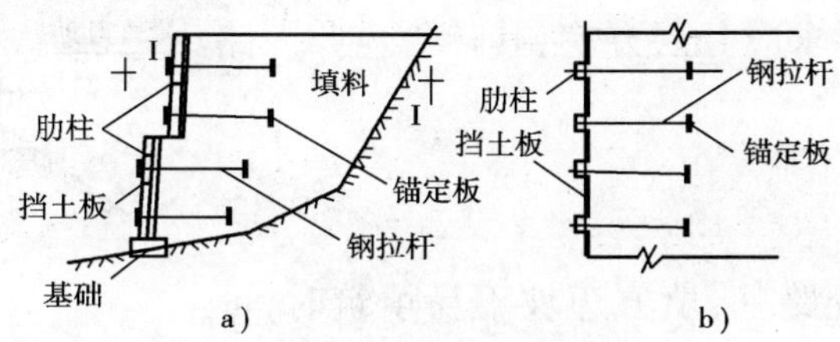

图2-35 肋柱式锚定板挡土墙结构示意图

a)横剖面;b)平剖面I—I

锚定板挡土墙主要有肋柱式和无肋柱式两种。肋柱式由肋柱、挡土板、锚定板、钢拉杆、连接件和填料组成,一般还需设置基础。无肋柱式的墙面因无肋柱,外形美观,施工简便,但受力状况差于有肋柱式。锚定板挡土墙单级墙高不宜高于6m;双级的上、下两级间宜设平台,平台宽度不小于1.5m,肋柱错开布设。

肋柱式锚定板挡土墙与锚杆挡土墙相似。墙面板一般为钢筋混凝土板;锚定板通常采用面积不小于0.5m^{2}的方形、矩形钢筋混凝土板;拉杆宜采用螺纹钢筋,钢筋直径不宜小于22mm,亦不宜大于32mm;肋柱基础可采用条形。基础设置要牢固,肋柱式锚定板挡墙变形量较小,可用作路肩、路堤挡土墙。锚定板挡墙的填料应与墙面板及锚定板的施工同步进行,分层夯实。填料宜采用砾石及细粒土,不得采用膨胀土、盐渍土、有机质土及巨粒土。

锚定板挡土墙的计价原则与加筋土挡土墙相同。

6. 钢筋混凝土悬臂式与扶壁式挡土墙

钢筋混凝土悬臂式、扶壁式挡土墙(见图2-36所示)依靠墙身自重和底板上填料及车辆荷载的重量维持挡墙稳定,也是一种轻型支挡结构物,适用于石料缺乏及地基承载力较低的填方地段。

悬臂式墙高一般不大于6m,当墙高大于4m时,宜在臂前设置加劲肋。为增加抗滑稳定性,减少墙踵板长度,通常在墙踵板底部设置凸榫(防滑键)。立臂为固结于墙底板的悬臂梁,墙身较高时,宜将底部臂端截面适当加厚。墙踵板长度由全墙的抗滑稳定验算确定,踵板厚度通常为墙高的1/12~1/10,且不应小于30cm;墙趾板的长度由全墙的抗倾覆、基底应力和偏心距等条件确定;凸榫高度由凸榫前土体的被动土压力满足全墙抗滑稳定要求确定,厚度应满足混凝土抗剪、抗弯的技术要求,并不宜小于30cm。

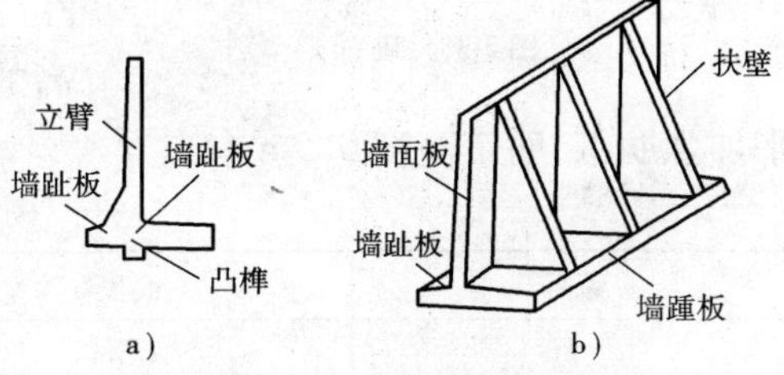

图2-36 悬臂式挡土墙和扶壁式挡土墙结构示意图

a)悬臂式;b)扶臂式

扶壁式与悬臂式的主要区别在于墙后间隔一定

距离增设了扶壁，改善了墙面板的受力状况，墙高可达10m。扶壁式的墙趾板和凸榫构造、墙面板厚度等与悬臂式相同。

钢筋混凝土悬臂式及扶壁式挡土墙的计价可按圬工体积以 m^3 为单位计量与支付，计价内容包括挖基及混凝土浇筑、养生等一切相关费用。钢筋可按《公路工程国内招标文件范本》规定，按不同级号的质量以t为单位计量，计价中包括钢筋的供应、运输、除锈、加工、焊（搭）接、绑扎、安装等作业的费用。墙面板后填料按要求应分层夯实，其计价应归入路基土石方作业中计价。

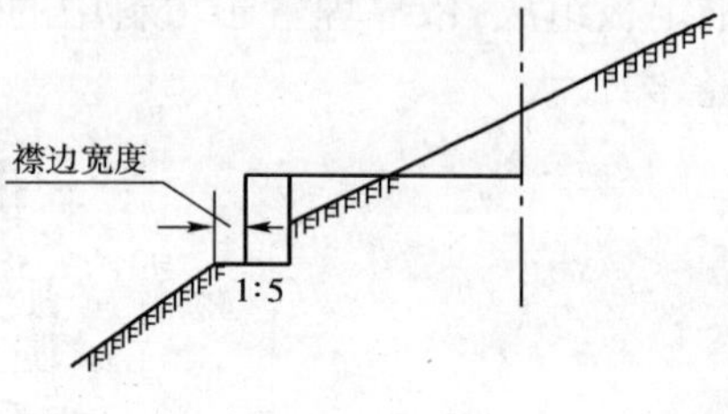

7. 护肩及砌石

1）护肩

陡山坡上的半填半挖路基，填方边坡不易填筑时，可以修筑护肩（如图2-37所示）。护肩应用当地不易风化的片石砌筑，一般不超过2m高，内外坡面均直立，基底向内1∶5倾斜。护肩顶宽0.8（高度小于1m）~1.0m（高度大于1m），护肩襟边宽度应符合表2-19的规定。

图2-37　护肩

襟边宽度　　表2-19

地基地质情况	襟边宽度（m）
轻风化的硬质岩石	0.2~0.6
风化岩石或软质岩石	0.4~1.0
坚硬的粗粒土	1.0~2.0

护肩顶部0.5m高度范围内最好浆砌。墙后填料宜为开山石块，基础应设在岩石或坚实粗料土上。

2）砌石

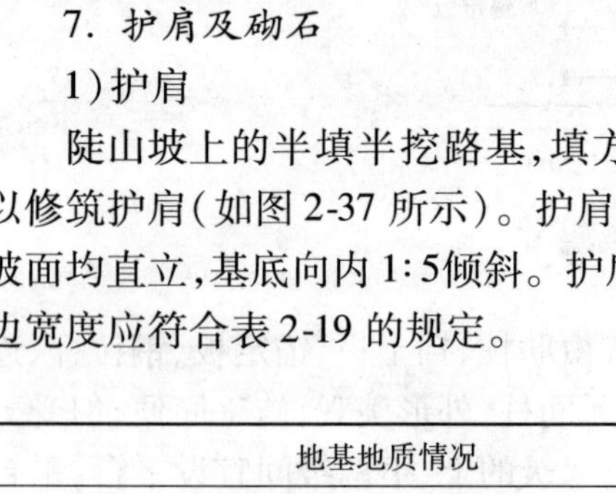

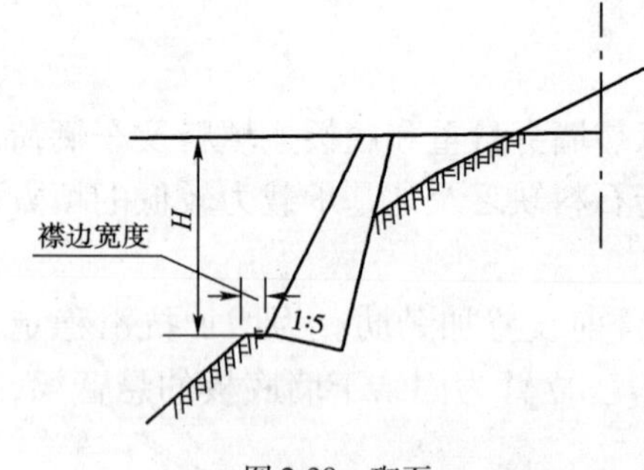

图2-38　砌石

陡山坡上的半挖半填路基，填方边坡不易填筑时，可采用砌石（如图2-38所示）。砌石应用当地不易风化的开山片石砌筑，顶宽一律采用0.8m，基底向内1∶5倾斜。砌石的襟边宽度与护肩规定相同。砌石墙体的内外坡面坡比依墙高按表2-20的规定采用。

砌石顶部0.5m高度范围内最好浆砌。墙后填料宜为开山石块，基础应设在岩石或坚实粗粒土上，高度超过8m的砌石，底部0.5m高度范围应用M5砂浆砌筑。较高的砌石应从上往下每4m左右夹以M5砂浆砌筑的水平加强肋带，肋带高度0.5m左右。

砌石边坡坡度　　表2-20

编号	高度	内坡坡度	外坡坡度
1	≤5m	1∶0.3	1∶0.5
2	≤10m	1∶0.5	1∶0.67
3	≤15m	1∶0.6	1∶0.75

受洪水影响的沿河路基砌石,应视水流冲刷情况予以加固,其基础必须设在基岩上或冲刷深度以下的坚实粗粒土上。

护肩和砌石一般设于石方路段或距生产石料地点较近之处。分析工程造价时,可应用砌石挡土墙定额区分干砌、浆砌分别计价。计价时,应特别分析其所用石料与一般构造物所用石料的价格构成因素差异(如石料只需捡清,不需开炸,运距较近等)区别对待。

8. 垒石、填石、石垛

山区公路在丰产石料及石方开挖地段,因地制宜设置垒石、填石或石垛等支挡构筑物,既能保证路基稳定,又能节约工程投资。

干砌垒石应有一定的设计断面,以保证其自身稳定及承受垒石体后侧压力。垒石砌体宜用0.3~0.5m 以上石块堆砌,基底承压力应能满足设计要求,基础底面作成向内1:5倾斜,石质基底应作成台阶。

填石地段的边坡必须堆码成符合设计要求的坡比,填心应经过整理堆砌,严禁抛填。填石的填筑必须分层进行,每层厚度应不大于50cm,石块最大尺寸应小于层厚的2/3。较大石块应大面朝下摆平放稳,石块之间要用碎石和石屑填满铺平。压实应使用重型或振动压路机分层进行,以重轮下不出现石块松动,用锹难以挖动,须用撬棍才能松动,或重锤下落不下沉及发生弹跳为止。填石高度以不超过路床面150cm 为宜,即路床面以下一定高度范围内应为土方填筑。

石垛可用于支撑路堤坡脚或防护路堤坡脚免受冲刷。石垛一般为干砌片石,外侧边坡坡比宜采用1:1,当边坡不高且用较大的平整石块砌筑时,亦可减为1:0.75。石垛基础应有适当的入土深度,基底应整平或挖成较宽的台阶,石块堆砌应彼此嵌紧。

垒石、填石、石垛按设计的断面尺寸,以堆砌体积 m^3 为单位计量与支付。由于垒石、填石、石垛的石料一般系利用开山石方,故工程所需的堆砌石应不作价或少许作价,这是垒石、填石、石垛等此类支挡构筑物与干砌片块石挡土墙、护肩及砌石等干砌工程的主要差异。

四、改移河道

为防止沿河路基被冲毁,或减少路基防护工程,有条件时可采取改移河道措施。改移河道必须慎重对待,应在充分调查研究的基础上,掌握河性及其演变规律与造床作用等特点,因势利导,确保新开河道水流不重归故道,并要求不致影响农田水利设施和村庄、道路的使用及安全。

新开河道的设计流量应按路基设计洪水频率计算。新开河道的断面一般不应压缩,应比照原河床状态设计,河宽与原河道稳定河宽大致相等。

改河工程的土石方作业可比照路基土石方作业计价。改河工程中设置的拦河坝、石砌护坡、河床铺砌、导流构造物等附属工程,按其相近的公路工程定额计价。

第六节　软弱地基处理

软土在我国滨海平原,河口三角洲、湖盆地周围及山涧谷地均有广泛分布。在软土地基上修筑路基,若不加处治,往往会发生路基失稳或过量沉陷,导致公路破坏或不能正常使用,近些年来,高等级公路建设的工程实践反复证明,软弱地基处理是路基工程设计、施工中需要特别引起注意的问题。

一、概述

所谓软土,从广义上说,就是强度低、压缩性高的软弱土层。以孔隙比及有机质含量为主,结合其他指标,可将软土划分为软黏性土、淤泥质土、淤泥、泥炭质土及泥炭五种类型。通常把淤泥、淤泥质土、软黏性土总称软土,把有机质含量很高的泥炭、泥炭质土总称泥沼。

泥沼比软土具有更大的压缩性,但它的渗透性强,承受荷载后能够迅速固结,工程处治比较容易。

软土分类及其物理力学特征见表2-21。

软土分类及其物理力学特征 表2-21

类型	天然重度 γ (kN/m^3)	含水量 w (%)	空隙比 e	有机质含量(%)	压缩系数 $a_{0.1\sim0.3}$ (MPa^{-1})	渗透系数 K (cm/s)	快剪强度		标准贯入值 $N_{63.5}$
							c_u (kPa)	φ_u	
软黏性土	16~19	$w_1<w<100$	>1.0	<3	>0.3	$<10^{-6}$	<20	<10°	<2
淤泥质土			1.0~1.5	3~10					
淤泥			>1.5						
泥炭质土	10~16	100~300	>3	10~50	>2.0	$<10^{-3}$	<10	<20°	
泥炭	10	>300	>10	>50		$<10^{-2}$			

软土按其成因大致可分为海洋沿岸沉积和内陆湖盆地沉积两大类。按其沉积环境及特征差别,则可分为7种成因类型,见表2-22。

软土的成因特征 表2-22

成因类型		厚度(m)	特征	分布概况
滨海沉积	滨海相	60~200	面积广,厚度大,常夹有砂层,极疏松,透水性强,易于压缩固结	沿海地区
	三角洲相	5~60	分选性差,结构不稳定,粉砂薄层多,有交错层理、不规则尖灭层及透镜体,结构疏松	
	泻湖相	2~60	颗粒极细,孔隙比大,强度低,常夹有薄层泥炭	
	溺谷相		颗粒极细,孔隙比大,结构疏松,含水量高,分布范围较窄	
湖泊沉积	湖相	5~25	粉土颗粒占主要成分,层理均匀清晰,泥炭层多是透镜体,但分布不多,表层多有小于5m的硬壳	洞庭湖、太湖、鄱阳湖、洪泽湖周边,古云梦泽边缘地带
河滩沉积	河床相、河漫滩相、车辄湖相	<20	成层情况不均匀,以淤泥与软黏土为主,含砂与泥炭夹层	长江中下游、珠江下游及河口、淮河平原、松辽平原
谷地沉积	丘陵谷地相	<10	呈片状、带状分布,靠山边浅、谷中心深,谷底有较大的横向坡,颗粒由山前到谷中心逐渐变细	西南、南方山区或丘陵区

我国各地不同成因的软土都具有近于相同的共性，主要表现为：

(1)天然含水量高、孔隙比大。含水量≥35%，天然孔隙比≥1.0，饱和度一般大于95%，液限一般为35%~60%，塑性指数为13~30，天然重度为15~19kN/m³。

(2)透水性差。大部分软土的渗透系数为10^{-8}~10^{-7}cm/s。

(3)压缩性高。压缩系数为0.005~0.02，属高压缩性土。

(4)抗剪强度低。其快剪黏聚力在10kPa左右，直剪内摩擦角宜小于5°，十字板剪切强度<35kPa。

(5)具有触变性。一旦受到扰动，土的强度明显下降，甚至呈流动状态。

(6)流变性显著。其长期抗剪强度只有一般抗剪强度的0.4~0.8倍。

二、软土地基的勘察

1. 勘察软土表征

软土地基的工程地质勘察工作应充分研究已有地质资料，采取调绘、钻探、原位测试及物探等综合勘察手段，查明软土属性、类别、结构特征、分布范围及厚度等。

2. 调查气候、径流条件

气候条件如雨季土壤湿化，导致其积聚水条件，降低土的内聚力等内容；径流条件包括地表水、地下水作用，地下水位增高使土体重度增加，地下水流速加大促使土的潜蚀等。

3. 调查地形、地貌及其软土成因

为处治软土提供设计依据。

4. 取样试验

应使用薄壁取土器取准、取全原状样品，必要时采取连续取样措施，通过室内试验与现场测试，提供出各土层的物理、力学、水理性质及必需的化学性质指标。为避免长途运输对样品的振动和扰动，避免长期置放导致含水量变化，致使试验数据不能如实反映软土指标的量值，试验工作应及时在工地上进行。

5. 评价软土处治方案

通过现场调查及工程地质勘察、取样试验后，应对软土的发展趋势、危害程度，特别是修建公路工程的后果作出评价，提出合理、经济的处治措施。

调查、勘察结束后，应提供说明书、工程地质平、纵面图、钻孔柱状图、原位测试成果图、土工物理、力学、化学试验成果表及相应的相关照片、图表及文件。

三、软土地基的沉降与稳定性

在未经处治的天然软土地基单位面积荷载达到天然地基极限承载力时，能够填筑的路堤高度称为极限高度。均质厚层软土地基上路堤极限高度H可按下式估算：

$$H = 5.52 \times \frac{c_u}{\gamma}$$

式中：c_u——软土的快剪单位黏聚力；

γ——填土的重度。

软土地基孔隙比大，压缩性高，抗剪能力差，容许承载力低，排水固结慢，修筑路堤或建造

人工构造物时,会产生较大沉降及侧向变形,这种沉降及变形必须控制在容许范围内。

1. 沉降标准

沉降标准按我国国情并参考国外软基上修建高等级道路的有关规定,用容许工后沉降——路面设计使用年限内的剩余沉降来控制,见表2-23。

容许工后沉降　　表2-23

公路等级	容许工后沉降(m)		
	桥头路堤	与涵洞、箱形通道相邻路堤	一般路段路堤
高速、一级公路	≤0.1	≤0.2	≤0.3
二级(采用高级路面)	≤0.2	≤0.3	≤0.5

2. 影响沉降的主要因素

根据软土地基在荷载作用下的变形特征,地基总沉降的发生可分为瞬时沉降、主固结沉降和次固结沉降三部分。

计算主固结沉降时应考虑软土地基的应力历史条件,按正常固结、欠固结和超固结三种情况计算。次固结沉降是路堤主骨架上的有效应力基本保持不变的条件下,地基随时间增长而发生的沉降。地基总沉降也可以用沉降系数修正主固结沉降量得到,沉降系数为经验系数,它与地基条件、荷载强度、加荷速率等因素有关,应根据该地区沉降观测资料确定。

在软土地基上填筑路堤引起的沉降,一部分由地基固结产生,另一部分可能由于地基侧向变形而产生,如果填土速率控制得当,地基侧向变形处于弹性阶段;如果填土速率过快,地基可能产生局部塑性平衡区,这时由于侧向变形所引起的沉陷既有弹性变形引起的,又有超弹性变形引起的。因此,路堤填筑施工时,应控制填土速率,避免发生超弹性变形。

关于软基沉降、沉降量与时间关系、沉降计算等方面的理论、参数及计算方法,可参阅有关文献或资料。

3. 固结度计算

软土地基在路堤或其他人工构造物等荷载作用下,任意时刻的沉降量与软土地基的固结度有关。固结度与地基加载强度、加荷速率、地基地质条件(土的固结系数等)、加荷持续时间、排水形式与位置、排水面处附加应力与非排水面处附加应力比等有关。当设地下排水体处治时,还与地下排水体有效排水直径与井径比等有关。

固结度的具体计算方法可参阅有关文献或资料。

四、软弱地基处治措施

路基的整体稳定性必须等于或大于容许稳定安全系数,而沉降量则要求在路面设计使用年限内的工后沉降必须小于容许工后沉降,否则应进行地基处理。软基的处理方法多种多样,不同的措施是有其针对性的,有时需要采用综合治理。

软土地基处治时应遵循以下原则:投资少、效益高、少占农田和安全实用的技术经济政策;密切结合当地工程地质条件、材料供应、施工力量和工期要求,因地制宜,达到技术上先进,经济上合理;积极采用新材料、新工艺、新结构,提高劳动生产率,降低成本,缩短工期。

1. 砂垫层

砂垫层为设置于路堤填土与软土地基之间的透水性垫层,可起排水的作用,从而保证填土荷载作用下地基中孔隙水的顺利排出，既加快了地基的固结，还可以保护路堤免受孔隙水浸泡。砂垫层多采用中粗砂，厚度一般为0.6～1.0m，宽度比路堤底宽多0.5～1.0m（如图2-39所示）。

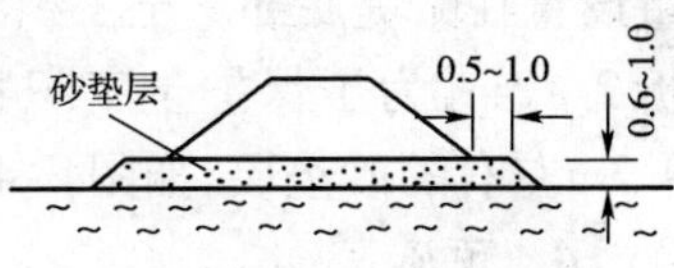

图2-39　排水砂垫层（尺寸单位：m）

设置砂垫层要注意防止被细粒所污染而造成堵塞，在砂垫层上下设反滤层。砂垫层适用于施工期限宽松，路堤高度为极限高度两倍以内，砂源丰富，软土地基表面无隔水层的情况。当软土层较薄，或软土底层又有透水层时，效果更好。

砂垫层往往还与其他处治措施配合使用，如与塑料排水板、袋装砂井、砂井等加固措施配合设置。

2. *浅层处治*

表层分布有软土且其厚度小于3m时，可采用浅层拌和、换填、抛石等方法进行处治。

浅层拌和添加料可用石灰、水泥等无机结合料；换填材料宜用水稳性好的材料，如砂、砾、卵石、片石等渗水性材料或强度较高的黏性土。换土能根本改善地基，不留后患，效果较好，适用于软土层不厚且易于排水的情况，水塘、河沟和古埋藏沟谷等局部分布的软土常用换土方法予以处理。但因软土地区地下水位一般较高，挖掘困难，换土深度一般不宜超过2m。

抛石挤淤是强迫换土的一种形式，它不必抽水挖淤，施工简便。抛石挤淤多采用不易风化石料，片石大小随软土稠度而定，对于流塑状态的淤泥，片石可稍小些，但一般不宜小于30cm，其含量不得超过20%，片石抛出水面后应用较小石块填塞垫平，以重型机械压实紧密，其上设反滤层后再填路基土。抛石挤淤结构如图2-40所示。

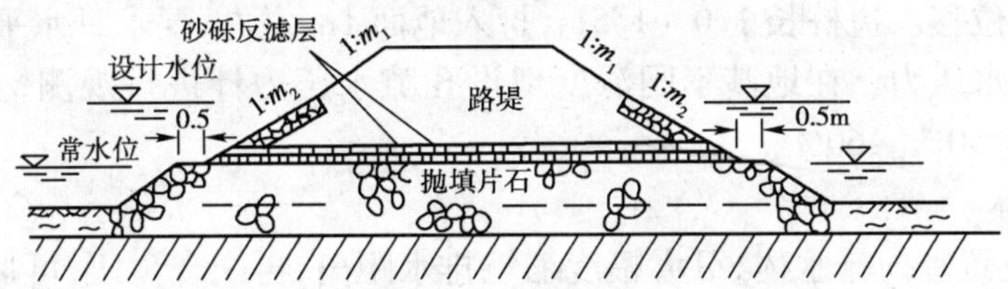

图2-40　抛石挤淤

爆破排淤也是一种浅层处治的换土方式。利用炸药爆炸时的张力作用，使软土扬弃或压缩，然后填以强度较高的渗水土或一般黏性土，达到换土的目的。爆破排淤法的换填深度较深，工效较高，适用于软土层相对较厚，调度大，路堤较高，施工期紧迫的情况。

爆破排淤可分先填后爆和先爆后填两种施工方法，前者适用于稠度较大，相对不稳的软土或泥沼，先填的路堤随爆随沉，避免回淤；后者适用于稠度小回淤较慢的泥沼或软土。实际施工中，也可以在爆破前备好填料，然后随爆随填，爆破一段，填筑一段。

3. *轻质路堤及加筋路堤*

轻质路堤指用粉煤灰等轻质材料填筑路堤，达到减轻路堤自重，以减少路堤沉降及提高路堤的稳定安全系数的目的。轻质路堤的填筑材料及施工工艺应符合设计要求及技术规范的有关规定。

加筋路堤指用变形小、老化慢的土工格栅、土工织物等抗拉的柔性材料作为路堤的加筋体，可以减少路堤填筑后的地基不均匀沉降，又可以提高地基承载能力，同时也不影响排水，大大增强路堤的整体性和稳定性。土工织物强度高的方向（即其纵向）应沿公路横向铺设，并尽量设置在路堤底部。土工织物铺设时，应顺路堤坡脚回折2～3m，为了保护土工织物，上下都应铺设厚0.2～0.3m左右的砂垫层，如图2-41所示。

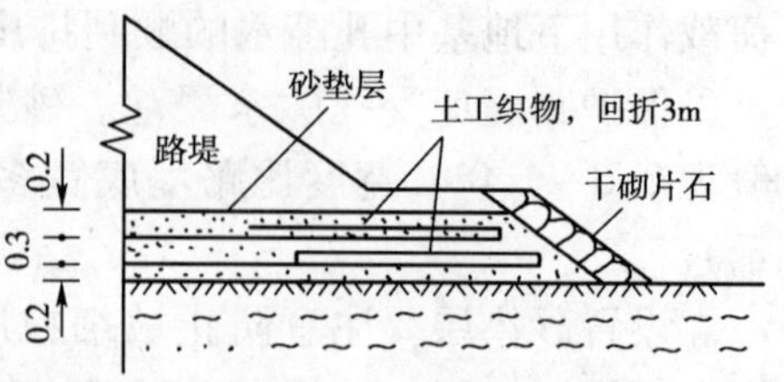

图2-41　土工织物加固软土地基(尺寸单位：m)

4. 预压

在软土地基上修筑路堤，如果工期不紧，可以先填一部分或全部，使地基经过一段时间固结沉降，然后再填足或铺筑路面；拟建桥涵等构造物处，先填土预压，待地基强度提高到一定程度后，挖去填土，再建构造物，称之为预压。预压分等载预压和超载预压，目的在于减少工后沉降，提高地基固结度。

预压效果与预压期及预压体高度有着重要关系。预压期可根据所需要的工后沉降或地基固结度而定，前者用于沉降起控制作用的路段，后者用于稳定性起控制作用的路段。当沉降及稳定均为控制因素，则选两者中较长的预压期。预压高度实际上起着对地基预加荷载的作用，由于预压过程中地基必然下沉，所以路堤实际填筑高度等于设计高度与预压期沉降量之和。当预压期受限制时，应采用超载预压的方法增大预压期沉降量，但超载预压高度应在保证路堤稳定的前提下实施。

预压加荷的速率应保证地基只产生沉降而不致丧失稳定。路堤较高时，可采取分级加荷，第一级加荷尽量大些，预压期一般都要半年至一年，加荷速率可用下列方法确定。

(1)地面沉降速率。通过埋设沉降板，每1～2d观测一次，要求中线表面日沉降量不大于10mm。

(2)边桩水平位移。边桩长1.0～1.5m，打入地面1m左右，要求日水平位移不超过5mm。

(3)地基孔隙水压力。在地基不同深度埋设孔隙水压力计进行观测，要求孔隙水压力不超过预压荷载力的50%～60%。

5. 竖向排水体

软土地基中设置竖向排水体，可大幅度缩短排水距离，再配合预压，可加速地基的固结，明显的提高预压效果，所以当超载预压高度受到稳定性制约时，多应用竖向排水体与预压相结合的处治措施。

常用的地下排水体有砂井、袋装砂井、塑料排水板等。竖向排水体间距不宜过大，以1～2m为宜，可布置成正方形或等边三角形。排水体长度依软土层厚度而定，对较薄软土层宜贯通，对较厚软土层，排水体长度按设计要求而定。

1)袋装砂井

从理论上讲，砂井井径只要能满足排水要求即可。软黏土渗透系数一般只有砂井渗透系数的1%，袋装砂井直径7～10cm即能满足排出孔隙水的要求。

袋装砂井的施工方式一般采用将导管打入法，即将内径约12cm的套管打入土中预定深度，将预先准备好的长度比砂井深长2m左右，用聚氯乙烯纤维织成的袋放在底部，装入一定重量的砂放入孔内，袋的上端固定在装砂漏斗上，以漏斗口将干砂边振边灌入砂袋，装满为止，徐徐拔出套管。

2)塑料排水板

塑料排水板是带有孔道的板状物体，插入土中形成竖向排水通道。塑料排水板施工简便、快捷，效果亦佳，在高等级公路建设中被广泛采用。塑料排水板加固软土地基如图 2-42 所示。

塑料排水板的结构形式可分为多孔单一结构型和复合结构型两大类。多孔单一结构由两块聚氯乙烯树脂板组成，两板之间仅有若干个类似突缘相接触，而其间留有许多孔隙，故透水性好。复合结构型塑料排水板内为聚氯乙烯或聚丙烯作成芯板，外面套以用涤纶类或丙烯类合成纤维制成的滤膜，板宽一般为 100mm，厚 3 ~4mm。

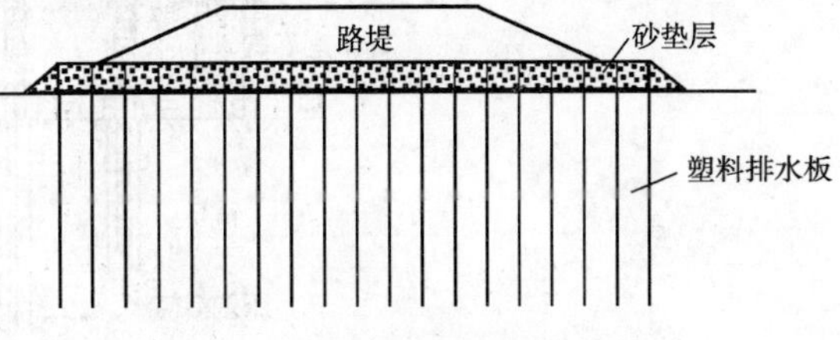

图 2-42　塑料排水板加固软土地基

塑料排水板要用插板机插入土中。插板机种类很多，从机型讲有轨道式、轮胎式、链条式、步履式等；从插设方法讲，一类是套管式插板机，另一类是无套管式插板机。套管式插板机操作时，系将塑料排水板置于套管中，随套管压入土中，达到设计深度后，拔出套管，在地面以上 20cm 左右切断排水板。无套管式插板机是用钻杆直接将塑料排水板压入土中，机型轻便，操作简单，速度快，但塑料排水板容易被损伤或随钻杆提升而带出，地基强度较大时更不宜使用。

6. 粒料桩

采用砂、砂砾、碎石、废渣等散粒材料，以专用振动沉管机械或水振冲器来成柱，使设有粒料桩的地基土体范围内桩体间土形成加固的复合地基。粒料桩对地基土有置换、挤密和竖向排水等作用。粒料桩的深度、直径、间距，应经稳定及沉降计算而确定。桩长、桩径除受地质条件制约外，还受机械设备能力的制约。当地质条件对施工方法的适应性不清楚时，应通过试桩加以核查。

粒料桩直径约 0.6 ~0.8m，以冲击或振动方法强力将粒料挤入软土地基，其施工步骤如下。

冲击式：将套管就位→提起芯管、灌粒料→锤击下沉→沉到设计深度→提起芯管、灌粒料→锤击套管和芯管→将粒料（如砂）挤出套管→提起套管和芯管→灌粒料、锤击芯管使粒料密实，直至形成桩体。

振动式：将带有垂直振动器的套管就位→振动下沉→将粒料灌入套管中→边振动边使套管上下运动→套管逐步上提→最后形成密实的桩体。

7. 加固土桩

用某种深层拌和的专用机械，将软土地基的局部范围用固化材料加以改善、加固，形成加固土桩，使加固土桩与桩间土形成复合地基。设计加固土桩只考虑其置换与应力集中效应，不考虑其固结排水与挤密作用。加固土桩的深度、直径、间距应经稳定性验算，并应满足工后沉降的要求。桩的直径与深度除受地质条件制约，还受机械设备能力的限制。

加固土桩的固化材料一般为水泥、石灰或 NCS 固化剂等。水泥宜用普通或矿渣水泥，硅酸盐水泥宜掺和石膏粉、粉煤灰。当土的渗透性较大或地下水流速过大时，为了防止水泥浆液流失，可掺入适量三乙醇胺和氯化钙等速凝剂。

旋喷桩施工程序如图 2-43 所示。施工时，工程钻机将旋喷浆管置入预定的地基加固深度，通过钻杆旋转，徐徐上升，将预先配制好的加固浆液，以一定的压力从喷嘴喷出，冲击土体，使土和浆液搅拌成混合体，形成具有一定强度的人工复合地基。

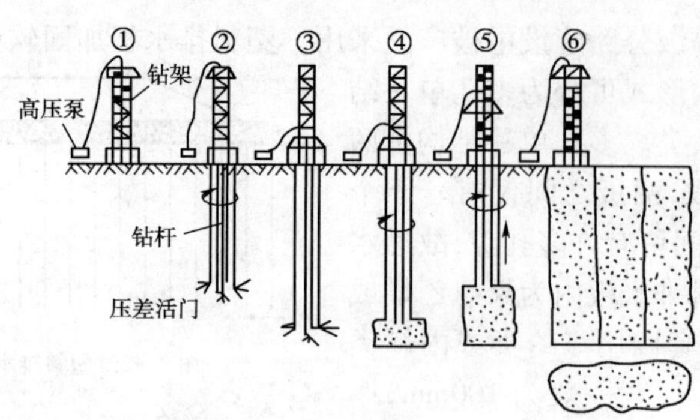

图 2-43 旋喷桩施工程序

五、造价分析

软弱地基处治方案较多，有单项或多项综合治理。一般以单项计价为宜。常见处治措施的名称及计量单位见表 2-24。

计价中，袋装砂井及塑料排水板按井底到砂砾垫层顶面的长度以 m 为单位计量，砂井由于井径变化，可按设计体积以 m^3 为单位计量。计价内容包括材料采备、运输及施工机械的操作，装砂、灌砂、套管沉入、拔出、桩机移位、沉降观测等作业的费用。

土工织物按铺筑面积以 m^2 为单位计量，计量时不得将搭接及卷边面积计入。计价内容包括土工织物的采备、供应、运输及原地面整平、铺筑土工织物、沉降观测等。

不同处治措施的名称与计量单位 表 2-24

名称		单位	名称		单位
1	砂井	m^3	10	砂桩	m^3
2	袋装砂井	m	11	碎石桩	m^3
3	塑料排水板	m	12	石灰砂桩	m^3
4	土工织物	m^2	13	旋喷桩	m^3
5	砂垫层	m^3	14	…	
6	石渣垫层	m^3	15	路堤预压填方	m^3
7	碎(砾)石垫层	m^3	16	预压填方及换土填方超运	$m^3 \cdot km$
8	抛石挤淤	m^3	17	移除预压多余填方	m^3
9	换土	m^3	18	…	

垫层及抛石按设计尺寸的体积以 m^3 为单位计量。计价内容包括材料采备、运输、摊铺、整平、压实等作业的费用。

换土按换填压实的体积以 m^3 为单位计量。计价中包括软土的翻挖、运弃，换填好土的挖、运、摊铺、整平、压实、整形，沉降观测等作业的费用。挖除的软土弃置及换填好土的运入，应包含一定距离的免费运距，该免费运距由公路工程定额或招标文件给出。超出免费运距后另计超运费用，以运量单位 $m^3 \cdot km$ 计量，计价按公路工程土石方运输定额中的"增运"计列。

粒料桩(砂桩、碎石桩、石灰砂桩等)按形成桩体的体积以 m^3 为单位计量，加固土桩(旋喷桩)按注入的加固浆液体以 m^3 为单位计量。计价内容包括桩机就位、机械作业全过程、桩机移位及清理工作面等作业的费用。

路堤预压填方按预压填筑压实的体积以 m^3 为单位计量。压实体积根据施工中沉降观测标示的沉降量所绘制的横断面计算。计价中包括以借(取)土的开挖、免费运距以内的运输、摊铺、整平、压实、整形、沉降观测等费用产生超运,按运量单位 $m^3 \cdot km$ 另行计费。移除预压多余填料按量测体积以 m^3 为单位计量。计价中包括挖除、运弃(含一定运距的免费)等费用。挖除预压多余填料,若产生超运,按运量单位 $m^3 \cdot km$ 另行计费。

思 考 题

1. 构成公路路基的基本内容是什么?公路路基的基本要求包括哪些内容?
2. 公路路基横断面是如何组成的?路基横断面有哪些基本形式?
3. 路基高度应如何计算?
4. 公路路基施工前的准备工作包括哪些内容?
5. 填方路基正确的填筑方式应是什么?填方压实时应注意什么问题?
6. 路基开挖的方法有几种?路基开挖的注意事项有哪些?
7. 公路排水系统包括哪些方面的内容?各有哪些结构形式?
8. 路基防护与加固包括哪几类?各有哪些措施?
9. 软弱地基分为哪几类?具有什么样的共同特征?软弱地基的处治措施有哪些?
10. 地基沉降主要由哪几部分构成?

第三章 路面工程

路面直接承受汽车荷载的作用和自然因素的影响,并为汽车提供安全、经济、舒适的服务。路面结构修筑技术是路面工程研究的重要内容。

第一节 概 述

一、对路面的基本要求

现代公路交通运输,不仅要求路面具有足够的强度与稳定性,而且应满足平整、抗滑、耐久等使用要求,同时减少环境污染。

1. 具有足够的强度

车辆行驶时,既对路面产生竖向压力,又使路面承受纵向水平力。由于发动机的机械振动和车辆悬架系统的相对运动,路面还受到车辆振动力和冲击力的作用,在车轮后面还会发生真空吸力作用。在这些外力的综合作用下,路面会逐渐出现磨损、开裂、坑槽、沉陷和波浪等病害,影响公路的使用质量。因而,路面结构的整体及其各个组成部分都必须具有与行车荷载相适应的强度,以使路面在车辆荷载作用下不致产生变形或破坏。

2. 具有足够的稳定性

路面的稳定性是指路面保持其本身结构强度的性能,也就是指在外界各种因素影响下,路面强度的变化幅度。变化幅度愈小,则稳定性愈好。路面稳定性通常分为:水稳定性、干稳定性、温度稳定性和耐久性。

3. 具有足够的平整度

路面平整度是路面使用质量的一项重要指标。路面不平整,行车颠簸,前进阻力和振动冲击力都大,导致行车速度、舒适性和安全性大大降低,机件损坏严重,轮胎磨损和油料消耗都迅速增长。不平整的路面会积水,又加速路面的破坏。所有这些使得路面经济效益降低,因此,越是高等级的路面,平整度的要求也就越高。

4. 具有足够的抗滑性

车辆行驶时,车轮与路表面间应具有足够的摩擦阻力,以保证行车的安全性。在陡坡路段或雨季及结冰季节,路面抗滑性对行车安全至关重要。

5. 具有尽可能低的扬尘性

汽车在中、低级路面上行驶时,车轮后面所产生的真空吸力会将路面面层或其中的细料吸起而产生扬尘。扬尘不仅增加汽车机件磨损,影响环境和旅行舒适,而且恶化视距条件,酿成行车事故,因此应尽量减少路面的扬尘。

二、路面设计

路面设计应包括路面结构层原材料的选择、混凝土配合比设计、设计参数的测试与确定，路面结构层组合与厚度计算，路面结构的方案比选等内容，以及路面排水系统设计和路肩加固等的设计。

路面结构层设计除包括行车道部分的路面外，对高速公路、一级公路还应包括路缘带、硬路肩、加（减）速车道、爬坡车道、紧急停车带、匝道、收费站、服务区、停车场等的路面设计。

路面设计的原则为：

(1)路面设计应根据使用要求及气候、水文、土质等自然条件，密切结合当地实践经验，进行路基路面综合设计。

(2)在满足交通量和使用要求的前提下，应遵循因地制宜、合理选材、方便施工、利于养护、节约投资的原则，进行路面设计方案的技术经济比较，选择技术先进、经济合理、安全可靠、有利于机械化、工厂化施工的路面结构方案。

(3)结合当地条件，积极推广成熟的科研成果，对行之有效的新材料、新工艺、新技术应在路面设计方案中积极、慎重地加以运用。

(4)路面设计方案应注意环境保护和施工人员的健康和安全。

(5)为提高路面工程质量，应推行机械化施工。对高速公路、一级公路，应采用大型、高效的成套机械设备施工，以确保工程质量。

(6)高速公路、一级公路的路面不宜分期修建。

对软土地区或高填方路基等可能产生较大沉降的路段，宜按“分期修建”或“一次设计分期实施”的原则设计。设计时，应按远景交通量设计路面结构厚度，铺筑时可减薄沥青面层，待路基趋于稳定后，视路面实际情况再加铺沥青面层，如图3-1所示。

图3-1　路面施工

三、路面类型

路面类型分为铺装路面、简易铺装路面和砂石路面。铺装路面为沥青混凝土路面和水泥混凝土路面，表面处治、沥青碎石、贯入式路面等称为简易铺装路面，砂石路面等计入未铺装路面。砂石路面是以砂、石等为集料，以土、水、灰为结合料，通过一定的配比铺筑而成的路面统称，包括级配碎（砾）石路面、泥结碎（砾）石路面、水结碎石路面、填隙碎石路面及其他粒料路面。路面面层类型的选用应符合表3-1的规定。

路面面层类型及适用范围 表3-1

面层类型	适用范围
沥青混凝土	高速公路、一级公路、二级公路、三级公路、四级公路
水泥混凝土	高速公路、一级公路、二级公路、三级公路、四级公路
沥青贯入、沥青碎石、沥青表面处治	三级公路、四级公路
砂石路面	四级公路

按材料分类，路面可分为沥青混凝土、水泥混凝土路面等。

按路面力学特性，可分为柔性、刚性及半刚性路面。

柔性路面的力学特点是：在行车荷载作用下的弯沉变形较大，路面结构本身抗弯拉强度小，在重复荷载作用下产生累积残余变形。路面的破坏取决于荷载作用下所产生的极限垂直变形和弯拉应力。目前我国的公路路面，绝大多数均属柔性路面，如沥青混凝土路面。

刚性路面的特点是：在行车荷载作用下产生板体作用，其抗弯拉强度和弹性模量较其他各种路面材料要大得多，故呈现出较大的刚性。刚性路面在荷载作用下的弯沉变形极小，路面的破坏取决于荷载作用下所产生的疲劳弯拉应力。刚性路面主要指水泥混凝土路面。

半刚性路面是指全用水泥、石灰、粉煤灰等无机结合料稳定类材料（常称半刚性材料）作为基层、底基层的沥青路面结构。这种半刚性基层材料使用前期的力学特性呈柔性，而后期趋近于刚性，如水泥或石灰粉煤灰稳定粒料类基层沥青路面。

四、路面结构组成

路面结构一般由面层、基层、底基层与垫层组成。

面层是直接承受车轮荷载反复作用和自然因素影响的结构层，可由一至三层组成。沥青路面的表面层应根据使用要求设置抗滑耐磨、密实稳定的沥青层；中面层、下面层应根据公路等级、沥青层厚度、气候条件等选择适当的沥青结构层。

基层是设置在面层之下，并与面层一起将车轮荷载的反复作用传布到底基层、垫层、土基，起主要承重作用的层次。基层可分为无机结合料稳定类（整体型）和粒料类（嵌锁型、级配型）。对高速公路、一级公路，应采用水泥稳定粒料、石灰粉煤灰（二灰）稳定粒料、沥青混合料以及级配碎砾石等材料铺筑，高速公路、一级公路的底基层和二级及二级以下公路基层和底基层，除上述类型材料外，也可采用水泥稳定土、石灰稳定土、石灰粉煤灰稳定土、石灰工业废渣、填隙碎石等或其他适宜的当地材料铺筑。

垫层是设置在底基层与土基之间的结构层，起排水、隔水、防冻、防污等作用。各级公路当需要设置垫层时，一般可采用水稳性好的粗粒料或各种稳定材料铺筑。

第二节　垫层、基层及底基层

一、垫层

1. 垫层的设置原则

处于下列状况的路基应设置垫层，以排除路面、路基中滞留的自由水，确保路面结构处于干燥或中湿状态，如图3-2所示。

图3-2　基层施工

(1)地下水位高，排水不良，路基经常处于潮湿、过湿状态的路段。

(2)排水不良的土质路堑，有裂隙水、泉眼等水文不良的岩石挖方路段。

(3)季节性冰冻地区的中湿、潮湿路段，可能产生冻胀需设置防冻垫层的路段。

(4)基层或底基层可能受污染以及路基软弱的路段。

2. 垫层材料

垫层材料可选用粗砂、砂砾、碎石、煤渣、矿渣等粒料以及水泥或石灰煤渣稳定粗粒土，石灰粉煤灰稳定粗粒土等。若采用粗砂和砂砾料时，通过0.074mm筛孔的颗粒含量应不大于5%。采用煤渣时，小于2mm的颗粒含量不宜大于20%。

为防止软弱路基污染粒料底基层、基层，或为隔断地下水的影响，可在路基顶面设土工合成材料隔离层。

3. 垫层设置宽度

高速公路、一、二级公路的排水垫层应铺至路基同宽，以利路面结构排水，保持路基稳定。三、四级公路的垫层宽度可比底基层每侧至少宽25cm。

二、无机结合料稳定类基层(底基层)

无机结合料稳定类包括：水泥稳定类、石灰稳定类和工业废渣稳定类。半刚性基层材料的显著特点是：整体性强、承载力高、刚度大、水稳性好，而且较为经济。半刚性材料已广泛用于修建高等级公路路面基层或底基层。

水泥稳定类、石灰粉煤灰稳定类材料适用于各级公路的基层和底基层，但水泥或石灰、粉煤灰稳定细粒土不能用做高级路面的基层。

石灰稳定类材料适用于各级公路的底基层,也可用做二级和二级以下公路的基层,但石灰稳定细粒土不能用做高级路面的基层。

1. 对原材料的要求

1)无机结合料

无机结合料目前最常用的有水泥、石灰、粉煤灰及工业废渣。

(1)水泥。普通硅酸盐水泥、矿渣硅酸盐水泥和火山灰质硅酸盐水泥均可用作结合料,但宜选用终凝时间较长(宜在6h以上)的水泥。快硬水泥、早强水泥以及已受潮变质的水泥不得使用。

水泥剂量应通过配合比设计试验确定,但工地实际采用的水泥剂量应比室内试验确定的剂量多0.5%~1%,对集中厂拌法宜增加0.5%,对路拌法宜增加1%。当水泥稳定中、粗粒土做基层时,应控制水泥剂量不超过6%。水泥的最小剂量应符合表3-2的规定。

水泥最小剂量(%) 表3-2

拌和方法 / 土类	路拌法	集中厂拌法
中、粗粒土	4	3
细粒土	5	4

水泥(石灰)剂量系指水泥(石灰)质量占全部粗细颗粒(即砾石、砂粒、粉粒和黏粒)的干质量的百分率。

(2)石灰。石灰质量应符合表3-3规定的III级以上的生石灰或消石灰的技术指标。实际使用时,要尽量缩短石灰的存放时间。石灰在野外堆放时间较长时,应妥善覆盖保管,不应遭日晒雨淋。块灰须充分消解才能使用,未消解的生石灰必须剔除。对于高速和一级公路,宜采用磨细生石灰粉。

石灰的技术指标(GB 1594—79) 表3-3

类别 / 指标 / 项目	钙质生石灰			镁质生石灰			钙质消石灰			镁质消石灰		
	等级											
	I	II	III	I	II	III	I	II	III	I	II	III
有效钙加氧化镁含量(%)不小于	85	80	70	80	75	65	65	60	55	60	55	50
未消化残渣含量(5mm圆孔筛的筛余,%)不大于	7	11	17	10	14	20						
含水率(%)不大于							4	4	4	4	4	4
细度 0.71mm方孔筛的筛余(%)不大于							0	1	1	0	1	1
细度 0.125mm方孔筛的累计筛余(%)不大于							30	20	—	13	20	—
钙镁石灰的分类界限,氧化镁含量(%)	≤5			>5			≤4			>4		

注:硅、铝、铁氧化物含量之和大于5%的生石灰,有效钙加氧化镁含量指标,I等≥75%、II等≥70%、III等≥60%;未消化残渣含量指标与镁质生石灰指标相同。

石灰剂量应通过配合比设计试验确定,但工地实际采用的剂量应比室内试验确定的剂量多0.5%~1%。采用集中厂拌法施工时,可只增加0.5%;采用路拌法施工时,宜增加1%。

(3)粉煤灰。粉煤灰是火力发电厂燃烧煤粉产生的粉状灰渣,其主要成分 SiO_2(二氧化硅)、Al_2O_3(三氧化二铝)和 Fe_2O_3(三氧化二铁)的总含量应大于70%,烧失量不应超过20%,比表面积宜大于2500cm^2/g。

干粉煤灰和湿粉煤灰都可应用。干粉煤灰如堆在空地上应洒水以防止飞扬造成污染。湿粉煤灰的含水量不宜超过35%。使用时,凝固的粉煤灰应打碎或过筛,同时清除有害杂质。

(4)煤渣。煤渣是煤经锅炉燃烧后的残渣,其主要成分是 SiO_2(二氧化硅)和 Al_2O_3(三氧化二铝),它的松干密度在700~1100kg/m^{3}之间。煤渣的最大粒径不应大于30mm,颗粒组成宜有一定级配,且不含杂质。煤渣的含煤量宜少,最好选低于20%的选用。

2)集料

适宜做水泥或石灰稳定土基层的材料有:级配碎石、未筛分碎石、砂砾、碎石土、砂砾土、煤矸石和各种粒状矿渣等。碎石包括岩石碎石和矿渣碎石。有机质含量超过2%的土,不应单独用水泥稳定,如需采用,必须先用石灰进行处理,之后方可用水泥稳定。硫酸盐含量超过0.25%的土,不应用于水泥稳定。塑性指数为15~20的黏性土以及含有一定数量黏性土的中粒土和粗粒土均适宜于用石灰稳定。塑性指数为15以上的黏性土更适宜于用石灰和水泥综合稳定。

用作基层时,集料颗粒的最大粒径不应超过31.5mm;用作底基层时,集料颗粒的最大粒径不应超过40mm。同时,土的均匀系数(通过量为60%的筛孔尺寸与通过量为10%的筛孔尺寸的比值)应大于5。

水泥稳定粒径较均匀的砂,宜在砂中添加少部分塑性指数小于10的黏性土或石灰土,也可添加部分粉煤灰;加入比例可按使混合料的标准干密度接近最大值确定,一般为20%~40%。

半刚性基层材料所用碎、砾石应具有一定的抗压碎能力。高速和一级公路的集料压碎值不大于30%、二级和二级以下公路的集料压碎值不大于35%(底基层可放宽至40%)。

3)水

凡人或牲畜饮用的水源,均可使用。

2. 混合料配合比设计

混合料组成设计所要达到的目标是:所设计的混合料组成在强度上满足设计要求,抗裂性达到最优且便于施工。设计的基本原则是结合料剂量合理,尽可能采用综合稳定以及集料应有一定的级配。

混合料组成中,结合料的剂量太低则不能成为半刚性材料,剂量太高则刚度太大,容易脆裂。实际上,限制低剂量是为了保证整体性材料具有基本的抗拉强度,以满足荷载作用的强度要求;限制高剂量可使模量不致过大,避免结构产生太大的拉应力,同时降低收缩系数,使结构层不会因温度变化而引起拉伸破坏。

采用水泥、石灰综合稳定时,混合料中有一定水泥可提高早期强度,有一定石灰可使刚度不会太大,掺入一定数量的粉煤灰可以降低收缩系数,必要时可根据施工季节及材料性质加入适量的早强剂或其他外掺剂。

集料应有一定的级配。集料数量以达到靠拢而不紧密为原则,其空隙让无机结合料填充,形成各自发挥优势的稳定结构。半刚性基层材料中结合料和集料种类繁多,应以就地取材为前提,通过试验求得合理组成,充分发挥其各自优势。

混合料组成设计的主要内容是根据表3-4的强度标准值,通过试验选取适宜于稳定的材料,确定材料的配比以及最大干密度和最佳含水量。表中所列数值指龄期为7d(湿养6d、浸水1d)的无侧限抗压强度。

无机结合料稳定类材料的抗压强度(MPa) 表3-4

公路等级	高速、一级公路		二级及二级以下公路	
	基层	底基层	基层	底基层
水泥稳定类材料	3~5	1.5~2.5	2.5~3	1.5~2.0
石灰稳定类材料	—	≥0.8	≥0.8	0.5~0.7①
二灰稳定类材料	0.8~1.1	≥0.6	0.6~0.8	≥0.5

注①:低限与高限分别用于塑性指数小于7和大于7的土。

混合料组成的具体设计步骤如下:

(1)制备同一种土样、不同结合料剂量的混合料,水泥和石灰的剂量可参考表3-5、表3-6所列数值。

水泥剂量参考值 表3-5

土类	水泥剂量(%)									
	作基层时					作底基层时				
中粒土和粗粒土	3	4	5	6	7	3	4	5	6	7
塑性指数小于12的土	5	7	8	9	11	4	5	6	7	9
其他细粒土	8	10	12	14	16	6	8	9	10	12

石灰剂量参考值 表3-6

土类	水泥剂量(%)									
	作基层时					作底基层时				
砂粒土和碎石土	3	4	5	6	7	—	—	—	—	—
塑性指数小于12的黏性土	10	12	13	14	16	8	10	11	12	14
塑性指数大于12的黏性土	5	7	9	11	13	5	7	8	9	11

二灰稳定类混合料试件的制备可根据不同情况进行。对于硅铝粉煤灰,采用石灰粉煤灰作基层或底基层时,石灰与粉煤灰之比可以是1:2~1:9。采用石灰粉煤灰土作基层或底基层时,石灰与粉煤灰之比常用1:2~1:4(对于粉土,以1:2为宜),石灰粉煤灰与细粒土之比可以是30:70~90:10。采用石灰粉煤灰集料作基层时,石灰与粉煤灰之比常用1:2~1:4,石灰粉煤灰与级配集料(中粒土和粗粒土)的配比应是20:80~15:85。采用石灰煤渣作基层或底基层时,石灰与煤渣之比可以是20:80~15:85。采用石灰煤渣土作基层或底基层时,石灰与煤渣之比可以是1:1~1:4,石灰煤渣与细粒土之比可以是1:1~1:4,混合料中石灰不应少于10%。采用石灰煤渣集料作基层或底基层时,石灰:煤渣:粒料可以是(7~9):(26~33):(67~58)。

(2)采用重型击实试验确定各种混合料的最佳含水量和最大干密度,至少应做三个不同水泥或石灰剂量混合料的击实试验,即最小剂量、中间剂量和最大剂量。其他剂量混合料的最佳含水量和最大干密度用内插法确定。

(3)按工地预定达到的压实度,分别计算不同结合料剂量时试件应有的干密度。

(4)按最佳含水量和计算得到的干密度制备试件,进行强度试验。

(5)试件在规定温度下保湿养生6d,浸水1d后,进行无侧限抗压强度试验。规定的温度为:冰冻地区20±2℃,非冰冻地区25±2℃。计算试验结果的平均值和偏差系数。

(6)根据表3-4的强度标准,选定合适的结合料剂量。此剂量试件室内试验结果的平均抗压强度 $\bar{R}$ 应符合如下公式的要求:

$$\bar{R} \geqslant R_d / (1 - z_a C_u)$$

式中:R_d——设计抗压强度(表3-4);

C_u——试验结果的偏差系数(以小数计);

z_a——标准正态分布表中随保证率(或置信度 a)而变的系数,高速公路和一级公路应取保证率为95%,此时 $z_a = 1.645$;一般公路应取保证率为90%,此时 $z_a = 1.282$。

石灰土稳定碎石和石灰土稳定砂砾,仅对其中的石灰土进行组成设计,对碎石和砂砾,只要求它具有较好的级配。石灰土与碎石砂砾的重量比宜为1∶4。二灰稳定粒料的组成设计,则应包括全部混合料(或25mm以下的粒料)。条件不具备时,可仅对二灰进行组成设计,确定二灰的配合比后,在二灰中掺入一定比例的粒料。

3. 路拌法施工

半刚性基层或底基层路拌法施工的主要工序为:准备下承层→施工测量→备料→摊铺→拌和→整平与碾压成型→初期养护。

1)下承层准备与施工测量

施工前,应对下承层(土基或底基层)按质量验收标准进行验收。下承层表面应平整、坚实,具有规定的路拱,没有任何松散的材料和软弱的地点,高程应符合设计要求。之后,恢复中线,直线路段每15~20m设一桩,平曲线地段每10~15m设一桩,并在两侧路肩边缘外设指示桩,在指示桩上标出基层(或底基层)的边缘设计高程及松铺厚度等相关数据。

2)备料

所用材料应符合质量要求,并根据各路段基层(底基层)的宽度、厚度及预定的干密度,计算各路段需要的干燥集料数量。根据混合料的配合比、材料的含水量以及所用车辆的吨位,计算各种材料每车料的堆放距离,对于水泥、石灰等结合料,常以袋(或小翻斗车车斗)为计量单位计算结合料堆放距离、地点。也可根据各种集料所占比例及其干密度,计算每种集料松铺厚度,以控制集料施工配合比,而对水泥、石灰等结合料仍以每袋的摊铺面积来控制剂量。

同一供料路段内应由远而近卸料,卸料距离应严格掌握,避免路段上出现料不够或过多。集料在下承层上的堆置时间不应过长,运送集料只宜比摊铺集料提前数天。

3)摊铺与拌和

用平地机、推土机或人工,按试验路段所求得的松铺系数进行集料摊铺,摊铺力求均匀。摊铺集料应在摊铺结合料的前一天进行,摊料长度应满足日进度的需要。摊料过程中,应将土块、超尺寸颗粒及其他杂物拣除。松铺厚度等于压实厚度与松铺系数之积,如图3-3所示。

根据需要在集料层上洒水闷料,洒水要均匀,防止出现局部水分过多现象,严禁洒水车在洒水段内停留和“掉头”。水泥和石灰综合稳定土应先将石灰和土拌和后一起进行闷料。

对人工摊铺的集料层整平后,用6~8t两轮压路机碾压1~2遍,使其表面平整。

结合料应当日运送到摊铺路段，直接卸在集料层上，用刮板将结合料均匀摊开。应注意摊铺完后，表面没有空白位置，也没有结合料过分集中的地点。

图3-3　摊铺与拌和

用稳定土拌和机进行拌和时，拌和深度应达到稳定层底，应设专人跟随拌和机，随时检查拌和深度并配合机器操作人员调整拌和深度。严禁在拌和层底部留有“素土”夹层。应略破坏（约1cm左右，不应过多）下承层的表面，以利上下层黏结。通常应拌和两遍以上，工作速度1.25～1.5km/h最为适宜，拌和路线应自基层的最外沿向中心线靠拢。拌和中，应适时测定含水量，如含水量过大，应进行自然蒸发，使含水量达到最佳值；若含水量小于最佳含水量，应补充洒水拌和。

在没有专用拌和机械的情况下，也可用农用旋转耕作机与多铧犁或平地机相配合拌和，但应注意拌和效果及拌和时间不能过长。

混合料拌和均匀后应色泽一致，没有灰条、灰团和花面，没有粗细颗粒离析现象，且水分合适均匀。

4）整形与碾压

混合料拌和均匀后，立即用平地机初步整形和整平。在直线段，平地机由两侧向路中心刮平；在平曲线地段，平地机由内侧向外侧刮平。对于局部低洼处，应将表层耙松后找平。整形宜反复进行，每次整形都应按照规定的坡度和路拱进行。并应特别注意接缝的顺适平整。整形过程中，严禁任何车辆通行。

整形后，当混合料的含水量等于或略大于最佳含水量时，立即用12t以上三轮压路机、重型轮胎压路机或振动压路机在路基全宽内进行碾压。碾压时，应重叠1/2轮迹，一般需碾压6～8遍。用12～15t三轮压路机碾压时，每层压实厚度不应超过15cm；用18～20t的三轮压路机碾压时，每层压实厚度不应超过20cm。对于稳定中粒土和粗粒土，采用能量大的振动压路机时，每层的压实厚度根据试验确定。压实厚度超过时，应分层铺筑，每层的最小压实厚度为10cm。压实应遵循先轻后重、先慢后快的原则。直线段，由两侧路肩向路中心碾压；平曲线段，由内侧路肩向外侧路肩进行碾压。

碾压过程中，表面应始终保持潮湿，如蒸发过快，应及时补洒少量的水。如有“弹簧”、松散、起皮等现象，应及时翻开重新拌和，或用其他方法处理，使其达到质量要求。在碾压结束之前，用平地机再终平一次，使其纵向顺适，路拱和超高符合设计要求。终平应仔细进行，必须将局部高出部分刮除并扫出路外，对于局部低洼之处，不再进行找补，留待铺筑沥青面层时处理，如图 3-4 所示。

图 3-4　整形与碾压

5）养生

养生时间应不少于 7d。水泥稳定类混合料碾压完成后立即开始养生；二灰稳定类混合料在碾压完成后第二或第三天开始养生。养生宜采用不透水薄膜或湿砂进行，用砂覆盖时厚 7～10cm，并保持整个养生期间砂的潮湿状态。也可以用潮湿的帆布、粗麻布、草帘或其他合适的材料覆盖。养生结束，必须将覆盖物清除干净，并应立即喷洒透层沥青或做下封层，基层上不铺封层或面层时，不应开放交通。必须临时开放交通时，应采取覆盖、限重、限速等保护性措施。

一般情况下，路拌法每一流水作业段以 200m 为宜，但每天的第一个作业段宜稍短些，可为 150m（仅指宽 7～8m 的稳定层），如稳定层较宽，则作业段应再缩短。

4．厂拌法施工

混合料在中心站集中拌和可以采用强制式拌和机、双卧轴桨叶式拌和机等厂拌设备进行。塑性指数小、含土少的砂砾土、级配碎石、砂、石屑等集料也可采用自落式拌和机拌和。

厂拌法施工前，应先调试拌和设备，目的在于找出各料斗闸门的开启刻度（简称开度），以确保按设计配合比拌和。拌和生产中，含水量应略大于最佳含水量，使混合料运到现场摊铺碾压时的含水量不小于最佳含水量。运输过程中，如运距较远，车上混合料应覆盖，以防水分损失过多；如有粗细颗粒离析现象，应用机械或人工再充分拌和。

混合料摊铺应采用摊铺机进行。拌和机与摊铺机的生产能力应互相协调，减少摊铺机停机待料情况，以保证施工的连续性。一般公路施工没有摊铺机时，也可以用自动平地机摊铺。

摊铺后的整形、碾压、养生与路拌法施工相同。

目前，我国高等级公路和半刚性基层施工，多采用集中拌和及摊铺机摊铺。修筑的基层平整度、高程、路拱、纵坡和厚度都达到规范要求。实践证明提高高等级公路半刚性基层施工质量的根本出路在于机械化。因此，《公路工程国内招标文件范本》明确规定：水泥稳定土底基层、基层都不得采用人工拌和法施工。对于二级和二级以下的公路，可以采用路拌法。但对于二级公路，应采用专用的稳定土拌和机。对于高速和一级公路，除直接铺筑在土基上的底基层下层，可用稳定土拌和机进行路拌法施工外，其上的各个稳定土层都应用集中厂拌法拌制混合料，并应用摊铺机摊铺基层混合料。

5．造价分析

公路工程定额编列了水泥稳定土、石灰稳定土、石灰粉煤灰稳定土、石灰煤渣稳定土、水泥石灰稳定土,稳定土厂拌、运输及铺筑,稳定土厂拌设备安装、拆除等定额,基本适应当前无机结合料稳定类基层、底基层工程造价分析计算。

水泥、石灰稳定类定额所列水泥或石灰与其他材料的数量系按定额表所示出的配合比编制,当设计配合比与定额标示的配合比不同时,相关的材料消耗量可按定额说明中规定的有关公式进行换算。

公路工程定额单独编列了稳定土厂拌设备安装、拆除定额,便于核定每座厂拌设备的安装拆除费用,是十分必要的。但据《公路工程国内招标文件范本》工程量清单及计量与支付的规定,稳定土底基层或基层系按不同结构类型,分别不同厚度,按量测中线长度与宽度相乘的面积,以 m^2 为单位计量,计价中包括路床或底基层的准备,材料的采备、供应、加工、运输,铺筑中的拌和、运输、布料、摊铺、整形、碾压、养生等,与此相关的费用。因此,当采用厂拌设备拌和稳定土混合料时,稳定土厂拌设备安装、拆除的费用应计入每 m^2 的造价中。而稳定土厂拌设备的布点又涉及标段划分及施工组织设计等一系列问题。这是造成标段间稳定土工程单价差异的一个重要因素。稳定土厂拌设备安装拆除费用按规定计算后,综合在基层单价内。

三、粒料类基层(底基层)

粒料类基层按强度构成原理可分为嵌锁型与级配型。嵌锁型包括泥结碎石、泥灰结碎石、填隙碎石等;级配型包括级配碎石、级配砾石、符合级配的天然砂砾、部分砾石经轧制掺配而成的级配砾、碎石等。

1. 填隙碎石

用单一尺寸的碎石作主骨料,形成嵌锁作用,用石屑填满碎石间孔隙,增加密实度和稳定性,这种结构称填隙碎石。实践证明,靠使用两种分开的不同尺寸的集料,可使堆放和运输过程中集料离析现象降到最小。填隙碎石用干、湿法施工均可,但干法施工特别适宜于干旱缺水地区。填隙碎石的密实度压实良好时,通常约为固体体积率的85%~90%,其强度和密实度与良好的级配碎石相同。填隙碎石的主要缺点是潮湿的填料实际上不可能靠振动压路机将孔隙填满。如企图用过多遍数的振动碾压使潮湿填隙料下移,往往可能使主骨料浮到填隙料上层并严重丧失稳定性。

1)一般规定

填隙碎石的单层铺筑厚度宜为10~12cm,碎石最大粒径宜为厚度的0.5~0.7倍。缺乏石屑时,填隙料也可用细砂砾或粗砂等细集料替代,但其技术性能不如石屑。填隙碎石施工时,细集料应干燥,应采用振动压路机(振动轮每米宽的质量至少1.8t)碾压。碾压后,基层表面粗碎石间的孔隙既要填满,又不可形成填隙料自成一层,比较理想的状况是粗碎石棱角外露3~5mm,这对填隙碎石层上铺薄沥青面层非常重要,它可保证薄沥青面层与基层黏接良好,避免薄沥青面层在基层顶面发生推移破坏。

填隙碎石碾压后,作为基层的固体体积率应不小于85%,作为底基层应不小于83%。填隙碎石基层未洒透层沥青或未铺封层时,禁止开放交通。

2)材料

填隙碎石用作基层时,碎石最大粒径不应超过60mm;用作底基层时,不应超过80mm。粗碎石可以用具有一定强度的各种岩石或漂石轧制,也可以用稳定的矿渣轧制(渣的干密度和质量应比较均匀,干密度不小于960kg/m³),材料中扁平、长条和软弱颗粒不应超过15%。

粗碎石的集料压碎值,当用作基层时不大于26%;当用作底基层时不大于30%。轧制碎石量得到的5mm以下的细筛余料(即石屑)是最好的填隙料。

3)施工

填隙碎石施工的工艺流程为:准备下承层→施工放样→备料→摊铺粗集料→初压→撒布石屑→振动压实→第二次撒布石屑→振动压实→局部补撒石屑及扫匀→振动压实填满孔隙,然后:

干法施工→洒少量水→终压。

湿法施工→洒水饱和→碾压滚浆→终压。

(1)准备下承层及放样。下承层的平整度和压实度应符合规定,土基不论路堤或路堑,必须用12~15t三轮压路机或等效的碾压机械进行碾压检验,如发现土过干、表层松散,应适当洒水;如土过湿,发生"弹簧"现象,应采用挖开晾晒、换土、掺石灰或集料等措施进行处理。

在槽式断面的路段,两侧路肩上每隔一定距离(如5~10m)应交错开挖排水沟(即路基盲沟)。

下承层准备好后,恢复中线,直线段每15~20m设一桩,平曲线段每10~15m设一桩,并在两侧路肩外设指示桩,标出基层或底基层边缘的设计高程。

(2)备料。根据各路段基层或底基层的宽度、厚度及松铺系数(1.2~1.3,碎石最大粒径与压实厚度之比为0.5左右时,松铺系数1.3;比值较大时,系数接近1.2),计算各段需要的粗碎石数量,按需要逐段堆放。

填隙料的用量约为粗碎石质量的30%~40%。

粗碎石用平地机或其他合适的机具均匀地摊铺在预定的宽度上,表面应力求平整,并有规定的路拱。摊铺过程中,应随时检验松铺材料层的厚度是否符合预计要求,必要时,应进行减料或补料工作。

(3)干法施工。粗碎石摊铺后用8t两轮压路机初压3~4遍,使粗碎石稳定就位。随后用石屑撒布机或类似设备将干填隙料均匀地撒铺在已压稳的粗碎石层上,松厚2.5~3.0cm。填隙料撒铺后,用振动压路机慢速碾压,将全部填隙料振入粗碎石间的孔隙中。然后再次撒布松厚2.0~2.5cm的填隙料,再次碾压。碾压过程中,对局部填隙料不足之处,人工进行找补;将局部多余填隙料用竹帚扫到路外或填隙料不足之处。

振动压路机碾压后,填隙料不应在粗碎石表面局部地自成一层,表面必须能见粗碎石。

设计厚度超过一层铺筑厚度,需要再铺一层时,应将已压成的填隙碎石层表面填隙料扫除一些,使粗碎石外露5~10mm,然后再在上铺筑第二层。

填隙碎石的终压用12~15t三轮压路机碾压1~2遍,终压过程中,不应有任何蠕动现象。终压之前,宜在表面少量洒水,洒水量3kg/m²以上。

(4)湿法施工。湿法施工与干法施工的区别在于终压前的洒水量应达饱和(但应注意勿使多余水浸泡下承层),用12~15t三轮压路机跟在洒水车后进行碾压。在碾压过程中,将湿填隙料继续扫入所出现的孔隙中。

湿法施工时,洒水和碾压应一直进行到细集料和水形成粉砂浆为止。粉砂浆应有足够的数量以填塞全部孔隙,并在压路机机轮前形成微波纹状。

碾压完成后的路段应留一段时间让水分蒸发。结构层干燥后，表面多余的细料以及任何自成一薄层的细料覆盖层都应扫除干净。

设计厚度超过一层铺筑厚度，需要再铺筑一层填隙碎石层时，应待结构层干燥后，将已压成的表面填隙料扫除到使粗碎石外露5～10mm，然后再在上铺筑第二层。

2. 级配碎石

粗、细碎石集料和石屑各占一定比例的混合料，当其颗粒组成符合密实级配要求时，称为级配碎石。级配碎石适用于各级公路的基层和底基层；可用作较薄沥青面层与半刚性基层之间的中间层。在二级和二级以下公路上，将级配碎石用作基层时，其最大粒径应控制在40mm以内；在高速和一级公路上，将级配碎石用作基层以及半刚性路面的中间层时，其最大粒径宜控制在30mm以下。

级配碎石用作半刚性路面的中间层时，应采用集中厂拌法拌制混合料，并宜用摊铺机摊铺混合料。

1）材料

轧制碎石的材料可以是各种类型的坚硬岩石、圆石或矿渣。其干密度和质量应比较均匀，干密度不小于960kg/m^3。碎石机轧制出来的碎石经过一个与规定最大粒径相符的筛筛分出来的碎石即为未筛分碎石。

单一尺寸碎石是碎石机轧制出来的碎石通过几个不同筛孔的筛，得出不同粒径的碎石，如40～20mm、20～10mm、10～5mm碎石等。

石屑或其他细集料可以使用一般碎石场的细筛余料，也可以利用轧制沥青路面用石料的细筛余料，或专门轧制的细碎石集料。利用天然砂砾或粗砂代替石屑，颗粒尺寸应该合适。必要时应筛除其中的超尺寸颗粒。天然砂砾或粗砂应有较好的级配。

级配碎石或级配碎砾石基层的颗粒组成和塑性指数应满足规范规定。同时，级配曲线应接近圆滑，某种尺寸的颗粒不应过多或过少。

级配碎石或级配碎砾石所用石料的压碎值应满足：当用作高速公路和一级公路的基层时，不大于26%；用作高速公路和一级公路的底基层及二级公路的基层时，应不大于30%；用作二级公路的底基层和二级以下公路的基层时，应不大于35%；用作二级以下公路的底基层时，应不大于40%。

碎石中的扁平、长条颗粒的总含量不应超过20%。碎石中不应有黏土块、植物等有害物质。当级配碎石中细料塑性指数偏大时，塑性指数与0.5mm以下细土含量的乘积应符合：年降雨量小于600mm的中干和干旱地区，地下水对土基没有影响时，乘积应不大于120；在潮湿多雨地区，乘积应不大于100。

2）路拌法施工

级配碎石路拌法施工的工艺流程为：准备下承层→施工放样→运输和摊铺未筛分碎石→洒水使碎石湿润→运输和撒布石屑→拌和并补充洒水→整形→碾压。其中，未筛分碎石和石屑可在碎石场加水湿拌→运到现场摊铺→补充拌和和洒水→整形→碾压。

（1）准备下承层及施工放样的工作内容与填隙碎石基本相同。

（2）备料。根据各路段基层或底基层的宽度、厚度及预定的干压密实度，并按确定的未筛分碎石和石屑配合比或不同粒级碎石和石屑配合比，分别计算出各路段所需碎石及石屑数量，并计算每车料的堆放距离。

未筛分碎石和石屑可按预定比例在料场混合，以减轻施工现场的拌和工作量。运输未筛分碎石或未筛分碎石与石屑的混合料前，应在料场洒水，使其含水量较最佳含水量大1%左右，以减少运输过程中的集料离析现象。未筛分碎石的最佳含水量约为4%，级配碎石的最佳含水量约为5%。

(3)摊铺。集料在下承层上的堆置时间不应过长，运送只宜在摊铺前数天进行，摊铺前应通过试验确定集料的松铺系数。工人摊铺混合料的松铺系数约为1.4~1.5；平地机摊铺时，松铺系数约为1.25~1.35。

级配碎石的未筛分碎石摊铺平整后，在其较潮湿的情况下，向其上运送石屑，用平地机并辅以工人将石屑均匀摊铺在碎石层上，或用石屑撒布机撒布石屑。采用不同粒级的碎石和石屑时，应依次将大、中、小碎石分层摊铺，洒水使碎石湿润后再摊铺石屑。

(4)拌和及整形、碾压。拌和工序应采用稳定土拌和机，在无此机具的情况下，也可采用平地机或多铧犁与缺口圆盘耙相配合进行拌和。一般需拌和5~6遍，拌和过程中，洒足所需水分。拌和结束时，混合料的含水量应该均匀，并较最佳含水量大1%左右；不出现粗细颗粒离析现象。

如级配碎石混合料在料场已经过混合，可视摊铺后有无粗细颗粒离析现象，用平地机进行补充拌和。

级配碎石基层的整形用平地机按规定的路拱进行。初步整平后，用拖拉机、平地机或轮胎压路机快速碾压一遍，以暴露潜在的不平整。

整形后，当混合料的含水量等于或略大于最佳含水量时，立即用12t以上三轮压路机、振动压路或轮胎式压路机进行碾压。一般需碾压6~8遍，以使密实度达到要求，表面已无明显轮迹为止。

3)厂拌法施工

级配碎石混合料可以在中心站用多种机械进行集中拌和，拌和设备同无机结合料稳定粒料类。宜采用不同粒级的单一尺寸碎石和石屑，按预定配合比在拌和机内拌制成级配碎石混合料，当采用未筛分碎石和石屑拌和时，若其颗粒组成发生明显变化，应注意及时调整，以使混合料的颗粒组成和含水量达到规定的要求。

厂拌混合料宜采用沥青混凝土摊铺机、水泥混凝土摊铺面或稳定土摊铺机摊铺，并应设专人跟随机后，注意消除粗细集料离析现象，一般公路施工无摊铺机时，也可以用自动平地机摊铺混合料。摊铺后的整形及碾压与路拌法施工相同。

3. 造价分析

现行公路工程定额编列的粒料类基层、底基层定额有：泥灰法碎石、填隙碎石、泥结碎石、级配碎石及级配砾石等项，其施工方式均为路拌法，级配混合料的厂拌法施工缺相关定额。造价分析时，若需按厂拌法生产级配混合料，用摊铺机摊铺级配混合料的情况，应根据定额的编制原则和方法编制补充定额。

四、基层的要求

基层、底基层应具有足够的强度和稳定性，在冰冻地区还应具有一定抗冻性。高级路面下的半刚性基层应具有较小的收缩(温缩及干缩)变形和较强的抗冲刷能力。

一般公路的基层宽度每侧宜比面层宽出25cm,底基层每侧宜比基层宽15cm。在多雨地区,透水性好的粒料基层,宜铺至路基全宽,以利排水。高速公路、一级公路的基层应符合图3-5的规定。

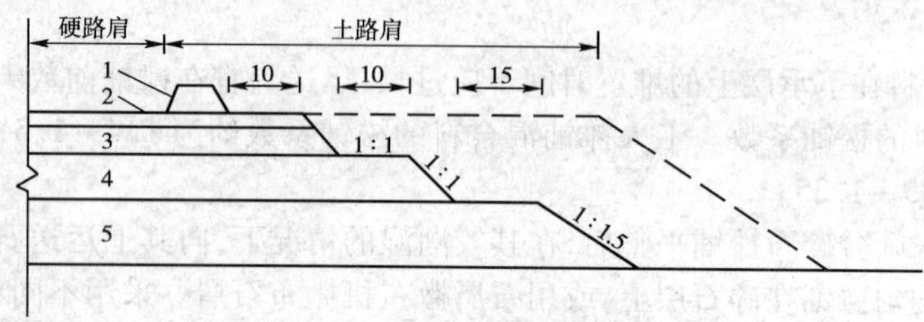

图3-5 高速公路、一级公路的基层宽度(尺寸单位:cm)
1-挡水缘石;2-上面层;3-下面层;4-基层;5-底基层

第三节 沥青路面

沥青路面具有行车舒适、噪声低、施工期短、养护维修简便等优点,因此,得到了广泛应用。沥青路面按照材料组成及施工工艺可分为:沥青混凝土、热拌沥青碎石、乳化沥青碎石混合料、沥青贯入式、沥青表面处治等。沥青路面应具有坚实、平整、抗滑、耐久的品质,同时,还应具有高温抗车辙、低温抗开裂、抗水损害以及防止雨水渗入基层的功能。

一、一般规定

1. 沥青面层的适用范围

面层类型应与公路等级、使用要求、交通等级相适应。热拌沥青混凝土可用于作各级公路的面层。

贯入式沥青碎石和上拌下贯式沥青碎石可用三、四级公路的面层。

表面处治和稀浆封层可用于三级、四级公路的面层。

冷拌沥青混合料可用于交通量小的三级、四级公路面层。

2. 沥青层的厚度

各沥青层的厚度应与混合料的公称最大粒径相匹配,沥青混合料的一层压实最小厚度不宜小于混合料公称最大粒径的2.5~3倍。OGFC或SMA的一层压实最小厚度不宜小于混合料公称最大粒径的2~2.5倍。

各结构层的设计厚度应根据级配类型、结构组合及施工条件等确定。沥青混合料的压实最小厚度与适宜厚度见表3-7。贯入式沥青碎石、沥青表面处治的压实最小厚度与适宜厚度见表3-8。

3. 基层、底基层设计原则

基层可选用无机结合料稳定集料类或沥青混合料、粒料、贫混凝土等材料,底基层应充分利用沿线地方材料,可采用无机结合料稳定细粒土类或料粒类等。

基层、底基层厚度应根据交通量大小、材料性能,充分发挥压实机具的功能,以及考虑有利于施工等因素选择各结构层的厚度。为便于施工组织、管理，各结构层的材料不宜频繁变化。各种结构层压实最小厚度与适宜厚度见表3-9，并不得设计小于150mm厚的半刚性材料薄层。

沥青混合料的压实最小厚度与适宜厚度 表3-7

沥青混合料类型		最大粒径（mm）	公称最大粒径（mm）	符号	压实最小厚度（mm）	适宜厚度（mm）
密级配沥青混合料（AC）	砂粒式	9.5	4.75	AC－5	15	15～30
	细粒式	13.2	9.5	AC－10	20	25～40
		16	13.2	AC－13	35	40～60
	中粒式	19	16	AC－16	40	50～80
		26.5	19	AC－20	50	60～100
	粗粒式	31.5	26.5	AC－25	70	80～120
密级配沥青碎石（ATB）	粗粒式	31.5	26.5	ATB－25	70	80～120
		37.5	31.5	ATB－30	90	90～150
	特粗式	53	37.5	ATB－40	120	120～150
开级配沥青碎石（ATPB）	粗粒式	31.5	26.5	ATPB－25	80	80～120
		37.5	31.5	ATPB－30	90	90～150
	特粒式	53	37.5	ATPB－40	120	120～150
半开级配沥青碎石（AM）	细粒式	16	13.2	AM－13	35	40～60
	中粒式	19	16	AM－16	40	50～70
		26.5	19	AM－20	50	60～80
	粗粒式	31.5	26.5	AM－25	80	80～120
	特粗式	53	37.5	AM－40	120	120～150
沥青玛蹄脂碎石混合料（SMA）	细粒式	13.2	9.5	SMA－10	25	25～50
		16	13.2	SMA－13	30	35～60
	中粒式	19	16	SMA－16	40	40～70
		26.5	19	SMA－20	50	50～80
开级配沥青磨耗层碎石（OGFC）	细粒式	13.2	9.5	OGFC－10	20	20～30
		16	13.2	OGFC－13	30	30～40

贯入式沥青碎石、沥青表面处治压实最小厚度与适宜厚度 表3-8

结构层类型	压实最小厚度（mm）	适宜厚度（mm）
贯入式沥青碎石	40	40～80
上拌下贯沥青碎石	60	60～80
沥青表面处治	10	10～30

各种结构层压实最小厚度与适宜厚度　　表 3-9

结构层类型	压实最小厚度(mm)	适宜厚度(mm)
级配碎石	80	100~200
水泥稳定类	150	180~200
石灰稳定类	150	180~200
石灰粉煤灰稳定类	150	180~200
贫混凝土	150	180~200
级配砾石	80	100~200
泥结碎石	80	100~150
填隙碎石	100	100~120

4. 结构组合设计

设计时,应根据公路所在区域的水文地质、气候特点,公路等级与使用要求,交通量及其交通组成等因素,结合当地实践经验,选择适宜的路面结构组合,拟定沥青层厚度。对半刚性基层沥青路面的结构层组合设计,基层与沥青面层的模量比宜在1.5~3之间;基层与底基层的模量比不宜大于3.0;底基层与土基模量比宜在2.5~12.5之间。刚性基层沥青路面应采取措施加强沥青层与刚性基层的结合,并提高沥青混合料的抗剪强度。应选用密级配沥青混合料,防止雨、雪水渗入路面结构层,应采取技术措施,加强路面各结构层之间的结合,提高路面结构的整体性,避免产生层间滑移,例如:沥青层之间设黏层;各种基层上设置透层沥青;在半刚性基层上设下封层;新、旧沥青层之间与旧水泥混凝土板之间洒布黏层沥青,宜用热沥青或改性乳化沥青、改性沥青;拓宽路面时,新、旧路面接茬处,喷涂黏结沥青;双层式半刚性材料基层宜采用连续摊铺、碾压工艺,增强层间结合,以形成整层。

二、沥青路面对材料的基本要求

1. 沥青

1)沥青的品种

沥青路面使用的沥青材料有:道路石油沥青、改性沥青、乳化沥青、煤沥青、液体石油沥青等。

(1)石油沥青是由石油经蒸馏、吹氧、调和等工艺加工得到,主要为可溶于二硫化碳的碳氢化合物的固体黏稠状物质。

(2)改性沥青是指掺加橡胶、树脂、高分子聚合物、磨细的橡胶粉或其他填料等外掺剂(改性剂),或采取对沥青轻度氧化加工等措施,使沥青或沥青混合料的性能得以改善而制成的沥青结合料。

改性剂是指在沥青或沥青混合料中加入天然的或人工的有机或无机材料,可熔融、分散在沥青中,改善或提高沥青路面性能(与沥青发生反应或裹覆在集料表面上)的材料。

目前常用的改性沥青主要是用高分子聚合物改性剂进行改性的沥青,其常用的改性剂有三类,即:第一类是热塑性橡胶类(热塑性弹性体),代表性品种有苯乙烯-丁二烯-苯乙烯嵌段共聚物(SBS),具有良好的弹性(变形的自恢复性及裂缝的自愈性),同时兼有高温稳定性和低温抗裂性;第二类是橡胶类,代表品种有丁苯橡胶(SBR)及其乳液,具有低温敏感性小,低温抗裂性能好,主要用于改善低温性能;第三类是热塑性树脂类,代表性品种有乙烯-醋酸乙烯共聚物(EVA)、低密度聚乙烯(LDPE)、聚烯烃等,主要是增加动稳定度和劲度模量,提高抵抗永久变形的能力。

改性沥青可采用现场加工或采购成品。现场制备改性沥青可以采用一次掺配法,运用高速剪切设备或胶体磨进行加工。对于成品改性沥青,应有产品名称、代号、标号、运输与存放条件、使用方法、生产工艺、安全须知等说明。在使用前,应取样融化检验是否有离析现象和各项技术指标。

(3)乳化沥青是石油沥青(或煤沥青)与水在乳化剂、稳定剂作用下经乳化加工制得的沥青产品,也称沥青乳液。乳化沥青可利用胶体磨或匀油机等乳化机械在沥青拌和厂现场制备,乳化剂用量(按有效含量计)宜为沥青质量的0.3%~0.8%。制备现场乳化沥青的温度应通过试验确定,乳化剂水溶液的温度宜为40~70℃,石油沥青宜加热至120~160℃。乳化沥青制成后应及时使用,存放期以不离析、不冻结、不破乳为限度。

用阳离子乳化剂制得带正电荷的称阳离子乳化沥青;用阴离子乳化剂制得带负电荷的称阴离子乳化沥青。

(4)煤沥青系由煤干馏得到的煤焦油再经蒸馏加工制成。

(5)液体石油沥青系用汽油、煤油、柴油等溶剂将石油沥青稀释而成的沥青产品,也称轻制沥青或稀释沥青。液体石油沥青使用前应由试验确定掺配比例。

2)沥青的选择

道路石油沥青根据当前的沥青使用和生产水平,按技术性能分为A、B、C三个等级。各个沥青等级的适用范围应符合表3-10的规定。道路石油沥青的质量应符合《公路沥青路面施工技术规范》(JTG F40—2004)的有关要求。

道路石油沥青的适用范围 表3-10

沥青等级	适用范围
A级沥青	各个等级的公路,适用于任何场合和层次
B级沥青	①高速公路、一级公路沥青下面层及以下的层次,二级及二级以下公路的各个层次; ②用作改性沥青、乳化沥青、改性乳化沥青、稀释沥青的基质沥青
C级沥青	三级及三级以下公路的各个层次

沥青路面采用的沥青标号,宜按照公路等级、气候条件、交通条件、路面类型及在结构层中的层位及受力特点、施工方法等,结合当地的使用经验,经技术论证后确定。对高速公路、一级公路,夏季温度高、高温持续时间长、重载交通、山区及丘陵区上坡路段、服务区、停车场等行车速度慢的路段,尤其是汽车荷载剪应力大的层次,宜采用稠度大、60℃黏度大的沥青,也可提高高温气候分区的温度水平选用沥青等级;对冬季寒冷地区或交通量小的公路、旅游公路宜选用稠度小、低温延度大的沥青;对温度日温差、年温差大的地区宜注意选用针入度指数大的沥青。当高温要求与低温要求发生矛盾时应优先考虑满足高温性能的要求。当缺乏所需标号的沥青时,可采用不同标号掺配的调和沥青,其掺配比例由试验决定。掺配后的沥青质量应符合《公路沥青路面施工技术规范》的要求。

乳化沥青适用于沥青表面处治路面、沥青贯入式路面、冷拌沥青混合料路面及修补裂缝,喷洒透层、黏层与封层等。乳化沥青类型根据集料品种及使用条件选择。阳离子乳化沥青可适用于各种集料品种,阴离子乳化沥青适用于碱性石料。乳化沥青的破乳速度、黏度宜根据用途与施工方法选择。

液体石油沥青适用于透层、黏层及拌制冷拌沥青混合料。根据使用目的与场所,可选用快凝、中凝、慢凝的液体石油沥青。

2. 粗集料

用于沥青面层的粗集料包括碎石、破碎砾石、筛选砾石、矿渣等。粗集料的粒径规格应符合技术规范规定。

粗集料不仅应洁净、干燥、无风化、无杂质,而且应具有足够的强度和耐磨性以及良好的颗粒形状。用于沥青面层的碎石不宜用颚式破碎机加工。沥青面层用粗集料的质量技术要求应符合表3-11的规定。

沥青混合料用粗集料质量技术要求 表3-11

指　　标		高速公路、一级公路		其他等级公路
		表面层	其他层次	
石料压碎不大于(%)		26	28	30
洛杉矶磨耗损不大于(%)		28	30	40
表观相对密度不大于		2.60	2.50	2.45
吸水不大于(%)		2.0	3.0	3.0
坚固不大于(%)		12	12	—
针片状颗粒含量(混合料)(%)	不大于	15	18	20
其中粒径大于9.5mm	不大于	12	15	—
其中粒径小于9.5mm	不大于	18	20	—
水洗法 <0.075mm 颗粒含不大于(%)		1	1	1
软石含不大于(%)		3	5	5

注:1. 坚固性试验应根据需要进行。

2. 用于高速公路、一级公路时,多孔玄武岩的视密度限度可放宽至2.45t/m^3,吸水率可放宽至3%,但必须得到建设单位的批准,且不得用于SMA路面。

路面抗滑表层粗集料应选用坚硬、耐磨、抗冲击性好的碎石或破碎砾石,不得使用筛选砾石、矿渣及软质集料。用于高速公路、一级公路沥青路面表面层及各级公路抗滑表层的粗集料应符合规范中关于石料磨光值的要求,但允许掺加粗集料比例总量不超过40%的普通集料作为中等或较小粒径的粗集料。

筛选砾石仅适用于三级及三级以下公路的沥青表面处治或拌和法施工的沥青面层的下面层,不得用于沥青贯入式路面及拌和法施工的沥青面层的中、上面层。三级及三级以下公路可采用钢渣作为粗集料。钢渣沥青混合料的沥青用量必须经配合比设计确定。

酸性岩石的粗集料(花岗岩、石英岩)用于高速公路、一级公路时,宜使用针入度较小的沥青。为保证与沥青的黏附性,应采用下列抗剥离措施:

(1)用干燥的磨细消石灰或生石灰粉、水泥作为填料的一部分,其用量宜为矿料总量的1%~2%。

(2)在沥青中掺加抗剥离剂。

(3)将粗集料用石灰浆处理后使用。

3. 细集料

沥青面层的细集料可采用天然砂、机制砂及石屑,其规格应符合规范要求。细集料应洁净、干燥、无风化、无杂质,并由适当的颗粒组成。其质量技术要求应符合表3-12的规定。

沥青混合料用细集料质量要求　　表3-12

指标		高速公路、一级公路	其他等级公路
视密度	不小于(t/m^3)	2.50	2.45
坚固性(>0.3mm部分)	不小于(%)	12	—
含泥量(小于0.075mm的含量)	不大于(%)	3	5
砂当量	不小于(%)	60	50
亚甲蓝值	不大于(g/kg)	25	—
棱角性(流动时间)	不小于(s)	30	—

注:1. 坚固性试验应根据需要进行。

2. 当进行砂当量试验有困难时,也可用水洗法测定小于0.075mm部分含量(仅适用于天然砂),对高速公路、一级公路要求不大于3%,其他等级公路要求不大于5%。

热拌沥青混合料的细集料宜采用优质的天然砂或机制砂。在缺砂地区,也可使用石屑,但用于高速公路、一级公路沥青混凝土面层及抗滑表层的石屑用量不宜超过天然砂及机制砂的用量。细集料应与沥青有良好的黏结能力。黏结能力差的天然砂及用花岗岩、石英岩等酸性石料破碎的机制砂或石屑,不宜用于高速公路及一般公路的面层。必须使用时,应采取与粗集料相同的抗剥离措施。

4. 填料

沥青混合料的填料宜采用石灰岩或岩浆岩中的强基性岩石等憎水性石料经磨细得到的矿粉。矿粉要求洁净、干燥,其质量技术要求应符合表3-13的规定。

沥青混合料用矿粉质量要求　　表3-13

指标		高速公路、一级公路	其他等级公路
视密度	不小于(t/m^3)	2.50	2.45
含水量	不大于(%)	1	1
粒度范围:<0.6mm	不大于(%)	100	100
<0.15mm	不大于(%)	90~100	90~100
<0.075mm	不大于(%)	75~100	70~100
外观		无团粒结块	—
亲水系数		<1	—
塑性系数(%)		<4	—

当采用水泥、石灰、粉煤灰作填料时,其用量不宜超过矿料总量的2%。作为填料使用的粉煤灰,烧失量应小于12%,塑性指数应小于4%。粉煤灰的用量不宜超过填料总量的50%,并经试验确认与沥青有良好黏结力,沥青混合料的水稳性能得到满足。高速公路、一级公路的混凝土面层不宜采用粉煤灰作为填料。

拌和机采用干法除尘的粉尘可作为矿粉的一部分回收使用。湿法除尘回收使用的粉尘应经干燥及粉碎处理，且不得含有杂质。回收粉尘的用量不得超过填料总量的50%，掺有粉尘的填料塑性指数不得大于4%。

三、沥青混合料分类

沥青混合料是由矿料与沥青结合料拌和而成的混合料的总称。按材料组成及结构分为连续级配、间断级配混合料；按矿料级配组成及空隙率大小分为密级配（空隙率3%～6%）、半开级配（空隙率6%～12%）、开级配混合料（排水式、空隙率18%以上）；按公称最大粒径的大小可分为特粗式（公称最大粒径等于或大于31.5mm）、粗粒式（公称最大粒径26.5mm）、中粒式（公称最大粒径16mm或19mm）、细粒式（公称最大粒径9.5mm或13.2mm）、砂粒式（公称最大粒径小于9.5mm）沥青混合料；按制造工艺分热拌沥青混合料、冷拌沥青混合料、再生沥青混合料等。

密级配沥青混合料主要有密实式沥青混凝土混合料（AC）和密实式沥青稳定碎石混合料（ATB）两种。密级配沥青混合料分按关键性筛孔通过率的不同又可分为细型、粗型密级配沥青混合料等。

沥青稳定碎石混合料简称沥青碎石，按空隙率、集料最大粒径、添加矿粉数量的多少，分为密级配沥青碎石（ATB），开级配沥青碎石（OGFC表面层及ATPB基层）、半开级配沥青碎石（AM）。

沥青玛蹄脂碎石混合料是由沥青结合料与少量的纤维稳定剂、细集料以及较多量的填料（矿粉）组成的沥青玛蹄脂，填充于间断级配的粗集料骨架的间隙，组成一体形成的沥青混合料，简称SMA。

四、沥青表面处治路面

沥青表面处治是用沥青裹覆矿料，铺筑厚度小于3cm的一种薄层路面面层。其主要作用是保护下层路面结构层，使它不直接遭受行车和自然因素的破坏作用，延长路面使用寿命，并改善行车条件。计算路面厚度时，不作为单独受力结构层。

1. 特点及分类

沥青表面处治路面系按嵌挤原则修筑而成，为了保证矿料间有良好的嵌挤作用，同一层的矿料颗粒尺寸应力求均匀。

沥青表面处治路面可采用拌和法或层铺法施工。比较普遍采用的是层铺法，即将沥青材料与矿质材料分层洒布与铺撒，分层碾压成型。拌和法可热拌热铺或冷拌冷铺，热拌热铺的施工工艺按热拌沥青混合料路面的规定执行，冷拌冷铺的施工工艺按乳化沥青碎石混合料路面的有关规定执行。

层铺法施工沥青表面处治路面，按浇洒沥青及撒铺矿料的层次多少，可分为单层式、双层式和三层式，厚度宜为1.0～3.0cm。单层表处的厚度为1.0～1.5cm；双层表处的厚度为1.5～2.5cm；三层表处的厚度为2.5～3.0cm。

拌和法沥青表面处治路面厚度宜为3.0～4.0cm。采用拌和法施工时，基层顶面应洒透层沥青或黏层沥青或做下封层。

2. 材料要求

沥青表面处治采用的集料最大粒径应与处治层的厚度相等，其规格和用量可按规范的规定选用。当采用乳化沥青时，为减少乳液流失，可在主层集料中掺加20%以上的较小粒径集料。沥青表面处治施工后，应另准备5~10mm的碎石或3~5mm的石屑、粗砂或小砾石2~$3m^3/1000m^2$作为初期养护用料。

采用道路石油沥青时，沥青用量应按规范中规定的材料用量选定。当采用煤沥青时，可按规范规定的石油沥青用量增加15%~20%。当采用乳化沥青时，乳液用量按其中的沥青含量折算，规范中所列乳液用量适用于沥青含量为60%的乳化沥青。在高寒地区及干旱、风沙大的地区，沥青用量可超出规范规定的高限，再增加5%~10%。

在旧沥青路面、清扫干净的碎(砾)石路面、水泥混凝土路面、块石路面上铺筑沥青表面处治时，可在第一层沥青用量中增加10%~20%，不再另洒透层沥青。

3. 施工机械

沥青表面处治施工应采用沥青洒布车喷洒沥青。小规模施工沥青表面处治可采用机动或手摇的手工沥青洒布机洒布沥青，乳化沥青也可用齿轮泵或气压或洒布机洒布。手工喷洒必须由熟练工人操作，力求均匀洒布。

沥青表面处治压实机械的吨位以能使集料嵌挤紧密又不致使石料有较多的压碎为度，宜采用6~8t、8~10t压路机进行碾压。乳化沥青表面处治宜采用较轻的压实机械进行碾压。

4. 层铺法施工

层铺法表面处治施工分先油后料与先料后油两种方法。一般多采用先油后料法施工。当堆放集料地点受限制或临近低温施工为使路面加速反油成型，才采用先料后油法施工，如图3-6所示。

图3-6 层铺法表面处治施工

三层式沥青表面处治的施工工艺按下述步骤进行：

(1)在透层沥青充分渗透，或在已作透层或封层并已开放交通的基层清扫后，即可浇洒第一层沥青。沥青的浇洒温度根据施工气温及沥青标号选择：石油沥青130~170℃、煤沥青80~120℃。乳化沥青在常温下洒布，当气温偏低，破乳及成型过慢时，可将乳液加温后洒布，乳液加温不超过60℃。当浇洒出现空白、缺边时，应立即用人工补洒，有积聚时应予刮除。沥青浇洒的长度应与集料撒布机能力相配合,应避免沥青浇洒后等待时间过长。除阳离子乳化沥青外,不得在潮湿的基层(或旧路)或集料上浇洒沥青。

(2)浇洒沥青后(不必等全段洒完)应立即撒布第一层集料。当使用乳化沥青时,集料撒布必须在乳液破乳之前完成。撒布集料后应及时扫匀,达到全面覆盖一层、厚度一致、集料不重叠、沥青不外露的要求。局部缺料处应适时找补,局部积料过多处应扫除多余料。

(3)撒布一段集料后(不必等全段铺完)应立即开始用6~8t钢筒双轮压路机碾压,碾压时每次轮迹重叠约30cm,从路边逐渐移至路中心,然后再从另一边开始移向路中心,以此作为一遍,宜碾压3~4遍。碾压速度开始不宜超过2km/h,以后可适当增加。

(4)第二、三层施工方法和要求与第一层相同,但可采用8~10t压路机。当使用乳化沥青时,第二层除撒布5~10mm碎石作嵌料后尚应增加一层封层料,其规格为3~5mm,用量为3.5~5.5m^3/1000m^2。

双层或单层式沥青表面处治浇洒沥青及撒布集料的次数分别为二次或一次,施工程序及要求与三层式相同。

除乳化沥青表面处治应待破乳后水分蒸发并基本成型后方可通车外,沥青表面处治路面在碾压结束后即可开放交通,但应设专人指挥交通,使路面全部宽度内都能够比较均匀地受到车轮的碾压,见图3-7。

沥青表面处治应进行初期养护。当发现泛油时,应在泛油处补撒嵌缝料并扫匀。出现其他破坏现象,也应及时补修。

图3-7　沥青施工

五、沥青贯入式路面

沥青贯入式路面是在初步压实的碎石层上浇灌沥青,再分层撒铺嵌缝料和浇洒沥青,并通过分层压实而形成的一种较厚路面面层,其厚度通常为4~8cm,但乳化沥青贯入式路面的厚度不宜超过5cm。贯入式路面的强度和稳定性主要由矿料的相互嵌挤和锁结作用而形成,属于嵌挤式一类路面。

1. 特点及分类

沥青贯入式路面具有强度较高、稳定性好、施工简便和不易产生裂缝等优点。由于沥青贯入式路面主要取决于矿料间的嵌挤作用,受温度变化影响小,故温度稳定性较好。其缺点是沥青不易均匀洒布在矿料中,在矿料密实处沥青不易贯入,而在矿料空隙较大处,沥青又容易结成块,因而强度不够均匀。

当贯入式上部加铺拌和的沥青混合料时,总厚度宜为7~10cm,其中拌和层厚度宜为3~4cm。此种结构一般称之为沥青上拌下贯式路面。

沥青贯入式路面是一种多孔隙结构,为了防止表面水的透入,增强路面的水稳性,使路面面层坚固密实,沥青贯入式面层之下应做下封层。

2. 材料要求

集料应选择有棱角、嵌挤性好的坚硬石料,当使用破碎砾石时,其破碎面应符合规范规定。

贯入层主层集料中大于粒径范围中值的数量不得少于50%。细粒料含量偏多时,嵌缝料用量宜采用低限。贯入层的主层集料最大粒径宜与贯入层厚度相同,当采用乳化沥青时,主层集料最大粒径可采用厚度的0.80~0.85倍,数量按压实系数1.25~1.30计算。表面不加铺拌和层的贯入式路面,在施工结束后,应另备2~3m^3/1000m^2与最后一层嵌缝料规格相同的石屑或粗砂等,以供初期养护使用。

采用道路石油沥青及乳化沥青的材料用量应按规范规定的材料用量选用。当采用煤沥青时,可较表列石油沥青用量增加15%~20%。当采用乳化沥青时,乳液用量按其中的沥青含量折算,规范中所列乳液用量适用于沥青含量为60%的乳化沥青。在高寒地区及干旱、风沙大的地区,沥青用量可超出规范规定的高限,再增加5%~10%。

表面加铺拌和层的路面结构,其拌和层部分的材料规格及沥青用量按热拌沥青混合料的有关规定执行。

3. 施工机械

沥青贯入式路面的主层集料可采用碎石摊铺机或人工摊铺。嵌缝料宜采用集料撒布机撒布。应采用沥青洒布车喷洒沥青。

沥青贯入式路面压实机械的吨位以能使集料嵌挤紧密又不致使石料有较多的压碎为度,宜采用6~8t、8~10t压路机进行碾压,其主层集料宜用钢筒式压路机碾压。

4. 施工

(1)沥青贯入式路面施工前,基层必须清扫干净。贯入式使用乳化沥青时,必须洒透层或黏层沥青。贯入式路面厚度≤5cm时,也应洒透层或黏层沥青。

(2)撒料。撒主层集料时,应注意撒铺均匀,避免颗粒大小不均,并不断检查松铺厚度和校验路拱。撒布集料后,严禁车辆通行。

(3)碾压。主层集料撒布后,先用6~8t的钢筒式压路机以2km/h的初压速度碾压,使集料基本稳定,至集料无显著推移为止,碾压时每次轮迹重叠约30cm,应自路边缘逐渐移至路中心,然后再从另一边开始移向路中心。然后再用10~12t压路机进行碾压,宜碾压4~6遍,直到主层集料嵌挤稳定,无显著轮迹为止。

(4)浇洒第一层沥青。主层集料碾压完毕后,应立即浇洒第一层沥青。当采用乳化沥青时,为防止乳液下漏过多,可在主层集料碾压稳定后,先撒布一部分上一层嵌缝料,再浇洒主层沥青。

(5)撒布第一层嵌缝料。主层沥青浇洒后应立即均匀撒布第一层嵌缝料。当使用乳化沥青时,嵌缝料的撒布必须在乳液破乳前完成。

(6)再碾压。嵌缝料扫匀后立即用8~12t钢筒式压路机碾压4~6遍,直至稳定为止。碾压时随压随扫,使嵌缝料均匀嵌入。

(7)浇洒第二层沥青,撒布第二层嵌缝料,碾压,浇洒第三层沥青,撒布封层料,最后碾压(宜采用6~8t压路机碾压2~4遍)。

(8)交通控制及初期养护的要求,与沥青表面处治路面相同。

沥青贯入式路面若为加铺沥青混合料拌和层时,应紧跟贯入层施工,使其上下成为一整体。贯入部分若系采用乳化沥青时,应待其破乳、水分蒸发且成型稳定后方可铺筑拌和层,当拌和层与贯入层不能同步连续施工,且需开放交通时,贯入层的第二层嵌缝料应增加用量2~

3m³/1000m²,在摊铺拌和层沥青混合料前,应清除贯入层表面的杂物、尘土以及浮动石料,再补充碾压一遍,并应浇洒黏层沥青。拌和层的施工,与热拌沥青混合料路面相同。

六、热拌沥青混合料路面

沥青混凝土的强度是按密实原则构成,采用一定数量的矿粉是其一个显著特点。矿粉的掺入,使沥青混凝土中的黏稠沥青以薄膜形式分布,从而产生很大的黏结力,其黏结力比单纯沥青要大数十倍。因此,黏结力是沥青混凝土强度构成的重要因素,而骨架的摩阻力和嵌挤作用仅占次要地位。

1. 混合料类型选择

沥青面层可由单层或双层或三层沥青混合料组成,各层混合料的组成设计应根据其层厚和层位、气温和降雨量等气候条件、交通量和交通组成等因素,选用适当的最大粒径及级配类型,并遵循以下原则:

应综合考虑满足耐久性、抗车辙、抗裂、抗水损害能力、抗滑性等多方面的要求,根据施工机械、工程造价等实际情况按规范规定选用合适的类型。

沥青面层的集料最大粒径宜从上至下逐渐增大,中粒式及细粒式用于上层,粗粒式只能用于中下层。砂粒式仅适用于通行非机动车及行人的路面工程。

表面层沥青混合料的集料最大粒径不宜超过层厚的1/2,中下面层的集料最大粒径不宜超过层厚的2/3。高速公路的硬路肩沥青面层宜采用Ⅰ型沥青混凝土作表层。热拌热铺沥青混合料路面应采用机械化连续施工,以确保路面铺筑质量。

2. 配合比设计

沥青混合料组成设计的主要任务,是选择合格的材料、确定各种粒径矿料和沥青的配比。高等级公路沥青混凝土混合料配合比设计以马歇尔试验为主,并通过车辙试验对抗车辙能力进行辅助性检验,沥青混合料60℃、轮压0.7MPa时车辙试验的动稳定度,高速公路应不小于800次/mm,一级公路应不小于600次/mm。沥青碎石混合料的配合比设计应根据实践经验和马歇尔试验结果,经试拌试铺论证确定。

高速公路和一级公路热拌沥青混合料的配合比设计应遵照下列步骤进行:

(1)目标配合比设计阶段。用工程实际使用的材料进行矿料配合比设计,通过马歇尔试验,确定最佳沥青用量,此目标配合比供拌和机确定各冷料仓的供料比例、进料速度及试拌使用。

(2)生产配合比设计阶段。对间歇式拌和机,必须从二次筛分后进入各热料仓的材料取样进行筛分,以确定各热料仓的材料比例,并取目标配合比设计的最佳沥青用量、最佳沥青用量±0.3%等三个沥青用量进行马歇尔试验,确定生产配合比的最佳沥青用量。

(3)生产配合比验证阶段。采用生产配合比进行试拌、铺筑试验段,并用拌和的沥青混合料和路上钻取的芯样进行马歇尔试验检验,确定标准配合比。

经设计确定的标准配合比,在施工过程中不得随意变更。但生产过程中如进场材料发生变化,矿料级配及马歇尔技术指标不符规定时,应及时调整配合比,确保沥青混合料质量,必要时得重新进行配合比设计。

3. 拌制及运输

沥青混合料必须在拌和厂(场、站)采用拌和机械拌制,拌和机械设备的选型应根据工程量和工期综合考虑,而且拌和设备的生产能力应与摊铺能力相匹配,最好高于摊铺能力5%左右。

热拌沥青混合料可采用间歇式拌和机或连续式拌和机。各类拌和机均应有防止矿粉飞扬散失的密封性能及除尘设备,并有检测拌和温度的装置。高速公路和一级公路宜采用间歇式拌和机拌和。

拌和厂的设置除应符合国家有关环境保护、消防安全等规定外,应设置在空旷、干燥、运输条件良好的场地,应有良好的排水设施及可靠的电力供应。固定式沥青混合料拌和厂场地面积可参考表3-14估算。

沥青混合料拌和厂场地面积参考表 表3-14

生产能力(t/h)	搅拌器容量(间歇式)(kg)	场地面积(m^2)
30~35	500	3000
35~40	750	4500
60~70	1000	6500
90~110	1500	9000
120~140	2000	12000

沥青混合料拌和时间应以混合料拌和均匀,所有矿料颗粒全部裹覆沥青结合料为度,并经试拌确定。拌成的沥青混合料应均匀一致、无花白料、无结团成块或严重的粗细料分离现象,不符合要求的拌和混合料不得使用,并应及时调整。

运输热拌沥青混合料,应采用较大吨位的自卸汽车,车厢应清扫干净。从拌和机向运料汽车上放料时,应每卸一斗混合料挪动一下汽车位置,以减少粗细集料的离析现象。运料车应用篷布覆盖,用以保温、防雨、防污染。运输混合料的运量能力应较拌和能力或摊铺速度有所富余,以确保摊铺能够有序地进行。

4. 摊铺

铺筑沥青混合料前,应检查确认下层的质量。当下层质量不符合要求,或未按规定洒布透层、黏层、铺筑下封层时,不得铺筑沥青面层。

热拌沥青混合料应使用摊铺机作业。摊铺前,根据施工需要调整和选择摊铺机的结构参数及运行参数。摊铺机的结构参数有:熨平板宽度和路拱的调整;摊铺厚度与熨平板的初始工作迎角的调整;布料螺旋与熨平板前缘距离的调整;振捣梁行程调整;熨平板前刮料护板高度的调整等。运行参数主要指摊铺速度,摊铺机作业速度既对其工作效率有影响,更极大地影响摊铺质量。摊铺速度应符合2~6m/min的要求。

沥青混合料的松铺系数应根据实际混合料类型、施工机械和施工工艺流程等因素,参照以往施工经验及实践过程,由试铺试压方法确定。一般参照表3-15及成型后的平均厚度校验,根据铺筑情况进行调整。

沥青混合料松铺系数 表3-15

类　型	机械摊铺	人工摊铺
沥青混凝土	1.15～1.35	1.25～1.50
沥青碎石	1.15～1.30	1.20～1.45

摊铺压实成型后的平均厚度(cm)T：

$$T=\frac{100M}{D\cdot L\cdot W}$$

式中：D——压实成型后沥青混合料的密度(t/m³)；

L——摊铺长度(m)；

M——摊铺的沥青混合料总质量(t)；

W——摊铺宽度(m)。

人工摊铺仅可用于路面狭窄部分，平曲线半径过小的匝道或加宽部分，以及小规模工程。

5. 压实及成型

压实是最后一道工序，良好的路面质量最终要通过碾压来实现。碾压中出现质量缺陷，会导致前功尽弃，因此，必须十分重视压实工作。沥青混合料的分层压实厚度不得大于10cm。

应选择合理的压路机组合方式及碾压步骤，以求达到最佳效果。压实应按初压、复压、终压(包括成型)三个阶段进行。压路机应以慢而均匀的速度碾压，碾压速度如表3-16所示。

(1)初压。初压应在混合料摊铺后较高温度条件下进行，不得产生推移、发裂，压路机应从外侧向路中心碾压，碾压带重叠轮宽的1/3～1/2。应采用轻型钢筒式压路机或关闭振动装置的振动压路机碾压2遍，其线压力不宜小于350N/cm。

(2)复压。复压应紧接在初压后进行，宜采用重型轮胎式压路机，也可采用振动压路机或钢筒式压路机。碾压遍数应经试压确定，不宜少于4～6遍。

压路机碾压速度 表3-16

项　目	初　压		复　压		终　压	
	适宜	最大	适宜	最大	适宜	最大
	碾压速度(km/h)					
钢筒式压路机	2～3	4	3～5	6	3～6	6
轮胎式压路机	2～3	4	3～5	6	4～6	8
振动式压路机	2～3 (静压或振动)	3 (静压或振动)	3～4.5 (振动)	5 (振动)	3～6 (静压)	6 (静压)

注：静压是指关闭振动装置的无振动碾压。

(3)终压。终压应紧接在复压后进行。终压可选用双轮钢筒式压路机或关闭振动的振动压路机碾压，不宜少于3遍，并要求压后无轮迹。路面压实成型的终了温度应符合技术规范的要求。

6. 开放交通

热拌热铺沥青混合料路面应待摊铺层完全自然冷却，表面温度低于50℃后方可开放交通。一般在施工完毕后第二天可开放交通。

七、乳化沥青碎石混合料路面

乳化沥青碎石混合料路面的面层宜采用双层式,下层采用粗粒式沥青碎石混合料,上层采用中粒式或细粒式沥青碎石混合料。单层式只宜在少雨干燥地区或半刚性基层上使用。在多雨潮湿地区必须做上封层或下封层。

1. 乳化沥青碎石混合料的配合比

乳化沥青碎石混合料的配合比,目前还难于由配合比设计的方法决定,实际施工时,应根据已建道路的成功经验决定。其矿料级配可采用热拌沥青碎石的级配;其乳液用量应根据交通量、气候、石料情况,参照当地经验确定,也可按热拌沥青碎石混合料的沥青用量折算。实际的沥青用量宜较同规格热拌沥青混合料的沥青用量减少15% ~20%。

2. 施工要求

乳化沥青碎石混合料宜采用拌和厂机械拌和。在条件限制时也可以现场用人工拌制。其施工顺序类同热拌沥青混合料的施工,但因乳化沥青中含有较多水分,黏度较低,破乳过程要经历一定时间,因而又有某些不同之处,主要有:

(1)对拌和法施工,应选择慢裂或中裂乳化沥青,并应使用表面干净石料。当采用阳离子乳液时,还应在干燥石料中加入2%左右的水,使石料表面湿润后再加乳液进行拌和,要求拌和迅速,在1 ~2min 内即将混合料拌匀。

(2)使用乳化沥青施工时,要求暂时中断交通。当不能中断交通时,应在路面混合料摊铺碾压后作一薄层罩面,以保护主层乳液混合料。对于阳离子乳液施工的路面,车速控制不超过15km/h 的时间至少2 ~5h;对于阳离子乳液施工,则需1 ~2d。在气温高、湿度小的天气,控制车速的时间可短些,反之则要长一些。

(3)乳化沥青黏度低,渗透快,用于洒铺路面时,浇洒量不宜过于集中,以免因一次用量太大,形成流失浪费。

3. 碾压

乳化沥青碎石混合料的碾压可与热拌沥青混合料相同,但应注意:

(1)混合料摊铺后,初压应采用6t 左右的轻型压路机压1 ~2 遍,使混合料初步稳定,再用轮胎式压路机或轻型钢筒式压路机压1 ~2 遍。初压应匀速进退,不得在碾压路段紧急制动或快速启动。

(2)当乳化沥青开始破乳,混合料由褐色转变成黑色时,用12 ~15t 轮胎式压路机或10 ~12t 钢筒式压路机复压,复压2 ~3 遍后立即停止,待晾晒一段时间,水分蒸发后再补充复压至密实为止。

(3)碾压时,发现局部混合料有松散或开裂时,应立即挖除,补换新料,整平后继续碾压密实。

(4)上封层应在压实成型、路面水分蒸发后方可加铺。

八、透层、黏层、封层

1. 透层

沥青路面的级配砂砾、级配碎石基层及水泥、石灰、粉煤灰等无机结合料稳定土或粒料的半刚性基层上必须浇洒透层沥青。

(1)透层沥青宜采用慢裂的洒布型乳化沥青,也可采用中、慢凝液体石油沥青或煤沥青,稠度宜通过试洒确定。

(2)透层沥青宜紧接在基层施工结束,表面稍干后浇洒。当基层完工后时间较长,表面过分干燥时,应将基层清扫干净,在基层表面少量洒水,等表面稍干后浇洒。

(3)高速公路、一级公路应采用沥青洒布车喷洒透层沥青。二级及二级以下公路也可采用手摇沥青洒布机喷洒透层沥青。喷嘴应配置适当,以保证沥青喷洒均匀。

(4)浇洒透层沥青时,对路缘石及人工构造物应适当防护,以防污染。透层沥青洒布后应不致流淌,渗透入基层一定深度,不得在表面形成油膜,铺筑面层前,应清除多余的透层沥青堆积层。

(5)在无机结合料稳定半刚性基层上浇洒透层沥青后,宜立即撒布用量为 2 ~ $3m^3/1000m^2$ 的石屑或粗砂。

(6)透层沥青洒布后应尽早铺筑面层。当采用乳化沥青作透层时,洒布后应待其充分渗透、水分蒸发后,方可铺筑沥青面层,时间不宜少于 24h。

透层沥青的规格与用量如表 3-17 所列。

沥青路面透层材料的规格与用量 表 3-17

用途	乳化沥青		液体沥青		煤沥青	
	规格	用量(L/m^2)	规格	用量(L/m^2)	规格	用量(L/m^2)
无结合料粒料基层	PC-2 PA-2	1.0~2.0	AL(M)-1、2 或 3 AL(S)-1、2 或 3	1.0~2.3	T-1 T-2	1.0~1.5
半刚性基层	PC-2 PA-2	0.7~1.5	AL(M)-1 或 2 AL(S)-1 或 2	0.6~1.5	T-1 T-2	0.7~1.0

注:表中用量是指包括稀释剂和水分等在内的液体沥青、乳化沥青的总量。乳化沥青中的残留物含量以 50% 为基准。

2. 黏层

黏层的作用在于使上下沥青层或沥青层与构造物完全黏结成一整体。因此,符合下列情况时应浇洒黏层沥青:

(1)双层或三层式热拌热铺沥青混合料路面,在浇筑上层前,其下面的沥青层已被污染;

(2)旧沥青路面层上加铺沥青层;

(3)水泥混凝土路面上铺筑沥青面层;

(4)与新铺沥青混合料接触的路缘石、雨水进水口、检查井等的侧面。

黏层沥青宜采用快裂的洒布型乳化沥青,也可采用快、中凝液体石油沥青或煤沥青。黏层沥青宜用与面层所用种类、标号相同的石油沥青经乳化或稀释制成。

黏层沥青宜用沥青洒布车喷洒,喷嘴应配置适当,以保证沥青喷洒均匀。在路缘石、雨水进水口、检查井等局部,应用刷子人工涂刷。黏层沥青应均匀洒布或涂刷,浇洒量过量时应予刮除。浇洒面有脏物、尘土时应清除干净,当有沾黏的土块时,应用水刷净,待刷净面干燥后再浇洒黏层沥青。气温低于 10℃ 或路面潮湿时,不应浇洒黏层沥青。严禁行人及其他车辆在浇洒黏层后通行。

黏层沥青浇洒后应紧接铺筑其上层。但乳化沥青应待破乳、水分蒸发完后再铺筑其上层。

黏层沥青的规格与用量如表3-18所列。

沥青路面黏层材料的规格与用量　　表3-18

下卧层类型	液体沥青		乳化沥青	
	规格	用量(L/m²)	规格	用量(L/m²)
新建沥青层或旧沥青路面	AL(R)-3~AL(R)-6 AL(M)-3~AL(M)-6	0.3~0.5	PC-3 PA-3	0.3~0.6
水泥混凝土	AL(R)-3~AL(R)-6 AL(S)-3~AL(S)-6	0.2~0.4	PC-3 PA-3	0.3~0.5

3．封层

符合下列情况之一时,应在沥青面层上铺筑上封层:

(1)沥青面层的空隙较大,透水严重;

(2)有裂缝或已修的旧沥青路面;

(3)需加铺磨耗层改善抗滑性能的旧沥青路面;

(4)需铺筑磨耗层或保护层的新建沥青路面。

符合下列情况之一时,应在沥青面层下铺筑下封层:

(1)位于多雨地区且沥青面层空隙率较大,渗水严重;

(2)在铺筑基层后,不能及时铺筑沥青面层,且须开放交通。

上封层及下封层可采用拌和法或层铺法施工的单层式沥青表面处治,也可采用乳化沥青稀浆封层。稀浆封层的厚度宜为3~6mm。乳化沥青稀浆封层的矿料级配及沥青用量应符合规范规定。

九、造价分析

公路工程定额编列了沥青表面处治路面、沥青贯入式路面、沥青上拌下贯式路面、沥青混合料路面等类型及沥青混合料拌和设备安装、拆除定额,基本适应当前各类沥青路面的工程造价分析。但公路工程定额所考虑的沥青材料均系按石油沥青编列,造价分析及计算时,若沥青材料必须按煤沥青或乳化沥青计列时,煤沥青可按技术规范的有关规定进行材料抽换;乳化沥青则应另行制定补充定额。

公路工程定额单独编列了热拌沥青混合料拌和设备安装、拆除定额,便于核定每座厂拌设备的安装、拆除费用,是必要的。但作为公路工程实施阶段的招标、投标、计量与支付,需要将这种施工现场设施费用摊入工程单价内。摊入的计算方法,同稳定土基层厂拌设备的安装、拆除费用摊入单价内的说明。

高速公路、一级公路沥青混合料路面造价占工程总造价一定比例,经论证交通量增长情况,可以考虑采取分期实施的技术措施时,可先在基层上加铺封层,开放交通,经过相当一段时间的自然沉落、行车碾压、风雨雪冰考验,确实让基层稳定、强度足够以及交通量增长一定幅度后再行铺筑面层。分析工程造价时,应对这种实际情况进行经济比较。对分期实施中必须增加的封层、清扫、黏层等因素不得遗漏。此类问题,在可行性研究阶段的投资估算及设计阶段的概预算编制就应有所考虑,以保证工程造价控制的有效性及可比性。

第四节　水泥混凝土路面

水泥混凝土路面刚度大、强度高、经久耐用,近年来,在我国有了长足的发展。水泥混凝土路面可分为普通混凝土、钢筋混凝土、碾压混凝土、钢纤维混凝土及连续配筋混凝土路面等。本节主要介绍普通水泥混凝土路面。

一、水泥混凝土路面设计

水泥混凝土路面设计以重 100kN 的单轴－双轮组荷载作为标准轴载，以弹性地基上的薄板理论为基础，采用有限元法计算荷载应力与温度应力。其设计的主要内容包括结构组合设计、板的平面尺寸和接缝构造设计、板厚的确定和配筋、水泥混凝土混合料组成设计等。

1. 路基

水泥混凝土路面下的路基必须密实、稳定和均质。影响路基强度和稳定的地面水和地下水,必须采取拦截或疏导措施,把水流排出路基以外。要求路基应处于干燥或中湿状态,过湿状态或强度与稳定性不符合要求的潮湿状态的路基,必须经过处理。

2. 基层与垫层

垫层的作用与要求见第二节。为保证水泥混凝土路面的整体强度及耐久性,防止唧泥和错台,基层应具有足够的强度和稳定性。特重和重交通量的公路,基层宜采用水泥稳定砂砾、水硬性工业废渣稳定类或沥青混合料类等;中等和轻交通量的公路,除上述类型外,也可采用石灰土、泥灰结碎石等,其技术要求见第二节。

基层宽度应比混凝土面板每侧宽出 30cm(采用小型机具或轨道式摊铺机施工)或 50cm(采用轨模式摊铺机施工)或 65cm(采用滑模式摊铺机施工)。路肩采用混凝土面层,其厚度与行车道面层相同时,基层宽度宜与路基同宽。新建公路的水泥混凝土路面基层的最小厚度一般为 15cm。岩石路基上铺筑水泥混凝土面板时,应根据需要设置整平层,其厚度一般为 6～10cm。填石路基上铺筑水泥混凝土面板时,填石路基必须稳定、密实,表面平整,并满足水泥混凝土面板对基层强度的要求,如图 3-8 所示。

图 3-8　基层与垫层

原有公路上铺筑水泥混凝土面板时,原有路面应平整密实,符合路拱要求,其顶面的当量回弹模量与新建公路基层顶面的要求相同。若原有路面当量回弹量达不到要求时,应设置补强层。补强层的厚度应经过计算确定,但不得小于结构层最小厚度的规定。

3. 混凝土面板

1)板的平面尺寸

普通混凝土面板一般采用矩形,纵向和横向接缝应垂直相交,其纵缝两侧的横缝不得互相错位。纵向缩缝间距(即板宽)可按路面宽度和每个车道宽度而定,其最大间距不得大于4.5m。横向缩缝间距(即板长)应根据当地气候条件、板厚和实践经验确定,一般采用4~6m,最大不得超过6m,且板宽与板长之比不宜超过1∶1.3,平面尺寸不宜大于25 m^2。

2)板厚设计

板的横断面一般采用等厚,其厚度通过计算确定,但最小厚度为18cm。为便于荷载应力计算,各级交通量的混凝土板初估厚度如表3-19所列。

混凝土板的初估厚度 表3-19

交通等级	特重				重			
公路等级	高速	一级		二级	高速	一级		二级
变异水平等级	低	中	低	中	低	中	低	中
面层厚度(mm)	≥260	≥250	≥240		270~240	260~230	250~220	

交通等级	中等				轻	
公路等级	二级		三、四级	三、四级	三、四级	
变异水平等级	高	中	高	中	高	中
面层厚度(mm)	240~210	230~200		220~200	≤230	≤220

按面路所承受的交通等级,初估板厚 h_i,根据规范中的有关公式及图表求得荷载疲劳应力 σ_p 和温度疲劳应力 σ_t。当两者之和不大于混凝土设计弯拉强度 f_{cm} 的103%和不低于 f_{cm} 的95%时,则初估板可作为设计板厚 h。否则,重新假定 h 并计算,直到满足要求为止。板厚设计过程见框图3-9。

4. 接缝设计

1)纵缝

混凝土面板的纵缝必须与路线中线平行,纵缝一般分为纵向缩缝和纵向施工缝。一次铺筑宽度大于4.5m时,应增设纵向缩缝。纵向缩缝采用假缝,并应设置拉杆,其构造如图3-10所示。一次铺筑宽度小于路面宽度时,应设置纵向施工缝。纵向施工缝采用平缝,并应设置拉杆,其构造如图3-11所示。

2)横缝

横缝一般分为横向缩缝、胀缝和横向施工缝。横向缩缝采用假缝,其构造如图3-12a)所示。在特重交通的公路上,横向缩缝宜加设传力杆;其他各级交通的公路上,在邻近胀缝或路面自由端部的3条缩缝内,均宜加设传力杆,其构造如图3-12b)所示。

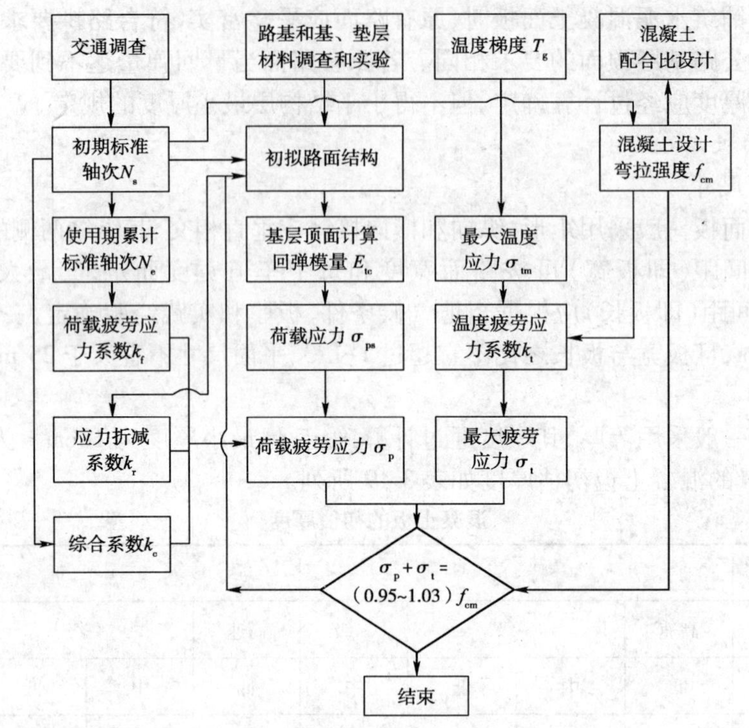

图 3-9 板厚设计过程框图

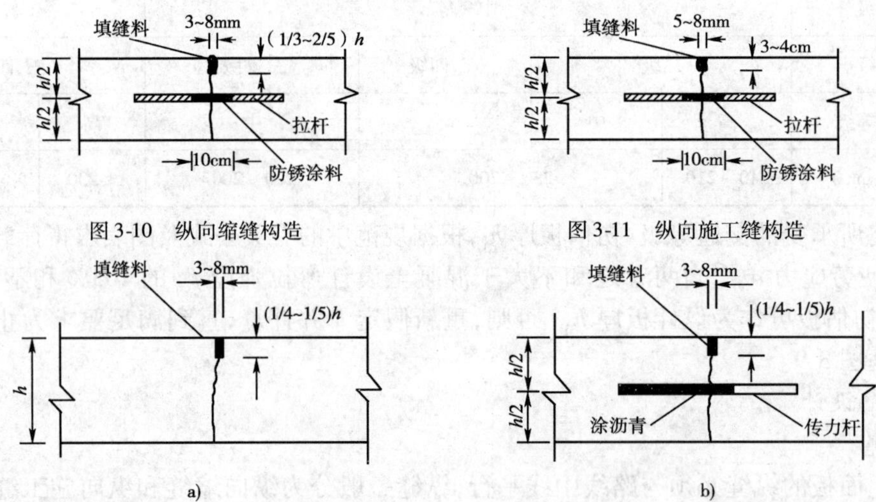

图 3-10 纵向缩缝构造

图 3-11 纵向施工缝构造

图 3-12 横向缩缝构造

在邻近桥梁或其他固定构筑物处、与柔性路面相接处、板厚改变处、隧道口、小半径平曲线和凹形竖曲线纵坡变换处,均应设置胀缝。在邻近构造物处的胀缝,应根据施工温度至少设置2条。除此之外的胀缝宜尽量不设或少设。其间距可根据施工温度、混凝土集料的膨胀性并结合当地经验确定。横缝施工如图 3-13 所示。

胀缝应采用滑动传力杆,并设置支架或其他方法予以固定,其构造如图 3-14a)所示。与构筑物衔接处或其他公路交叉的胀缝无法设传力杆时,可采用边缘钢筋型或厚边型,其构造如

图 3-14b)、c)所示。

图 3-13　横缝

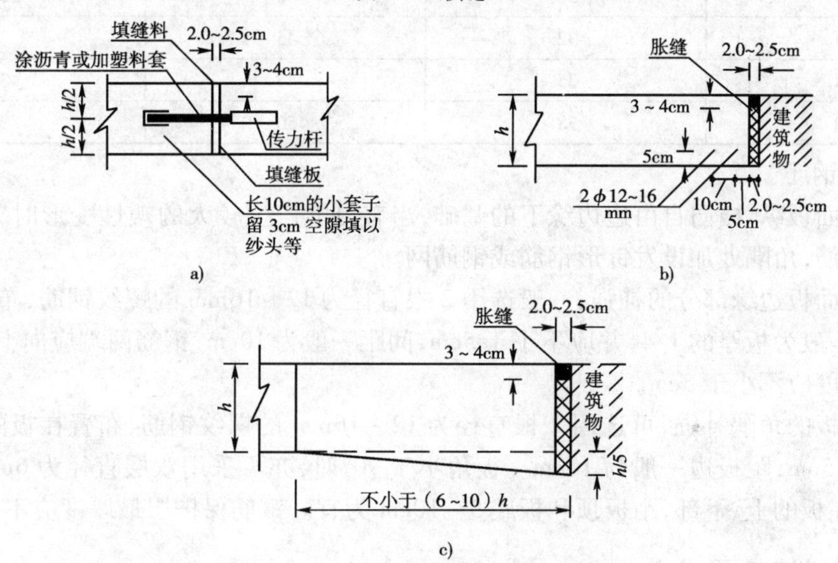

图 3-14　胀缝构造

a)传力杆(滑动形);b)边缘钢筋型;c)厚边型

每日施工终了,或浇筑混凝土过程中因故中断浇筑时,必须设置横向施工缝,其位置宜设在胀缝或缩缝处。设在胀缝处的施工缝,其构造与图 3-14a)相同;设在缩缝处的施工缝应采用平缝加传力杆型,其构造如图 3-15 所示。

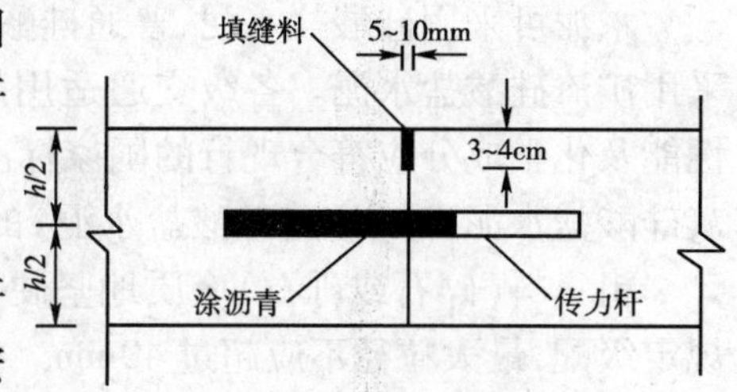

图 3-15　横向施工缝构造

3)拉杆与传力杆

拉杆应采用螺纹钢筋,设在板厚中央,并应对拉杆中部 10cm 范围内进行防锈处理。拉杆尺寸及间距可按表 3-20 选用,其最外边的拉杆距接缝或自由边的距离一般为 25～35cm。

传力杆应采用光面钢筋,其长度的一半再加 5cm,应涂以沥青或加塑料套。胀缝处的传力杆,尚应在涂沥青一端加一套子,内留 3cm 的空隙,填以纱头或泡沫塑料。套子端宜在相邻板中交错布置。传力杆尺寸及间距可按表3-21选用，其最外边的传力杆距接缝或自由边的距离一般为15～25cm。

拉杆尺寸及间距　表3-20

面层厚度(mm)	到自由边或未设拉杆纵缝的距离(m)					
	3.00	3.50	3.75	4.50	6.00	7.50
200～250	14×700×900	14×700×800	14×700×700	14×700×600	14×700×500	14×700×400
260～300	16×800×900	16×800×800	16×800×700	16×800×600	16×800×500	16×800×400

传力杆尺寸及间距　表3-21

面层厚度 h(cm)	传力杆直径 d_s(mm)	传力杆最小长度(cm)	传力杆最大间距(cm)
22	28	40	30
24	30	40	30
26	32	45	30
28	35	45	30
30	38	50	30

4)补强钢筋

混凝土面板纵、横向自由边边缘下的基础，当有可能产生较大的塑性变形时，宜在板边缘加设补强钢筋，角隅处加设发针形钢筋或钢筋网。

混凝土面板边缘部分的补强，一般选用2根直径为12～16mm的螺纹钢筋，布置在板的下部，距底板一般为板厚的1/4，并应不小于5cm，间距一般为10cm，钢筋两端应向上弯起。钢筋保护层最厚度应不小于5cm。

混凝土板的角隅补强，可选用2根直径为12～16mm的螺纹钢筋，布置在板的上部，距板顶应不小于5cm，距板边一般为10cm。板角小于90°时，亦可采用双层直径为6mm的钢筋网补强，布置在板的上、下部，距板顶和板底5～10cm为宜。钢筋保护层最厚度应不小于5cm。

二、材料技术要求

1. 混凝土混合料

混凝土混合料由水泥、粗集料、细集料、水与外加剂组成。

水泥可采用硅酸盐水泥、普通硅酸盐水泥和道路硅酸盐水泥。中等及轻交通的路面，也可采用矿渣硅酸盐水泥。各级交通适用的水泥强度等级不宜低于表3-22的规定。水泥的物理性能及化学成分应符合现行的国家标准《硅酸盐水泥、普通硅酸盐水泥》、《矿渣、火山灰、粉煤灰硅酸盐水泥》和《道路硅酸盐水泥》的规定。

粗集料(碎石或砾石)应质地坚硬、耐久、洁净，符合规定级配，最大粒径不应超过40mm。细集料(天然砂或石屑)应质地坚硬、耐久、洁净，符合规定级配，细度模数宜在2.5以上。

各级交通路面适用的水泥强度等级　表3-22

交通等级	水泥强度等级
特重	525
重、中等、轻	425

清洗集料、拌和混凝土及养生所用的水，不应含有影响混凝土质量的油、酸、碱、盐类、有机物等。饮用水

一般均适用于混凝土。

为了改善混凝土的技术性质,有时在混凝土制备过程中加入一定量的外加剂,常用的外加剂有流变剂、调凝剂和改变混凝土含气量的外加剂三类,外加剂的质量应符合国家标准《水泥混凝土外加剂》的技术规定,其用量应通过试验确定。

2. 接缝材料

接缝材料按使用性能分为接缝板和填缝料两类。接缝板应选用能适应混凝土面板膨胀收缩、施工时不变形、耐久性良好的材料。填缝料应选用与混凝土面板缝壁黏结力强、回弹性好、能适应混凝土面板收缩、不溶于水和不渗水、高温时不溢出、低温时不脆裂和耐久性好的材料。

接缝板可采用杉木板、纤维板、泡沫橡胶板、泡沫树脂板等。接缝板的技术要求应符合规范的规定。

填缝料按施工温度分为加热施工式和常温施工式两种。加热施工式填缝料主要有沥青橡胶类、聚氯乙烯胶泥类和沥青玛蹄脂类等;常温施工式填缝料有聚氨酯焦油类、氯丁橡胶类、乳化沥青橡胶类等。填缝料的技术要求应符合规范的规定。

三、配合比设计

混凝土的配合比应根据设计弯拉强度、耐久性、耐磨性、和易性等要求和经济合理的原则,选用原材料,通过计算、试验和必要的调整,确定混凝土单位体积中各种组成材料的用量。

混凝土的配合比设计强度f_c,应按下式确定:

$$f_c = k_i \cdot f_{cm}$$

式中:f_{cm}——混凝土设计弯拉强度(MPa);

k_i——提高系数,其值为1.10~1.15,可根据施工的技术水平和工程的重要程度确定。

【例】 已知:实测水泥胶浆28d抗压强度为$R_c = 48$MPa,抗弯拉强度$f_{sc} = 7.83$MPa,水泥的密度为$\rho_c = 3.1\text{g/cm}^3$;细集料为中砂,表观密度为$\rho_s = 2.7\text{g/cm}^3$;粗集料为石灰石,最大粒径40mm,表观密度为$\rho_g = 2.75\text{g/cm}^3$;要求的混凝土设计抗弯拉强度$f_{cm} = 4.5$MPa,混合料的坍落度为1~3cm。试确定其配合比。

解:(1)计算试配强度

选定提高系数$k_i = 1.15$,根据计算公式,得混凝土的试配抗弯拉强度为:

$$f_c = 1.15 \times 4.5 = 5.2\text{(MPa)}$$

(2)计算水灰比

路面混凝土的最大水灰比应符合规定,一般公路应不大于0.5,高速公路应不大于0.46,冰冻地区冬季施工应不大于0.45。计算灰水比C/W按下式进行:

碎石混凝土:$C/W = (f_c + 1.0079 - 0.3485 f_{sc})/1.5684$

砾石混凝土:$C/W = (f_c + 1.5492 - 0.4565 f_{sc})/1.2618$

则:$C/W = (5.2 + 1.0079 - 0.3485 \times 7.83)/1.5684 = 2.22$

水灰比$W/C = 0.45$,符合不大于0.5的规定。

(3)计算用水量W

在水灰比已定的条件下,确定用水量也就是确定混凝土中的水泥浆用量,而后者取决于混凝土的工作性要求(以坍落度表证)和组成材料性质(集料表面性质和最大粒径、细集料的粗度和含量等）。每 m^3 混凝土的用水量 W 可按下列经验关系式确定：

碎石混凝土：$W = 104.87 + 3.09h_s + 11.27(C/W) + 0.61S_r$

砾石混凝土：$W = 86.89 + 3.70h_s + 11.24(C/W) + 1.00S_r$

式中：h_s——坍落度（cm）；

S_r——砂率（%），可按表 3-23 选用。

混凝土混合料砂率 S_r 的范围（%） 表 3-23

水灰比	粗集料最大粒径（mm）			
	碎石		砾石	
	20	40	20	40
0.4	29~34	27~32	25~31	24~30
0.5	32~37	30~35	29~34	28~33

取定坍落度为 2cm、砂率为 31%，则：

$$W = 104.97 + 3.09 \times 2 + 11.27 \times 2.22 + 0.61 \times 31 = 155(\text{kg/m}^3)$$

（4）计算水泥用量

路面混凝土的水泥用量应不小于 300kg/m^3。一般采用 42.5 级水泥时，水泥用量约为 310~340kg/m^3；采用 52.5 级水泥时，约为 300~330kg/m^3。水泥用量计算式为：

$$C = W(C/W)$$

代入数据，则：

$$C = 155 \times 2.22 = 344(\text{kg/m}^3)$$

符合不低于 300kg/m^3 的要求。

（5）计算砂石用量

集料用量按绝对体积法计算，公式为：

$$\frac{m_c}{\rho_c} + \frac{m_g}{\rho_g} + \frac{m_s}{\rho_s} + \frac{m_w}{\rho_w} = 1$$

$$\beta_s = \frac{m_s}{m_g + m_s} \times 100\%$$

式中：m_c——每立方米混凝土的水泥用量（kg）；

ρ_c——水泥的密度（kg/m^3）；

m_g——每立方米混凝土的粗集料用量（kg）；

ρ_g——粗集料的表观密度（kg/m^3）；

m_s——每立方米混凝土的细集料用量（kg）；

ρ_s——细集料的表观密度（kg/m^3）；

m_w——每立方米混凝土的用水量（kg）；

ρ_w——水的密度（kg/m^3），可取 1000 kg/m^3；

β_s——砂率（%）。

则：$m_s = 622\text{kg/m}^3$

$m_g = 1385\text{kg/m}^3$

(6)试拌调整

按上述初定的材料用量试拌30L混凝土混合料,测得坍落度为2cm,符合工作性要求。但从黏聚性和保水性观察,砂率偏小,将砂率提高为32%重新计算得到:W为156kg/m^3、C为346kg/m^3、m_s为641kg/m^3、m_g为1362kg/m^3。再次试拌,测得坍落度为1.5cm,工作性符合要求,黏聚性和保水性良好。

按试拌调整砂率后的配合比,混凝土计算密度为(156 + 346 + 641 + 1362) = 2505(kg/m^3),实测混凝土密度为2480kg/m^3,由此校正系数为:

$$K = 2480/2505 = 0.99$$

校正后的配合比(kg/m^3):

$$W = 154.5, C = 342.5, m_s = 634.6, m_g = 1348.4$$

(7)强度验核

同时拌制W/C = 0.42、0.45、0.48三组混凝土,制备梁式试件,测得其28d抗弯强度如表3-24所列,最后,选定B组为设计配合比。

28d抗弯强度 表3-24

组　别	A	B	C
W/C	0.42	0.45	0.48
抗弯拉强度fc(MPa)	5.80	5.35	5.07

四、施工前的准备工作

1. 材料准备及其性能检验

根据施工进度计划,在施工前分批备好所需要的水泥、砂石料及必要的外加剂,并在实际使用时核对调整。砂料应抽样检测含泥量、级配、有害物质含量、坚固性;对碎石还应抽检其强度、软弱及针片状颗粒含量和磨耗等。如含泥量超过允许值,应提前2d冲洗或过筛至符合规定为止;其他技术指标不符合规定时,应另选材料或采取有效的补救措施。

水泥除查验其出厂质量报告单外,还应逐批抽验其细度、凝结时间、安定性及3d、7d、28d的抗压强度等是否符合要求。受潮结块的水泥禁止使用。新出厂水泥至少要存放1周后方可使用。

外加剂应按其性能指标检验,并须通过试验判定其是否适用。

2. 混凝土配合比的检验与调整

施工前必须检验混凝土配合比设计是否合适。

1)工作性的检验与调整

按设计配合比取样试拌,测定其工作度,必要量还应通过试铺检验。

2)强度检验

按工作性符合要求的配合比,成型混凝土抗弯拉及抗压试件,养生28d后测定其强度,强度较低时,可采用提高水泥强度等级、降低水灰比或改善集料级配等措施。

3)其他检验

除上述检验外,还可以选择不同用水量、不同水灰比、不同砂率或不同集料级配等配制混凝土,通过比较,从中选出经济合理的方案。施工现场砂石料的含水量会经常发生变化,必须及时进行测定,并调整其实际用量。

3. 基层检验与整修

1)基层质量检验

基层强度应以基层顶面的当量回弹模量值或以黄河标准汽车测定的计算回弹弯沉值作为检验指标,检查结果不得小于设计要求。

基层完工后,应加强养护,控制行车,不使出现车槽。如有损坏,应在浇筑混凝土板前采用相同材料修补压实,严禁用松散粒料填补。对原有公路加宽的部分,新旧部分的强度应一致。

2)测量放样

测量放样是水泥混凝土路面施工前的一项重要工作。应先放出路中心线及路边缘线,将设胀缩缝、曲线起迄点、纵坡变化点等的中心点及一对边桩在实地标明。放样时,基层宽度应比混凝土板每侧宽出25~35cm。主要中心桩应分别固定在路边稳固位置,临时水准点每隔100m左右设置一个,以便施工时就近复核路面高程。

根据放好的中心线及边缘线,在现场核对施工图纸的混凝土分块线,要求分块线距窨井盖及其他公用事业检查井井盖的边线至少1m的距离,否则应适当调整、移动分块线位置。

4. 安装模板及布设钢筋

摊铺混凝土之前,应先将路面边部模板安装完毕。采用半幅路面施工时,还应安装纵缝处模板。边模高度应与路面厚度相同。模板底面与基层若有空隙,应用石子或木片垫衬,以免振捣时模板下沉。垫衬后的剩余空隙,可用砂填满补实,以免漏浆而使混凝土侧面形成蜂窝。模板安装后应检查其高程是否正确,然后在内侧涂刷肥皂水、废机油等润滑剂以利拆模。

浇筑混凝土前,应按设计要求布设钢筋。钢筋应绑扎好,边缘钢筋可在底部垫放预制的混凝土垫块,或用钢钎插入基层固定,混凝土浇筑捣固后钢钎不再取出;角隅钢筋或全面网状钢筋,可先在下面浇一层混凝土后再予安放,然后再浇筑上面的混凝土。

五、施工技术

1. 混凝土拌制及运送

拌制混凝土时,要准确掌握配合比,特别要严格掌握用水量。每天开始拌和前,应根据天气变化情况,测定砂石含水量,据以调整实际用水量,每盘拌料均应过磅,保证用料精确度控制在规范规定的范围。

每一工班应检查材料量配精度至少两次,每半天检查坍落度两次。拌和机每盘拌和时间为1.5~2.0min,相当于拌鼓转动18~24转。

采用移动式拌和机时,通常用于推车或小翻斗车运送混凝土。因振动易使混合料产生离析现象,故运距不宜太长,一般以不超过100m为宜。采用拌和站(厂)集中拌和时,通常用自卸汽车或专用的混凝土罐车运送混凝土。自卸汽车车箱应密封,以免漏浆,装载不可过满,天热时需防水分蒸发,通常不宜覆盖。运距则根据运载容许时间确定,通常夏季不宜超过30~40min,冬季不宜超过60~90min。

2. 混凝土铺摊及捣实

水泥混凝土路面施工常分为小型机具、轨道式摊铺机、滑模式摊铺机三种方法。

铺摊混凝土混合料之前,应再检查模板、传力杆、接缝板、各种钢筋的安装位置是否正确、尺寸是否符合规定、绑扎是否牢固。

1）小型机具施工

混凝土混合料运送到达工地后应卸在钢板上，以免扰动下承层（尤其在砂质整平层更应注意）。混合料有离析现象时应用铁铲翻拌均匀。摊铺时不宜撒扬抛掷，以免混凝土发生离析。在模板附近，必须用方铲以扣铲法撒铺，并予振捣，使浆水捣出，以免发生空洞蜂窝。摊铺后的松散混凝土表面应略高于模板顶面，使捣实后的路面高程及厚度符合设计要求。

混凝土摊铺到一半厚度时应予刮平，用2.2kW平板振捣器振捣一遍后再加铺至路面顶面，整平后换用1.2～1.5kW平板振捣器再振捣一遍。

平板振捣器振捣后，对低洼处应予找补，然后用振捣梁振实。振捣梁的长度较一块路面板宽度略短，梁上装两三只1.1～1.7kW振捣器。振捣梁（夯实）两边各由一人扶着来回振捣，一般来回振捣一次，多余混凝土随振捣梁走动而刮去，低陷处应补足混凝土混合料后振捣密实。

为提高混凝土强度，可采用重复振动来捣实路面混凝土。即在混凝土初凝前先振捣一遍使其密实，3～5h后再振捣一遍，然后整平收浆。两次振捣均用2.2kW平板振捣器。此法可提高混凝土强度20%～25%。

2）轨道式摊铺机施工

轨道式摊铺机施工的整套机械系在轨道上推进，也以轨道为基准控制路面高程。轨道和模板同步安装，统一调整定位，将轨道固定在模板上，既作路面的侧模，也是每节轨道的固定基座。轨道固定在路基上，其高程是否准确，轨道是否平直，接头是否平顺，将直接影响路面摊铺质量。模板要能承受从轨道传下来的机组质量，横向要保证模板的刚度。设置纵缝时，应按要求的间距，在模板预留拉杆置放（准），如图3-16所示。

图3-16　水泥摊铺机施工

轨道模板本身的精度和安装精度，应达到一定的质量指标和技术要求，如表3-25、表3-26所示。

轨道及模板的质量指标　表3-25

项目	纵向变形	局部变形	最大不平整度（3m直尺）	高　度
轨道	≤5mm	≤3mm	顶面≤1mm	按机械要求
模板	≤3mm	≤2mm	侧面≤2mm	与路面厚度相同

轨道及模板安装质量要求　表3-26

纵向线形顺直度	顶面高程	顶面平整度（3m直尺）	相邻轨、板间高差	相对模板间距离误差	垂直度
≤5mm	≤3mm	≤2mm	≤1mm	≤3mm	≤2mm

将倾卸在基层上或摊铺机箱内的混凝土按摊铺厚度均匀地充满在模板范围之内。

刮板式摊铺机本身能在模板上自由地前后移动，在前面的导管上左右移动。并且由于刮板本身也旋转，所以可将卸在基层上的混凝土混合料向任意方向摊铺。这类摊铺机质量轻，容易操作，易于掌握，使用较为普遍，但其摊铺能力较小。

箱式摊铺机通过卸料机(纵向或横向)将混凝土混合料卸在钢制箱内,箱体在机械前进行驶时横向移动,同时箱子的下端按松铺厚度刮平混凝土。此类摊铺机混凝土混合料一次全部卸在箱内,质量较大,但摊铺均匀而准确,摊铺能力大,故障较少。

螺旋式摊铺机由可以正反方向旋转的螺旋杆(直径均为50cm)将混凝土混合料摊开。螺旋杆后面有刮板,可准确调整高度。这种摊铺机的摊铺能力大,其松铺系数一般在1.15~1.30之间。它与混凝土的配合比、集料粒径和坍落度有关,施工阶段主要取决于坍落度。

混凝土振捣机是跟在摊铺机后面,对混凝土进行一次整平和捣实的机械。振捣梁前方设置的与铺筑宽度同宽的复平梁,一方面是补充摊铺机初平的缺陷,更重要的是使松铺混凝土混合料在全宽范围内达到正确高度,它与振捣密度和路面平整度直接相关。复平梁后是一道全宽的弧面振捣梁,以表面平板式振动把振动力传至全厚度。弹性振捣梁通过后,混凝土已全部振实,其后部混凝土应控制有2~5mm的回弹高度,提出的砂浆,使整平工序能正常进行。

3)滑模式摊铺机施工

滑模式摊铺机的施工工艺过程与轨道式摊铺机基本相同。滑模式摊铺机是将各作业装置装在同一机架上,通过位于模板外侧的行走装置随机移动滑动模板,就能按照要求使路面挤压成型。并可实现多种功能的摊铺,如路肩、路牙等。滑摸式摊铺机的特点是不需轨模,整个摊铺机的机架支承在液压缸上,可以通过控制系统上下移动以调整上下厚度,一次完成摊铺、振捣、整平等多道工序。

3. 表面修整与拆模

混凝土振实后还应进行整平、精光、纹理制作等工序。

1)人工施工

整平可用长45cm、宽20cm的木抹板反复抹平,然后再用相同尺寸的铁抹板至少拖抹三次,再用拖光带沿左右方向轻轻拖拉几次,将表面拉毛,并除去波纹和水迹。

为使混凝土路面具有粗糙抗滑的表面,可在整面后用棕刷顺横坡方向轻轻刷毛,也可用金属梳或尼龙梳梳成深1~2mm的横槽。

2)机械施工

表面整修机有斜向移动和纵向移动两种。斜向表面修整机通过一对与机械行走轴线成10°~13°的整平梁作相对运动来完成修整,其中一根整平梁为振动整平梁。纵向表面修整机为整平梁在混凝土表面沿纵向往返移动,由于机体前进而将混凝土表面整平。整平中,要随时注意清除因修光梁往复运行而摊到边沿的粗集料,确保整平效果和机械正常行驶。

精光工序是对混凝土表面进行最后的精细修整,使混凝土表面更加致密、平整、美观,这是混凝土路面外观质量的关键工序。

纹理制作是提高水泥混凝土路面行车安全的重要措施。施工时用纹理制作机对混凝土路面进行拉槽式压槽,在不影响平整度的前提下,具有一定粗糙度。适宜的纹理制作时间以混凝土表面无波纹水迹比较合适,过早或过晚都会影响纹理的质量。

混凝土达到一定强度即可拆除模板,拆模时间视气温而定,一般在浇筑混凝土60h以后拆除。

4. 接缝施工

当胀缝与结构物相接,混凝土板无法设置传力杆时,可作成厚边式,即接近结构物一端适当加厚。此时可将木制嵌缝板设在胀缝位置,为便于事后取出嵌缝条,可在临浇筑混凝土一侧贴一层油毛毡。为减少填缝工作,可用沥青玛蹄脂与软木屑混合压制成板放在胀缝位置,不再取出。

当胀缝设置传力杆时,可用软木(或油浸甘蔗板)作成整体式嵌缝板,中部预留穿放传力杆圆孔,混凝土浇筑后不再取出。也可用两截式嵌缝板,下截用软木制成,不再取出;上截用钢材或木材制成,也叫压缝板,浇筑混凝土捣固初凝后取出,然后填缝。

缩缝有压缝及切缝两种做法。压缝法是在混凝土经振捣后,在缩缝位置先用湿切缝刀切出一条细缝,再将压缝板压入混凝土中。压缝板为铁制,高度较假缝深度略大,宽度与缝隙宽度相等,使用前应先涂废抹机油等润滑剂。如压入困难,可用锤击或振动梁压入。切缝法是在混凝土强度达50% ~70%时,使用切缝机切割成缝。切缝法便于连续施工,效率高,切缝整齐平直,宽度一致,美观大方。施工中,应尽可能采用切缝机切缝。

平头式纵缝应在其下部已凝固的混凝土侧壁涂以沥青,上部设置压缝板,再浇筑另一侧混凝土。

5. 养生与填缝

养生的目的是防止混凝土中水分蒸发过速而产生缩裂,保证水泥水化过程的顺利进行。养生工作应在抹面2h后,混凝土表面已有相当硬度,用手指轻轻压上没有痕迹时开始进行。养生一般采用麻袋、草席覆盖及铺2 ~ 3mm厚砂层,每天均匀洒水2 ~ 3次,时间一般为14 ~ 21d,具体时间应视气温而定。养生应注意保持接缝内的清洁,以免增加填缝困难。

混凝土路面养生期满后即可进行填缝。填缝也可在混凝土初步硬结后进行。填缝时,缝内必须清除干净,必要时应用水冲洗,待其干燥后在侧壁涂一薄层沥青漆,待沥青漆干燥后再行填缝。

理想的填缝料应能长期保持弹性与韧性,热天缝隙缩窄不软化挤出,冷天缩缝增宽时能胀大而不脆裂。此外,还要耐磨、耐疲劳,不易老化。冬季施工填缝应与混凝土路面齐平,夏季施工可稍许高出路面,但不应溢出或污染边缘。

六、造价分析

公路工程定额所编列的水泥混凝土路面定额,虽区分了分散拌和与集中拌和两种类型,但其摊铺、成型方式系按常规方式施工,尚未考虑高等级公路所要求的全机械化作业方式(滑模式摊铺机或轨道式摊铺机),需要补充定额。

应用现有定额时,二级及二级以上公路较大规模的水泥混凝土路面应按集中拌和方式考虑。但混凝土拌和机的安拆费用,应结合其他混凝土工程的情况,采取适当方式及比重摊入工程单价中。随着商品混凝土规模化生产方式进入公路工程施工领域,分析工程造价时,应引入按混凝土半成品价(即商品混凝土价)计算、分析工程造价的机制,以符合当前市场经济条件下已经出现的情况。

思 考 题

1. 公路路面的基本要求包括哪些内容?

2. 公路路面的组成如何？路面设计的一般原则是什么？

3. 公路路面的分类及适用范围是什么？

4. 公路路面垫层的设置原则是什么？

5. 公路路面基层的类型有哪几类？分别包括哪些结构类型？选择基层的原则是什么？

6. 公路路面基层的施工方法有几种？高等级公路路面的基层应采用哪种施工方法？

7. 公路路面垫层、基层的设置宽度应如何确定？

8. 铺筑封层的原则是什么？

9. 公路沥青路面在选用沥青时，应注意什么问题？

10. 水泥混凝土路面分几种？

11. 水泥混凝土路面的接缝有几种？其设置的原则是什么？

12. 水泥混凝土路面施工有几种方法？高等级公路的水泥混凝土路面应采用哪种方法？

第四章　隧 道 工 程

第一节　隧道的组成及其构造

一、隧道及其分类

位于地表以下,一个方向的尺寸远大于另两个方向的尺寸,两端起连通功能的人工建筑物称为地道。横截面较小时称为坑道,横截面较大时称为隧道。

隧道按其所处的位置不同可分为山岭隧道、水下隧道(河底和海底)以及城市隧道等。

隧道按其横断面形状分为圆形、椭圆形、马蹄形、眼镜形(孪生形)等。

隧道按其用途可分为交通隧道(包括公路隧道、铁路隧道、城市地铁、人行隧道等)和运输隧道(包括输水隧道、输气隧道、输液隧道等)。

公路隧道一般指的是山岭隧道。为了克服地形和高程上的障碍(如山梁、山脊、垭口等),以改善和提高拟建公路的平面线形和纵坡,缩短公路里程,或为避免山区公路的各种病害(如滑坡、崩坍、岩堆、泥石流等不良地质地段),以保护生态环境,必须修建公路隧道。尤其是在高等级公路建设中,为了符合各等级公路的有关技术标准,常常必须修建隧道。

公路隧道按其长度的不同又分为四类,如表 4-1 所示。这种分类的目的,主要是为了以各种隧道的长度确定有关的设计和施工的技术要求和规定,以及不同的设计深度,从而达到简化的目的。

公 路 隧 道 分 类　　表 4-1

隧道分类	特长隧道	长隧道	中隧道	短隧道
隧道长度(m)	$L>3000$	$3000\geqslant L>1000$	$1000\geqslant L>500$	$L\leqslant500$

隧道长度,是指进出口洞门端墙之间的水平距离,即两端端墙面与路面的交线同路线中线交点间的距离,并以此作为计量支付的依据。

尽管隧道有各种用途、不同长度及横断面形状,但其构造组成大体相同,均由主体建筑物和附属建筑物两大部分组成。

二、隧道主体建筑物

隧道主体建筑物包括洞口和洞身。

1. 洞口

洞口工程是隧道出入口部分的建筑物,包括洞门,洞口通风及排水设施,边、仰坡支挡构造物和引道等。

隧道洞口位置的选择也是隧道位置的平纵横断面的最终确定。洞口位置应根据地形、地

质、水文条件,并考虑边坡及仰坡的稳定,从保证施工和营运的安全出发,通过技术经济比较综合分析确定,并注意以下几点要求:

(1)洞口位置应设在山坡稳定、地质条件较好处,尽可能避开滑坡、崩坍、泥石流等不良地质地段。

(2)洞口位置不应设在沟谷低洼处,一般应设在有足够宽度的地质较好的山嘴处。

(3)为了保持洞口的自然环境,应延伸洞口的位置设置明洞。

(4)在不稳定环境的悬岩陡壁下进洞时,应延伸洞口设置明洞或采取其他加固措施,以保证安全。

(5)洞口位置也应考虑弃渣处理的可能与方便,并尽可能避开附近建筑物和居民区等。

(6)洞口的边坡和仰坡必须保证稳定,避免大挖大刷。并应根据实际情况,采取护坡防护措施,其顶部及周围应根据实际情况,设置排水沟及截水沟,以免造成坍塌,影响行车安全,如图 4-1 所示。

图 4-1　隧道洞口施工

洞口应修建洞门,并应尽量与隧道轴线正交。

洞门是为了保证边坡和仰坡稳定,并将仰坡流下的水引离隧道而在洞口修建的建筑物。它是隧道外露的唯一部分,起着保护洞口、保证边坡和仰坡稳定、美化和诱导的作用。

隧道洞门有翼墙式、端墙式、柱式、环框式、遮光或遮阳式等不同形式。公路隧道一般采用翼墙式,如图 4-2 所示。

洞门正面端墙是洞门的主要组成部分,其作用是承受山体的纵向推力、支撑仰坡。端墙面有垂直式和仰斜式两种,就其与路线中心线的关系分为正交和斜交。端墙顶端构筑女儿墙,墙背后根部设有排水沟,端墙应嵌入路堑边坡内 0.3 ~0.5m。

侧面翼墙的作用有两种,一是加强端墙抵抗山体纵向推力从而减少端墙的厚度;二是可减小洞口、明堑的开挖坡度,从而减少土石方数量。

洞口仰坡坡脚至洞门墙背的水平距离不应小于 1.5m,洞门端墙与仰坡之间水沟的沟底至衬砌拱顶外缘的高度不应小于 1.0m,洞门墙顶应高出仰坡坡脚 0.5m 以上。

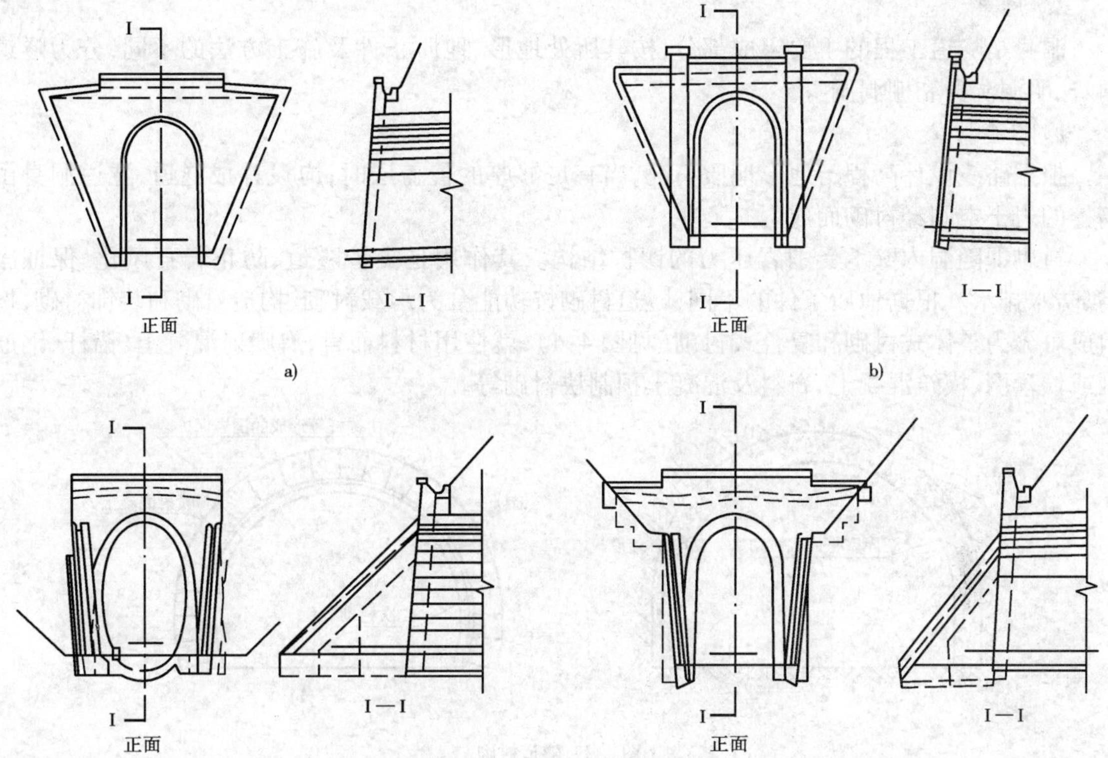

图 4-2　隧道洞门形式

a）端墙式；b）柱式

洞门墙应根据实际需要设置伸缩缝、沉降缝和泄水孔。洞门墙的基础必须置于稳固的地基上，应视地形及地质条件、冰冻深度，埋置足够的深度，保证洞门的稳定性，如图 4-3 所示。

图 4-3　洞门位置

构筑洞门常用的材料有混凝土、钢筋混凝土、浆砌片石、镶面块石等。

为了美化环境，洞门可进行必要的装饰，并植树绿化。当设在城镇、旅游风景区附近及高速公路、一级公路的隧道，尤其应注意与当地环境、周围地形，以及建筑物相协调，做到既经济、适用又美观。

2. 洞身

洞身是隧道工程的主要组成部分,按其所处地形、地质条件及施工方法的不同,分为隧道洞身、明洞洞身和棚洞洞身。

1)隧道洞身

根据路线设计高程与地形地质情况,当有足够厚的覆盖层时,应设计成隧道,隧道洞身由暗挖的岩土空间经衬砌而成。

衬砌即随洞内壁承受围岩压力的镶护结构。其作用是支护隧道、防止岩石风化、保证净空、防水排水。根据地质条件的不同,隧道衬砌按功能分为承载衬砌、构造衬砌和装饰衬砌,按组成可分为整体式衬砌和复合式衬砌(见图4-4),就使用材料而言,有喷射混凝土、锚杆、钢筋网或铁丝网、模筑混凝土、石料及混凝土预制块衬砌等。

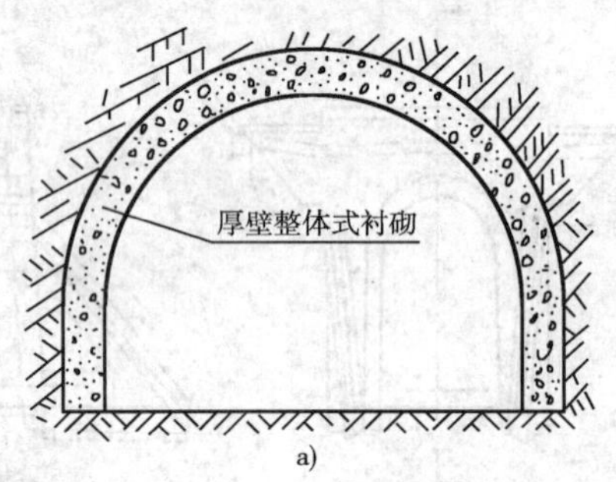

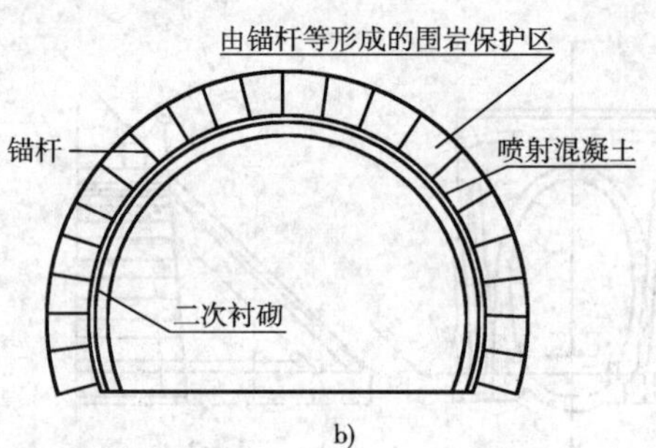

图4-4 隧道衬砌

a)整体式衬砌;b)复合式衬砌

承载衬砌的作用是承受围岩垂直与水平方向的压力,一般由拱顶、边墙和仰拱(无仰拱时做铺底)组成。边墙根据水平压力的大小可作成直墙式或曲墙式。承载衬砌需进行荷载计算和衬砌设计,一般都作成整体式,常用的材料有混凝土、钢筋混凝土或浆砌片石,如图4-5所示。

图4-5 衬砌

构造衬砌是在围岩压力很小,但为了防止岩石局部松动塌落和防止岩石风化而建造的衬砌,其无需进行受力计算。

装饰衬砌系在山体岩石整体性很好,且在Ⅵ类围岩以上时,为防止表面岩石风化而做的衬砌。

在衬砌段之间，应根据实际情况设置变形缝，在Ⅲ类及以下围岩地段，应设置仰拱。

所谓仰拱，是指在两相对的边墙基础之间，设置曲线形的水平支撑结构。一般通过不良的地质和特殊围岩的隧道衬砌，如软弱和膨胀性围岩的隧道，应采用曲墙带仰拱的混凝土或钢筋混凝土衬砌结构，必要时还应设置钢拱支撑混凝土衬砌结构。这是处理和加固软弱围岩地段隧道必不可少的技术措施。

设置仰拱的隧道，路面下应以浆砌片石或贫混凝土密实回填。

复合式衬砌也称二次衬砌，由内外两层复合而成。其外层(即与围岩面接触的部分)常称为初次(或初期)柔性支护，有喷射混凝土、锚杆、钢筋网或铁丝网、临时或永久性钢拱支撑等支护形式，可以设置为单一或多项的合理组合；内层常称为二次衬砌，一般采用现浇混凝土，又称为模筑混凝土。两次衬砌之间应采用防水夹层措施。隧道开挖后，首先用喷锚作为初期支护，承受围岩的初期变形，待初期变形基本稳定后，再做内层现浇混凝土衬砌。外层喷锚支护与内层现浇混凝土衬砌相互依赖共同来承受围岩的变形和压力。其基本特点是将围岩的松动压力经喷锚支护传给稳定的基岩，使围岩、支护、衬砌三者形成一个整体统一的承载结构。复合式衬砌通常适用于Ⅳ类以下的软弱围岩。

2)明洞洞身

明洞是指采用明挖的方法施工的隧道。在修建洞口工程时，往往需要修筑一定长度的明洞，即路基或隧道洞口受不良地质、边坡坍方、岩堆、落石、泥石流等危害又不宜避开清理的地段，以及为了保证洞口的自然环境而延伸隧道洞口时，需设置明洞。明洞除常用于洞口外，当隧道位置处于下列情况时，一般都设置明洞：

(1)洞顶覆盖层薄，不宜大开挖修建路堑而又难于采用暗挖法修建隧道的地段。

(2)可能受到塌方、落石或泥石流威胁的洞口或路堑。

(3)铁路、公路、水渠和其他人工构造物必须在拟建公路的上方通过，又不宜采用隧道或立交桥或涵渠跨越的地点。

明洞的结构形式有拱形明洞和箱形明洞两种。拱形明洞整体性好，可承受较大的垂直与水平压力。当边坡坍方量较大、落石较多或基础设置条件较好时，一般都宜采用拱形明洞。当净高、建筑高度受到限制或地基软弱的地段，则宜采用箱形明洞。

明洞衬砌一般采用对称变截面拱圈、直线或曲线墙。明洞为防渗水、积水及冰冻危害，一般做外贴式防水层和隔水层。

明洞基础的埋置深度，一般应符合上述洞门的有关规定和要求。当埋置深度超过路面以下3m时，在路面以下设置钢筋混凝土横向水平拉杆，锚固于内层边墙或岩体中，用锚杆锚固于稳定的岩体中。基岩埋置较浅时，基础可设置于基岩上。当基础位于软弱地基上时，基础可采用仰拱、整体式钢筋混凝土底板等结构。

3)棚洞洞身

棚洞是指明挖路堑后，构筑简支的顶棚架并回填而成的洞身，属于明洞范畴的隧道。采用棚洞的条件与明洞大致相似，其结构整体性比明洞差，但由于顶棚与内外墙简支，故对地基的要求相对较低，其适用条件为：

(1)有少量塌方和落石的地段。

(2)内外墙底基础软硬差别较大,不适宜修建拱形明洞的地段。

(3)半路堑外侧地形狭窄或基岩埋深大并有条件设计为桩基的地段。

棚洞随地形、地质条件的不同有多种类型,但其基本构造均有内墙、外侧支撑结构(悬臂式棚洞无此结构)以及顶板三部分组成。内墙一般用浆砌片石砌筑,截面厚度不小于50cm,内墙顶设顶帽以承托和嵌固顶板。外侧支撑结构根据地形、地质情况的不同可作成刚架式、柱式和墙式。顶板可采用T形梁、I形梁或空心板截面构件。

当棚洞立柱的基础置于路面3m以下时,立柱可在路基平面处加设纵撑和横撑,以与相邻立柱及内边墙相连接,以增强其稳定性。

三、隧道附属建筑物

隧道除了组成其主体结构的洞口、洞门及洞身外,一般还有如下一些附属建筑物。

1. 防水排水系统

隧道的防水排水要求拱部不滴水,边墙不漏水,路面不冒水、不积水,设备箱洞处不渗水,冻害地区隧道衬砌背后不积水、排水沟不冻结。为达到上述要求,应采取防、截、排、堵综合治理,形成防水排水系统。该系统包括洞顶防水排水、洞门排水、洞内排水和洞内防水四个方面,如图4-6、图4-7所示。

图4-6　隧道内结冰

图4-7　隧道渗漏水

2. 通风、照明与供电系统

隧道内保持良好的空气是行车安全的必要条件,所以,隧道应具备良好的通风条件,以排出污浊空气,补充新鲜空气,或吹入新鲜空气,稀释污浊空气。隧道的通风方式有机械通风和自然通风两种。交通量小的中、短隧道可采用自然通风,交通量大的长隧道应采用机械通风。采用机械通风时,常采用纵向通风形式,配以射流风机,并按正常通风量的50%配置备用通风机。

为了保证车辆的正常行驶和交通安全,隧道应设电光照明,隧道的照明要考虑洞内有合理的光过渡。尤其是白天,要避免“黑洞”效应,使之由亮到暗(洞外到洞内)或由暗到亮(洞内到洞外)有个很好的适应过程。对于能通视、交通量较小和行人密度不大的短隧道,可以不设白天照明设施。但长度超过100m的高速公路,一、二级公路的隧道,则仍应设置白天照明设施。

照明的光源，一般选用在烟雾中有较好的透视性的低压钠灯或显色性较好的荧光灯，而在隧道的出入口处，则选用小型、大光通量的高压钠灯或高压荧光灯。结合公路隧道营运的特点，则宜选用具有耐腐蚀性、不易老化、防潮和防喷性的灯具，达到节约维修和保养费用的目的，如图4-8所示。

图4-8　隧道通风、照明与供电系统

隧道内供电分动力供电和照明供电。供电系统的设计必须执行国家技术经济政策，做到保证安全、供电可靠、技术经济合理。一般采用三相四线供电，供电系统宜采用380/220V交流电和中性接地变压器。

3．隧道运营管理设施

隧道的运营管理设施包括动力网路使用的电缆与电缆槽，通信、信号及标志，消防及救援设施，以及装饰、消音、收费设施等。救援设施包括避人洞及行人横洞和行车横洞。隧道内不设人行道时，除短隧道外，应设置避车洞，避车洞在洞内应两侧交叉布置。相邻双孔隧道之间按规定间距设置供巡查、维修、救援及车辆转换方向用的行人横洞和行车横洞。

长隧道必要时应设置报警、消防及其他应急设施，如图4-9所示。

图4-9　隧道中央控制中心

4. 辅助坑道

在隧道建设中,为了增加工作面、提高施工进度、缩短工期以及改善施工条件,可适当增设辅助坑道。辅助坑道有横洞、竖井、斜井和平行导坑几种形式。

横洞多用于傍山线路靠河的一侧,其纵坡向外下坡,出口有河槽或谷地便于排水和堆渣,且有利于正洞的施工通风。横洞既增加了工作面又便于施工管理,是优选方案。

斜井适用于隧道覆盖层较薄,或虽厚但在适宜处旁侧有低洼地形时。利用斜井出渣运输需要有相应的提升设备。为使机具材料运输与人员上下互不干扰,有时按主、副斜井分建,但造价高、工期长,故多数宜建混合井。斜井底部设停车场,提升设备应有可靠的安全装置。

当隧道较长且无设置横洞和斜井的条件,但在洞顶某些地段覆盖层较薄,且地质条件允许时,可设竖井。通常竖井都设在主隧道的一侧。竖井横断面有矩形和圆形,由井颈、井身、井窝和马头门组成。

主隧道较长且覆盖层较厚,不宜采用其他形式辅助坑道时,尤其是在远期规划需增建第二线平行隧道时,采用平行导坑方案具有良好的经济效益。平行导坑可在主隧道一侧或两侧设置,一般都是独头导坑。平行导坑应先于主洞开工,根据工期和施工方法确定由平行导坑开向主洞的横通道数量。平行导坑在施工期间作为增加工作面的进出口和施工通风道,在涌水量大的主隧道运营期间,可作为排水通道起排水沟的作用,如图 4-10、图 4-11 所示。

图 4-10 车行横洞与紧急停车带

图 4-11 隧道塌方

四、洞内线路构筑物

对于不同种类的隧道,有不同的洞内线路构筑物。例如,铁路隧道的洞内线路构筑物为道床;公路隧道的洞内线路构筑物为路基和路面。

第二节 公路隧道的要求

一、隧道位置选择与线形要求

隧道位置选择的一般要求是:高速公路、一级公路上的隧道和二、三、四级公路上的短隧道,其线形及其与公路的衔接应符合路线布设的规定。二、三、四级公路上的特长及长、中隧道的位置原则上应服从路线走向，路隧综合考虑确定。此外隧道两端洞口的连接线应与隧道的平面线形相协调，并符合以下规定：隧道洞口内外各3s的设计车速行程长度范围的平面线形应一致；隧道洞口内外各3s的设计车速行程长度范围的平面线形应一致，有条件时宜取5s设计速度行程；当隧道建筑限界宽度大于所在公路的建筑限界时，两端连接线应有不短于50m的、同隧道等宽的路基加宽段；当隧道限界宽度小于所在公路的建筑限界时，两端连接线的路基宽度按公路标准设计，其建筑限界宽度应设有4s的行程的过度段与隧道洞口衔接，以保持隧道洞口内外横断面顺适过度；长、特长的双洞隧道，宜在洞口外合适位置设置联络通道，以利车辆掉头。而对于间隔100m以内的短隧道群，宜整体考虑其平、纵线形技术指标。其连接线的纵坡则应有一定的距离与隧道纵坡保持一致，以满足设置竖曲线和保证各级公路停车或会车视距的需要。虽然隧道位置的最终确定和选择，是定测阶段和施工图设计时的任务，但在各个设计阶段的比选中，仍然是十分重要的。

隧道位置应选择在稳定的地层中，尽量避免穿越地质不良地段，若必须通过时，应有切实可靠的工程措施，如图4-12、图4-13所示。

图4-12　削竹式洞口

图4-13　整体式直中墙连拱隧道

修建沿河傍山公路时，常会遇到地形陡峻和山区病害多发的不良地质地段，为了改善线形，满足标准，避免高填深挖，引发新的病害，以确保公路的营运安全，设计为傍山隧道，又称河谷隧道，其位置宜向山侧内移，以免一侧洞壁过薄产生偏压，同时要求注意水流冲刷对山体和隧道洞身的影响。

濒邻水库区的隧道，其洞口路肩设计高程应高出水库计算水位（含浪高和壅水高）不小于0.5m。

隧道内的纵坡一般大于0.3%，以利排泄雨水，但不应大于3.0%，独立的明洞和短于50m的隧道可不受此限制。纵坡的形式一般可设置为单坡，地下水发育的隧道及特长和长隧道可设计为人字坡。隧道内纵坡变更处应设置竖曲线。凸形竖曲线最小半径和最小长度应满足规范要求。

二、横断面

公路隧道的横断面，主要是指隧道的净空断面，即衬砌内轮廓线所包围的空间，也称为内轮廓限界。它包括隧道建筑限界,以及照明、通风等所需的空间断面积。而隧道的建筑限界如图 4-14 所示,在建筑限界内,不得有任何构件侵入。

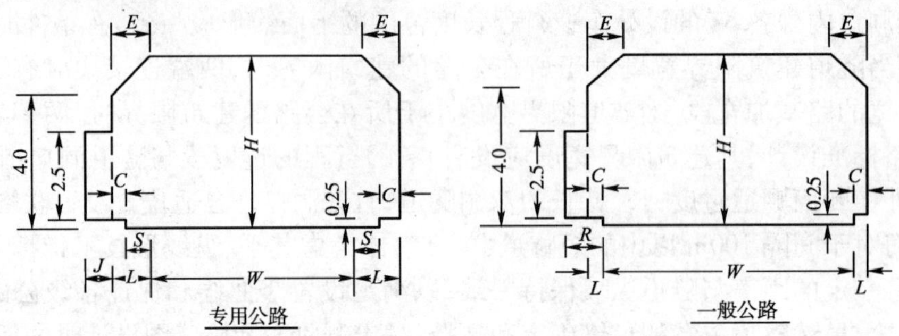

图 4-14　隧道建筑限界(尺寸单位:m)

W-行车道宽度,分为 4.5m(单车道)、7.0m、7.5m、8.0m 四个不同的宽度标准;S-行车道两侧的路缘带宽度,一般为 0.5m 或 0.75m;C-余宽,当计算行车速度≥100km/h 时为 0.5m,计算行车速度 < 100km/h 时为 0.25m;H-净高,高速公路、一级公路、二级公路为 5.0m,三、四级公路为 4.5m;E-建筑限界顶角宽度,当 L≤1m 时,E = L;当 L > 1m 时,E = 1m;L-侧向宽度,高速公路、一级公路上的短隧道宜取硬路肩宽度;R-人行道宽度,其宽度为 0.75m,四级公路一般可不设人行道;J-检修道宽度,高速公路只在左侧设置 0.75m 的检修道而不设人行道

公路隧道的横断面设计除应符合上述建筑限界规定外,还应考虑洞内排水、通风、照明、防火、监控、营运等附属设施所需的空间,以及施工方法等必要的富余量。根据围岩压力和使用要求,确定的断面形式和尺寸。

高速公路、一级公路的隧道应设计为上、下分离的独立双洞。分离式独立双洞的最小净距,按两洞结构彼此不产生有害影响的原则,结合隧道平面线形、围岩地质条件、断面形状和尺寸、施工方法等因素确定,一般情况下可按表 4-2 的规定选用。在隧桥相连、隧道相连、地形条件限制等特殊地段隧道净距不能满足要求时,可采取小净距隧道或连拱隧道形式,但应作出充分的技术论证和比较研究,并制定可靠的技术保障措施,确保工程质量。

两相邻隧道最小净距　　表 4-2

围岩级别	I	II	III	IV	V	VI
最小净距(m)	1.0 × B	1.5 × B	2.0 × B	2.5 × B	3.5 × B	4.0 × B

三、路面

公路隧道洞内行车道路面宜采用水泥混凝土路面,它能提高照明亮度,并具有耐久使用等优点。当洞内干燥无水、施工方便时,也可采用沥青混凝土路面。采用水泥混凝土路面时,应按设计要求在相应位置设置必要的变形缝。路面设计应符合路面设计规范的有关规定。

四、防水与排水

防水与排水设施,是隧道工程重要的组成部分。应结合隧道衬砌采用可靠的防水和排水措施,使洞内外形成一个完整的畅通的防排水系统。基本要求要做到隧道内不滴水或不渗水,以保证在营运期内行车安全、设备的正常使用,使之具有良好的耐久性。在设计和施工防排水系统时,要特别注意保护生态环境和农田水利排灌系统的完好无损。

公路隧道防水,首要是做好堵水和截水。所谓堵水,就是在围岩破碎和涌水易坍地段,直接向围岩体内压水泥浆或化学浆液,堵塞裂隙水和渗涌水孔。至于截水,则主要是防止地表水的下渗,其措施有铺砌、勾补、抹面,以及坑穴、钻孔等的填平、封闭等。

公路隧道衬砌的防水方法很多,应首先采取引排措施,如设置盲沟、排水管等,将水引至水沟内排出,然后敷设聚氯乙烯塑料板或合成树脂防水卷材,以及防水混凝土等内、外贴衬砌防水层。当采用复合式衬砌时,则宜设置夹层防水层。

隧道衬砌中的施工缝、变形缝等处,应采用专门的止水条(带)嵌塞措施,以防止渗漏。

公路隧道的排水设施,包括洞内和洞外两个部分。

洞外排水应根据地形、地质、气象,以及建设工程的实际情况,结合农田水利建设的需要,全面规划,综合治理,因地制宜地设置疏水、截水、引水设施。

洞口和明洞顶,应设置截水沟、排水沟等排水设施,洞口边坡、仰坡应采取防护措施,如铺砌、抹面等,以防止地表水的下渗和冲刷。

要注意防止洞外雨水流入洞内,当洞口外路堑为上坡时,应在洞口外设置反排水沟或截流涵洞。

洞内一般要设置纵向排水沟、横向排水坡或横向排水暗沟、盲沟等排水设施。

五、照明与通风、供电

1. 照明

公路隧道长度大于100m的隧道应设置照明,照明设计应综合考虑环境条件、交通状况、土建结构设计、供电条件、建设与营运费用等因素。其照明区段的划分如图4-15所示。

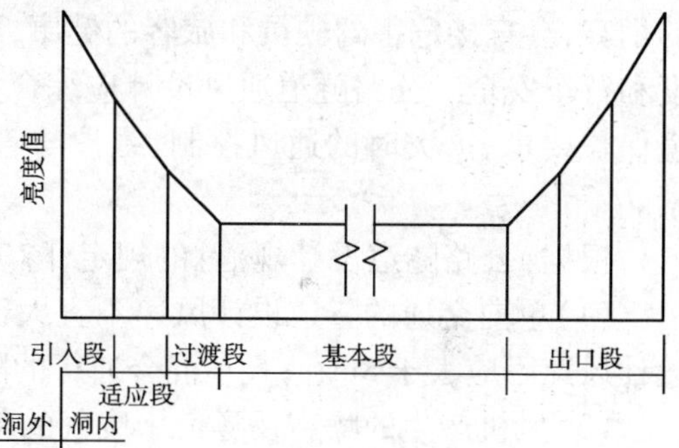

图4-15 白天照明渐变梯度图(双向交通)

照明设计路面亮度总均匀度(U_0)应不低于表4-3的要求,路面亮度纵向均匀度(U_1)不低于表4-4的要求。

路面亮度总均匀度 表4-3

设计交通量 N(辆/h)		U_0
双车道单向交通	双车道双向交通	
≥2400	≥1300	0.4
≤700	≤360	0.3

注:当交通量在其中间值时,可按插入法取值。

路面亮度纵向均匀度 表4-4

设计交通量 N(辆/h)		U_1
双车道单向交通	双车道双向交通	
≥2400	≥1300	0.6~0.7
≤700	≤360	0.5

注:当交通量在其中间值时,可按插入法取值。

中间段亮度可按表4-5取值。过渡段、出口段的照明应满足规范有关要求。

中间段亮度 $L_{in总}$（cd/m^2）　　表4-5

计算行车速度（km/h）	双车道单向交通 $N>2400$ 辆/h 或双车道双向交通 $N>1300$ 辆/h	双车道单向交通 $N>2400$ 辆/h 或双车道双向交通 $N>1300$ 辆/h
100	9.0	4.0
80	4.5	2.0
60	2.5	1.5
40	1.5	1.5

为了使洞口外地段能尽量保持低亮度，起到减光的作用，宜在路旁及洞口附近铺草植树进行绿化，或在洞口设置遮阳棚、减光格栅等措施。

当隧道不设电光照明时，则宜设置车道分离设施（如隔离墩、分离块）和配置诱导视线的反光标志。

此外，凡在隧道内设置紧急停车带时，其停车处的亮度应按基本照明亮度的1.5～2.0倍设计确定。

2. 通风

公路隧道当隧道较长，而交通量又较大时，汽车所排出的一氧化碳（CO）和柴油车所排出的烟雾，会直接危害驾驶员和旅客的健康，而烟雾、尘土等又会使能见度降低，从而影响行车速度和行车安全。公路隧道通风设计应综合考虑交通条件、地形、地物、地质条件、通风要求、环境保护要求、火灾时的通风控制、维护与管理水平、分期实施的可能性、建设与营运费用等因素。

根据《公路隧道设计规范》的规定，隧道通风应符合以下要求：

（1）单向交通的隧道设计风速不宜大于10m/s，特殊情况下可取12m/s；双向交通的隧道设计风速不应大于8m/s；人车混合通行的隧道设计风速不应大于7m/s。

（2）风机产生的噪声及隧道中废气的集中排放均应符合环保的有关规定。

（3）确定的通风方式在交通条件发生变化时，应具有较高的稳定性，并能适应火灾情况下的通风要求。

（4）隧道内营运通风的主流方向不应频繁变化。

公路隧道的通风方式，有机械通风和自然通风两种。采用哪种方式才合理，应根据建设工程的实际情况和营运期间的交通状况，通过对行驶车辆排放的有害气体所计算出的数据来确定。当一时无法取得可靠的分析计算资料时，一般双向行驶的隧道可按下列界限值确定。

当 $LN \geqslant 600$ 时，采用机械通风；

当 $LN \leqslant 600$ 时，采用自然通风。

式中：L——隧道的长度（km）；

N——通过隧道的车辆高峰小时的交通量（辆/h）。应按照隧道的实际通行能力或实测的高峰交通量计算。

3. 供电

公路隧道的照明与通风所需的原动力，主要是电力，所以应设置完善的供电系统，做到保证人身安全、供电可靠、技术经济合理。

凡设照明、通风的高速公路、一级公路的隧道，应设置独立的备用电源，以防意外的断电事故，并确保交通运输的安全，避免造成不应有损失。

六、救援及消防设施

为了便于消防及紧急救援，凡设计为眼镜形的双孔隧道，其两隧道之间，宜按表4-6的规定，设置供巡查、维修、救援及车辆转换方向用的行人横洞和行车横洞。

横洞间距及尺寸(m)　　表4-6

名　称	间　距	尺　寸	
		宽	高
行人横洞	250~500	2.0	2.5
行车横洞	750~1000	4.0	5.0

当隧道长度在400~600m时，可在隧道中间设置一行人横洞；当隧道长度在800~1000m时，可在隧道中间设置一行车横洞，凡小于上述下限值的则不设横洞。

在500m以上的高速公路和一级公路的隧道，宜单独设置存放专用消防器材等的洞室。

横洞及各种专用洞室的衬砌，一般应与隧道内相应部位衬砌类型相同，行人横洞的底面应与人行道或边沟盖板顶面平齐。行人横洞两端则应与路缘带顺坡，并设半径不小于5m的转弯喇叭口。

七、装饰

公路隧道装饰，不仅可起到美化作用，而且还可减少噪声，提高隧道亮度和照明的效果，但除高速公路、一级公路的隧道外，一般不考虑进行内装饰。所以，公路隧道设计规范和施工规范对此没有规定和要求，故应结合建设工程的实际情况，合理确定。

在进行隧道内装饰时，应经济耐用，易于保养清洗，并适当考虑美化、提高亮度和尽可能减少噪声的原则，进行综合分析确定。

第三节　公路隧道施工

一、隧道施工方法概述

隧道施工是修建隧道及地下洞室的施工方法、施工技术和施工管理的总称。

隧道施工方法的选择主要依据地质、地形、环境条件及埋置深度，并结合隧道断面尺寸、长度、衬砌类型、隧道的使用功能和施工技术水平等因素综合考虑确定。根据隧道穿越地层的不同情况和目前隧道施工技术的发展，如图4-16所示，隧道施工方法可按以下方式分类。

山岭隧道的施工方法有：矿山法、新奥法、掘进机法。

浅埋及软土隧道的施工方法有：明挖法、地下连续墙法、浅埋暗挖法、盾构法。

水底隧道的施工方法有：沉埋法、盾构法。

隧道施工有以下特点：

(1)受工程地质和水文地质条件的影响较大。

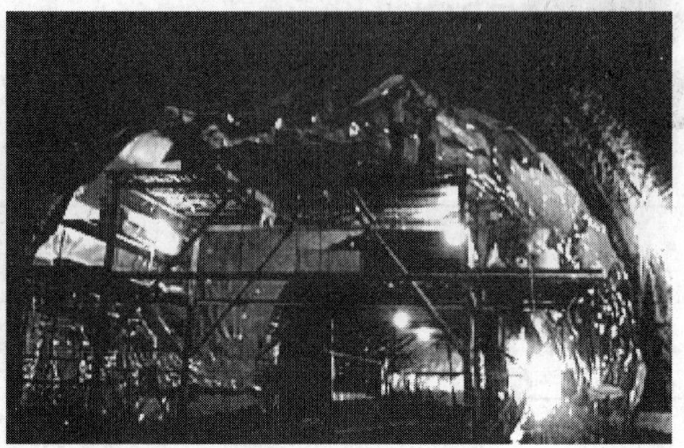

图 4-16　隧道施工方法

(2)工作条件差,工作面小而狭窄,工作环境差。

(3)暗挖法施工对地面影响较小,但埋置较浅时,可能导致地面沉陷。

(4)有大量废渣,需妥善处理。

埋置较浅的工程,施工时先从地面挖基坑或堑壕,修筑衬砌后再回填,这种施工方法称明挖法。当埋置深度超过一定限度后,明挖法不再适用,而要改用暗挖法,即不开挖地面,采用在地下挖洞的方式施工。

暗挖法施工最初是采用矿山开拓巷道的方法,故称为矿山法,此法应用范围很广。

19 世纪,为修筑水底隧道,创建了盾构法,经过 100 多年的不断改进和完善,盾构法已成为在松软地层中修筑隧道的常用方法之一。

为避免在水下作业,19 世纪末又出现了沉埋法,此法大量工作在地面上进行,优点显著,应用日益广泛,如图 4-17、图 4-18 所示。

图 4-17　整体式曲中墙连拱隧道

图 4-18　棚洞

随着岩体力学的发展,在结合现场经验的基础上,20 世纪中叶创建了新奥法。该法的主旨是尽量利用围岩的自承能力,用喷锚支护控制围岩的变形及应力重分布,使之达到新的平衡。这样就把支护和围岩组成一整体结构,而其中的主要承载部分是围岩。此法是在软弱围岩中施工的有效方法。

二、公路隧道围岩分类及施工要点

隧道的土壤岩面统称为围岩,它与土壤岩面有不同的分类方法和标准。公路隧道的围岩分级见表4-7。

公路隧道的围岩分级　　表4-7

围岩级别	围岩或土体主要定性特征	围岩基本质量指标BQ或修正的围岩基本质量指标[BQ]
I	坚硬岩,岩体完整,巨整体状或巨厚层状结构	>550
II	坚硬岩,岩体较完整,块状或厚层状结构; 较坚硬岩,岩体完整,块状整体结构	550~451
III	坚硬岩,岩体较破碎,巨块(石)碎(石)状镶嵌结构; 较坚硬岩或较软硬岩层,岩体较完整,块体状或中厚层结构	450~351
IV	坚硬岩,岩体破碎,碎裂结构; 较坚硬岩,岩体较破碎~破碎,镶嵌碎裂结构; 较软岩或软硬岩层互层,且以软岩为主,岩体较完整~较破碎,中薄层状结构	350~251
	土体:1 压密或成岩作用的黏性土及砂性土; 2 黄土(Q_1、Q_2); 3 一般钙质、铁质胶结的碎石土、卵石土、大块石土	
V	较软岩,岩体破碎; 软岩,岩体较破碎~破碎 极破碎各类岩体,碎、裂状,松散结构	≤250
	一般第四系的半干硬至硬塑的黏性土及稍湿至潮湿的碎石土、卵石土、圆砾、角砾土及黄土(Q_3、Q_4)。非黏性土呈松散结构,黏性土及黄土呈松软结构	
VI	软塑状黏性土及潮湿、饱和粉细砂层、软土等	

注:本表不适用于特殊条件的围岩分级,如膨胀性围岩、多年冻土等。

在公路隧道的设计和施工过程中,隧址区的工程地质资料的收集十分重要,通常应在较大的范围内,按照不同设计阶段的深度和要求,作详细的工程地质和水文地质以及其他有关方面的调查,根据地质测绘、勘探、试验资料等,对隧道围岩作质量评价,科学地指定围岩类别,为设计和施工提供可靠的依据。在隧道施工期间,应随时了解和收集洞身地质资料,发现设计文件与实际情况不相符时,应及时修改围岩类别,变更衬砌设计,重新确定继续掘进的施工方法。

修建公路隧道时,除要进行开挖外,还要进行衬砌,要修建洞门、路面、防排水结构、交通工程及管理设施等。而在隧道设计中,开挖和衬砌是两个主要的工作环节。根据勘探调查的地质资料,提出各类围岩的开挖断面与衬砌形式和尺寸的统一设计资料,并计算出每米洞身的开挖和衬砌数量,作为编制工程造价和组织施工的依据。

公路隧道工程的设计和施工,是一个复杂的系统工程,其特点是除洞口和洞门是在露天施工外,其余各项工程都是在地下并要不间断的进行施工作业,故在整个施工过程中必须备有良好的照明和通风条件,还要进行洒水除尘。因此需要照明发电设施和空气压缩机供应站,修建蓄水供水系统等临时工程设施。

(1)供电。隧道的供电,必须满足动力和照明的需要,并确保施工的安全。施工作业地段每平方米应不小于15W,已开挖成洞至弃渣处的运输地段都应设照明电灯,要求灯光充足均匀,不得闪耀。

若采用工业电力时,应修建由高压输电线路至工地变电站的电力线路。

(2)供气。隧道的供气,一是为风动工具提供原动力,二是为洞内施工人员送入新鲜空气或吸出污浊空气,常称为通风。除短隧道可采用自然通风外,其余各类隧道一般都采用管道通风,根据实践经验资料,每人约需新鲜空气 $3m^3/min$ 左右。

空气压缩机站的生产能力,应能满足施工需要的风量,同时应使开挖面的风压不小于0.5MPa。机组宜选用固定式的电动空压机,若采用机动空压机,则配合的风量应比电动空压机增加20%。除按必须的风量选配机型外,一般还应考虑适当的备用量。

(3)供水。隧道的供水主要用于以下几个方面:

①凿岩机钻孔用水。

②喷雾防尘。

③冲洗围岩面和石渣。

④衬砌用水。

供水的水压应满足用水点的要求,应尽量利用高山水源筑池蓄水,水池应有一定的储水量和高程,以保证一般水风钻不小于0.3MPa,喷射混凝土应不小于0.5MPa。严寒地区要注意保温。

三、新奥法

新奥法即奥地利隧道施工新方法(New Australian Tunnelling Method),是奥地利学者腊布希维兹首先提出的。它是以喷射混凝土和锚杆作为主要支护手段,通过监测控制围岩的变形,便于充分发挥围岩的自承能力的施工方法,如图4-19所示。

图4-19　隧道施工

锚喷支护技术与传统的钢木构件支撑技术相比,不仅仅是手段上的不同,更重要的是工程概念的不同,是人们对隧道及地下工程问题的进一步认识和理解。由于锚喷支护技术的应用和发展,导致隧道及地下洞室工程理论步入到现代化理论的新领域,也使隧道及地下洞室工程的设计和施工更符合地下工程实际,即设计理论——施工方法——结构(体系)工作状态(结果)的一致。因此,新奥法作为一种施工方法,已在世界范围内得到了广泛的应用。

1. 理论依据

新奥法的基本理论依据,就是利用围岩本身所具有的承载效能的前提下,采用毫秒爆破和光面爆破技术,进行全断面开挖施工,并以复合式内外两层衬砌形式来修建隧道的洞身,即以喷混凝土、锚杆、钢筋网、钢支撑等为其外层支护形式,称为初次柔性支护,系在洞身开挖之后必须立即进行的支护工作。因为蕴藏在山体中的地应力由于开挖成洞而产生再分配,隧道空间靠空洞效应而得以保持稳定,也就是说,承载地应力的主要是围岩体本身(抗荷环),而采用初次喷锚柔性支护的作用,是使围岩体自身的承载能力得到最大限度的发挥,二次衬砌主要是起安全储备和装饰的作用,因此总的衬砌厚度是比较薄的。

2. 设计特点

公路隧道的设计与其他结构设计相比有以下两个难点:

(1)难以求得其真实的围岩体的物理参数和初始地应力,由于地质构造的离散性和不可预见性,地质钻探难以全面、准确地获得地质情报。

(2)难以确定荷载系统。作用在隧道上的荷载有两种,即作用在隧道围岩上的荷载和作用在支护结构上的荷载。前者是随隧道开挖产生再分配而引起的,而这种应力再分配的特性,则受隧道的断面形式、开挖程序、支护方法和围岩形变特性所支配,很难用一个模式将其确定,后者主要是由围岩体的变形引起的,它同样也受上面几种因素的影响而难以确定。

因此,采用新奥法施工时,一个完整的隧道工程设计由初始设计和修正设计两部分组成。初始设计难以反映围岩体和支护结构的真实受力状况,故新奥法要求在开挖过程中,认真做好量测工作,并不断地反馈到初始设计中,以利及时修改支护参数和施工方案,使其更经济、合理。

初始设计是编制隧道工程造价和组织施工的主要依据,是指令性的技术文件,其设计方法主要有以下三种。

1)基于围岩的分级设计

这种方法是根据勘测钻探所提供的围岩分级情报资料,预先确定出对于各级围岩的设计开挖断面和设计支护形式,如隧道的各部尺寸、锚杆的长度、间距,喷射混凝土和模筑混凝土的厚度,然后据此计算出每米的开挖工程量、锚杆的重量、喷射混凝土和模筑混凝土的数量等,设计时只需将山体分级围岩的长度乘以对应于各类围岩的每米设计工程量,这样,隧道的开挖和衬砌两项的初步设计工作就告基本完成。目前,国内外的公路隧道大都是依靠围岩的分级来进行设计的。因为这种方法技术要求明确又直观,设计人员容易掌握使用。

新奥法的横断面形式,一般设计为弧形,对于隧道开挖断面的设计尺寸及其面积的计算方法,现以 IV 级围岩为例介绍如下。

IV 级围岩(软石)的横断面设计开挖尺寸,如图 4-20 所示。

有关横断面面积的计算方法是:

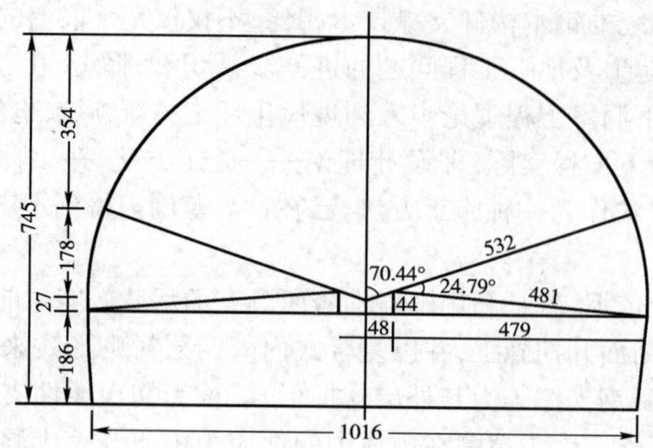

图 4-20 IV 级类围岩(软石)横断面设计尺寸(尺寸单位:cm)

拱部弧长: $L_1 = 2 \times 5.32 \times \pi \times 70.44 \div 180 = 13.08\text{m}$

边墙弧长: $L_2 = 4.81 \times \pi \times 24.79 \div 180 = 2.08\text{m}$

全部面积: $\sum A = 13.08 \times 5.32 \div 2 + [4.81 \times 2.08 \div 2 + (0.27 + 0.44) \div 2 \times 0.48 + 4.79 \times 0.44 \div 2 + (5.27 + 5.08) \div 2 \times 1.86] \times 2 = 66.5\text{m}^2$

上半部面积: $A = 13.08 \times 5.32 \div 2 - 5.32 \times \sin 70.44° \times 5.32 \times \cos 70.44° \times 2 \div 2 = 25.86\text{m}^2$

2)基于以往经验和工程类比的设计

这种方法是根据以往工程的实际施工经验资料,即参照当地已建成的隧道的地质情况和断面形状,以及支护形式等,与拟建设计项目类比进行设计。

由于影响隧道设计的因素很多,故很难从已建成的隧道工程中找到地质情况到支护形式等完全与拟建设计项目相一致的情况,所以实际工作中较少采用。

3)基于理论分析和数值解析的设计

当地质情况特别复杂,尤其是埋置很浅的隧道,以及所经路线附近又有其他人工构造物,或有其他特殊要求时,一般可考虑采用解析的方法解析设计。如用有限元法分析隧道开挖时(间)空(间)效应的三维问题等。

因此,新奥法的设计特点主要体现在两个方面,一是不必进行严格计算,围岩分级与工程类比是其设计的重要依据;二是结构设计与施工设计紧密结合,在根据初始设计进行开挖的过程中,应认真量测围岩,监控施工,修改设计。

3. 施工

新奥法的施工程序可用以下框图(图 4-21)表示。

根据新奥法的施工技术要求和施工顺序,可划分为:开挖、喷锚(初期支护)、模筑混凝土(二次衬砌)和装饰四个过程。其施工过程主要是开挖、喷锚、模筑混凝土三大工序的循环式流水作业。装饰是整个隧道贯通之后才进行的。

1)开挖

开挖或称掘进,是先导工作,是龙头,在整个隧道的施工过程中至关重要,故专业分工比较细,通常设有量测画线组、钻孔组、爆破组和清渣等班组,在一般情况下,一个循环的工作时间约为 20h,生产人员约 53 人,施工机械配有空压机、风动凿岩机、大吨位自卸汽车、轮式装载机,以及通风和照明等设备。是以施工机械为主和一般的劳动手段为前提的一种劳动组合形式,每一个工作循环的进尺在2m左右。

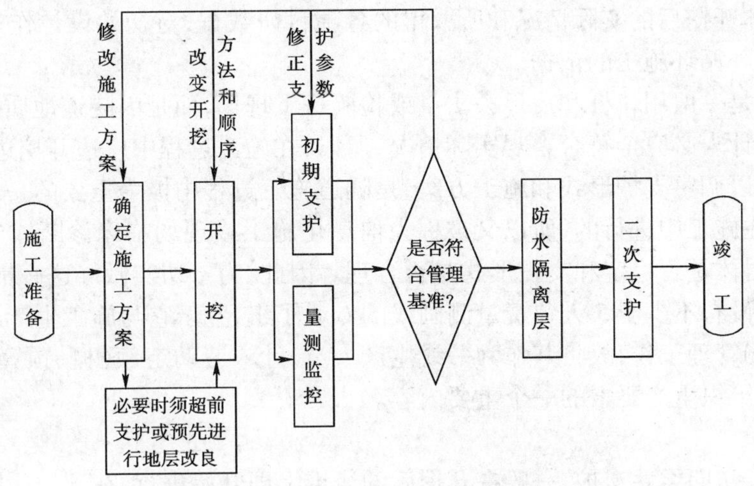

图4-21 新奥法施工程序

开挖有两种不同的方法,全断面法和台阶法,其台阶的长度以4~8m为宜。这样,以利上半部的石渣自行抛落到路床上,否则就需劳力将其扒至台阶的下面,才能采用装载机等机械进行清渣。另外一般双车道隧道,其开挖高度约近8m,当采用这种台阶法施工时,不仅增加了工作面,还可以减少开挖和初次支护工作所需配置的脚手架的安拆工作,可以取得较好的施工经济效益。台阶法虽然将隧道分为上下两个半部,但在开挖掘进时,仍应同时进行钻孔爆破,一次完成。采用全断面法施工时,则宜采用凿岩台车或其他先进的凿岩设备进行凿岩爆破作业。

新奥法对隧道洞身的开挖爆破,是以毫秒爆破和光面爆破技术,辅以装载机装渣和大吨位的自卸汽车运渣来进行的。所以,对炮位的设置和装药量都有其特殊技术要求和规定。首先是将隧道划分为上下两个半部,分别布孔和采用不同的装药量。由于采用的是毫秒爆破技术,这样,在爆破过程中,因各部位置起爆时间差异的关系,从而增大了临空面,可以减少爆破时对围岩扰动影响的因素,而爆破后的石渣又便于装载机装渣,不需要解小。因此各部位炮位之间的间距以及装药量,也各不相同,其主要目的是在施工过程中通过这些技术措施,以降低爆破时对围岩体的扰动,从而确保围岩的安全。另一方面也能满足采用台阶法爆破施工技术的要求。

围岩横断面的各部设计开挖尺寸,是按照高速公路隧道建筑限界标准加上复合衬砌厚度等确定的设计开挖线,也就是进行编制工程造价和计量支付的计价线,超挖量的问题是隧道工程施工过程中不可避免的,采用新奥法爆破施工的超挖量一般在15cm以内。但因公路工程隧道的概、预算定额,已将清除这部分超挖量工作的工料消耗综合在工程定额内,故不能再将其作为编制工程造价和计量支付的依据。

从算出的各类围岩的横断面积来看,其设计开挖面积的大小是不一样的,以致必须衬砌的厚度有所不同,故设计开挖面积就有差异。根据统计资料分析,新奥法的开挖断面约比矿山法少4.7%~10.0%,其回填量约减少50%左右,因为传统的施工方法的超挖在30cm以上,而且往往还难以控制。

新奥法最基本的特点是,要求在施工过程中,每一循环开挖工序完成之后,在对下一循环中的炮位设计和支护工作之前,注意做好洞内的观察、测量研究分析工作,常简称为“量测”。然后综合围岩体开挖后的实际情况和所取得的各项科研数据,对初始设计作进一步完善和改进,作为组织下一循环施工的依据。

量测,并不是一般用花杆和皮尺去丈量或检验一下现场,而是因隧道地质的复杂性和不可预见性,初始设计未必完全符合客观实际情况,所以,在施工过程中应边开挖边监测,对地质情况作出预报,据以调整支护形式和施工方案,是隧道施工过程中极为重要的一个工作环节。由于这项工作是在施工中进行的,所以又被称为信息化施工或现场临床诊断式施工。它的主要评价指标是围岩体是否稳定和支护形式是否合理。因此,为了切实做好这一量测工作,在劳动组合中,一般都设有不少于5人负责量测画线的专业小组,鉴于它与施工生产的密切关系和不同于一般的现场管理工作,故将其作为一线生产人员,计入劳动定额(概、预算定额)内。也就是说,把它作为组织生产要素的一个重要内容。

2)喷锚支护

喷锚支护指初期柔性支护,一般在开挖后的渣堆上即开始进行,在开挖后围岩自稳时间的1/2时间内完成。喷锚施工一般设有喷射混凝土和锚杆两个班组,这项工作常分为两次进行,一次是在爆破后,经找顶,进行初步清渣和初步喷锚支护,在清渣工作全部结束后,按设计要求完成锚杆、挂钢筋网或铁丝网、喷射混凝土的全部工作。生产人员约29人,每一工作循环约需8h,需要配备混凝土喷射机和凿岩机等设备。

公路隧道衬砌已经普遍采用喷锚技术,即复合式中的外层衬砌工艺。“喷锚”是喷射混凝土、喷射混凝土与锚杆、钢筋网或铁丝网喷射混凝土与锚杆等类型的支护或衬砌的总称。

喷射混凝土有干法喷射和湿法喷射两种。其施工顺序如图4-22和图4-23所示。根据施工实践经验,在喷射过程中,其回弹量高达50%左右,故应注意做好材料的回收利用,这是一个重要的问题。

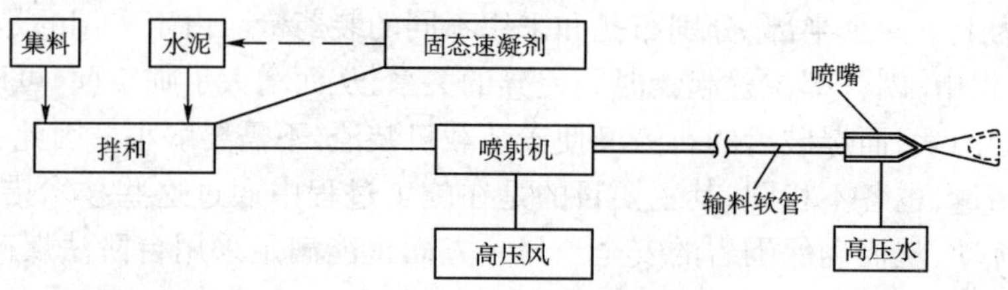

图4-22 干法喷射施工顺序

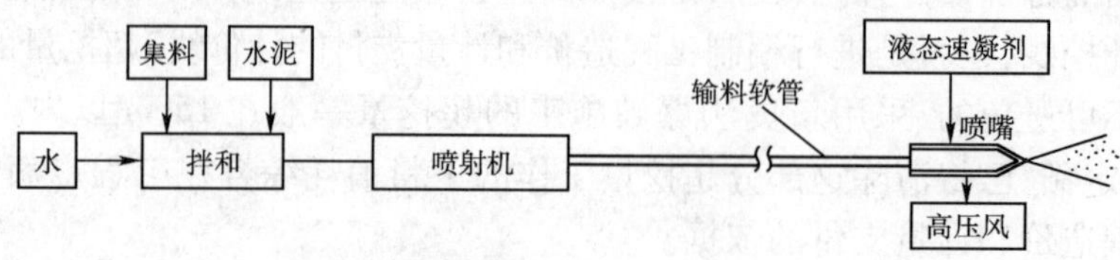

图4-23 湿法喷射施工顺序

喷射混凝土应分段、分片由下而上顺序进行喷射,每段长度不应超过6m。一次喷射的厚度,如不掺速凝剂,拱部为3~4cm,边墙为5~7cm。如掺速凝剂,拱部为5~6cm,边墙为7~10cm。当分多次喷射时,后一层喷射应在前层混凝土终凝后进行。

当隧道处于下列情况时不宜采用喷锚衬砌:

(1)大面积淋水地段。

(2)膨胀性地层、不良地质围岩,以及能造成衬砌腐蚀的地段。

(3)严寒和寒冷地区有冻害的地段。

根据建设实践经验,喷锚衬砌,一般适用于下列情况:

(1)围岩良好、完整、稳定的地段,可以采用喷射混凝土衬砌。

(2)在层状围岩中,如硬软岩石互层、薄层或层间结合差,或其状态对稳定不利且可能掉块时,可以采用锚杆喷射混凝土衬砌。

(3)当围岩呈块(石)碎(石)状镶嵌结构,稳定性较差时,可以采用挂钢筋网或铁丝网的锚杆喷射混凝土衬砌。

锚杆一般采用Ⅱ级钢筋作成,其类型和用途比较多,它与喷射混凝土等共同形成永久性支护。根据施工实践,按新奥法施工的隧道,爆破对围岩扰动的影响范围,最大不会超过1.5m,所以,锚杆的长度一般不应小于1.5m。

3)模筑混凝土

复合衬砌中的二次衬砌,大都采用现浇混凝土,为有别于喷射混凝土,故习惯称之为模筑混凝土,应采用定型装配式的活动钢模板组织施工,衬砌的内轮廓线应一致,这也是钢模板制造和美观的要求。

模筑混凝土系指立模现浇混凝土,与在露天下现浇混凝土没有大的差异,所不同的是在洞内作业,其模板则宜采用组合式的门式钢支架,便于开挖出渣的汽车通行。

隧道衬砌工作中的另一个重要环节是回填。在开挖过程中因爆破造成超挖,一般约为设计开挖工程量的4%。因此,当按照设计要求做好初次喷锚支护和二次衬砌后,拱部和边墙处存在不同程度的空隙,要求采用现浇混凝土或石砌圬工将空隙回填密实,使各部衬砌与围岩紧密地结合起来,共同承受荷载。回填与二次衬砌同时进行,在施工的全过程中是不可能截然分开的,其目的是便于对工程造价进行规范化管理。

4)新奥法施工的基本原则

新奥法施工的基本原则可以归纳为“少扰动、早支护、勤量测、紧封闭”。

少扰动是指在进行隧道开挖时,尽量减少对围岩的扰动次数、扰动强度、扰动范围和扰动持续时间。因此要求能用机械开挖的就不用钻爆法开挖;采用钻爆法开挖时,要严格地进行控制爆破;尽量采用大断面开挖;根据围岩级别、开挖方法、支护条件选择合理的循环掘进进尺;自稳性差的围岩,循环掘进进尺应短一些;支护要尽量紧跟开挖面,缩短围岩应力松弛时间。

早支护是指开挖后及时施作初期喷锚支护,使围岩的变形进入受控状态。这样做一方面是为了使围岩不致因变形过度而产生坍塌失稳;另一方面是使围岩变形适度发展,以充分发挥围岩的自承能力。必要时可采取超前预支护措施。

勤量测是指以直观、可靠的量测方法和量测数据来准确评价围岩(或围岩加支护)的稳定状态,或判断其动态发展趋势,以便及时调整支护形式、开挖方法,确保施工安全和顺利进行。量测是现代隧道及地下工程理论的重要标志之一,也是掌握围岩动态变化过程的手段和进行工程设计、施工的依据。

紧封闭一方面是指采用喷射混凝土等防护措施，避免围岩因长时间裸露而致使其强度和稳定性的衰减，尤其是对于易风化的软弱围岩；另一方面更重要的是指要适时对围岩施作封闭形支护，这样做不仅可及时阻止围岩变形，而且可使支护和围岩能进入良好的共同工作状态。

四、矿山法

矿山法是一种传统的施工方法,是人们在长期的施工实践中发展起来的。它是以木或钢构件作为临时支撑,待隧道开挖成型后,逐步将临时支撑撤换下来,而代之以整体式厚衬砌作为永久性支护的施工方法。

木构件支撑由于其耐久性差和对坑道形状的适应性差,支撑撤换工作既麻烦又不安全,且对围岩有所扰动,因此,目前已很少使用。

钢构件支撑具有较好的耐久性和对坑道形状的适应性等优点,施工中可以不撤换,也更安全。日本隧道界将以钢构件作为临时支撑的矿山法称为“背板法”。

钢木构件支撑类似于地上的“荷载—结构”力学体系。它作为一种维持坑道稳定的措施,是很直观和奏效的,也容易被施工人员理解和掌握。因此这种方法常被应用于不便采用喷锚支护的隧道中,或处理坍方等。由于衬砌的设计工作状态与实际工作状态不一致,以及临时支撑存在的一些缺陷等,在一定程度上限制了它的发展和应用。

矿山法的基本理论依据是,隧道开挖后受爆破影响,造成围岩体破裂形成松弛状态,随时都有可能坍落。基于这种松弛荷载理论依据,其施工方法是采取分割式按分部顺序一块一块的开挖,并要求边挖边撑以策安全,所以支撑复杂,材料耗用多。由于这种施工方法,因其工作面小,不能使用大型的凿岩钻孔设备和装卸运输工具,故施工进度慢,建设周期长,机械化程度低,耗用劳力多,难以适应现代公路建设工期的需要。

1. 施工程序及基本原则

矿山法施工程序可用框图(图4-24)表示。

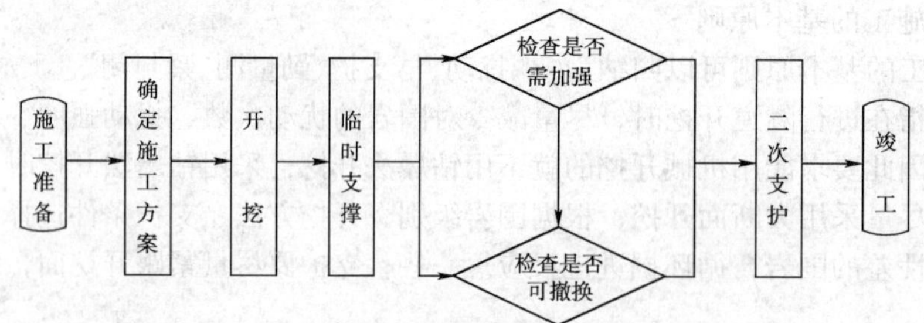

图4-24　矿山法施工程序

矿山法施工的基本原则可以归纳为“少扰动、早支撑、慎撤换、快衬砌”。

少扰动是指在进行隧道开挖时,尽量减少对围岩的扰动次数、扰动强度、扰动范围和扰动持续时间,这与新奥法施工的要求是一致的。采用钢支撑,可以增大一次开挖断面跨度,减少分部次数,从而减少对围岩的扰动次数。

早支撑是指开挖后及时施作临时构件支撑,使围岩不致因变形松弛过度而产生坍塌失稳,并承受围岩松弛变形产生的压力——即早期松弛荷载。定期检查支撑的工作状况,若发现变形严重或出现损坏征兆,应及时增设支撑予以加强。作用在临时支撑上的早期松弛荷载大小可比照设计永久衬砌的计算围岩压力大小来确定。临时支撑的结构设计亦采用类似于永久衬砌的设计方法,即结构力学方法。

慎撤换是指拆除临时支撑而代之以永久性模筑混凝土衬砌时要慎重,即要防止撤换过程中围岩坍塌失稳。每次撤换的范围、顺序和时间要视围岩稳定性及支撑的受力状况而定。若预计到不能拆除,则应在确定开挖断面大小及选择支撑材料时就予以研究解决。使用钢支撑作为临时支撑,则可以避免拆除支撑的麻烦和危险。

快衬砌是指拆除临时支撑后要及时修筑永久性混凝土衬砌,并使之尽早承载参与工作。若采用的是钢支撑又不必拆除,或无临时支撑时,亦应尽早施作永久性混凝土衬砌。

2. 开挖方法

矿山法的开挖方法比较多,公路隧道常用上下导洞开挖法和下导洞扩大开挖法两种。它具有施工安全,机具设备简单等优点,但施工干扰大,通风、排水、运输条件差。

(1)上下导洞开挖法,如图4-25所示,将设计开挖断面划分为6个部位,按编码由小到大,顺序进行开挖,它适用于各类围岩的隧道,现按顺序说明如下。

① 首先开挖下导洞,并从工作面铺设轻便轨道至弃渣处,配以斗车,以人力推运出渣,或用手推车运输出渣。轻便轨道则随洞身的延伸陆续向前接长。

② 当下导洞开挖到一定的深度之后,即开始进行上导洞的开挖工作。在上导洞开挖到适当的深度之后,则在上下导洞之间挖一个80cm×80cm的方形漏渣孔,以便出渣,将上导洞开挖出来的石渣通过漏渣孔落入下导洞内所敷设的轻便轨道上的斗车内,运弃于洞外。

③ 当上下导洞都开挖到适当的深度之后,就开始将拱部扩大部分挖除,其开挖长度宜控制在20~30m之内,经检查符合设计要求时,即可进行拱部衬砌。

④ 在拱部衬砌到一定长度之后,才能分段(2~4m)间错将中槽和马口两部分挖掉,随之将边墙衬砌好,常称为先拱后墙法。

矿山法认为围岩体呈松弛状态,要求当上述每一部位在爆破并进行排烟、找顶工序作业之后,应立即做好以木料为主的各部位的临时支撑工作,以免发生岩石坍落。

(2)下导洞扩大开挖法,如图4-26所示,将设计横断面划分为三个部位,它适用于围岩条件较好的隧道。显然各个部位的开挖面积比上下导洞开挖法要大,因此开挖的效率要高,但它的基本要求和施工程序,与上下导洞开挖法相似,不再赘述。

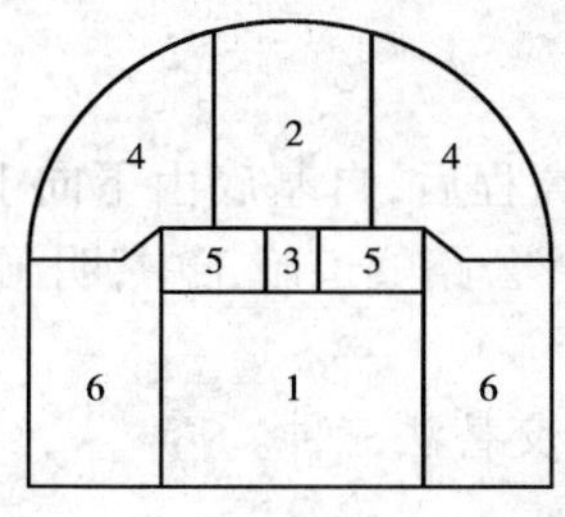

图4-25 上下导洞开挖法

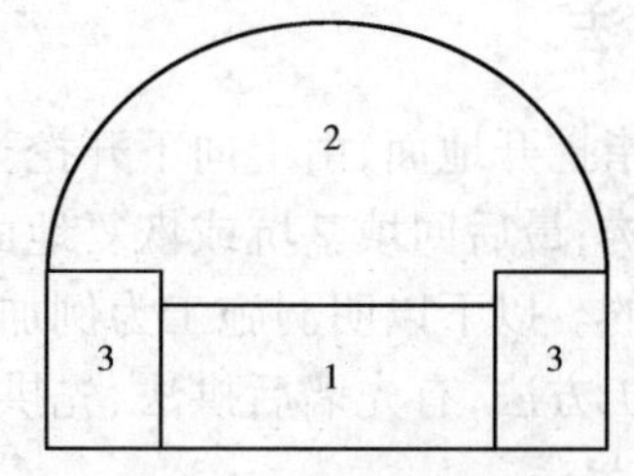

图4-26 下导洞扩大开挖法

3．临时支撑的架设和加强

开挖轮廓要尽量平顺，开挖后要及时架设支撑。架设支撑前应清除周边危石，防止落石伤人，称为找顶。

每榀支撑应按要求的中线、高程和断面尺寸架设在隧道横断面内。支撑构件的接头应连接牢固，基脚铺垫应坚实稳固。各榀支撑之间应加设足够的联系，使其构成整体。支撑与围岩之间的楔块应打设紧密，并应对称打设。

对所架支撑应经常检查，发现支撑变形严重、倾斜、沉降，及楔块松脱时，必须立即予以加强或顶替。支撑的顶替应先顶后拆，以免引起围岩的进一步松弛甚至坍塌。

4．整体式衬砌的施工及回填压浆

按松弛荷载理论设计的隧道永久性模筑混凝土衬砌，其厚度较厚，刚度较大，故相对于复合式衬砌称为整体式衬砌。整体式衬砌的施工应注意以下几点：

(1)模筑混凝土衬砌时，若需拆除临时支撑应慎重进行，以免围岩坍塌失稳。每次拆除的范围、顺序和时间要视围岩稳定性及支撑的受力状况而定。若不必拆除或不能拆除临时支撑，则可将其留在衬砌背后或浇筑在混凝土中。但原则上只允许钢构件留在混凝土中。

(2)整体式衬砌的设计中一般并未计入钢支撑的承载作用。事实上，当钢支撑不必拆除或不能拆除时，其支撑作用是存在的。这种不计入就造成一定的浪费，因此有人提出：在整体式衬砌设计时，计入钢支撑的永久承载作用，并相应地适当减薄衬砌厚度。

(3)采用先拱后墙法施工时，应注意处理好墙顶和拱脚连接处的封口，以保证其整体刚度不严重降低。马口开挖应遵循马口开挖原则进行。

(4)矿山法施工，其衬砌背后空隙较多，尤其是拱部有较多背板未拆除时，对于衬砌的受力状态是不利的。因此，应在衬砌混凝土达到一定强度后进行压浆处理。浆液材料多采用单液水泥浆。钻压浆孔时应注意避开未被拆除的钢支撑。

(5)整体式衬砌混凝土的拆模时间，应根据衬砌的受力条件，自重大小及混凝土的强度增长情况由现场试验确定，以保证不会因拆模而导致衬砌变形开裂，一般应符合下列要求：

①教育不承受外荷载的拱、墙，应在混凝土强度达到5.0MPa或拆模时混凝土表面和棱角不致被破坏，并能承受自重时方可拆模。

②承受围岩压力较大的拱、墙，应在封口或刹肩混凝土强度达到设计强度的100%时方可拆模。

③承受围岩压力较小的拱、墙，应在封口混凝土达到设计强度的70%时方可拆模。

五、明挖法

明挖法是指挖开地面，由上向下开挖土石方至设计高程后，自基底由下向上顺序施工，完成隧道主体结构，最后回填基坑或恢复地面的施工方法。公路隧道施工中，明洞和棚洞都是采用明挖法施工的。以下以明洞施工为例加以简要介绍。

明洞的施工方法，有先墙后拱法、先拱后墙法和拱墙交替法三种。

1．先墙后拱法

根据围岩条件，其开挖方法有路堑式、拱部明挖边墙拉槽（或挖井）和侧壁导坑法先做内墙，如图4-27所示，它们分别适用于下列不同情况。

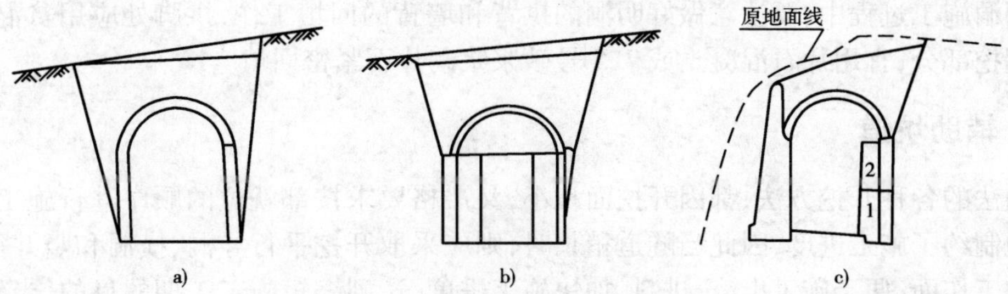

图 4-27　明洞先墙后拱施工法

a)路堑式开挖;b)拱部明挖边墙拉槽;c)侧壁导坑

(1)在施工过程中,临时开挖的边坡能保持稳定时,宜采用路堑方法开挖,即明挖直至基底高程,按涉及要求先做好边墙后,安设拱架,修建拱圈。

(2)在土质松软或岩石破碎的地层中施工,如临时边坡不大,开挖后又能保持稳定时,则可采用拱部明挖边墙拉槽的方法开挖,即开挖到拱脚后,从边墙顶到基础底挖成直立的基槽或竖井来修建边墙,待拱圈完成后,再挖洞内全部土石方。

(3)在隧道的一侧覆盖层较薄,土质松散,侧压力较大,则宜采用侧壁导坑先做内墙的方法,即先开挖衬砌内边墙,为避免导洞过高,可分为两次进行,然后明挖衬砌外边墙,最后修建拱圈。

2. 先拱后墙法

实际上仍是属于上述路堑式的明洞施工方法,因边坡稳定性差,但拱脚地层又有一定的承载能力,即可采用先拱后墙法施工,即将拱部明挖后,随之衬砌好拱圈,然后挖出洞内土石方修建边墙,如图 4-28 所示,但应分段并左右交错地进行边墙的衬砌,以策安全。

3. 拱墙交替法

是隧道所在位置原地面坡度很陡,一侧处悬控状态。因地形限制不能先砌拱圈或地层松散等情况,先做拱圈可能产生较大沉陷时,则宜采用拱墙交替法进行施工,即先将悬空面的边墙做好,然后明挖修建拱圈,最后再修建另一侧的边墙,如图 4-29 所示。

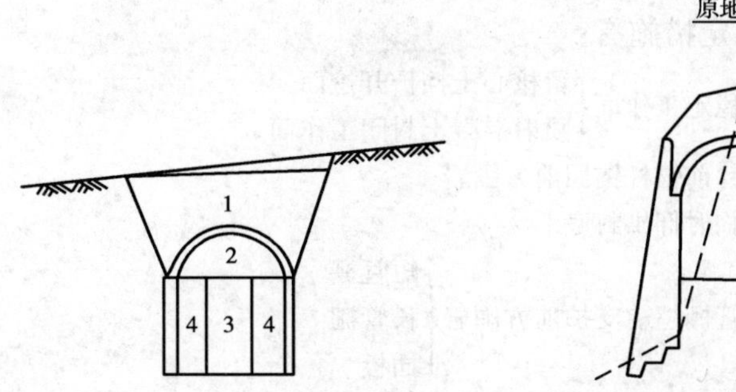

图 4-28　明洞先拱后墙施工顺序　　　　图 4-29　明洞拱墙交替施工法

明洞顶部的填土厚度,应根据实际确定,为防护一般的落石、崩坍危害时,填土的厚度不宜小于 2.0m,当保护洞口的自然环境,则应按山坡的自然坡度填土。立交明洞上的填土高度,则应符合管理、铁路、沟渠及其他人工构造物的表高、自然环境以及美化要求和明洞的结构设计等综合考虑,合理确定。

在明洞施工过程中,要注意做好明洞的拱背和墙背的回填工作,拱脚处应用贫混凝土,边墙背后超挖部分,宜用片石混凝土或7.5号砂浆浆砌片石紧密回填。

六、辅助坑道

矿山法的各种开挖方法,都因开挖面积小,又严格要求按部就位的顺序进行施工操作,以致严重地制约了施工进度,因此当隧道稍长时,则应采取开挖平行导洞、横洞和竖井等辅助坑道来增加工作面,便于施工出渣、进料,加快施工进度,达到缩短施工工期的目的,当然工程费用也相应要增多。其开挖断面一般为4~6m^2,由于存在上述缺点,故实际工作中已较少采用。

1. 平行导洞

一般适用于深埋的山岭隧道,或当不宜采用其他辅助坑道、地质条件比较复杂和有大量地下水的隧道,它能起到探测地层变化,了解掌握围岩情况,遇到坍方和涌水等情况时,还可起安全通道和通风的作用,但开挖导洞工作量大,工程造价高,是很不经济的。

2. 横洞

一般适用于沿河隧道,具有出渣、进料运距短等优点,但洞身应向洞外设置不少于0.3%的下坡,以利出渣运输和排水。

3. 竖井

一般适用于埋置深度浅、地质条件好,而又无开挖横洞等辅助坑道条件的隧道,宜设在隧道一侧的适当距离处,虽能增加工作面,加快进料进度,但出渣受到限制,因要垂直吊运出渣,费工费时。

第四节　开挖面的稳定与辅助稳定措施

随着开挖技术、喷锚支护技术、地层改良技术的研究应用和发展,出现了许多辅助稳定措施,从而使得现代隧道工程施工的开挖和支护变得更简捷、及时、有效、彻底,也更具有可预防性和安全性。

隧道施工中常用的辅助稳定措施有:

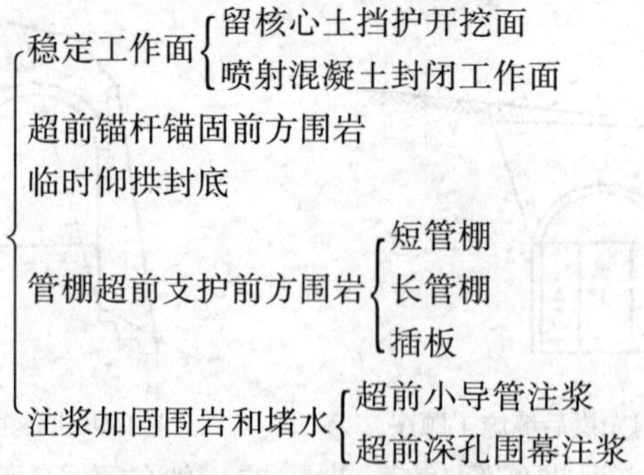

上述辅助稳定措施的选用应视围岩地质条件、地下水情况、施工方法、环境要求等具体情况而定,并尽量与常规施工方法相结合,进行充分的技术经济比较,选择一种或几种同时使用,见图4-30和图4-31。下面就几种辅助措施作简要介绍。

图 4-30　管棚施工

图 4-31　超前地质预报

1．超前锚杆

超前锚杆是沿开挖轮廓线，以稍大的外插角，向开挖面前方安装锚杆，形成前方围岩的预锚固，在提前形成的围岩锚固圈的保护下进行开挖等作业，如图 4-32 所示。

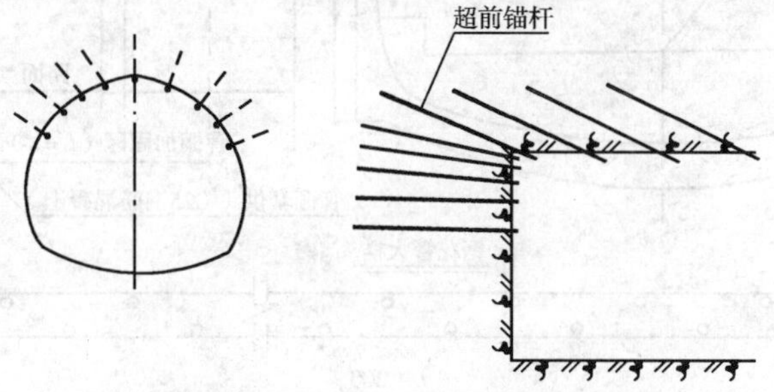

图 4-32　超前锚杆预锚固围岩

2．管棚

管棚是利用拱架与沿开挖轮廓线，以较小的外插角，向开挖面前方打入钢管或钢插板构成的管棚来形成对开挖面前方围岩的预支护，如图 4-33 所示。

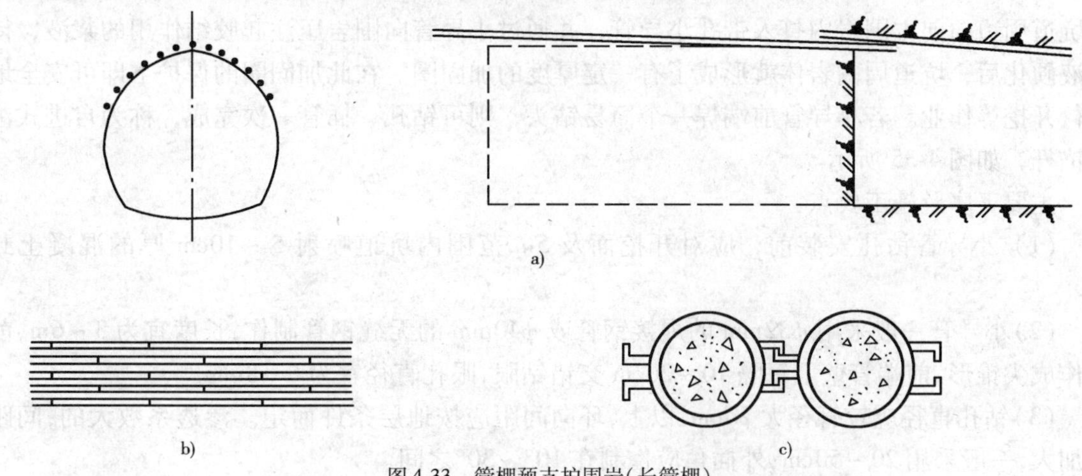

图 4-33　管棚预支护围岩（长管棚）
a）管棚的环向布置；b）管棚钢管纵向错接；c）钢管端部横向连接

采用长度小于10m的小钢管的称为短管棚；采用长度为10～45m且较粗钢管的称为长管棚；采用钢插板（长度小于10m）的称为板棚。管棚的导管环向间距一般为30～50cm，两组管棚间纵向应有不小于3.0m的水平搭接长度。导管外径80～180mm，长度10～45m，分段长4～6m。注浆孔孔径10～16mm，呈梅花形布置，间距15～20cm，管棚示意见图4-34。

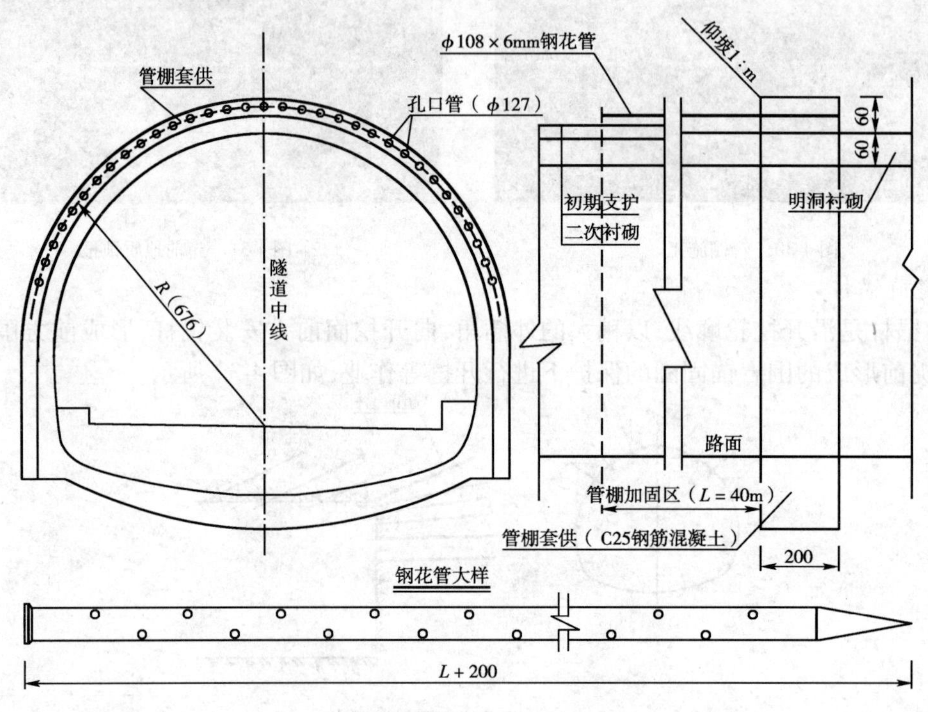

图4-34　管棚

3. 超前小导管注浆

超前小导管注浆是在开挖前，先用喷射混凝土将开挖面和5m范围内的坑道封闭，然后沿坑道周边向前方围岩内打入带孔小导管，并通过小导管向围岩压注起胶结作用的浆液，待浆液硬化后，坑道周围岩体就形成了有一定厚度的加固圈。在此加固圈的保护下即可安全地进行开挖等作业。若小导管前端焊一个简易钻头，则可钻孔、插管一次完成，称为自进式注浆锚杆，如图4-35所示。

主要工序及施工要点：

(1) 小导管钻孔安装前，应对开挖面及5m范围内坑道喷射5～10cm厚的混凝土封闭。

(2)小导管一般采用ϕ32mm的焊接钢管或ϕ40mm的无缝钢管制作，长度宜为3～6m，前端作成尖锥形，前端管壁上每隔10～20cm交错钻眼，眼孔直径宜为6～8mm。

(3)钻孔直径应较管径大20mm以上，环向间距应按地层条件而定。渗透系数大的，间距应加大，一般采用20～50cm；外插角应控制在10°～30°之间。

(4)小导管插入后应外露一定长度，以便连接注浆管，并用塑胶泥将导管周围孔隙封堵密实。

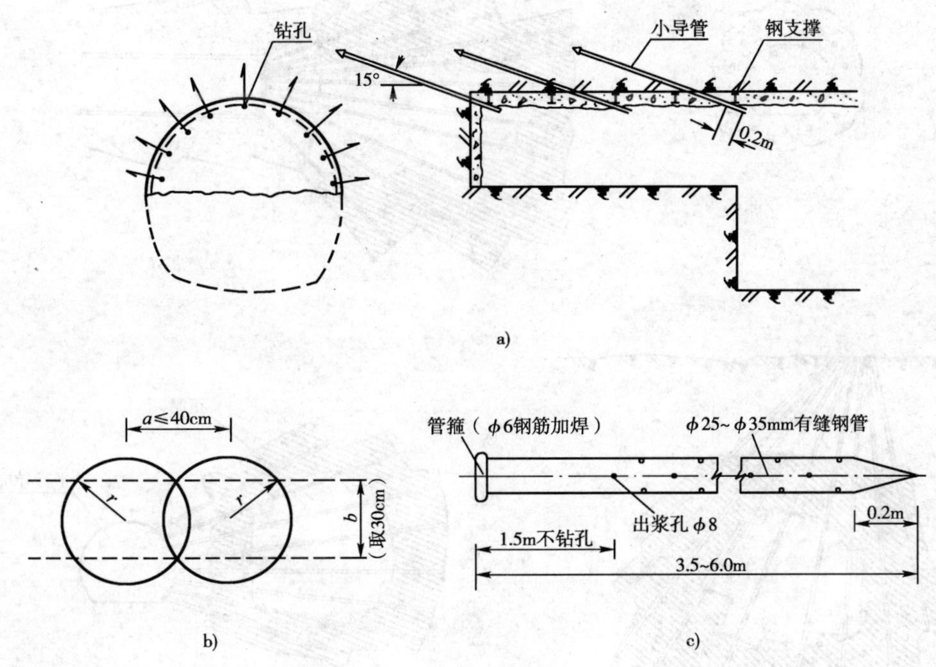

图4-35　超前小导管注浆预加固围岩

a）超前小导管布置；b）注浆半径及孔距选择；c）小导管全图

4．超前深孔围幕注浆

上述超前小导管注浆，对围岩加固的范围和加固处理的程度是有限的，作为软弱破碎围岩隧道施工的一项主要辅助措施，它占用时间和循环次数较多。因此，在不便采用其他施工方法时，深孔预注浆加固围岩就较好地解决了这些问题。注浆后即可形成较大范围的筒状封闭加固区，称为围幕注浆。

注浆机理及适用条件。注浆机理可以分为两种：一种是对于破碎岩层、砂卵层、中、细、粉砂层等有一定渗透性的地层，采用中低压力将浆液压注到地层中的空穴、裂缝、孔隙里，凝固后将岩土或土颗粒胶结为整体，称为渗透注浆。另一种是对于颗粒更细的黏土质不透水（浆）地层，采用高压浆液强行挤压孔周，使黏土层劈裂成缝并充塞凝结于其中，从而对黏土层起到了挤压加固和增加高强夹层加固作用，称为劈裂注浆。

预注浆一般可超前开挖面30～50m，可以形成有相当厚度的和较长区段的筒状加固区，从而使得堵水的效果更好，也使得注浆作业的次数减少，它更适用于有压地下水及地下水丰富的地层中，也更适用于采用大中型机械化施工。

如果隧道埋深较浅，则注浆作业可在地面进行；对于深埋长大隧道可利用辅助平行导坑对正洞进行预注浆，这样可以避免与正洞施工的干扰，缩短施工工期，见图4-36。

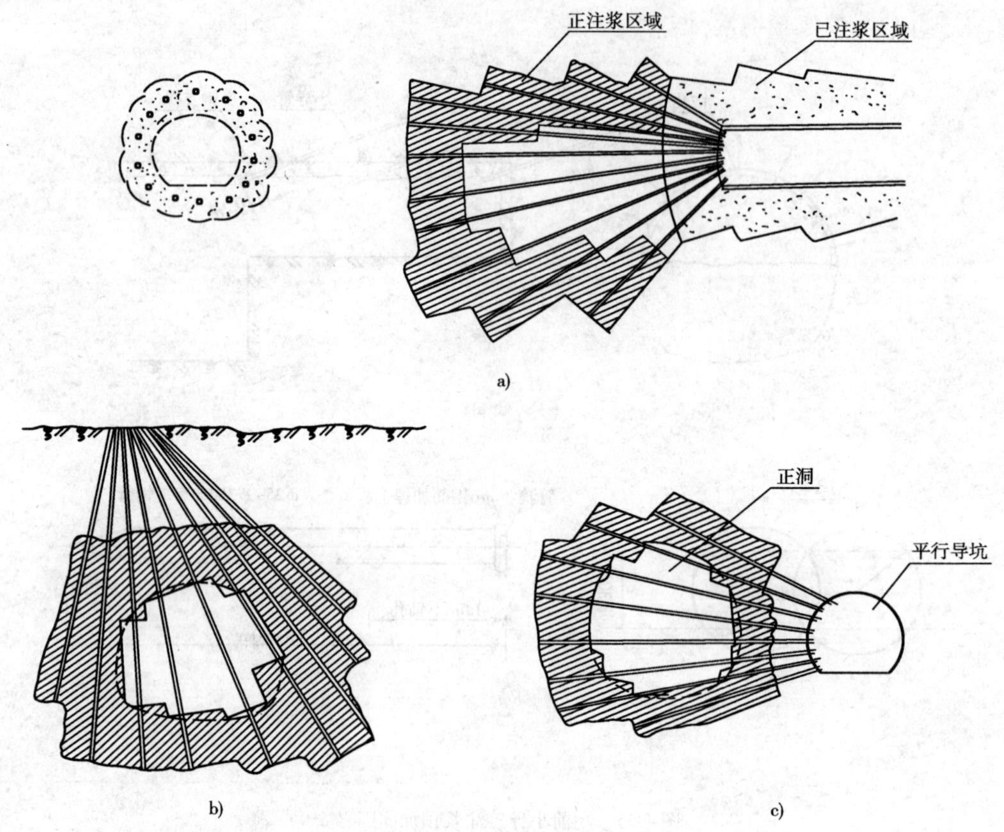

图4-36　超前深孔围幕注浆

a)洞内超前注浆;b)地表超前注浆;c)平导超前注浆

第五节　隧道工程的工程量计算与造价分析

一、工程量计算

1. 洞口土石方

土石方体积以天然密实体积(自然方)计算,回填按压实后的体积(压实方)计算,工程量根据设计图纸所示尺寸,按不同土壤类别,以立方米计算。土石方运距根据施工组织设计确定,并按填、挖方体积重心间距离计算。

平整场地、原土夯实(碾压)按设计图纸或施工组织设计确定,以平方米计算。

2. 洞门

洞门工程量,根据设计图纸按不同砌筑圬工类别及附属工程项目,以立方米计算。洞门装饰则按设计图纸要求,以平方米计算。

3. 洞身

洞身开挖工程量,根据不同围岩类别,不同开挖方式和施工方法、不同的支护类型等,分别按设计断面及允许超挖回填数量,以立方米计算。

隧道根据不同衬砌类型、不同围岩类别、不同隧道长度、不同衬砌材料，按设计图纸以立方米计算。

4. 支护

喷射混凝土应按喷射厚度乘以喷射面积，以立方米计算。

锚杆、钢支撑、钢筋网和超前小导管等按设计图纸计算。

5. 防排水

截水沟和排水沟等的土石方及砌筑工程量，按设计图纸计算。

盲沟、止水带、防水板及喷涂均按设计图纸，以平方米计算。

注浆按不同围岩类别，根据设计要求采用有关数据及计算公式进行计算。一般单液压浆的注浆量可根据扩散半径及岩石裂隙率，按下式估算：

$$Q = \pi r^2 H\eta\beta$$

式中：Q——注浆数量（m^3）；

r——浆液扩散半径（m），见表4-8；

H——压浆深度（m）；

η——围岩的裂隙率，见表4-9；

β——浆液在围岩裂隙内的有效填充系数，视围岩类别而定，一般为0.3~0.9。

浆液扩散半径　表4-8

裂隙宽度（cm）	<0.5	0.5~3.0	>3.0
浆液扩散半径（m）	2	4	6

围岩的裂隙率　表4-9

围岩类别		V	IV	III	II	I
围岩裂隙率（%）	硬岩	3~5	3~5	2~3	1~2	0~1
	软岩		2~3	1~2		

二、造价分析

现行的《公路工程概算定额》、《公路工程预算定额》中，隧道工程一章中的“机械开挖自卸汽车运输”是根据新奥法的原理编制的，故按新奥法设计和施工的公路隧道的造价编制和计量支付只能以该部分定额作为计算依据。

隧道工程一章中的“人工开挖（手推车运输）”和“机械开挖轻轨斗车运输”两项是根据矿山法施工的技术特点制定的，它是按矿山法设计和施工的公路隧道编制造价和计量支付的依据。

由于明挖法施工的隧道，其主体结构施工与地面上的工程施工相似，因此，现行定额中未编制专门的定额项目。故编制明挖法施工的公路隧道的造价和进行计量支付时，应分别按路基工程和桥涵工程中类似的定额项目作为计算依据。

思考题

1. 隧道分哪些类型？公路隧道按长度划分为哪几类？为什么要按长度进行划分？

2. 隧道由哪些部分构成?

3. 什么是衬砌?其作用是什么?分哪些类型?

4. 公路隧道有哪些要求?

5. 隧道施工的方法有哪些?公路隧道施工主要采用哪些方法?

6. 矿山法施工和新奥法施工的理论依据是什么?各有什么特点?

7. 简述新奥法施工的施工过程及施工的基本原则。

8. 简述矿山法施工的施工程序及基本原则。

9. 公路隧道在什么情况下不宜采用喷锚衬砌?

第五章 桥涵工程

为了保证拟建的公路工程项目连续,河沟水流通畅,船只的航行和维持原有道路的交通运输,必须修建各种结构类型的桥梁和涵洞。桥涵工程一般造价都比较高,消耗的各种资源较多,技术要求高,设计和施工也较复杂,施工时间一般都比较长,一旦遭到破坏,又不容易修复。根据历史资料统计分析,桥涵工程的造价约占公路总造价的10% ~20%,有的甚至高达30%左右。

桥梁的总体规划和设计应根据所设计桥梁的任务、性质和所在路线的远景发展需要,按照适用、经济和适当照顾美观的原则进行。公路桥涵应适当考虑农田排灌的需要,以支援农业生产。靠近村镇、城市、铁路及水利设施的桥梁,应结合个有关方面的要求,综合考虑。

随着科学技术的发展,社会的进步,人们物质、文化生活水平的不断提高,对公路交通建设的要求也越来越高,尤其对高等级公路中的桥梁工程建设,提出了以下几点要求:

(1)桥梁的设置要尽可能符合路线布设规定,并服从于路线走向,以确保行车舒适、安全、经济。

(2)桥涵的造型要美观,尤其是城市和风景区的桥梁,其建筑造型往往成为评选方案的重要条件。

(3)桥梁的环保要求严,以免造成水土流失、破坏生态环境。

(4)桥梁的工程质量要求高,施工期限要求紧,这是取得较好的社会效益的重要前提条件。所以,应尽可能采用工业化和机械化施工。

因此,在现代桥梁建设中,以钢筋混凝土和预应力混凝土为主的建筑材料,以梁、拱、悬索为主要结构体系的桥梁结构,不仅得到了广泛的应用,而且正向大跨度方向发展。

第一节 桥涵的组成与分类

一、桥涵的组成

桥涵主要由上部构造、下部构造、基础和调治构造物四大部分组成(如图5-1所示)。

1. 上部构造(即桥跨结构)

它包括承重结构、桥面铺装和人行道三大部分。由于桥梁有梁式、拱式等不同的基本结构体系,故其承重结构的组成各不相同。

承重结构主要指梁和拱圈及其组合体系部分。它是在路线中断时跨越障碍的承载结构。当需要跨越的幅度较大,并且除恒载外要求安全地承受车辆荷载的情况下,承重结构的构造就比较复杂,施工也相当困难,如图5-2所示。

承重结构与墩、台的支承处所设置的传力装置,称为支座。

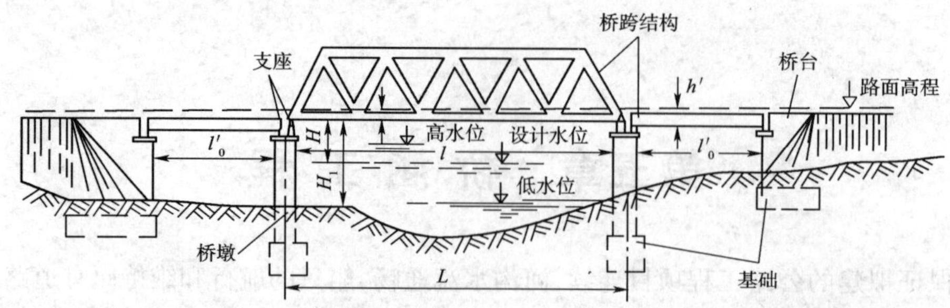

图 5-1　桥梁的基本组成

图 5-2　承重结构

梁式桥的支座，虽体形小，耗费也不多，但起着十分重要的作用。它不仅要传递上部结构的支承反力，而且要保证结构在活载、温度变化、混凝土收缩和徐变等因素作用下的自由变形和桥梁的正常营运。常用的支座形式，有切线式（又称为弧形）和辊轴钢支座、板式和钢盆式橡胶支座、四氟板式橡胶组合支座等，如图 5-3 所示。

梁式桥的支座一般分为固定式和活动式两种。简支梁桥应在每根梁（或板）的一端设置固定支座，而在另一端设置活动支座。悬臂梁的锚固跨也应在一侧设置固定支座，另一侧设置活动支座。多孔悬臂梁桥的挂梁支座的设置与简支梁相同。连续梁桥则应在每联的一个桥墩上设置固定支座，而在其余的墩台上都设置活动支座。

切线式钢支座，是由两块厚约 40 ~ 50mm 的铸钢制成的，适用于跨径不大于 20m 和支承反力不超过 600kN 的梁桥。

辊轴钢支座适用于较大跨径的梁桥，支座的垫板可采用铸钢，铰轴和滚轴可采用锻钢，滚轴的直径一般在 75mm 以上。

橡胶支座构造简单、加工方便、结构高度小，便于安装和工业化生产，同时它又能适应任意方向的变形，对于宽桥、曲线桥和斜桥具有特别的适应性。此外，橡胶的弹性还能消除上下结构所受的动力作用，对抗振也十分有利。因此，公路桥梁建设中，尤其是高等级公路建设中，橡胶支座得到了广泛的应用。板式橡胶支座一般适用于中小跨径的桥梁，钢盆式橡胶支座适用

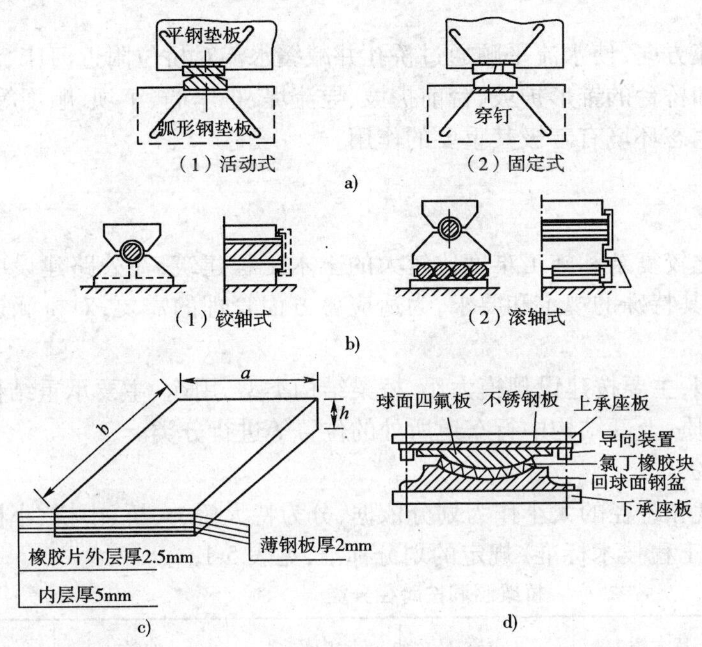

图 5-3　梁式桥支座

a)切线式(弧形)钢支座;b)辊轴钢支座;c)板式橡胶支座;d)钢盆式橡胶支座

于大跨径的桥梁,而标准跨径小于 10m 的简支梁、板桥,一般在墩台帽上铺几层油毛毡垫层作为支座(垫层经压实后的厚度不少于 1cm)。

桥面铺装包括混凝土三角垫层,防水混凝土或沥青混凝土面层,泄水管和伸缩缝等。当拱桥且拱上又有土石填料时,还应包括与路线同样的路面结构的垫层和基层。在实际工作中,通常实腹式拱桥上的桥面铺装不计入桥内而归在路面工程中计算。

人行道系包括人行道板和缘石或安全带,以及栏杆、扶手等。高等级公路上的桥梁,如设有防撞护栏者,也属上部构造范围。

2. 下部构造

桥梁的下部工程包括桥台和桥墩或索塔,它是支撑桥跨结构并将恒载和车辆等活载传至地基的结构物。

拱桥常用的桥台为实体式的,也称重力式桥台,它由台身、拱座、侧墙或八字墙及台背排水等所组成。梁、板式桥常用的重力式桥台则包括台身、台帽、侧墙或八字墙及台背排水等,柱式、框架式、肋形埋置式桥台则包括台身、盖梁和耳背墙等。

拱桥的桥墩一般为实体式的,由墩身和拱座组成。梁、板桥的桥墩其结构形式比较多,实体式的包括墩身和墩帽,柱式的则由柱身和盖梁组成。

3. 基础

基础是将桥梁墩、台所承受的各种荷载传递到地基上的结构物,是确保桥梁安全使用的关键部位。有扩大基础(明挖浅基础)、桩基础和沉井基础等不同的结构形式。随着桥梁技术的不断发展,一些新的基础形式(如地下连续墙基础、组合式基础等)也逐渐在桥梁工程中得到应用。

4. 调治构造物

指为引导和改变水流方向,使水流平顺通过桥孔并减缓水流对桥位附近河床、河岸的冲刷而修建的水工构造物。如桥台的锥形护坡、台前护坡、导流堤、护岸墙、丁坝、顺坝等,对保证河道流水顺畅和防止破坏生态环境有着极其重要的作用。

二、桥涵的分类

桥梁与涵洞是技术比较复杂和施工难度比较大的土木工程建筑,在公路建设中通常称为构造物,设计和施工都有其特殊的规定和要求,为适应各方面管理的需要,对桥涵进行了相应的分类。

桥涵分类的方法很多,主要按建设规模大小、桥梁结构类型、用途、主要承重结构所用的建筑材料、跨越障碍物的性质、上部结构中行车道所处的位置等进行分类。

1. 按建设规模大小分类

主要是以桥涵的长度和跨径的大小作为划分依据,分为特大桥、大桥、中桥、小桥和涵洞五类。交通部颁布的《公路工程技术标准》规定的划分标准,见表5-1。

桥梁涵洞按跨径分类 表5-1

桥涵分类	特大桥	大桥	中桥	小桥	涵洞
多孔跨径总长 L(m)	$L>1000$	$100\leqslant L\leqslant1000$	$30<L<100$	$8\leqslant L\leqslant30$	—
单孔跨径 L_k(m)	$L_k>150$	$40\leqslant L_k\leqslant150$	$20\leqslant L_k<40$	$5\leqslant L_k<20$	$L_k<5$

单孔跨径系指标准跨径而言。

《公路工程技术标准》规定,标准设计或新建桥涵,当跨径在50m以下时,应尽量采用标准跨径,并规定了从0.75m到50m的各种标准跨径共21种。为了推行标准化设计,交通部有关专业部门出版了大量的桥涵标准设计图以供设计和施工选用。对于圆管涵和箱涵,不论其管径或跨径的大小、孔数的多少,均称为涵洞。

2. 按桥梁结构类型分类

桥梁上部构造形式,虽多种多样,但按其受力构件,总离不开弯、压和拉三种基本受力方式。由基本构件所组成的各种结构物,在力学上可归纳为梁式、拱式、悬吊式三种基本体系以及它们之间的各种组合。

(1)梁式桥。它是一种在竖向荷载作用下无水平反力的结构,其主要承重构件是梁,由于外力(包括自重和活载等)的作用方向与梁的轴线趋近于垂直,因此外力对主梁的弯折破坏作用特别大,故属于受弯构件。它与同样跨径的其他结构体系相比,梁内产生的弯矩最大,所以,需要用抗弯能力较强的钢筋混凝土或预应力混凝土等材料来修建,如图5-4所示。

梁式桥按其受力特点,可分为简支梁、连续梁和悬臂梁。若就其构造形式而言,则有矩形板、空心板、T形梁、工形梁、箱形梁、桁架梁等不同构造形成。其中T形梁和工形梁又称为肋形梁。目前在公路建设中应用较广的是钢筋混凝土和预应力混凝土简支梁和连续梁。

(2)拱式桥。其主要承重结构是拱圈或拱肋,在竖向荷载作用下,拱的支承处会产生水平推力(桥墩或桥台将承受这种推力)。由于水平推力的作用,从而使荷载在拱圈或拱肋内所产生的弯矩比同跨径的梁要小得多,而拱圈或拱肋主要是承受轴向压力,故属于受压构件。因此,通常利用抗压性能较好的圬工(砖、石、混凝土)和钢筋混凝土等建筑材料来修建,如图5-5所示。

图5-4 梁桥施工

图5-5 拱桥施工

同时应当注意,为了确保拱桥能安全使用,下部结构和地基必须能经受住很大水平推力的不利作用。

(3)刚架桥。其主要承重结构是梁或板和立柱或竖墙整体在一起的刚架结构,梁和柱的连接处具有很大的刚性。在竖向荷载作用下,梁部主要受弯,而在柱脚处也具有水平反力,其受力状态介于梁桥和拱桥之间。因此,对于同样跨径且在相同荷载作用下,刚架桥的跨中正弯矩要比一般梁桥小,相应地,其跨中的建筑高度就可以做得较矮。刚架桥的缺点是施工比较困难,且梁柱刚结处容易开裂。

目前,在公路桥梁中属于刚架结构体系采用较多的桥型有T形刚构桥、连续刚构桥及刚构–连续组合梁桥等。

(4)悬索桥。又称吊桥。桥梁的主要承重结构由桥塔和悬挂在塔上的缆索及吊索、加劲梁和锚定结构组成。荷载由加劲梁承受,并通过吊索将其传至主缆。主缆是主要承重结构,但其仅承受拉力。这种桥型充分发挥了高强钢缆的抗拉性能,其结构自重较轻,能以较小的建筑高度跨越特大跨度,是其他任何桥型无法比拟的、目前单跨超过千米的唯一桥型,如图5-6所示。

图5-6 悬索桥

(5)组合体系桥(图5-7)。根据结构受力特点,由几个不同体系的结构组合而成的桥梁称为组合体系桥。其实质不外乎利用梁、拱、吊三者的不同组合,上吊下撑以形成新的结构。组合体系桥一般均可采用钢筋混凝土来建造。对于大跨径桥梁以采用预应力混凝土或钢结构修建为宜。一般来讲,这种桥梁的施工工艺比较复杂。斜拉桥就是一种有代表性而又广泛应用的组合体系桥。

图5-7 组合体系桥

3. 按用途分类

有公路桥、铁路桥、公路铁路两用桥、城市桥、渡水桥(渡槽)、人行天桥和马桥,以及其他专用桥梁(如通过管道、电缆)等。

4. 按承重结构所用建筑材料分类

有圬工桥(包括砖、石、混凝土桥)、钢筋混凝土桥、预应力混凝土桥、钢桥和木桥等。

5. 按跨越障碍物的性质分类

有跨河桥、跨线桥(立体交叉)和高架桥等。高架桥一般是指跨越深沟峡谷以代替高填路堤的桥梁或在大城市中的原有道路之上另行修建快速车行道的桥梁,以解决交通拥挤的矛盾。

6. 按上部结构行车道的位置分类

有上承式、下承式和中承式三种。桥面布置在主要承重结构之上者,称为上承式桥;桥面布置在承重结构之下的为下承式桥;桥面布置在桥跨结构高度中间的称为中承式桥。以上固定式桥梁外,有时根据建设环境和使用要求,还有开合桥、浮桥和漫水桥等形式的桥梁。

现行的公路桥涵设计规范、施工技术规范、预算定额、概算定额和估算指标、公路工程概预算项目的划分,以及建设工程管理的有关规定等,均以上述桥涵工程分类为依据。这样,就便于合理地规范人们从事公路建设活动,确保建设工程的顺利实现。如交通部颁布的《公路桥涵设计通用规范》上就明确地规定:"特大、大、中桥梁应进行必要的方案比选,选择最佳的桥型方案。"这就为设计深度提出了极其明确的要求。

三、桥梁工程中常用的技术名词

在公路桥梁建设中,常用到以下专业技术术语。

1. 设计洪水位

在进行桥涵设计时,按照一定设计洪水频率所计算得的水位,称为设计洪水位。根据交通部颁布的《公路桥涵设计通用规范》的规定,一般按桥涵的建设规模和公路等级的具体情况,常用25年、50年和100年,高速公路和一级公路中的特大桥则以300年内一遇的最大洪水位作为设计洪水位,其目的是充分考虑桥位上游村镇和农田的安全,使其不受壅水淹没的危害。

2. 计算跨径(l)

设支座的桥涵指桥跨结构在相邻两个支座中心之间的水平距离。不设支座的桥涵(如拱桥、刚构桥、箱涵)指上下部结构相交面中心间的水平距离。

3. 净跨径(l_0)

设支座的桥涵为相邻两墩台身顶内缘之间的水平距离。不设支座的桥涵为上下部结构相交处内缘间的水平距离。

4. 总跨径

即净跨径之和。

5. 标准跨径

梁式桥、板式桥涵以两个桥(涵)墩中线之间的距离或桥(涵)墩中线与台背前缘之间的距离为准;拱式桥涵、箱涵、圆管涵则以净跨径为准。

6. 桥梁全长(总长度)

有桥台的桥梁为两岸桥台的侧墙或八字墙尾端之间的距离;无桥台的桥梁则为桥面系行车道的长度。涵洞的长度是以其洞身两端洞口之间的水平距离为准,即路基横方向的长度。

7. 桥梁多孔跨径总长

梁式、板式桥涵为多孔标准跨径之和;拱式桥法以两岸桥台内起拱线之间的水平距离为准;其他形式的桥梁为桥面系的行车道长度。

8. 桥梁净空

它包含有两个方面的内容,一方面指桥面净空,即桥面的宽度和桥上的净空高度,我国公路桥面行车道净宽为车道数乘以车道宽度,并计入所设置的加(减)速车道,紧急停车道、爬坡车道、慢车道或错车道的宽度;桥上的净空高度,对于高速公路、一级公路和二级公路应为5.0m,三、四级公路应为4.5m。另一方面指桥下净空,即设计洪水位至上部结构最下缘之间的净空高度,是为保证洪水、流冰排泄无阻和符合河流通航净空要求所规定的一个重要设计参数。

9. 建筑高度

是指桥梁的结构高度,即行车道路面的高程至上部结构最下缘之间的距离,它对降低路基平均填土高度有极其重要的影响。

10. 矢跨比

是指拱顶下缘至起拱线之间的垂直距离与标准跨径之比,它是反映拱桥特性的一个重要指标。

11. 设计荷载

是指桥涵除了承受本身自重和各种附加恒载外,主要还要承受各种交通荷载。《公路桥涵设计通用规范》将其归纳成三类,永久荷载,如结构自重、预加应力、土的自重和侧压力等;可变荷载,分基本可变荷载(活载),即汽车、人群等;其他可变荷载,即风力和温度影响力等;

偶然荷载,如地震力等。

第二节 桥涵结构形式和施工方法的选择

桥涵设计与施工之间关系密切,尤其在现代公路建设中,由于钢筋混凝土和预应力混凝土等新型建筑材料和结构形式的出现,施工工艺的不断革新,当桥涵结构的设计方案选定后,施工方法亦基本确定,施工单位则应忠实地按设计要求完成建桥任务。

一、桥涵结构形式的选择

1. 影响桥涵形式选择的因素

桥涵是一个整体的空间构筑物,其结构形式的选择,一般是指上部结构、墩台和基础的造型,所以,在总体设计中应进行综合分析比较,使上下部构造协调一致,经济美观,同时要适当考虑农田排灌的需要,并应尽可能采用标准化的装配式结构,以利实现工厂化和机械化施工。而每一具体的结构形式,又与地质、地形和水文等因素有关。所以在选择桥型时,必须要妥善处理各方面的矛盾,选出合理的方案。

影响桥涵结构形式选择的因素很多,分析它们的特点,根据它们所起的作用和所处的地位,可以将这些因素分为独立因素、主要因素和限制因素等类别。

桥梁的长度、宽度和通航孔大小等都是桥型选择的独立因素,它们是随设计任务同时提出的,这些因素不是设计人员在进行桥梁设计时能随意更改的。

经济是桥型选择时考虑的主要因素,一切设计必须经过详细而周密的技术经济比较。一般而言,造价低、材料省、劳动力消耗少的应该是优秀方案,但有时当其他技术因素或使用要求上升为设计的主要矛盾时,也不得不放弃较为经济的方案。

地质、地形、水文及气候条件是桥型选择的限制因素。地质条件在很大程度上影响到桥位、桥型(包括基础类型)和工程投资。地形条件及水文条件将影响到桥型、基础的深度、水中桥墩的数量等。例如,在水下基础施工困难的地方,适当将跨径放大一些,避开水下工程的施工,常可取得较好的经济效益;在高山峡谷、水深流急的河道,建造单孔桥往往比较合理。

所以,在选择桥涵结构类型时,必须考虑上述因素和施工条件,找出所面临问题的关键所在,分清主次,才能选出适合于各种具体情况的最佳方案。

2. 上部结构的选型

目前我国公路桥梁建设常用的桥跨结构体系,有钢筋混凝土和预应力混凝土简支和连续板、钢筋混凝土箱形拱、桁架拱、刚架拱等;桥梁横断面形式有:T形梁、工形梁、预应力混凝土组合箱梁、箱梁、桁架梁;涵洞工程则有圆管涵、盖板涵、箱涵和拱涵等,一般采用钢筋混凝土盖板涵,它便于组织施工和加快施工进度,如图5-8所示。

1)梁式桥

(1)板桥。其截面结构简单,建筑高度小,容易适应各种线形要求,便于利用组合钢模板进行工厂化生产。最常用的有矩形板、钢筋混凝土和预应力混凝土空心板。尤其是跨线桥、软土地基上的桥梁,常常是首先考虑的桥型,它能有效地降低路基的平均高度,总体上是经济合理的。目前已建成的先张法预应力混凝土空心板的跨径达30m,它比同跨径的T形梁的建筑

图 5-8　上部结构构造

高度约低 80cm，这对于建筑高度要求较严的桥梁更是十分有利的。板式桥的主要缺点是自重大，当跨径超过一定限度时，截面便要显著加高，从而导致自重也大。它的经济合理跨径一般限制在 13 ~ 15m 以下，预应力混凝土连续板桥也不宜超过 35m。

(2) T 形梁和工形组合梁，又称为肋形梁。板的抗剪能力要比其抗弯能力大得多，但当其跨径增大时，则弯矩增加的速度要比剪力快得多，这就要求增加板厚，为了节省材料，将其腹部挖空，形成 T 形和工形截面形式的梁，主梁之间则借助横隔板使之连接成整体。若桥梁的建筑高度不受限制，其跨径在 20 ~ 50m 之间。

(3) 箱梁。有单箱、多箱，以及组合箱梁等多种截面形式，它具有截面挖空率高，材料用量少，结构自重轻，跨越能力大等特点。故大跨径的梁桥中，以及弯桥、斜桥等多采用这种截面形式。尤其是大悬臂斜腹板单箱室结构，箱底宽度比较窄，与之配合的桥墩工程量也相应减少，对降低工程造价、节约投资都是有利的。

2) 拱式桥

(1) 石拱桥由于石料规格要求高，加之木材和劳动力耗用都比较多，建设工期又比较长，故目前采用的比较少。20 世纪 60 年代盛行的双曲拱桥，因整体性差和承载能力低，亦已很少采用。

(2) 桁架拱和刚架拱。在修建双曲拱桥经验的基础上发展起来的桁架拱和刚架拱，具有结构受力合理，构件少，自重轻，整体性好，造型美，施工方便，经济合理等优点，是一种有水平推力的轻型钢筋混凝土拱式结构，目前多用于中等跨径的桥梁(20 ~ 50m)，它也是在软土地基上修建拱桥的实践中发展起来的一种新桥型。

(3) 大跨径拱式桥梁的钢筋混凝土箱形截面主拱圈，采用无支架吊装施工方法修建，其跨径已达 150m。采用钢拱架就地浇筑的，其跨径已达 170m。而采用钢管混凝土劲性骨架的箱型拱桥跨径已达 420m。这种箱形截面的挖空率可达全断面的 50% ~ 70%，故可大量地减少圬工数量和自重，有利于跨越深壑河谷，降低工程造价，总体经济效果比较好，目前我国已建成的这种桥型的桥梁比较多。在山岭区修建高等级公路时，也常采用这种桥型，其不足是需要设置耗费较大的缆索吊装设备。

3. 墩台的选型

公路桥梁中的墩台形式,分为重力式和轻型两大类,前者依靠自身的重量来平衡外力的作用而保持其稳定,墩台身比较厚实,圬工体积大,一般都用石砌或片石混凝土作成,可以不用钢筋,它用于地基良好的天然基础;后者所用的建筑材料,大都为钢筋混凝土,故它的截面小,重量较轻,外形美观,这类墩台的形式比较多,而且各有其自身的特点和适用条件。轻型墩台有柱式墩台、轻型墩台(实体式)、空心墩、Y 形和薄壁墩、框架式和肋形埋置式桥台等。选用时应根据地形、地质、水文,以及建设条件,就地取材,施工方便,安全耐久等因素综合考虑确定。并应特别注意与上部构造的配合协调,使整座桥外形优美,且总体经济性最合理,如图 5-9 所示。

图 5-9　桥梁墩台

目前我国在中等跨径的公路桥梁建设中,应用最多的是重力式的 U 形桥台和柱式桥墩。U 形桥台具有结构简单,便于施工和就地取材等优点。柱式桥墩有独柱、双柱和三柱等结构形式,独柱墩在弯梁中得到了广泛的应用,尤其有利于立交桥的墩位布置,占地范围小,桥下空间视野开阔;双柱式和三柱式适用于板式、肋式和箱梁的桥墩。高等级公路桥梁建设中的桥墩多采用双柱式,斜桥因桥面较宽,则采用三柱式,在经济上是比较合理的。

4. 基础的选型

基础是使桥涵的全部荷载传至地基,从而保证桥涵安全使用的重要部分,形式如何选定,主要取决于水文、地质情况,上部及墩台结构形式和使用要求等。实际中广泛使用的是天然地基上的浅基础和钻孔灌注桩基础。当地基的持力层埋深在 5.0m 以内时,一般选用天然地基上的浅基础,即石砌或混凝土圬工。当地基承载力不足,而各土层的摩阻力和桩尖土的承载力能够承受由桩传来的上部荷载时,则选用摩擦桩,否则应将桩尖嵌入岩层,使之成为柱桩,这样,上部的荷载由桩底岩层抗力承受,如图 5-10 所示。当上部荷载特别大,而地基承载力又不足,覆盖层虽不太深,但明挖基坑工作困难,如开挖方量大,支撑和排水耗费多,且通过与桩基础等技术经济比较合理时,则采用沉井基础。

桥涵结构形式的选择,是初步设计阶段的主要任务,主要解决其总体规划问题,如桥位选定、确定结构形式、分孔、纵横断面的布置等,并据此拟定桥涵结构的主要尺寸,提出主要工程

图5-10　基础

数量作为编制概算的依据。在施工图设计阶段应根据批准的初步设计中的修建原则，编制施工详图，并提出详细的工程数据，以供组织施工和编制施工图预算采用，这是属于指令性的技术文件。

独立公路大桥的勘察设计工作，一般都采用上述两个阶段设计程序。至于路线中的桥涵设计工作，则随路线的设计阶段而定。

二、桥涵施工方法的选择

由于科学技术的日益发展，社会化施工生产的不断提高，自20世纪70年代以来，随着公路桥梁建设预应力混凝土的广泛应用，施工机械设备的不断发展，从而引起施工工艺的不断革新，已形成了多种多样的施工方法，如现浇、预制安装、悬臂施工、顶推施工等。但就其施工工艺的全过程来看，可以归纳为两类，一是就地砌筑或浇筑，二是预制安装或悬拼。基础和墩台工程的施工，基本上都是采用前一种施工方法，只是上部构选中的钢筋混凝土和预应力混凝土的桥跨结构采用后一种施工方法，同时，为了使桥梁上部构造具有较好的整体性能，以满足营运的需要，在安装或悬拼完成之后，还有适量的现浇接缝混凝土。所以，施工方法也是错综复杂的。

桥梁的施工方法虽然很多，但都有其一定的适用范围和条件，表5-2是各种桥型常用的

各类桥型可选择的主要施工方法　　表5-2

桥型 施工方法	简支梁桥	悬臂梁桥 T形刚构	连续梁桥	刚架梁	拱桥	桥组合 体系桥	斜拉桥	悬索桥
现浇施工	√	√	√	√	√	√	√	
预制安装	√	√		√	√	√	√	√
悬臂施工		√	√	√	√		√	√
转体施工		√		√	√		√	
顶推施工			√		√		√	
逐孔施工		√	√	√	√			
横移施工	√	√	√			√	√	
提升与浮运施工	√	√	√			√		

施工方法。表5-3所列桥梁施工方法常用的跨径范围,可在施工方法选择时参考。桥涵设计及施工方法见图5-11。

各类施工方法的适用跨径　　表5-3

施工方法＼跨径 (m)	0 20 40 60 80 100 120 140 160 180 200 300 400 500
现浇施工	
预制安装	
悬臂施工	
转体施工	
顶推施工	
逐孔施工	
横移施工	
提升与浮运施工	

注:桥梁跨径主要指混凝土桥。———常用跨径,------施工达到的跨径。

图5-11　桥涵设计及施工方法

桥涵设计确定其施工方法时,除需要充分考虑桥位的地形、水文、地质情况,经济合理,安全可靠外,施工技术水平,施工机具设备条件,社会环境,也是必须考虑的重要因素,以便合理地确定设计方案。

另外,在组织实施时,施工单位应事先对每一座桥的具体情况,水文地质条件,企业现有施工机具和人员的能力认真细致地做好施工组织设计,按网络计划技术的要求,做到有计划、科学地指导施工。从广义上讲,以下工作内容也是属于施工方法选择的范畴,如天然基础的施工,应采用何种围堰,是采用人工开挖还是机械开挖,构件预制是采用钢模还是木模,桥跨结构的安装应采用哪种吊装设备等。

第三节　桥梁上部构造

公路桥梁上部构造,是跨越山谷、河流,连接路基的主要承重部分,常用的有梁板式和拱式两种结构形式。梁板式桥上部构造由主梁(称为承重结构)、桥面铺装(包括泄水管、伸缩缝)、人行道或安全带、栏杆扶手或防撞护栏,以及支座等所组成。拱式桥上部构造则有实腹式和空腹式之分,实腹式由主拱圈、护拱、侧墙、拱上填料等所组成;空腹式则包括主拱圈或拱肋和拱波、腹拱、横墙或立柱、侧墙及拱上填料等工程内容。拱式桥也包括人行道或安全带,栏杆扶手或防撞护栏,但均不包括桥上的路面铺筑,在编制工程造价时,应并入路面工程内计算。

梁板式桥的截面形式有矩形板、空心板、肋形梁(包括T形梁、I形梁)、箱形梁、组合箱梁和桁架梁等。

拱式桥的截面形式有板拱、薄壳拱、肋拱、双曲拱、箱形拱、桁架桥和刚架拱等。

现扼要介绍常用的桥梁上部构造的有关设计和施工技术方面的规定和要求。

一、板式桥上部构造

1. 矩形板上部构造

矩形板是公路小跨径钢筋混凝土桥中最常用的桥型之一,有整体式和装配式两种结构,只适用于跨径小于8m的桥梁。前者是就地浇筑而成,为双向受力的整体宽板,故整体性能好,横向刚度较大,但模板和支架消耗量较多,施工工期较长,所以较少采用,广泛采用装配式结构。板的横截面,无论是宽板或是窄板,一般都设计成等厚的矩形截面,见图5-12。

图5-12　矩形板上部构造

装配式矩形板,是用C20混凝土制作。一般中板宽度为1m,边板则视桥的宽度而定,板与板之间接缝(企口缝)用混凝土连接。

板的宽度和长度,以预制时的实际尺寸为准,据此作为计算圬工体积的依据,同时应计算出企口(绞缝)的圬工数量。为了使矩形桥建成后,桥面能形成整体,应将两块板的企口接缝处的预留钢筋连接,并在桥面铺装之前,用与板同强度等级的混凝土填塞好绞缝。

矩形板一般设置简易垫层支座,铺垫油毛毡后,就直接安置在墩、台帽上,并用锚栓与墩、台帽锚固。

预制矩形板,一般采用起重机安装,若采用扒杆安装,编制施工图预算时,每座桥应列入两个扒杆费用。

悬臂板桥一般作成双悬臂式结构,中间跨径为8~10m,两端伸出的悬臂长度约为中间跨径的0.3倍,板在跨中的厚度约为跨径的1/18~1/14,在支点处的板厚要比跨中的加大30%~40%。悬臂端可以直接伸到路堤上,不用设置桥台。

连续板桥的特点是板不间断地跨越几个桥孔而形成一个超静定结构体系。连续板桥较简支板桥而言，具有伸缩缝少、车辆行驶平稳等特点。连续板桥的跨径可比简支板桥的跨径做得大一些。我国已建成的连续板桥，跨径大约在14m左右；在国外当采用预应力混凝土时，跨径可达33.5m。连续板桥边跨与中跨之比约为0.7～0.8，这样可以使各跨的跨中弯矩接近相等。连续板桥也可以有整体式和装配式两种结构。

2. 空心板上部构造

空心板是将板的横截面中间部分挖成空洞，以达到减轻自重，节约材料的目的。装配式空心板的标准宽度一般为1m，通常用钢筋混凝土和预应力混凝土作成。

空心板的截面构造简单，施工方便，建筑高度小，容易适应桥梁各种线形的要求，与同跨径的T形梁比，其建筑高度要低50cm左右（一般板的高度为跨径的1/20，而T形梁是1/15），故可有效地降低路基的平均高度，因此，空心板桥已成为广泛使用的一种桥型。

钢筋混凝土空心板的跨径为10～13m，其板厚为40～80cm，一般采用C25混凝土。预应力混凝土空心板的跨径范围在10～20m之间，厚度为50～100cm，一般采用C40混凝土。对构件施加预应力有先张法和后张法两种不同的方法，先张法指浇筑混凝土之前张拉预应力钢筋或钢绞线，故要设置张拉台座；后张法则无需设置张拉台座，是在梁体内预先设置孔道，待混凝土浇筑后，张拉预应力钢筋或钢束，故需要配置锚具，最后还要对孔道压入水泥浆和浇筑梁端封锚混凝土。后张法适宜于配置曲线形预应力筋的大型预制构件。空心板预制时，跨径在16m以下的，一般采用先张法施工，20m跨的则采用后张法施工。

预应力混凝土分为全预应力和部分预应力两种，前者在最大使用荷载下混凝土不会出现拉应力，后者则允许发生不超过设计规定裂缝宽度或拉应力值。公路桥梁建设中广泛采用全预应力混凝土。

先张法预制空心板时，要修建张拉台座，在立模和浇筑混凝土之前，张拉预应力钢绞线或预应筋，等混凝土达到了规定的强度（不得低于设计强度的70%）时，逐渐将预应筋放松，并将其张拉的工作长度切割掉。这样，就因预应力的弹性回缩通过与混凝土之间的黏结作用，从而使混凝土获得预压应力。在编制施工图预算中，一般应计列张拉台座的费用，其钢绞线等预应力筋的张拉工作长度，一般可按板的设计长度另加1.5m计算确定预应力筋的消耗数量。

槽式台座形成一个承力框架，便于立模和浇筑混凝土，如图5-13所示。横梁一般采用型钢制作，传力柱可采用钢筋混凝土制作或钢构件组拼，底板作为空心板的底模用。这种台座的工料消耗大，若这种预制块的数量不多，是很不经济的。

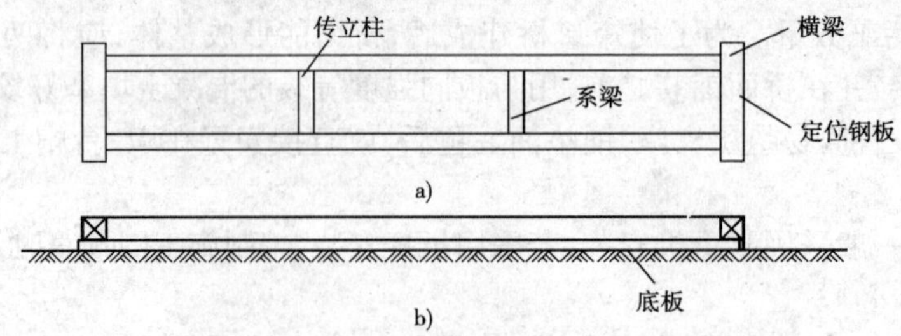

图5-13　槽式张拉台座

a）平面；b）立面

后张法的预应力空心板需要设置锚具张拉钢绞线和锚固,20m 的预应力空心板一般采用 7 根钢绞线群锚、橡胶管制孔,在预制空心板时,按设计要求布置,形成钢绞线孔道,待其混凝土达到规定强度后,再在孔内穿入钢绞线,进行张拉并锚固,最后进行孔道压浆和浇筑板端封头混凝土,锚具就被埋置在板内。封头混凝土的强度等级不宜低于构件本身强度等级的 80%,亦不宜低于 C30。

空心板桥梁的墩、台帽要设置支座,一般采用板式橡胶支座,每块板要设置四块。

斜交的板梁桥,当斜交的角度大于 15°时,应分别在钝角部位的上层布置垂直于钝角平分线的加强钢筋,而在其下层布置平行于钝角平分线的加强钢筋。

装配式空心板,一般采用扒杆或起重机安装,20m 的预应力空心板亦可采用单导梁等施工方法安装。在桥面铺装之前,应将板的绞缝内预留的钢筋连接,然后浇筑好绞缝混凝土,以使桥面横向连成整体承受荷载,保证桥梁的安全使用。

二、梁式桥上部构造

1. T 形梁和工形梁上部构造

T 形梁和工形梁统称为肋形梁,是一种多梁式的主梁构件。主梁间距通常在 2m 左右,主梁由梁肋、横隔梁(横隔板)、行车道板(翼缘板或微弯板)组成。

1)T 形梁

跨径在 20m 及以下的 T 梁,一般采用钢筋混凝土结构,跨径在 25 ~ 50m 的则用预应力混凝土结构。T 梁桥多采用装配施工。

装配式钢筋混凝土 T 形梁的优点为:施工工艺简单,肋内钢筋可作成刚劲的钢筋骨架,各主梁之间设置间距 4 ~ 6m 的横隔梁连接,整体性好。有标准跨径 10m、13m、16m 和 20m 的四种标准图设计。它有利于采用定型模板,实行工厂化预制生产,节约模板等费用,在公路桥梁建设中 20m 跨径的采用较多,如图 5-14 所示。

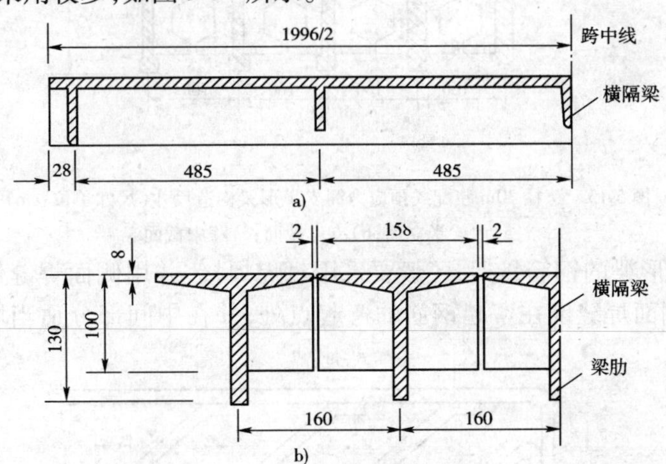

图 5-14 跨径 20m 装配式钢筋混凝土简支 T 形梁构造尺寸(尺寸单位:cm)

a)半纵剖面;b)横截面图

装配式简支 T 形梁,梁高与跨径之比约为 1/16 ~ 1/11,跨径大的取偏小比值。梁肋的厚度应视梁内主筋的直径和钢筋骨架的片数而定,同时要考虑不致使捣固混凝土发生困难,故也不能做得太薄。跨中横隔梁的高度,一般为梁高的3/4,以保证其有足够的抗弯刚度,端部的横隔梁一般要作成与主梁同高,但为便于安装和检查支座,宜留有空隙。当横隔梁的高度较高时,为了减轻自重,常将其中部挖空,如图5-15所示。若梁肋下部呈马蹄形时,则横隔梁应做到马蹄形的上边缘处。主梁的翼缘板在实际预制时,其宽度应比主梁之间的宽度小2cm,以便在安装过程中易于调整梁的位置和消除制作上的误差。

T形梁的翼缘板是构成行车道的主要部分,为使行车道平整而连接成整体,能有效地承受车辆荷载的作用,在翼缘板和横隔梁的边缘都要预埋钢板,安装完毕后,再以同等厚度的钢板予以焊接。在公路工程预算定额中是将这些钢板的消耗量分别综合在预制与安装两项工程定额内。

当钢筋混凝土简支T形梁的跨径大于20m时,不仅钢材消耗量大,而且混凝土开裂现象也比较严重,从而影响结构的耐久性和桥梁的安全使用。因此,当跨径大于20m且适宜设计为T形梁时,应采用预应力混凝土简支T形梁。我国已建成的有50~60m跨径的这种桥形,并编制了25m、30m、35m和40m等不同跨径的标准设计图。其结构形式与钢筋混凝土简支T形梁基本相似,如图5-15所示。为了便于布置钢绞线或高强钢丝等预应力筋,一般都将肋梁的下部加厚作成马蹄形,在端部的腹板处也要逐渐加厚与马蹄形同厚,其加厚范围,最好达到梁高的一倍左右,以利设置锚固构造。

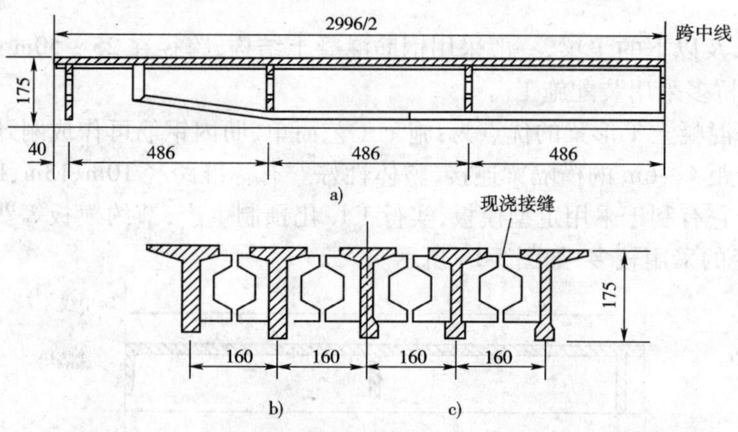

图5-15　跨径30m装配式预应力简支T形梁构造尺寸(尺寸单位:cm)

a)内梁半立面;b)支点截面;c)跨中截面

钢筋混凝土T形梁的钢筋骨架,一般要采用对焊焊接,并用侧面焊缝使其形成平面骨架,如图5-16所示。侧面焊缝设在弯起钢筋的弯起点处,并在中间部分适当增加短焊缝,以便有

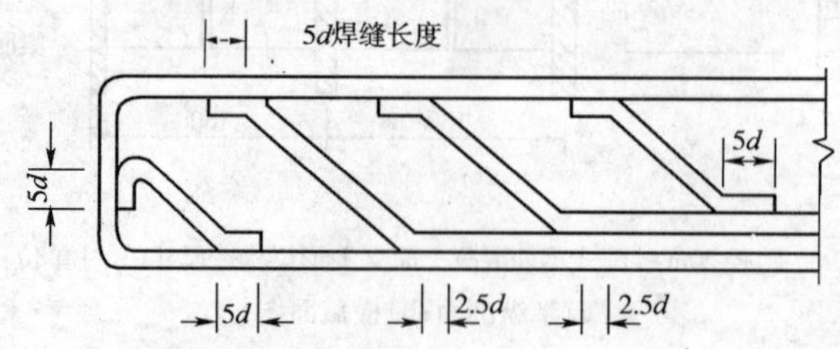

图5-16　钢筋骨架焊接示意

效地固定各片主钢筋。图中的焊缝长度为双面焊缝,若为单面焊缝时,其焊缝长度则要加倍,d为主筋的直径。

在后张法的锚固构造中,其锚具底部的混凝土要承受很大的压力,因直接承受的面积小,故应力非常集中,一般都设计为图5-17所示的结构形式,并配置加强钢筋网。

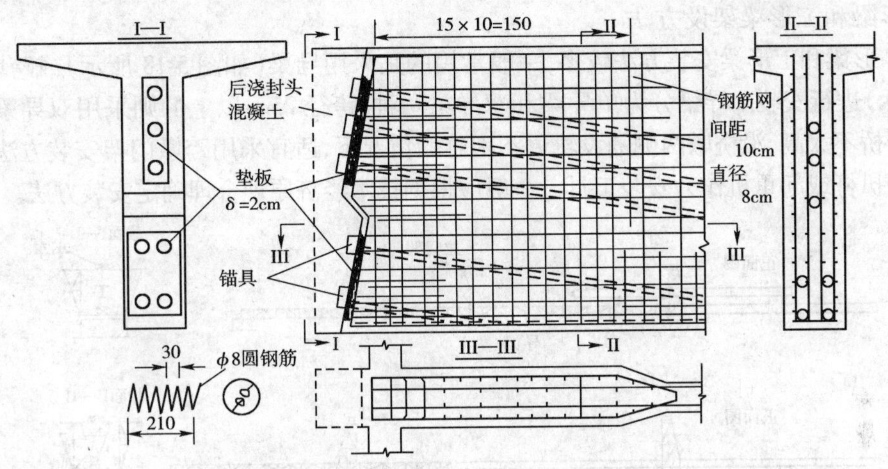

图5-17 后张法预应力简支T形梁锚固构造

在修建跨径20m以上的简支T形梁时,常将梁与梁之间的翼缘板做得窄一点,即预留有一定宽度的纵向现浇接缝混凝土,这样,既减轻了主梁的安装重量,又能加强面板连接的整体性,从而形成刚性固结。

2)工形梁

工形梁,既是一种肋形梁又是一种组合式梁,它适用于跨径30m以内的钢筋混凝土和预应力混凝土的简支梁桥。其技术要求和施工方法基本上与T形梁相似,只是梁间的横隔梁要现浇连接。

工形梁除以纵向将梁肋与桥面板(翼缘板)完全分割开来外,而从横向又将板划分成在平面上呈矩形的预制构件,一般设计为少筋微弯板,以节约钢材。安装时先架设梁肋并现浇横隔梁混凝土,然后安放预制板,最后在纵向接缝内或同时在板上现浇部分混凝土,从而使肋与板构成整体。这种装配式桥梁通常称为组合式桥梁。因此,为了使组合式梁能可靠地承受外力,就必须保证结合面的抗剪强度,所以必须严格按规定进行接缝处理,通常将钢筋混凝土梁肋内钢筋骨架伸出梁顶部分与板内伸出的钢筋相连,纵缝现浇的混凝土应不低于板的混凝土强度等级。当梁肋为预应力混凝土时,则梁肋的钢筋应有一部分伸入后浇的板中作梁与板的结合钢筋。

组合梁在实施过程中,是分阶段受力的,在梁肋安装完毕后,所有嗣后现浇的横隔梁混凝土、安装的预制块、现浇的接缝或桥面混凝土,连同梁肋本身的重量,都要由梁肋承受,这是与装配式T形梁由主梁全截面来承受全部荷载的不同之处。因此工形梁的截面一般比T形梁的要做得大些。

这种工字形组合预制构件,使安装的单元尺寸大为减小,安装的重量相应减轻,梁肋的建筑高度约为跨径的1/20~1/16,经分析比较,约比同跨径的T形梁要轻40%左右。

3)T形梁和工形梁施工图预算要求

编制简支T形梁和工形梁的施工图预算时，除应列入修建预制场地外，还要列入修建大型预制构件的平面底座，其数量应以预制梁肋的根数与施工期限为依据计算确定。要求尽可能多次周转使用，以节约工程费用。同时，预制场内还应计列起吊的龙门架和运输轨道，以利构件起吊出坑和运输工作。

4）T形梁和工形梁架设方法

简支T形梁和工形梁安装方法较多，一般常用的是采用导梁（如图5-18所示）或跨墩门架（如图5-19所示）进行安装。导梁分为单导梁和双导梁两种，跨径25m以上的则采用双导梁安装。在陆地上对于桥不太高，沿桥墩两侧铺设轨道不困难的情况下，适宜采用跨墩门架安装方法。小跨径的亦可采用扒杆或起重机作为安装工具。一般应根据技术经济原理合理确定安装方法。

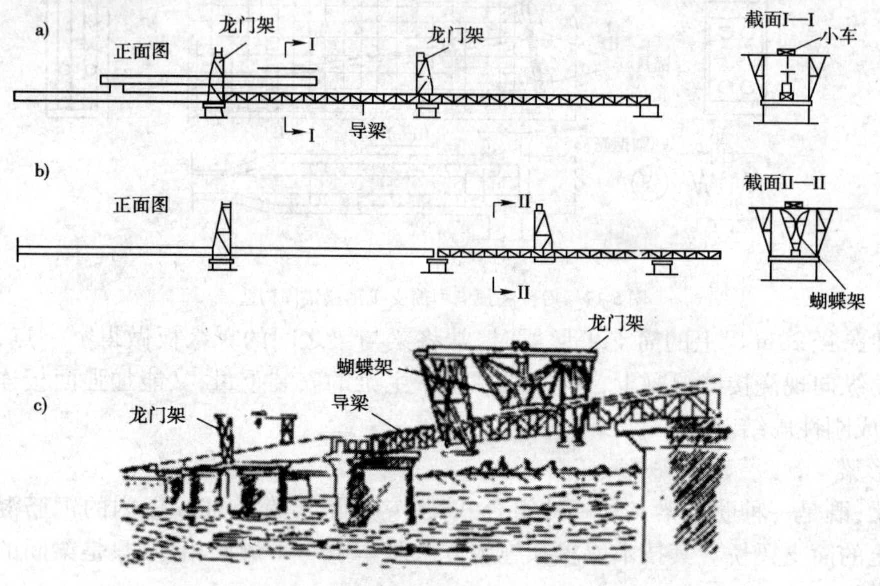

图5-18 用导梁、龙门架及蝴蝶架联合架梁

a）架梁；b）移动导梁；c）移动龙门架

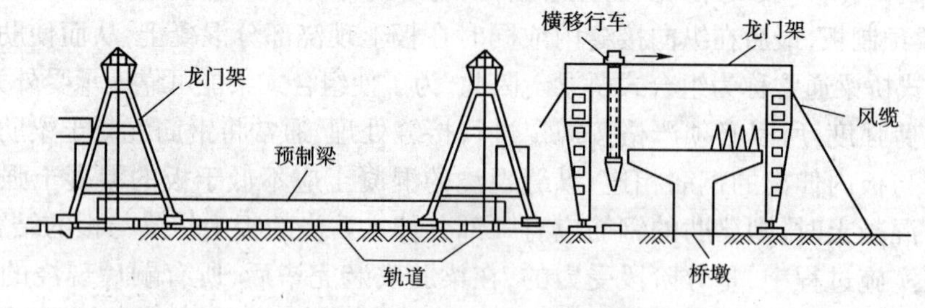

图5-19 跨墩龙门架

简支T形梁和工形梁的截面形状不稳定，在运输和安装过程中的稳定性较差，故要特别注意予以支撑加固，做好安全措施，以免发生梁体倾倒，造成不应有的经济损失和工伤事故。

梁桥的墩、台帽上都要设置支座，每根梁肋设置2个，一般是根据跨径的大小，分别采用板式或盆式橡胶支座、切线式或辊轴钢支座等。

2. 箱梁上部构造

箱梁由底板、腹板(梁肋)和顶板(桥面板)组成,其横截面是一个封闭箱,图5-20所示为单箱单室截面,梁的底部由于有扩展的底板,因此,它提供了有足够的能承受正、负弯矩的混凝土受压区。箱梁的另一个特点,是它的横向刚度和抗扭刚度特别大,在偏心的活载作用下各梁肋的受力比较均匀。所以箱梁适用于较大跨径的悬臂梁桥(T形刚构)和连续梁桥,还易于作成与曲线、斜交等复杂线形相适应的桥型结构,斜拉桥、悬索桥也常采用的这种截面。

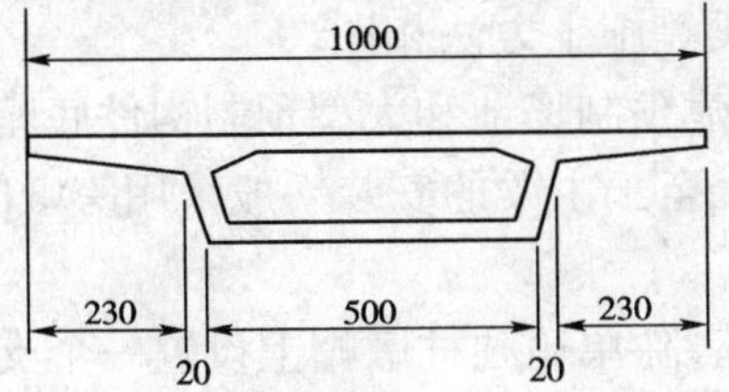

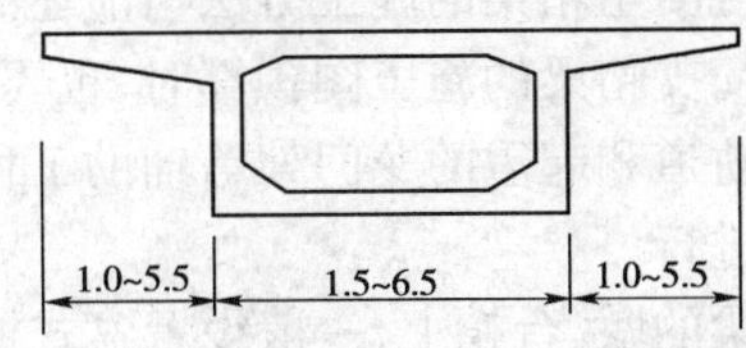

图5-20 单箱单室横截面

箱梁有单箱、多箱和组合箱梁等多种形式,如图5-21所示。一般设计为等截面的C40钢筋混凝土和预应力混凝土结构,其梁的高度常为跨径的1/20~1/18,它具有截面挖空率高,材料用量少,结构简单,施工方便等优点。其中单箱单室结构,由于底板较窄,与之相配合的下部构造和基础工程的圬工数量也相应会减少,高等级公路的跨线桥梁常用单室结构。

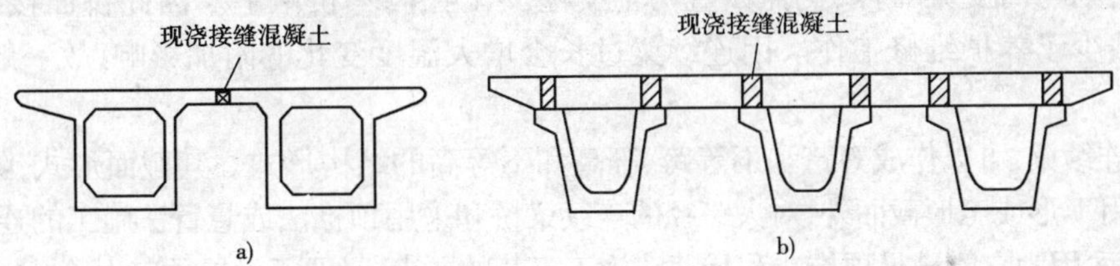

图5-21 多箱式结构截面

a)双箱截面;b)预应力混凝土组合箱梁截面图

为了加强箱梁竖肋与水平板的联系,顶板与腹板相交处应设置承托。由于箱形截面抗扭性能好,亦有利于荷载的分布,故一般只在支点处或跨中设置横隔板,但横隔板应开孔,以利施工和养护人员进出,底板上还应预留10cm的通风孔。同时,在支承处腹板的厚度也要适当逐渐加厚,如图5-22所示。

图5-22 箱梁

装配式的双箱截面箱梁，一般是分开预制的，两箱间应留有 30cm 宽的湿浇纵接缝，待安装完毕后，现浇与梁体结构同强度等级的混凝土，使桥面横向连成整体。

组合箱梁的横截面是由若干个小箱组合而成，安装后现浇桥面整体化混凝土，使之连成整体。有 16m、20m、25m、30m 四种标准跨径的组合箱梁设计图，其梁高约为跨径的 1/20，介于板与 T 形梁或工形梁之间，也是比较低的。一般采取预制开口的槽形构件，如图 5-21b）所示，其顶板为预制空心板或微弯板。这种槽形截面构件在运输和安装过程中稳定性要好。

预应力混凝土箱梁的施工方法与前述的 T 形梁等施工方法相同。

在编制简支箱梁的施工图预算时，也要列入修建预制场地和大型预制构件底座，以及预制场内的运输轨道和起重的龙门架等辅助工程设施。至于主梁的安装一般采用跨墩门架或导梁的安装方法进行。

简支箱梁的墩、台帽上，一般设置盆式橡胶支座，除单箱独柱墩帽上设置一个支座外，其他情况亦只能设置 2 个支座。

3. 预应力连续梁上部构造

在较宽阔的河谷上修建连续梁时，通常采用 2 ~ 5 孔一联的多联结构形式，在其联孔的桥墩上只设置沿桥墩中心的支座，一般是根据跨径的大小采用不同等级反力(kN)的盆式橡胶支座。不仅节省了支座的数量，而且桥墩的尺寸相应也减少了，从而可节约材料用量，联与联之间的连接处，则与简支梁一样，仍需设置两个支座支承在同一桥墩上。因此桥面接缝少，行车较舒适，也减少了养护维修工作。因连续梁过长会增大温度变化的附加影响，故一般一联很少超过五孔。

预应力连续梁，可以作成等跨和不等跨、等高和不等高的结构形式。其截面形式，除了中等跨径的梁桥采用 T 形或工形截面外，对大跨径的连续梁桥和采用顶推法或悬臂法施工的连续梁桥，都采用箱形截面，因为它能满足顶推法和悬臂法施工工艺的要求，又便于设置预应力筋。

连续梁桥一般采用(C40)预应力混凝土，很少用钢筋混凝土。由于支点处负弯矩的存在，致使处在负弯矩区的桥面板（梁的翼缘板）容易出现裂缝，而预应力混凝土就能有效地避免这种情况，这是目前连续梁很少使用钢筋混凝土的一个重要原因。

预应力混凝土连续梁，以及刚构桥和斜拉桥，都是采用后张法施工，应根据设计所确定的预应筋的规格品种，如高强钢丝、钢绞线等选配锚具形式，以利施加预应力。

预应力连续梁跨越能力大，常用的施工方法有顶推法、悬臂法、先简支后连续等。

1）顶推法施工

中等跨径的连续梁桥采用顶推法施工时，一般设计为等跨、等高的箱形截面结构，梁的高度常为跨径的 1/20 ~ 1/18。顶推施工工艺的基本方法，是将支承在以高强度和低摩阻的聚四氟乙烯塑料作成的不锈钢滑道上的梁段，用水平千斤顶向前推移就位。由于氟板与不锈钢板之间的摩擦系数只有 0.05 ~ 0.07，虽重达万吨的梁，也仅需 500t 的力即可推移。

顶推的施工程序，是在桥台后面的引道路基上或临时支架上设置预制场，进行梁段预制，而在前方各墩上则安放不锈钢滑道支承。逐段预制并反复向前推移，全部预制和顶推完成后，将不锈钢滑道支承更换成永久性支座。为了减少在顶推中悬臂端的负弯矩，一般要在梁的前端安装一节长约为顶推跨径的 0.6 ~ 0.7 倍的自身轻而刚度好的钢导梁，当跨径较大时，还需在跨中塔设临时支承墩，如图 5-23 所示。

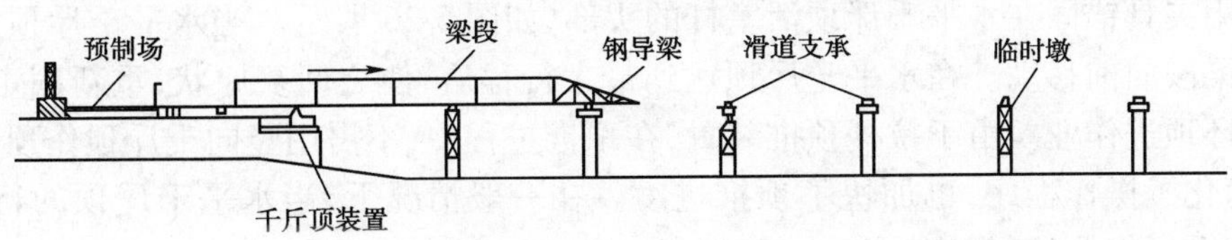

图 5-23　连续梁顶推法施工示意

顶推法分为单点顶推和多点顶推两种。单点顶推是在桥台上进行顶推作业，一般采用水平千斤顶和竖向千斤顶的联合装置，如图 5-24 所示。它是在竖向千斤顶将梁顶起后，然后启动水平千斤顶将竖向千斤顶向前推移。由于竖向千斤顶的上端有粗齿垫板，而下面设的又是滑道，这样上端的摩擦系数(约为 0.3 ~ 0.65)显然大于下面的摩擦系数，故竖向千斤顶在前进过程中就能带动梁段向前移动。当水平千斤顶达到最大行程时，降下竖向千斤顶使梁段落在原来支承上，同时，水平千斤顶带动竖向千斤顶退回到原来位置，然后再往返重复上一作业循环过程，直至将梁推到设计位置。

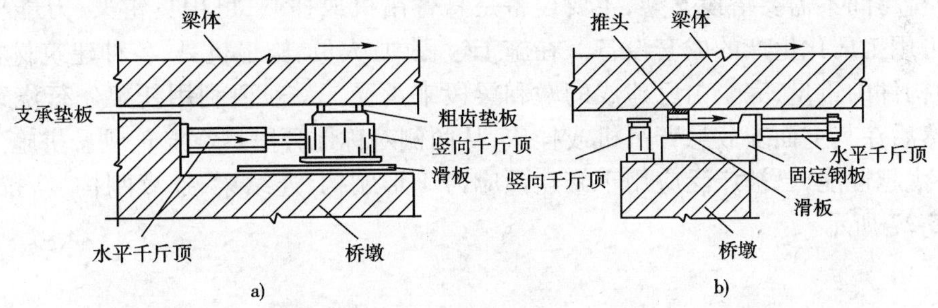

图 5-24　水平千斤顶和竖向千斤顶联合装置

a)在桥台；b)在桥墩上

多点顶推法，则是通过传力架在每个墩、台的顶部靠近主梁的外侧，设置一对小吨位(400 ~ 800kN)的水平千斤顶，将集中顶推分散到各个墩上，这样不仅减少了在顶推过程中桥墩承受的水平推力，而且因顶推设备吨位小，也容易配置，故在实际施工中一般采用多点顶推的施工工艺。多点顶推法常采用装配式和插心式的拉杆顶推装置。装配式的拉杆用连接器接长后与预埋在梁段的腹板上的锚固器相连接，如图 5-25 所示，当启动水平千斤顶后就拉动拉杆，使梁段借助设在梁底的不锈钢滑道和滑块而向前移动。当水平千斤顶达到最大行程后，就卸下一节拉杆，同时水平千斤顶又回复到原来的状态，再连接拉杆进行下一循环作业。至于穿心式的拉杆顶推装置，则是将拉杆的一端固定在预埋梁段腹板上的锚固器上，另一端则穿过水

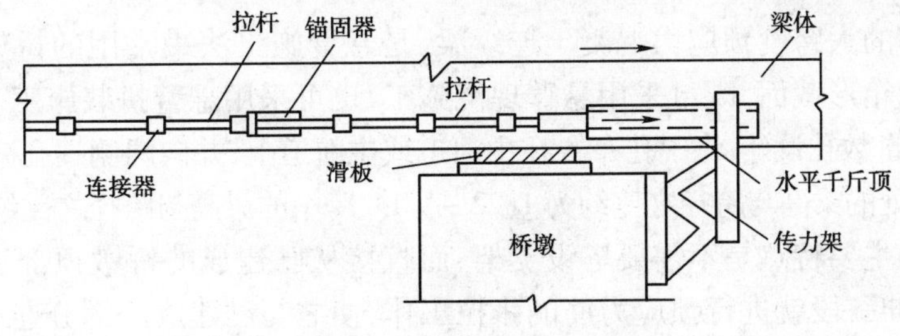

图 5-25　装配式拉杆顶推装置

平千斤顶后用夹具锚固在水平千斤顶活塞杆的头部，如图5-26所示。当水平千斤顶启动时带动滑道上的梁段向前移动。在水平千斤顶达到最大行程后，使之回复原状，重新固定拉杆，再进行下一循环顶进作业。由于拉杆顶推装置，在顶推过程中，不需用竖向千斤顶作顶梁和落梁作业，不仅简化了操作程序，也加快了顶推进度。在一般情况下，当水平千斤顶的行程为1m时，一个顶推循环作业过程，约需10～15min。

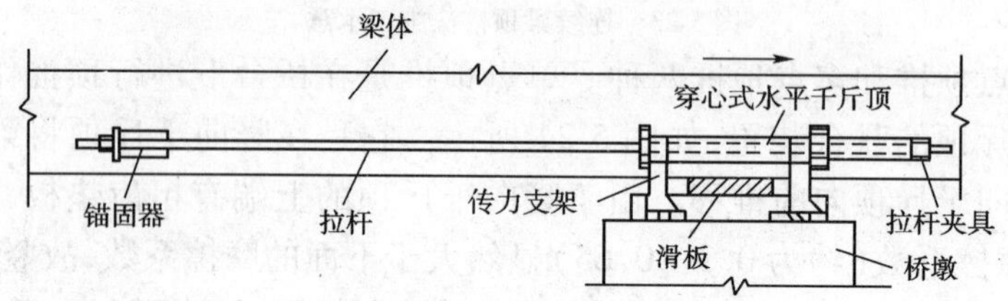

图5-26　穿心式拉杆顶推装置

2)悬臂施工法

施工中桥跨间不需要搭设支架，主要设备是悬臂吊机或挂篮，可用贝雷架、万能杆件等组拼而成，也可用工厂化生产的成套设备。在施工过程中，人员、施工机具、各种建筑材料或预制的桥跨结构构件的重量，完全由已建成的墩和梁段来承受。一般要利用托架先行浇筑好墩顶零号块件，然后在其上面安放悬臂吊机或挂篮，从两侧对称地分段悬空浇筑或悬拼施工。由于此法的独特优越性能，已被广泛应用于修建预应力T形刚构、连续梁、连续刚构、斜拉桥、悬索桥等，如图5-27所示。

图5-27　悬臂施工

不等跨不等高的大跨度预应力混凝土连续梁，是悬臂施工法最常用的桥梁结构形式。这种结构通常设计为箱形截面，既可采用悬臂现浇施工，也可采用悬臂拼装施工。

连续梁一般按奇数孔设计，将中孔布置在主河道或主航道上，并向两侧逐孔减小跨径，这样造型比较美观。支点处的梁高与跨径之比约为1/22～1/14，跨中的梁高与跨径之比约为1/35～1/25。

悬臂施工法的主要特点是不需要塔设支架，而直接从已建成的桥墩顶部逐段向跨中延伸现浇或拼装，每延伸一段就进行预应力筋的张拉工作，使之与已建成的部分连成整体。但从桥墩两侧逐段延伸来建造这种预应力混凝土连续梁时，为了承受悬臂施工过程中可能出现的不平衡力矩，必须将墩顶的梁段（常称零号块件）与桥墩临时固结起来，如图5-28所示。待连续梁全部完成之后，即可拆除临时措施，恢复原来结构状态，从而使连续梁的永久性支座符合设计要求。此外，也可以根据水深、桥高、基础或承台的形式，分别采用支架、立柱和三角撑架等结构形式来塔设梁段临时支承固结措施，如图5-29所示。

悬臂施工法中的主要设备挂篮和吊机如图5-30和图5-31所示。为了组装和安放悬臂挂

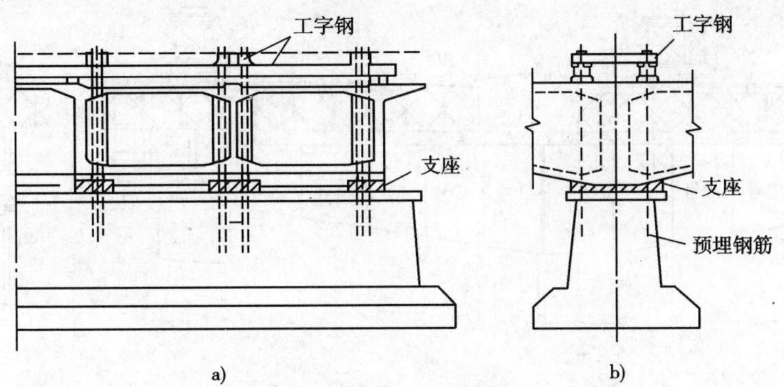

图5-28　零号块件与桥墩的临时固结措施

a）桥墩正面；b）侧面

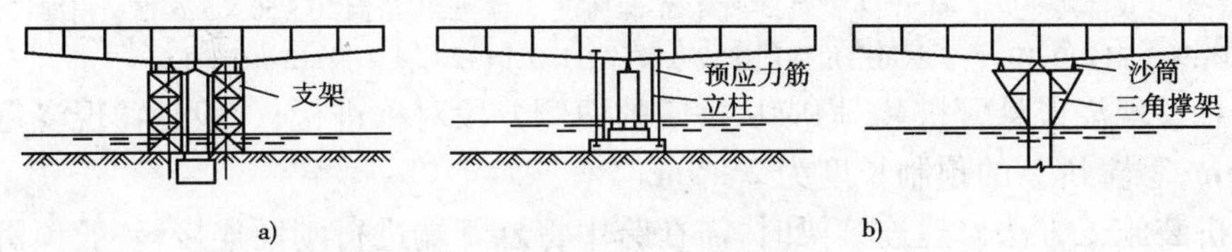

图5-29　其他几种临时固结措施

a）适用桥不高水不深处的桥墩；b）适用深水高桥的桥墩

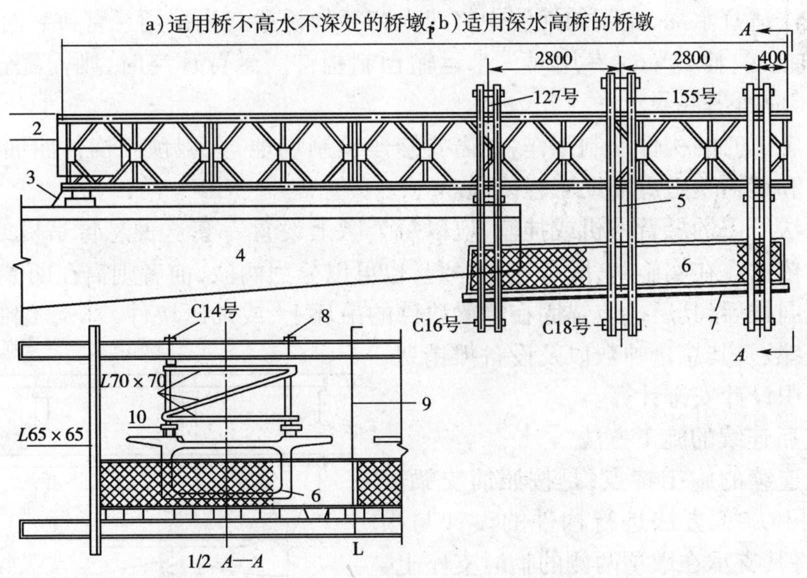

图5-30　公路装配式钢桁架挂篮（尺寸单位：mm）

1-桁架（5节）；2-混凝土配重块（共10块，重10t）；3-地锚；4-已浇筑完成箱梁；5-吊环；6-栏杆；7-纵梁；8-ϕ22螺栓；9-ϕ32圆钢；10-垫木

篮和吊机,要先行浇筑好墩顶梁段(常称为零号块件)及其两侧附近一定长度的梁段,称为起步长度。一般采用托架支撑来浇筑,故又称为零号块件托架。托架一般采用万能杆件、装配式公路钢桥桁架等钢构件组拼,支撑在桥墩基础(桥墩不高时)或墩身上,横向的宽度一般比箱梁底宽出 1.5 ~2m。

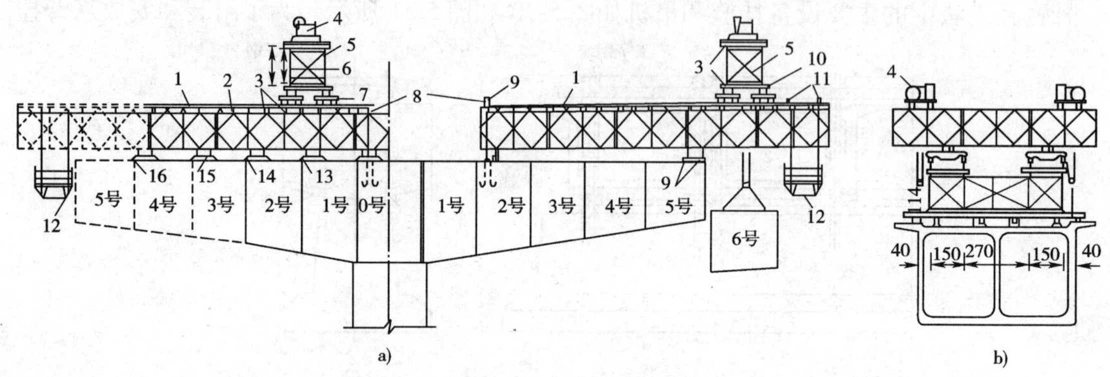

图 5-31　用贝雷桁架组拼的悬臂吊机(尺寸单位:cm)

a)立面;b)侧面

1-吊机主桁架,单层双排共计贝雷 44 片;2-钢轨;3-枕木;4-卷扬机;5-撑架,用角钢 50 ×50 ×5;6-横担桁架;7-平车,共 8 台;8-锚固吊环;9-工钢 240;10-平车之间用角钢连接成一整体;11-工钢 120,共 4 根;12-吊篮

无论是悬臂现浇或悬臂拼装,均应从桥墩的两侧分段对称进行,一般悬臂现浇每个节段的长度为 3 ~5m,悬臂拼装的预制长度为 2 ~5m。

用悬臂拼装施工方法修建连续梁时,需在跨中将悬臂端进行刚性连接,一般预留 1.5 ~2m 梁长现浇整体化混凝土合龙。

悬臂施工法适宜水深、宽阔的河流中修建大跨径的桥梁。当采用悬臂拼装时,一般需要配备工程驳船和拖轮,修建临时专用码头来运输预制构件。悬臂现浇时,则需配置混凝土搅拌船,以利及时供应所需混凝土。

悬臂拼装施工时的构件预制工作,也需要修建预制场地、大型预制构件曲面底座、构件出坑起吊龙门架和运输轨道等辅助工程设施。

悬臂施工法所需的悬臂吊机或挂篮,应以每个墩上设置一套这种悬臂吊机或挂篮作为计算设备重量的依据。在实施时,既可连在一起,也可以分为两段,前者则需在两端接长,而后者则在向两端纵向推后,其后端应锚固在箱梁块件的吊环上,或加压块件。至于编制施工图预算时,吊装设备套数及其总量吨数以及设备摊销费,应根据施工组织设计安排计算。

3)先简支后连续的施工方法

先简支后连续的施工特点,是按照简支梁板桥的设计原则和施工方法进行构件的设计与预制,安装时则将其支承在墩顶两侧的临时支座上,如图 5-32 所示。然后现浇接缝混凝土和张拉预应力筋并将其锚固好,最后拆除墩顶两侧的临时支座,安放好永久性支座,使之转换成连续结构体

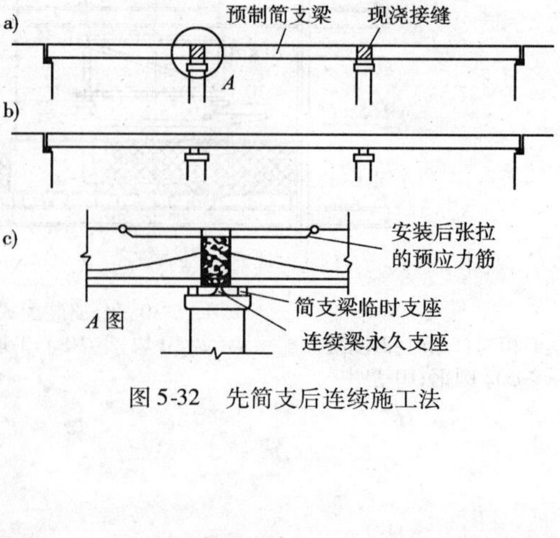

a)　预制简支梁　现浇接缝　A

b)

c)　安装后张拉的预应力筋　简支梁临时支座　连续梁永久支座　A 图

图 5-32　先简支后连续施工法

系。

连续梁桥因具有伸缩缝(桥面接缝)少,刚度大,行车平稳,便于养护等优点,所以,目前在高等级公路跨径不大的多孔钢筋混凝土简支梁桥,普遍采用将简支梁板刚性固结形成连续梁。

三、拱式桥上部构造

拱式桥与梁板式桥的主要区别,不仅在于外形上的差异,而且更主要的是受力不同。由于水平推力的作用,使拱的弯矩与同跨径的梁板桥的弯矩相比要小得多,使承重结构的拱圈主要承受压力。因此,采用抗压性能较好而抗拉性能较差的天然石料和混凝土修建。其缺点是自重较大,水平推力也大,相应增加了墩、台和基础的圬工数量,对地基的条件要求高,而且一般采用拱盔、支架来施工。故机械化程度低,耗用劳动力多,施工周期长,施工工序较多,相应地增加了施工难度。因此,在高等级公路和大跨径的桥梁建设中,较少采用这种拱式圬工建筑。为了改善和克服上述这些缺点,提高机械化施工水平,加快施工进度,减轻结构的自重,目前已向预制钢筋混凝土构件的新型桥梁方向发展,以实现有支架或无支架施工,增大拱桥跨越能力,扩大拱桥的使用范围,如图5-33所示。

图5-33 拱式桥上部构造施工

1. 拱桥分类及其构造要求

拱桥按主拱圈的截面形式,分为板拱(包括石拱、钢筋混凝土薄壳拱和二铰板拱)、肋拱、双曲拱、箱形拱、桁架拱和刚架拱等;若按照拱上结构形式,则可分为实腹式和空腹式两类拱桥。

主拱圈以上的建筑部分,常称为拱上建筑。它将作用在桥面上的荷载均匀地传给主拱圈,并与主拱圈共同承受荷载。实腹式的拱上建筑包括侧墙、帽石、护拱、防水层、拱背填料等工程内容,它结构简单,施工方便,因填料数量较多,恒载大,一般适用于跨径20m以下的小型石拱桥。大、中跨径的拱桥都采用空腹式,以减少恒载,并使桥梁更显得轻巧美观,也有利于泄洪,如图5-34所示。空腹式拱上建筑,有拱式和梁板式两种结构形式,除具有与实腹式相同的拱上建筑外,还设置有腹拱和腹拱墩。腹拱一般是对称地设置在主拱圈上的两侧高度所容许的范围内,其孔径不宜大于主拱跨径的1/15~1/8(其比值随跨径的增大而减小),一般为2.5~5.5m。在大、中跨径的石拱桥中,为了节约钢材,大多采用拱式建筑,其矢跨比一般为1/6~

1/2。拱式的腹拱墩一般是作成薄壁的直立墙,常称为拱上横墙,若建于墩上的这类腹拱墩则称为墩上横墙,为了减轻横墙重量和便于施工及养护人员在拱上建筑内通行,一般都在横墙上设置洞门。至于肋拱、双曲拱和箱形拱等拱桥,为了尽可能减轻拱上建筑的重量,常采用梁板式结构形式。梁板式的腹拱墩,采用立柱和盖梁组成的钢筋混凝土排架结构,并在立柱的下面设置底梁,以避免立柱传给主拱圈的压力过分集中,这种结构常采用装配施工,以利于提高工厂化水平,加快施工进度,如图5-34所示。

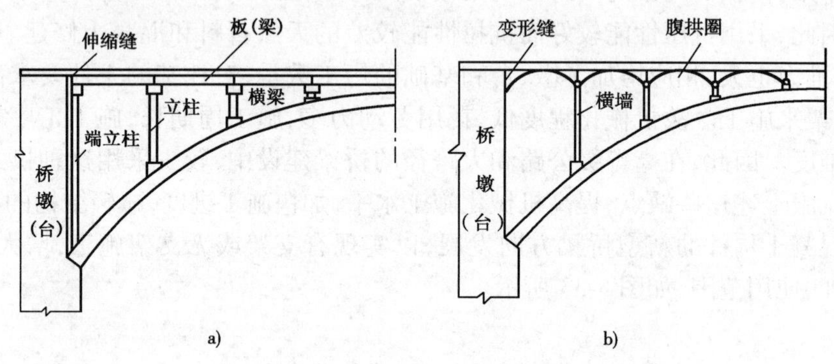

图5-34　空腹式拱上建筑形式

a)梁板式;b)拱式

按照建设工程的实际情况,主拱圈可以作成无铰拱、二铰拱和三铰拱等不同形式。

无铰拱结构的整体刚度大,而且结构简单,施工方便,材料用量比较省,故使用最广泛。它是三次超静定结构,温度变化、材料收缩、特别是墩台沉陷等原因会在拱内产生较大的附加内力,所以对地基条件要求较高,一般在软土地基上不宜修建这种超静定拱式结构。

三铰拱属于静定结构，温度变化、材料收缩、墩台沉陷等原因不会在拱内产生附加内力。所以，在软土等不良地基上宜采用三铰拱。由于铰的设置，使其构造复杂，施工困难，材料用量和费用相应增多，而且整体刚度差，降低了抗震能力，因此主拱圈一般不采用三铰拱。

二铰拱为一次超静定结构,它的特点介于三铰拱和无铰拱之间。由于取消了跨中铰,故比三铰拱的整体刚度大,在因地基条件较差而不宜修建无铰拱时,可考虑采用二铰拱。

根据设计规范的有关规定，空腹式拱桥的腹拱，其靠近墩（台）的一孔应作成二铰拱或三铰拱，大跨径的拱桥，必要的可将靠拱顶的腹拱或其他腹拱作成三铰拱或二铰拱，在腹拱铰上面的侧墙、人行道和栏杆等均应设置变形缝。所以，二铰拱和三铰拱多用于空腹式的拱上建筑。拱铰有弧形铰、平铰或其他形式的假铰等。其中弧形铰由具有两个不同半径圆弧形块件合成，一个为凹面，一个为凸面。凹面半径 R_2 与凸面半径 R_1 的比值在1.2~1.5之间取定。

拱上建筑和主拱圈，在构造和受力上有着密切的联系，为了避免拱上建筑不规则的开裂，以保证桥梁的安全运营，通常在相对变形较大的位置要设置伸缩缝，而在变形较小之处设置变形缝。实腹式拱桥的伸缩缝常设在墩（台）两起拱脚的上方，要贯穿全桥宽和侧墙的全高及人行道至栏杆；空腹式拱桥则在紧靠墩（台）的一孔作成的三铰拱的拱铰上方设置伸缩缝，在其余两铰及其他铰的上方则设置变形缝。伸缩缝的宽度一般为 2 ~ 3cm，用沥青麻絮填塞充满，变形缝则不留缝宽，只将其断开或贴放油毛毡即可。

2. 板拱桥

石板拱结构简单,施工方便,又有利于就地取材,因而成为常用的桥型结构。其矢跨比一般采用 1/8 ~ 1/4,小跨径的石拱桥也可采用半圆拱。

中、小跨径的主拱圈大都设计为等截面,采用片块石砌筑,但应选择较大的平整面与拱轴线垂直,并使石块的大头向上,小头向下,石块之间的砌缝必须相互交错,砌筑的砂浆强度等级不得小于 M7.5。为了外表美观,主拱圈的两端可用料石镶面。我国已建成的石板拱最大跨径已达 50m。

大跨径的主拱圈也有设计为变截面的,即拱顶处比拱脚处做得薄一些。当采用料石来砌筑时,拱石就需要随拱轴线和截面形式的变化分别进行编号,以便进行拱石的加工和砌筑。这样,给施工带来了较多的困难,故实际上较少采用。

实腹式拱桥,其拱圈上除要设置用片石砌筑的护拱,以达到加强拱圈的作用外,还应铺设防水层,以防止雨水渗入拱圈内。防水层应沿拱背、护拱、侧墙连续铺设,不宜断开。防水层有石灰三合土、沥青油毛毡等多种类型,可根据建设工程的实际情况,本着就地取材的原则合理确定。

拱上填料(指拱腹范围内),宜采用透水性较好的土壤,应在接近最佳含水量的情况下分层填筑夯实,每层厚度宜为 20 ~ 30cm。也可采用碎砾石或其他轻质材料(如炉渣、石灰、黏土等混合料)作为拱上填料。

此外,还有现浇钢筋混凝土薄壳拱和二铰板拱,也属于板拱的范畴,因结构较复杂,施工工序多,又需耗用大量钢材,故在实际中很少采用。

板拱桥建设的另一个重要工作环节,就是需要塔设拱盔和支架,常简称为拱架,以支承全部或部分拱圈和拱上建筑的重量,并保证拱圈的形状符合设计要求。而在实施过程中,它只起辅助作用,仅有利于拱圈的建成而不构成其实体。拱盔、支架制作工艺复杂,技术要求高,对工程质量,安全生产,都有着极其重要的影响。故要求具有足够的强度、刚度和稳定性。同时,因为它是一种临时性的辅助工程,所以,又要求结构简单,安装、拆除方便,并能多次周转使用,以节约费用,加快建设进度。

拱桥中常用的拱架,有土牛拱、木拱架和钢拱架三种,如图 5-35 所示。

图 5-35　拱架

(1)土牛拱一般只宜用于无常流水的河沟中修建的小型石拱桥,实际很少使用。

(2)木拱架,包括拱盔、支架和支架基座三部分工程内容,有满堂式和桁架式两种形式,如

图 5-36 所示。

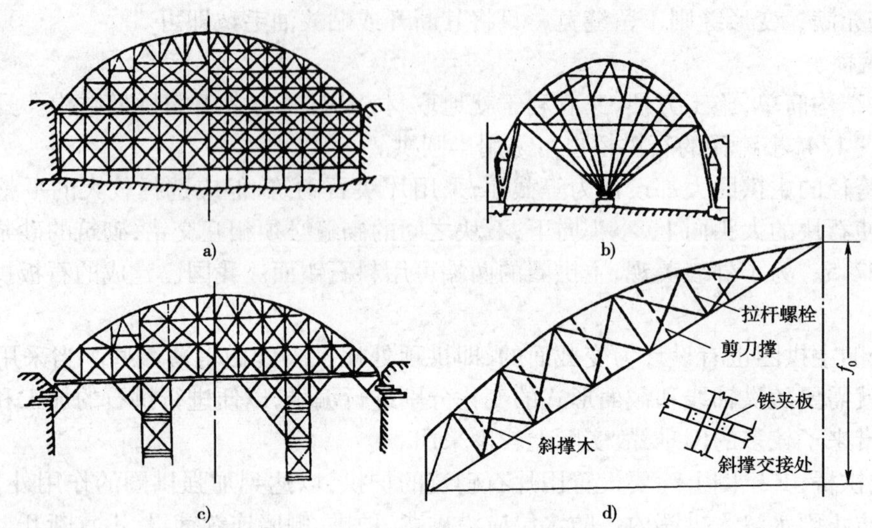

图 5-36　木拱架的主要形式

a)排架式;b)扇形式;c)撑架式;d)桁架拱架

满堂式根据跨中所设支点的形式和个数,又分为排架式、撑架式和扇形式三种。桁架式一般用于经常性通航、水域较深或墩台较高的桥孔,跨中不设支点。支架的基座必须稳固,当地基为石质时,应挖去表土,将柱根处的岩石凿平;若为密实土壤时,则可用枕木和石块铺砌作为基座;若为松软土壤时,则应采用桩基或其他加固措施,以确保支架基座承重后的下沉值符合设计要求。在公路拱桥建设中木拱架使用比较广泛。

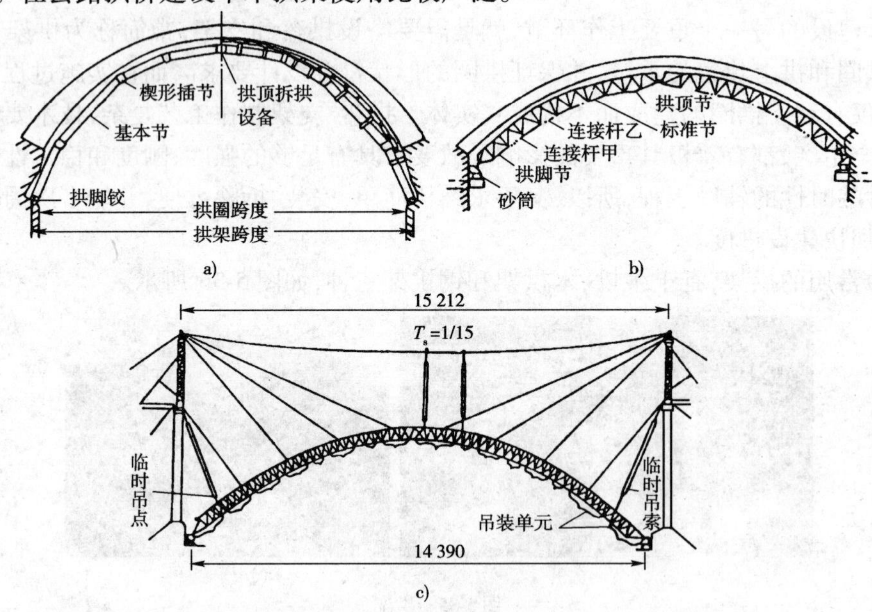

图 5-37　钢拱架形式(尺寸单位:cm)

a)工字梁钢拱架;b)桁架钢拱架;c)拱架吊装布置

(3)钢拱架,有工字梁钢拱架和钢桁架拱架两种,如图5-37所示,系用钢构件组拼而成,可重复使用,它不需要设置支架,只需在墩台上预留缺口设置拱脚铰,以支承拱架,钢拱架拆除后,将缺口予以修复。故钢拱架的安装拆除工作,可按钢拱架全套设备的重量,并以桥梁拱盔的工程定额计算所需的费用。但在安装钢拱架时,需要另行配备吊装设施,如缆索、扒杆等。在公路拱桥建设中使用钢拱架的也比较少。

3. 肋拱桥

肋拱桥实质上是在板拱的基础上演变而成的,就是将板拱分割成两条或多条刚度较大、分离的平行拱肋,而肋与肋之间则用横系梁进行连接,以增强其整体稳定性,在拱肋上设置立柱和盖梁,以支承桥面结构,如图5-38所示。

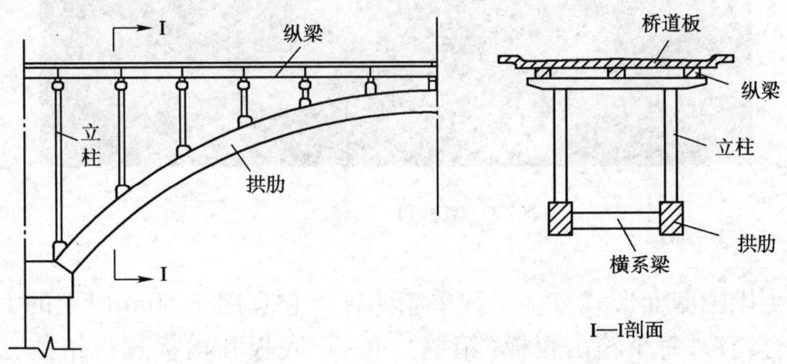

图5-38 肋拱

拱肋是肋拱桥的主要承重结构,通常用C20混凝土或钢筋混凝土制作,采用装配施工,在小跨径的肋拱桥中多采用矩形截面,肋高约为跨径的1/60~1/40,肋宽约为肋高的0.5~2倍,较大跨径的肋拱桥,其拱肋则常采用工字形截面,肋高约为跨径的1/35~1/25,肋宽约为肋高的0.4~0.5倍,腹板的厚度一般设计为30~50cm。

肋拱桥的主要特点是拱肋的横截面较小,而一般又多采用两肋组成,这样就能较多地节省材料用量,不仅减轻了拱体的重量,而且相应地减少了拱上建筑、墩台及基础的工程数量,从而能有效地降低工程造价、节约投资。因此,适用于较大跨径的拱桥。

装配式的肋拱桥,可根据跨径的大小和构件的轻重,采用扒杆配简单支架或缆索安装。拱肋的预制工作,也同其他大型预制构件一样,要修建预制场地、大型预制构件曲面底座、构件出坑起吊龙门架和运输轨道等设施。

4. 双曲拱桥

双曲拱桥的主拱圈由拱肋、拱波和拱板等组成,因主拱圈为多个小拱形的组合截面,在纵向和横向都呈曲线形,故称之为双曲拱桥。

现浇的混凝土拱板将拱肋和拱波连成为整体,在主拱圈中占有较大的比重,从而加强了主拱圈的整体性,其厚度不宜小于拱波的厚度,宜作成波形或折线形。

双曲拱也同肋拱一样,在拱肋上设置立柱和盖梁以支承桥面结构。

双曲拱一般采用装配施工,其预制和安装工作需要修建的辅助工程设施和应配备的吊装设备基本上跟肋拱桥是一样的。

这种桥型的主要特点,是将主拱圈"化整为零"的一种组装施工方法,我国20世纪60年代创建以来,曾广为采用。随着双曲拱桥的大量修建和不断的实践认识,虽然用料省,比板拱又有较多的优越性,但施工工序多,组合截面整体性差、易开裂等。该桥型已较少采用,如图5-39所示。

图5-39 拱桥

5. 箱形拱桥

箱形拱桥的主拱圈截面形式有多箱和单箱两种。它宜用于50m以上的大跨径拱桥,一般采用多箱式的闭合箱形,每个箱由腹板(箱壁)、顶板、底板和横板隔板组成,如图5-40所示。箱形截面的挖空率可达全截面的50%~70%,矢跨比一般为1/10~1/6,一般都采用C30混凝土作成。

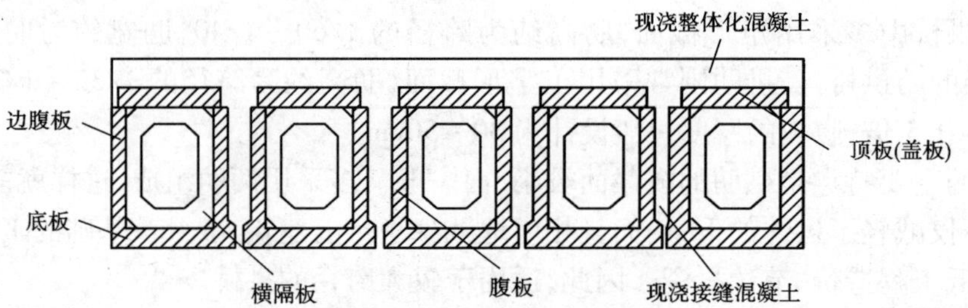

图5-40 多箱式箱形拱截面形式

在施工可能的情况下,箱形拱以采用闭合箱形为宜。但开口箱不仅构件单元重量轻,有利于安装,而且预制工作比闭口箱也要方便,故在实际中多采用开口箱形。一般是在开口箱体安装好后,再安砌盖板(顶板),然后现浇接缝和整体化混凝土,使之连成整体,最后依然形成闭合箱形,故横向整体性强,稳定性好,抗扭刚度也大。

多箱的顶、底板厚度一般为8~10cm,也就是说,在预制时,可以做得薄些,以减轻构件重量,待安装好后,再按设计要求现浇一层混凝土予以增厚。当闭合箱形拱建成后有可能被洪水淹没时,应设置排气孔和进水孔,以减少浮力。

箱形拱桥的拱上建筑,可采用拱式或梁板式结构。实际中多采用立柱、盖梁板式拱上建筑,这样,可减轻拱上自重,节约材料和费用。

箱形拱圈通常根据跨径大小,分为三段或五段预制,采用无支架的缆索吊装施工。公路工程预算定额中的缆索吊装设备定额，是以主索、2号起重索、牵引索、扣索、风缆，以及塔架、主索和扣索等地锚，天线滑车等工程内容进行综合的，如图5-41所示，是吊装拱桥的专用设备，不能作为梁板式桥的吊装计价依据，因为梁板桥无需设置扣索等工程内容。

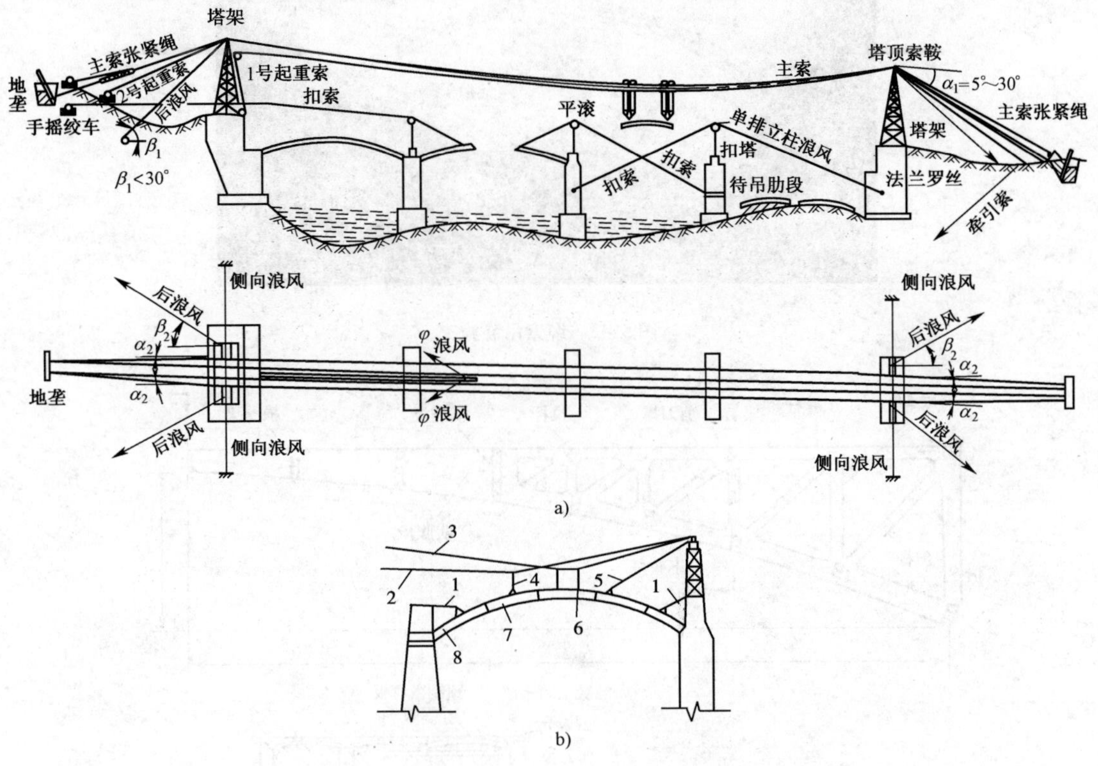

图5-41 缆索吊装设备

a)三段缆索吊装布置；b)五段和索形式

1-墩扣；2-扣索天线；3-主索天线；4-天扣；5-塔扣；6-顶段；7-中段；8-端段

这种桥型也同前述的肋拱、双曲拱一样，其箱形拱圈在预制时要设置预制场地等辅助工程设施，如图5-42所示。

根据公路工程预算定额所规定的预制、安装箱形拱的工程内容，开口箱主拱圈的工程量，只能以开口箱的体积作为编制施工图预算的依据，其盖板（顶板）应按小型构件另行计价，至于盖板的安砌工作，因已将其工料消耗综合在主拱圈的安装定额内，不能再另行计算。

6. 桁架拱桥

桁架拱由桁拱片及其横向联系和桥面板三部分组成，如图5-43所示，是一种常用斜拉杆桥型，常用C30混凝土作成，它外形美观，是将拱圈与拱上建筑组合成为一个整体而共同承受荷载。

桁拱片是桁架拱桥的主要承重结构，它由下弦杆、上弦杆、腹杆（包竖杆和斜杆）和拱顶实腹段所组成，下弦杆一般采用圆弧形，这样施工较方便。为了使桁拱片连成整体而共同受力，以保证其横向稳定，故在桁拱片之间设置横向联系。这种横向联系结构，因所设位置的不同，有拉杆、横系梁和剪刀撑、横隔板等不同的称谓。拉杆和横系梁分别设置在上下弦杆的节点

图 5-42　缆索吊装施工

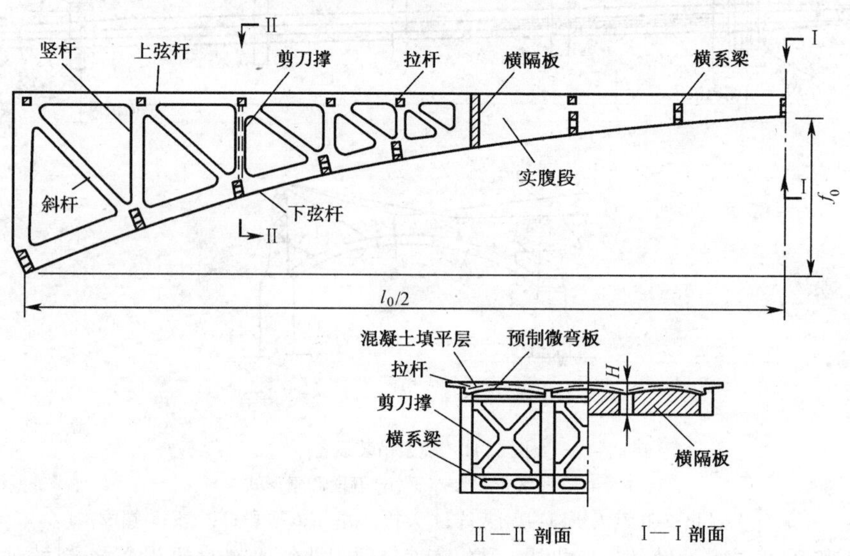

图 5-43　桁架拱桥的主要组成

处，拱顶的实腹段一般每隔 3 ~ 5m 也要设置横系梁。横隔板则分别设置在实腹段与桁架部分的连接处和跨中(拱顶)，它的高度顶到桥面板。剪刀撑一般设置在 1/4 跨径附近的上下弦杆节点之间和端部。

桁架拱桥的桥面结构，一般采用微弯板，以节约钢材。这种桥型是为进一步减轻拱桥自重，增强拱式桥结构的整体性，大力提高工厂化水平，加快施工进度，在修建双曲拱桥经验的基础上，发展起来的一种轻型的钢筋混凝土桥型。其特点是桁拱片可以根据跨径和场地的大小，采用整片、分段或分杆件来制作，这样，构件分细后，单件重量轻，便于运输和安装，而且还可采取卧式预制的方法进行预制，即在地面上按桁拱形状设置底模，侧模就不会太高，便于绑扎钢筋和浇筑混凝土，构件的质量也容易得到保证。同时，还可采取多片叠制的方法进行桁拱片的预制，即在前一片之上浇筑后一片，以前一片作为后一片的底模，结合桁拱片的厚度，一般在同一底模上可叠制 2 ~ 4 片，这就有利于节约费用，降低工程成本。桁架拱适宜用于 50m 以下跨径的桥梁。

当桁拱片采用卧式预制时,预制后出坑移动需翻身竖起,一般应在全片构件吊起之后,再悬空进行翻身竖立。桁拱片运输时,则宜采用平卧运输。

桁架拱桥也是采用缆索吊装方法进行安装,在安装过程中只有少量现浇接头混凝土,故工厂化水平高,有利于提高劳动效率。在构件预制时,也同上述肋拱等拱式桥一样,需要修建预制场地等辅助工程设施。

7. 刚架拱桥

刚架拱桥是在桁架拱桥等基础上发展起来的另一种轻型钢筋混凝土桥型,它具有构件少,自重轻,整体性好,刚度大,外形美观等优点。也同桁架拱桥一样,是属于具有水平推力的拱式结构,适宜用于50m以内跨径的桥梁。

刚架拱桥由刚拱片、横系梁和桥面板等组成,如图5-44所示,桥面板一般都采用微弯板,这样钢材用量省。

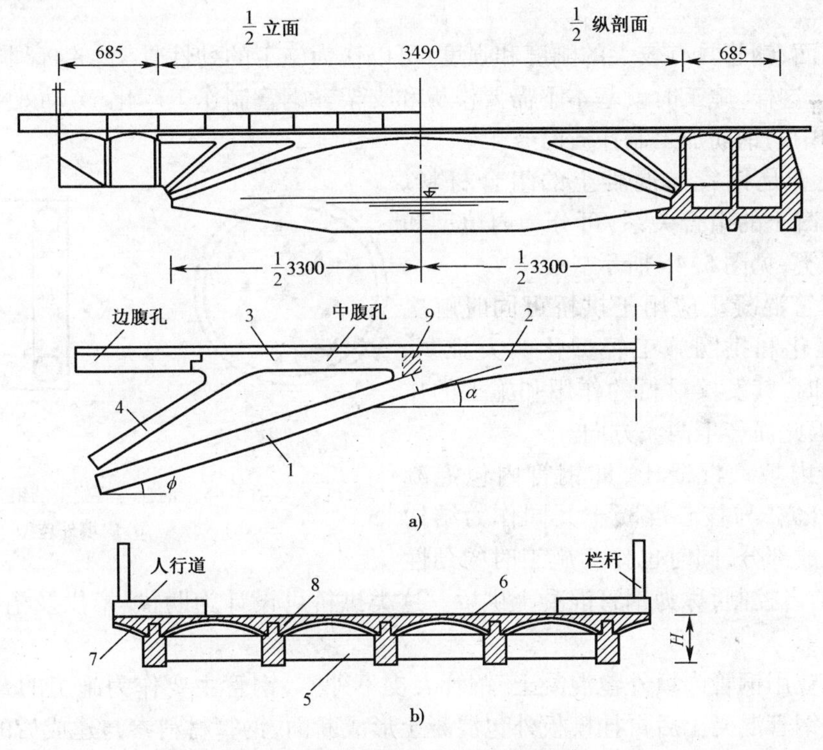

图5-44　刚架拱桥的主要组成(尺寸单位:cm)

a)立面图;b)拱顶横断面图

1-主拱腿;2-实腹段;3-腹孔段(中腹孔和边腹孔);4-次拱腿;5-横隔板;6-微弯板;7-悬臂板;8-现浇桥面;9-现浇接头

刚拱片是由跨中的实腹段的主梁、空腹段的次梁(包括中腹段和边腹段)、主拱腿(主斜撑)、次拱腿(次斜撑)等所组成。一般都采用C30混凝土来制作。主梁一般采用圆弧形。主梁与主拱腿的交接处称为主接点,次梁与次拱腿的交接处称为次接点。刚架拱桥大都采用装配式的施工方法修建,为了减轻吊装重量,一般都将主梁、次梁和斜撑等分开进行预制,当跨径较大时,次梁还可分段预制,吊装就位后,用现浇混凝土接头。

为使各刚拱片连成整体共同受力,一般在跨中(拱顶),主、次接点,次梁的端部等处都要设置横系梁，以保证横向的稳定和桥梁的安全营运。

刚架拱桥也采用缆索吊装施工，预制时，同桁架拱一样，要修建预制场地等辅助工程设施。

8．钢管混凝土拱桥

钢管混凝土拱桥是我国近年来公路桥梁建筑发展的新技术，具有自重轻、强度大、抗变形能力强的优点。它比较好地解决了修建桥梁所要求的用料省、安装重量轻、施工简便、承重能力大的诸多矛盾，是大跨径拱桥的一种比较理想的结构形式。

在结构受力方面，随着轴向力 N 的增大，内填型钢管混凝土使得混凝土的径向变形受到钢管的约束而处于三向受力状态，承载能力大大提高。同时，钢管的套箍作用大大提高了混凝土的塑性性能，使得混凝土，特别是高强度混凝土脆性的弱点得到克服。另一方面，混凝土填于钢管之内，增强了钢管管壁的稳定性，刚度也远大于钢结构，使其整体稳定性也有了极大的提高。因此，钢管混凝土材料应用于以受压为主的构件中，较之钢结构和混凝土结构有着极大的优越性。

在施工方面，钢管具有较大的刚度和强度，可以作为施工的劲性骨架。钢管本身又可作为耐侧压的模板，这样，施工时就基本不需要模板和支架。钢管制作工厂化，劳动效率高，比起钢筋混凝土结构中的钢筋加工制作省时省工。

钢管混凝土是钢管与混凝土的组合材料。根据钢管与混凝土的组合关系，可分为内填型和内填外包型两类，见图5-45所示。

a)

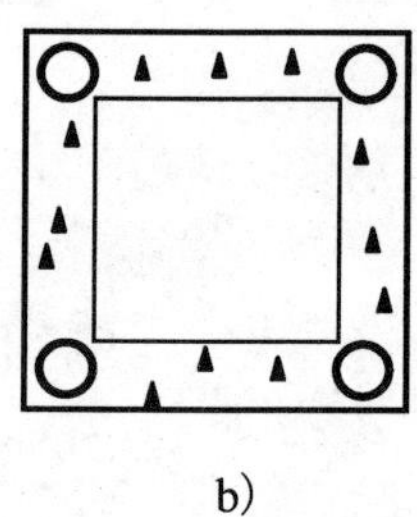

b)

图5-45　钢管与混凝土的组合

a)内填型；b)内填外包型

这两类钢管混凝土应用于拱桥可同时解决拱桥材料高强化和拱圈施工轻型化两大难题。但在具体应用时，其发挥材料的作用和施工的作用有所侧重，因此而产生两大方向。

一是应用内填型混凝土，即钢管内包混凝土，钢管表皮外露，与核心混凝土共同作为结构的主要受力组成部分，同时也作为施工时的劲性骨架，设计以前者控制，称为钢管混凝土拱桥。这类拱桥可设计为肋拱、桁拱及桁架拱等结构形式。

另一种是应用钢管内填外包混凝土，钢管表皮不外露，钢管主要作为施工的劲性骨架，先内灌混凝土成钢管混凝土后再挂模板外包混凝土形成断面，钢管材料参与建成后的受力，但不是以使用阶段为控制，而是以施工荷载为控制的，可称之为钢管混凝土劲性骨架拱桥，有时也称之为钢筋混凝土拱桥。这类拱桥主要有肋拱、箱形拱和刚架拱等形式。

钢管混凝土结构的应用，使拱桥的跨越能力得到提高，同时使拱桥更加轻巧，表现力也更强，更加美观。由于具有以上优点，所以钢管混凝土拱桥在我国得到了迅速发展，目前，已建成的钢管混凝土拱桥的最大跨径为270m，钢管混凝土劲性骨架拱桥的最大跨径为420m。

四、预应力刚构上部构造

刚构桥又称刚架桥，是由梁式桥跨结构与墩台(支柱或板墙)刚性连接而形成整体的结构体系。按其静力结构体系可分为单跨和多跨的，支柱作成斜柱式时称为斜腿刚构。

多跨刚构桥可将主梁作成连续式或非连续式。非连续式刚构桥在主梁跨中设铰或悬挂简支梁,通常称为T形刚构桥,或简称为T构。它的显著特点是全桥所有的墩上都不设置任何形式的支座。带挂梁的刚构桥在挂梁端相应设置支座,属于静定结构。

带有挂梁的T形刚构桥,一般都采用以偶数的T构单元与奇数的挂梁相配合。为了简化设计,有利施工,多跨的桥梁一般都采用尺寸划一的T构和挂梁。当然也可结合建设工程的实际情况,采用不同的T构悬臂长度和相同尺寸长度的挂梁相配合。这样,也像多跨的连续梁一样,形成中孔跨径最大,而向两侧是逐孔减小的桥型结构。显而易见,每个T构两侧的恒载是对称的,墩中无不平衡的力矩。

T形刚构桥支点处的梁高一般为跨径的1/22~1/14,挂梁的高度则视其跨径而定,一般为支点处梁高的1/5~1/2。挂梁一般采用等高梁,其长度为跨径的0.2~0.5倍,但不应使挂梁的长度超过35~40m,否则会增大施工难度。

T形刚构桥对基础和桥址的地质条件没有特殊要求,主梁跨中设铰或悬挂简支梁可有效地减小或免除各种因素引起的附加内力,这是其优点。但铰或挂梁的存在使桥面接缝增多,接缝两侧主梁变形不一致,车辆通过时易引起对桥梁的冲击作用,不利于高速行车,且剪力铰的结构复杂,养护麻烦。因此,有将主梁作成连续式的趋势,即作成连续刚构,或每隔数孔设一跨中带悬挂简支梁的主梁,以此作为较长的连续刚构桥的伸缩缝。

连续刚构是墩、梁固结的连续结构,由于固结的桥墩能提供部分固端弯矩,从而使跨中弯矩减小,因而可以达到较大的跨径。有时为了适应特殊的水文地质条件或地形条件,也可以将连续梁桥与连续刚构桥结合起来,成为所谓刚构—连续组合梁桥。其做法通常是在一连续梁的中部数孔采用墩梁固结的刚构,边部数孔为设置支座的连续梁结构。

连续刚构的主梁高度一般取其跨度的1/30~1/7,大跨度连续刚构多采用其跨度的1/40~1/30。当采用变高度梁时,端部梁高可为跨中梁高的1.2~2.5倍,甚至更高。

预应力刚构桥一般都采用变截面的箱形结构形式,但也有采用桁架梁的,桁架梁的结构形式与桁架拱基本上相同。

修建预应力刚构桥时,无论是现浇还是预制安装,都采用悬臂的施工方法,实质上T形刚构与悬臂施工是相应发展起来的,其施工程序是,首先塔设托架现浇墩顶块件(零号块件),然后组拼吊机或挂篮进行悬浇或悬拼,待T构按设计完成后,再采用导梁等施工方法进行简支挂梁的安装工作。

预应力刚构桥的预制安装或现浇同预应力连续梁桥的施工方法基本上是相同的,除要修建预制场地等铺助工程设施外,还要配备预制和安装挂梁的吊装设备等辅助工程设施。

五、预应力斜拉桥上部构造

斜拉桥是一种造型美观的组合体系结构,由索塔、斜索和主梁三部分组成,如图5-46所示。锚固在索塔上而悬吊起主梁的斜钢索实际上是起着混凝土主梁弹性支承的作用。这样,主梁就像小跨度的多孔弹性支承的连续梁一样承受着全部荷载。因此,不仅可以增大跨越的能力,而且梁的高度也可以大大减小,一般只有跨径的1/100~1/40,自重较轻,钢材和混凝土的用量均较节省。但由于钢索和锚具的费用都比较昂贵,所以,这种桥型的造价是比较高的。

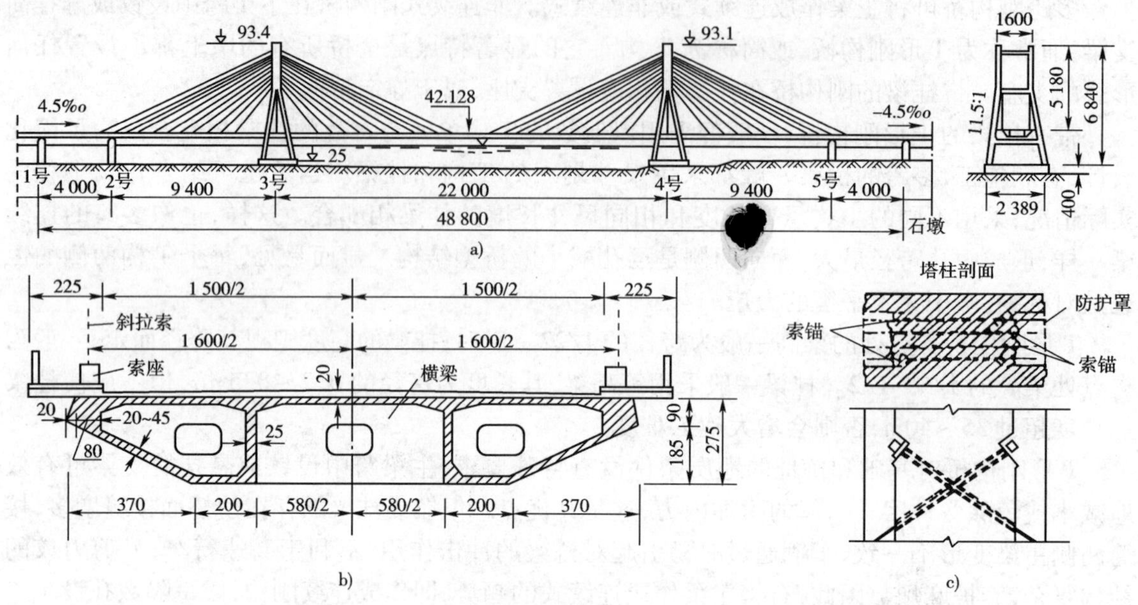

图 5-46　公路大桥（尺寸单位：cm）

a）斜拉桥立面；b）主梁横截面；c）塔柱内穿索示意图

索塔形式、斜拉索布置和主梁截面是多种多样的，索塔将在第四节桥墩和桥台内作介绍，此处不再赘述。现扼要介绍斜拉索和主梁的有关技术要求和构造类型如下。

1. 斜拉索

斜拉索是斜拉桥的主要承重结构，一般采用抗拉强度高，疲劳强度好和弹性形变模量较大的高强钢丝或钢绞线，如图 5-47 所示。

图 5-47　斜拉桥施工

斜拉索在立面上的设置形状，有辐射形、竖琴形和扇形等三种形式；在横截面上有双面索和单面索两种。

（1）辐射形斜拉索。因斜拉索倾角大，平均接近 45°，故能够发挥较好的工作效率，所以钢索用量省。但由于斜拉索集中于塔顶，致使锚固难度大，而且对索塔受力也不利，在实际中较少采用。

(2)竖琴形斜拉索。因斜拉索与索塔的连接处是分散的，而且各斜拉索又是平行的，其倾角相同。这样，不仅连接构造易于处理，而且锚具垫座的制作与安装也要方便，同时对索塔的受力也比较有利。但因斜拉索倾角小，就不能像辐射形斜拉索那样发挥较好的工作效率，使钢索用量相对要多。

(3)扇形斜拉索。它的特点是介于辐射形和竖琴形斜拉索的两者之间，可以说是兼有上述两种形式的优点。近年来在公路斜拉桥的建设中大多采用这种斜拉索布置形式。

斜拉索的间距，近年来多采用扇形的密索体系，其特点是间距可以小于6～8m，这样就能降低梁的建筑高度，使自重较轻，有利于施工。

斜拉索常采用柔性构造，即进行必要的防腐处理后，常采用铝合金或聚乙烯套管内注水泥浆作为外防护管，以加强防护。这样，在运营过程中也便于进行斜拉索的更换工作。

2. 主梁

预应力混凝土斜拉桥的主梁，一般采用箱形截面结构，并设计为连续梁或T形刚构，如图5-48所示。因连续梁刚度大，整体性好，行车平稳，对抗风也有利，是斜拉桥常用的一种结构形式。一般采用C40混凝土。

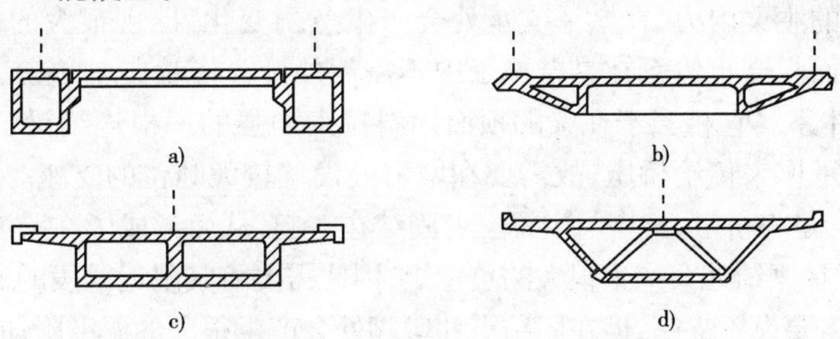

图5-48　斜拉桥的主梁横截面形式

图5-48a)，是对应于双面斜索而设置分离式的双箱结构，其特点是用悬臂施工方法完成箱梁后，再安装桥面板而形成主梁，故施工较为方便。图5-48c)和5-48d)是一种封闭式的箱形截面结构，它的抗扭刚度大，常用于单面索的斜拉桥，其倾斜式的腹板结构比竖直板的要好，但施工难度要大，至于图5-48d)中箱梁内的斜撑，则是为锚固斜索而设置的，如图5-49所示。图5-48b)是一种半封闭箱形截面结构。两箱之间设有横隔板，其外缘作成尖嘴形，主要是为减少风的阻力，两侧局部加固，是以利斜拉索的锚固。

预应力斜拉桥，按其索塔、斜拉索和主梁三者的不同结合方法，可以分为悬浮、支承、塔梁固结和刚构四种体系，其特点和技术要求如下：

(1)悬浮体系。是主梁除两端需设置支座来支承外，其余全部都是用斜拉索将其悬吊起来，而在纵向是可以稍作浮动的一种具有弹性支承的单跨梁结构形式，但在横向则不能任其随意摆动，必须施加一定的横向约束。这种体系在密索的作用下，主梁各截面的变形和内力的变化都比较平缓，受力比较均匀，刚度也比较好，其截面也不存在需局部加强的情况，从而有利于施工，这种结构体系在实际工作中采用较多。

悬臂方法施工时，在墩塔处的梁段要另行在墩上架设托架浇筑，并应在梁下设置临时支

图 5-49　单面索的斜拉桥

座，在斜拉索安装张拉调整和主梁合龙后拆除。

(2)支承体系。是主梁在墩塔处要设置支点，是一种接近在跨度内具有弹性支承的三跨连续梁。这种体系的主梁内力，在墩塔支承处会产生急剧变化，出现很大的负弯矩，故需要加强支承区梁段的截面。支承体系在悬臂施工中不需额外设置临时支点，施工比较方便。

(3)塔梁固结体系。它相当于在梁的顶面用斜拉索加强的一根连续梁，这样，全部上部结构的荷载都要由支承座来传给桥墩，故需要在墩塔处设置较大吨位的支座。

(4)刚构体系。是将桥墩、索塔与主梁三者固结在一起，从而形成了在跨度内具有弹性支承的一个刚构体系，故在固结处会产生很大的负弯矩，因此需要将其附近梁段的截面予以加大。这种体系的墩塔处不需要设置支座，但在固结点和墩脚处会产生很大的温度附加弯矩，为了减少或消除这种不利影响因素，常在主梁的跨中设置挂梁或设置可以容许水平移动的剪力铰。

总之，悬浮体系具有充分的刚度，受力比较匀称，可以作成等截面主梁而简化施工，抗风、抗震性能也较好，是采用较多的结构体系。支承体系不比悬浮体系有多大的优越性。塔梁固结体系的塔柱内力最小，温度内力也最小，仅主梁边跨负弯矩较大，整体刚度较小，也是可以考虑采用的结构体系，但修建时要解决大吨位支座的问题。由于巨大的温度内力，刚构体系一般都作成带挂梁的形式，它适用于对抵抗地震和风振无特殊要求的场合。

预应力斜拉桥的主梁，一般采用悬臂现浇、悬臂拼装或顶推等施工方法，在施工过程中，基本上同预应力连续梁桥和预应力刚构桥一样，要相应修建有关的各种辅助工程设施。而不同之处，是除了主梁要施加预应力外，还要对斜拉索进行张拉和锚固，如图 5-50 所示。

六、悬索桥上部构造

悬索桥又称吊桥，由承受拉力的悬索作为主要承重结构。现代悬索桥一般由索塔、主缆索、锚碇、吊索、加劲梁及索鞍等主要部分组成，见图 5-51 所示。

悬索桥具有合理的受力形式，因为主要承重构件悬索受拉，无弯曲和疲劳而引起的应力折减，可以采用高强度钢丝制成，其$[\sigma]/\gamma$之值最大($[\sigma]$为钢材的容许应力，γ为钢材的重度)，因此悬索桥的跨越能力是目前所有桥梁体系中最大的，也是目前唯一能超过千米跨径的桥型，如图5-52所示。

图5-50　斜拉桥的主梁

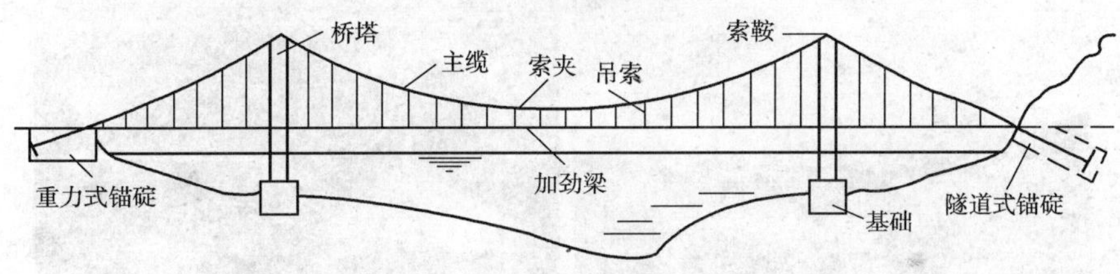

图5-51　悬索桥的主要构造

图5-52　悬索桥

悬索桥采用高强钢材作为主要承重结构，所以与其他桥型相比，其恒载与活载之比最小，因此在一般情况下，悬索桥是一种用料最省的桥型。由于在结构方面构造简单、轻便，又能充分利用索塔架设悬索、拼装加劲梁和桥面系,所以施工方便,外形美观。

以下仅就主缆索、锚碇、加劲梁、吊索和索鞍的主要结构特点作简要叙述。

1. 主缆索

主缆索是悬索桥的主要承重构件,不仅承担自重恒载,还通过索夹和吊索承担加劲梁(包括桥面)等其他恒载以及各种活载。此外,主缆索还要承担部分横向风载,并将其传至索塔顶部。主缆索可采用钢丝绳钢缆或平行钢丝束钢缆,由于平行钢丝束钢缆弹性模量高,空隙率低,抗锈蚀性能好,因此大跨度悬索桥的主缆索均采用这种形式。现代悬索桥的主缆索多采用直径5mm的高强度镀锌钢丝组成,如图5-53所示。先由数十到数百根5mm的高强度镀锌钢丝制成正六边形的索股(束),再将数十至上百股索股挤压形成主缆索,并做防锈蚀处理。设计中主缆索的线形一般采用二次抛物曲线,如图5-54所示。

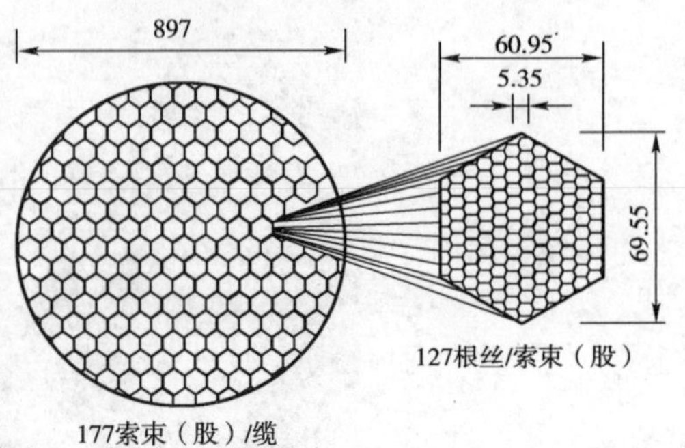

图5-53 悬索桥主缆索断面构造示意图
(尺寸单位:mm)

图5-54 主缆索

主缆索的架设方法主要有两种:空中送丝成缆法和预制钢丝束成缆法。前者在现场空中编缆,每根主缆索所含索束数较少,但每根索束所含钢丝根数较多;施工工期较长;所需锚碇面积较小;是最早采用的成缆法。后者在工厂先预制钢丝索束,然后在现场使用索束编缆;每根主缆索所含索束数较多,但每根索束所含钢丝根数较少;施工周期较短;所需锚碇面积较大;是现代悬索桥较多采用的成缆法。

2. 锚碇

锚碇是主缆索的锚固构造。主缆索中的拉力通过锚碇传至基础。通常采用的锚碇有两种形式:重力式和隧道式,如图5-55所示。重力式锚碇依靠其巨大的自重来承担主缆索的垂直分力,而水平分力则由锚碇与地基之间的摩阻力或嵌固阻力承担。隧道式锚碇则是将主缆索中拉力直接传递给周围的基岩。隧道式锚碇适用于锚碇处有坚实基岩的地质条件。当锚固地基处无岩层可利用时,均采用重力式锚碇。锚碇主要由锚碇基础、锚块、锚碇架及固定装置和锚固索鞍组成,如图5-56所示。

3. 加劲梁

加劲梁的主要作用是直接承受车辆、行人及其他荷载,以实现桥梁的基本功能,并与主缆索、索塔和锚碇共同组成悬索桥结构体系。加劲梁是承受风荷载和其他横向水平力的主要构件,应

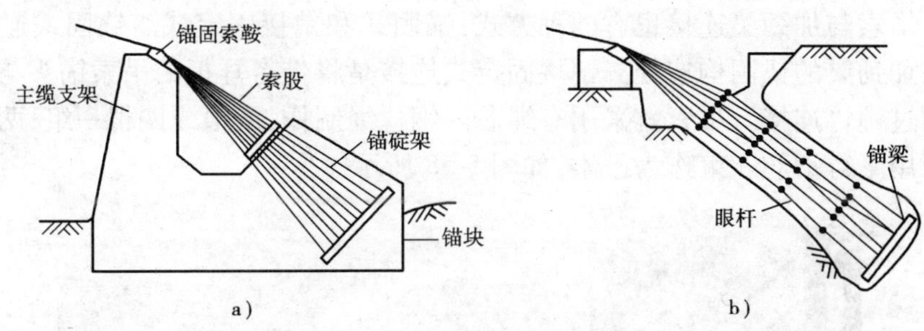

图 5-55 悬索桥的锚碇构造

a)重力式锚碇;b)隧道式锚碇

图 5-56 锚碇构造

考虑其结构的动力稳定特性,防止其发生过大挠曲变形和扭曲变形,避免对桥梁正常使用造成影响。大跨度悬索桥的加劲梁均为钢结构,通常采用桁架梁和箱形梁。预应力混凝土加劲梁仅适用于跨径在500m以下的悬索桥,大多采用箱形梁。采用箱形梁时,应选择流线型主梁截面,并适当设置风嘴、导流板、分流板等抗风装置;采用桁架梁时,应加强主梁与桥面车道部分的联系,并注意保证主梁及桥面构造横向通风良好,不得有任何阻碍空气流动的多余障碍物存在,也可适当设置抗风装置。加劲梁的构造和尺寸主要取决于其抗风稳定性。通常参考其他已建成悬索桥的加劲梁拟定一个设计构造和尺寸,再根据结构计算结果进行适当修改,最后对较为合理的方案,通过风洞试验检验其抗风性能,并选择抗风性能好的加劲梁作为最终选定的构造和尺寸。

悬索桥加劲梁的架设,可以采用缆载起重机利用先架设完成的主缆索吊运拼装。架设顺序可以从主跨跨中开始,向索塔方向逐段拼装,也可以从索塔开始,向主跨跨中及边跨岸边前进。当加劲梁为桁架式时,可采用桁架桥的悬臂施工方法,所不同的是其不是靠梁的已成部分来承担其后拼装梁段的自重,而是立即将拼装好的梁段同其对应的吊索连接,使所有拼装梁段的自重都经吊索传至主缆索,由主缆索承担。

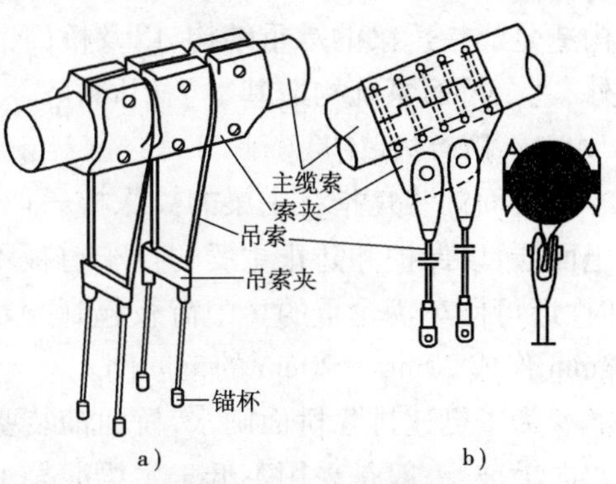

图 5-57 吊索和索夹的构造

a)鞍挂式索夹;b)销接式索夹

4. 吊索

吊索也称吊杆,是将加劲梁等恒载和桥面活载传递到主缆索的主要构件。吊索可布置成垂直形式的直吊索或倾斜形式的斜吊索,其上端通过索夹与主缆索相连,下端与加劲梁连接。吊索与主缆索的连接方式有两种:鞍挂式和销接式,如图 5-57 所示。两种方式各有所长。吊索与加劲梁连接也有两种方式:锚固式和销接固定式。锚固式连接是将吊索的锚头锚固在加劲梁的锚固构造处。销接固定式连接是将带有耳板的吊索锚头与固定在加劲梁上的吊耳通过销钉连接。吊索宜采用有绳芯的钢丝绳制作,两根或四根一组;两端均为销接式的吊索可采用平行钢丝索束作为吊索,如图5-58所示。

图5-58　吊索

5. 索鞍

索鞍是支承主缆索的重要构件,其作用是保证主缆索平顺转折;将主缆索中的拉力在索鞍处分解为垂直力和不平衡水平力,并均匀地传至塔顶或锚碇的支架处。索鞍可分为塔顶索鞍和锚固索鞍。塔顶索鞍设置在索塔顶部,将主缆索荷载传至塔上;锚固索鞍(亦称散索鞍),设置在锚碇支架处,主要作用是改变主缆索的方向,把主缆索的钢丝束股在水平及垂直方向分散开来,并将其引入各自的锚固位置。为了减少塔顶索鞍处钢丝的弯曲次应力,塔顶索鞍弯曲半径一般为主缆索直径的8~12倍;而散索鞍必须考虑钢丝束股的水平曲率半径和竖直曲率半径,以确定索鞍的合理形状。索鞍通常采用铸焊组合件组成,大型组件采用分块制作,安装后通过螺栓或焊接连成整体。

七、桥面铺装、人行道及栏杆

以上介绍的有关上部构造,只是组成上部构造中之一的承重结构,即梁板和拱等,而上部构造是泛指桥梁的承重结构,以及桥面铺装、人行道和栏杆等。除实腹式的拱桥的桥面铺装之外,其余桥面系统构造基本上相同。

1. 桥面铺装

桥面铺装是指在主梁的翼缘板(即行车道板)上铺筑一层三角垫层的混凝土和沥青混凝土面层,以保护和防止主梁的行车道板不受车辆轮胎(或履带)的直接磨损和雨水的侵蚀,同时,还可使车辆轮重的集中荷载起到一定的分布作用。故三角垫层内一般要设置用直径6~8mm作成20mm×20cm的钢筋网。

为了迅速排除桥面雨水,桥面铺装要根据不同类型桥面铺装沿横桥向设置1.5%~3%的双向横坡,一般是采用不低于主梁混凝土强度等级的混凝土作成,使之符合设计要求,也称为三角垫层。因桥面铺装部分在桥梁上部构造的恒载中占有相当的比重,尤其是小跨径的桥梁尤为显著。为了减轻桥面铺装重量,对于板桥或现浇的梁桥,常将墩台帽的顶面作成横坡,这样,垫层就成为等厚了。同时,为了防止雨水滞积桥面而渗入梁体影响桥梁的营运安全起见,当桥面纵坡大于2%,而桥的长度又超过50m时,宜每隔12~15m设置一个泄水管,若小于2%则宜每隔6~8m设置一个泄水管。一般应沿行车道两侧左右对称或交错地排列,大多采用金属泄水管,如图5-59所示。

图5-59　桥面铺装

在桥面铺装中的另一个重要工作环节,就是要设置桥面伸缩缝。为了保证桥跨结构在温度变化、混凝土收缩与徐变,以及活载作用等影响下,在设计要求的范围内能自由变形,又不影响行车而必须在两梁板端之间,以及梁板端与桥台背墙之间的桥面上设置一种横桥向伸缩缝,也称为变形缝。它的种类较多(见表5-4),且各有其不同的适用范围,现扼要介绍几种常用的伸缩缝构造形式。

桥梁伸缩装置分类　　表5-4

类别	形式	种类例	说明
对接式	填塞对接形	沥青、木板填塞形	以沥青、木板、麻絮、橡胶等材料填塞缝隙的构造(在任何状态下,都处于压缩状态)
		U形镀锌铁皮形	
		矩形橡胶条形	
		组合式橡胶条形	
		管型橡胶条形	
	嵌固对接形	W形	采用不同形状的钢构件将不同形状的橡胶条(带)嵌固,以橡胶条(带)的拉压变形吸收梁变位的构造
		SW形	
		M形	
		SDII形	
		PG形	
		FV形	
		GNB形	
		GQF-C形	
钢制支承式	钢制形	钢梳齿板形	采用面层钢板或梳齿钢板的构造
		钢板叠合形	

续上表

类　别	形　式	种 类 例	说　　明
橡胶组合剪切式	板式橡胶形	BF、JB、JH、SD、SC、SB、SG、SEG 形	将橡胶材料与钢件组合，以橡胶的剪切变形吸收梁的伸缩变位，桥面板缝隙支承车轮荷载的构造
		SEJ 形	
		UG 形	
		BSL 形	
		CD 形	
模数支承式	模数式	TS 形	采用异形钢材或钢组焊件与橡胶密封带组合的支承式构造
		J-75 形	
		SSF 形	
		SG 形	
		XF 形	
		GQF－MZL 形	
无缝式	暗缝形	GP 形（桥面连续）	路面施工前安装的伸缩构造，以路面等变形吸收梁变位的构造
		TST 弹塑体	
		EPBC 弹性体	

（1）梳形钢板伸缩缝。由梳形板、锚栓、垫板、锚板、封头板及排水槽等组成，有的还在梳齿之间填塞合成橡胶，以起防水作用，如图 5-60 所示。它适用于变形量达 20～40cm 的桥梁。其安装程序为：桥面整体铺装→切缝→缝槽表面清理→将构件放入槽内→用定位角铁固定构件位置及高程→布设焊接锚固钢筋→在混凝土接缝表面涂底料→浇筑树脂混凝土→及时拆除定位角铁→养生→填缝→结束。

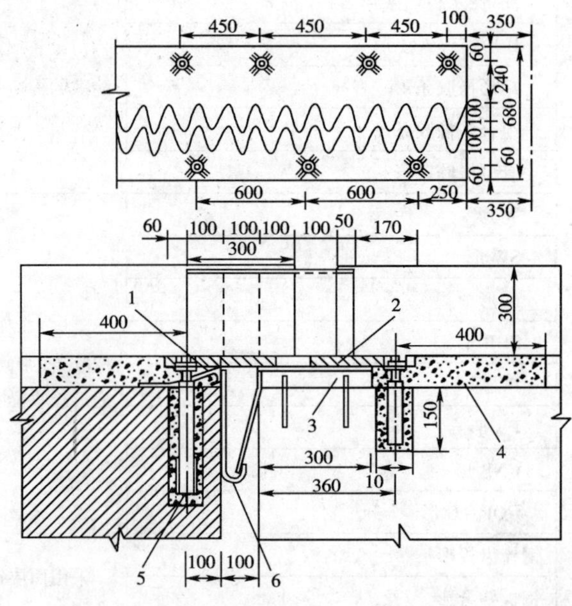

图 5-60　梳形钢板伸缩缝构造图（尺寸单位：mm）

1-封头板；2-垫板；3-锚板；4-C40 混凝土；5-锚栓；6-排水槽

(2)镀锌铁皮沥青麻絮伸缩缝。它适用于变形量在 20 ~ 40mm 的低等级公路的中、小跨径桥梁及人行道上,系用镀锌铁皮弯成 U 形并在其内填塞沥青和麻絮。这样,当桥面伸缩时,镀锌铁皮可以随之变形。

(3)橡胶条伸缩缝。是利用橡胶富有弹性、耐老化的特性,将其嵌入型钢制成的槽内,使橡胶在气温升降变化时始终保持受压状态。在型钢与橡胶条接触面上用胶黏剂黏接,根据伸缩量不同制成二孔或三孔的形式。它并具有构造简单、伸缩性好、防水防尘、安装方便、价格低廉等优点,伸缩量为 30 ~ 50mm,一般用于低等级公路的中、小桥梁,如图 5-61 所示。

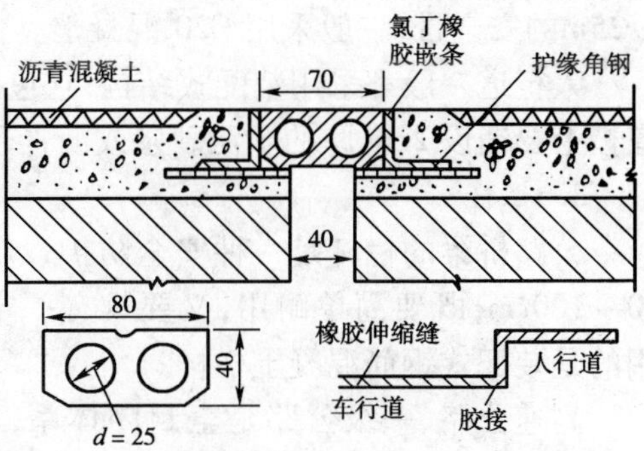

图 5-61　橡胶条伸缩缝(尺寸单位:mm)

(4)模数式伸缩装置。由于高等级公路和各种长大桥梁的不断兴建,对位移伸缩量的要求越来越高,钢板及一般的橡胶伸缩装置,已难以满足大位移量的要求,因此出现了在大位移量情况下能承受车辆荷载的各种类型模数式伸缩装置系列,如图 5-62 所示。

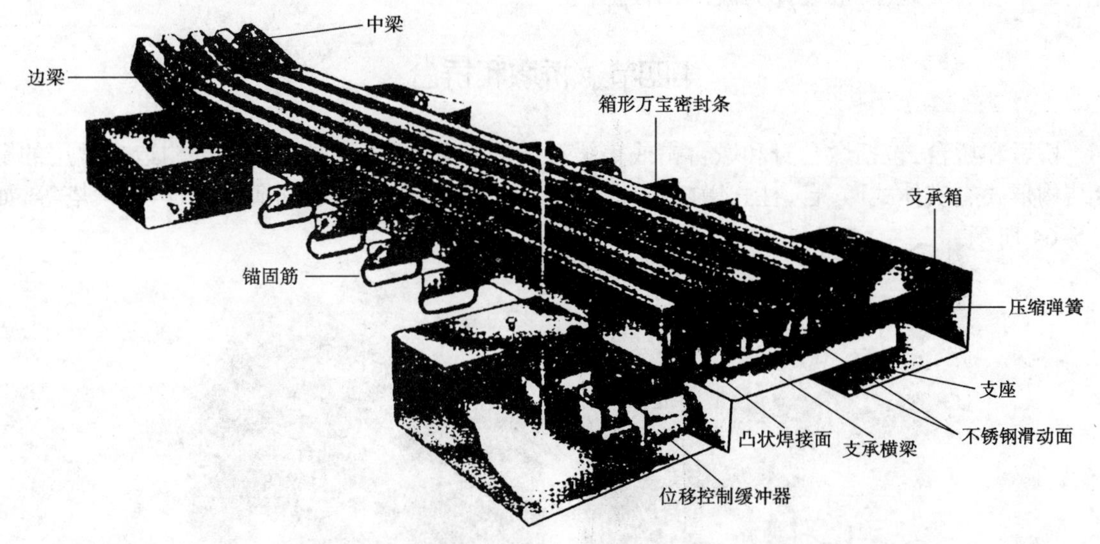

图 5-62　模数式伸缩装置构造图

它的构造特点是:均由 V 形截面或其他截面形状的橡胶密封条(带),嵌接于异型边梁钢和中梁钢内组成可伸缩的密封体,异型钢梁直接承受车辆荷载,且可根据要求的伸缩量,随意增加中梁钢和密封橡胶条(带),加工组装成各种伸缩量的系列产品。其单缝伸缩量为 0 ~ 80mm,位移量可根据桥梁实际需要随意组合,最大可达 1200mm。

(5)弹性体材料填充式伸缩缝。它是由高黏弹塑性材料和碎石结合而成的一种伸缩体,适用于变形量在 50mm 以内的中、小跨径桥梁工程。

实腹式拱桥上的桥面铺装,一般都是按路面工程中的各结构类型进行铺筑,同时并入路面工程内计算,不计入桥梁工程内。

2. 人行道

位于城镇附近和行人较多的桥梁，一般均应设置人行道，其宽度一般为0.75m或1m，当大于1m时按0.5m的倍数增加。当不设人行道时，为确保行车安全，则应设置宽度不小于0.25m的安全带，一般采用C20混凝土。

人行道一般都采用装配式结构，它包括人行道块件、人行道板、缘石等。在安装好后，人行道板上要铺设2cm厚的水泥砂浆或沥青砂作为面层，常称为人行道铺装。

3. 栏杆

公路桥梁的栏杆是一种安全防护设施，其高度通常为80~100cm，既要简单耐用，又要具有一定的艺术造型，常用的是装配式钢筋混凝土栏杆。

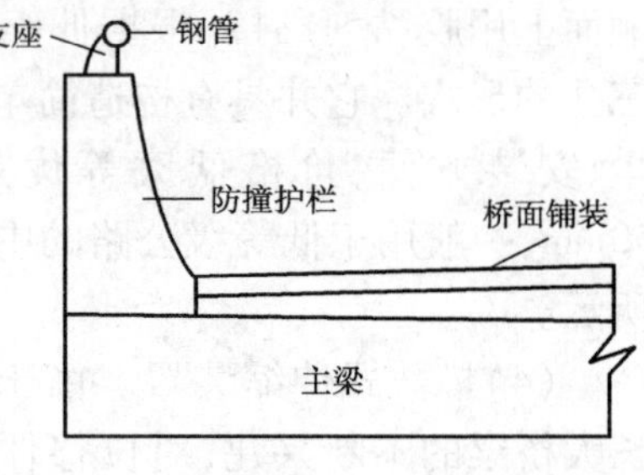

图5-63　钢筋混凝土防撞护栏构造

高速公路、一级公路是全封闭体系，其路上的桥梁不要求设置人行道，同时，为了适应汽车高速安全行驶的需要，通常将栏杆改为现浇钢筋混凝土防撞护栏，如图5-63所示。它的底部与预埋在行道板内的钢筋相连接而形成为整体结构，高度为80~100cm，底宽为50cm，顶部安放直径100mm的钢管栏杆。在高速公路上为了统一美观，一般设计为波形钢板护栏。

第四节　桥墩和桥台

桥墩和桥台，包括墩台身和墩台帽或盖梁等两项工程内容，通常称为下部构造。常用的墩台结构形式有实体式墩、台，柱式墩、台，埋置式桥台，空心墩，Y形墩和薄壁墩，以及索塔等，如图5-64所示。

图5-64　桥墩和桥台

一、墩台结构设计要求

桥墩是多跨桥梁的中间支承上部构造的构筑物。因此，它还要承受河中流水压力，水面以上的风力，以及可能出现的漂流物或流冰、排筏、船只撞击等。至于桥台则还起着衔接两岸路堤接线的作用，所以，既要能挡土护岸，又要能承受台背填土和填土上车辆等荷载所产生的附加侧压力。故公路桥涵设计规范除要求桥梁的墩、台本身应有足够的强度、刚度和稳定性外，而且对地基的承载能力、沉降量，以及基础底面与地基土之间的摩阻力等，都提出了一定的要求和具体规定，以避免在各种荷载作用下产生过大的水平位移或沉降，保证桥梁的安全使用，设计时要注意以下有关规定和要求：

(1)当在非岩石类的地基上修建带八字翼墙的桥台时，台身与翼墙之间，要设缝分开。桥台应采取必要的排水措施。

(2)在有流水或漂浮物的河流中，混凝土桥墩的迎水面，应设置钢筋网，并采用高强度等级混凝土；石砌桥墩则应采用强度较高的石料砌成。若系强烈流冰的河流，则宜在最高流冰水位以上 1m 和低于最低流水水位时冰层底面下 0.5m 之间设置破冰体，破冰体的倾斜度一般为 3:1 ~10:1。

(3)梁、板式上部构造的梁端与梁端、梁端与桥台之间的伸缩缝宽度，中、小跨径的桥梁一般为 2 ~5cm，大跨径的桥梁则应根据温度变化、弹性变形以及施工放样，预制和安装构件的容许误差等因素来确定。

(4)大跨径桥梁的墩帽和台帽的厚度，不小于 40cm，中、小跨径的桥梁不小于 30cm。墩台帽的出檐宽度一般为 5 ~10cm。

(5)有关盖梁的计算规定。多柱式墩台的盖梁，可按连续梁计算。当盖梁的刚度与柱的刚度比大于 5 时的双柱式墩台，其盖梁按简支梁计算。当墩台承受较大的横向力时，则盖梁应作为刚构的一部分计算。当盖梁的计算跨径与梁高之比，对于简支梁小于 2.0，对于连续梁小于 2.5 时，则盖梁可按深梁计算。

(6)拱式桥台的台背填土，为了减少土的变形对上部结构的影响，应在主拱圈安装以前完成。台后填土的长度为台高的 3 ~4 倍。

二、实体式墩、台

实体式墩、台有重力式墩、台和轻型墩、台两种，通常用天然石料、片石混凝土、混凝土和钢筋混凝土等建筑材料修建，各有其不同的适用范围。因为适宜于就地取材，施工方便，需要的施工机械设备又不多，施工工艺也不太复杂，故是公路桥梁建设中较为广泛使用的一种结构形式，如图 5-65 所示。

图 5-65　桥墩桥台

1. 重力式墩、台

它的主要特点是靠自身的重量来平衡外力而保持其稳定。因此，墩、台身比较厚实，圬工体积相应较大，主要采用天然石料或片石混凝土砌筑，不需要耗用钢筋，是比较经济的。适用于地基良好或有流冰、漂浮物较多的河流。由于体积大，以致阻水面积也大，是其不足之处。

在公路梁桥和拱桥中的重力式墩、台，除了墩、台帽和拱座的构造上有所差别外，其他各部分的构造外形大致是相同的，施工方法基本上也是一样的。《公路砖石及混凝土桥梁设计规范》都作了较为详细的规定和要求，现扼要介绍如下。

(1)墩、台帽及拱座。是墩、台顶端的传力部分，起着承托上部构造的作用，即将桥上的全部恒载和活载传到墩、台身上。因此，其强度要求较高，一般都采用C20混凝土或钢筋混凝土修建。梁式桥的墩、台帽的平面尺寸，首先应满足布置支座的需要，其平面形状则应与墩、台身形状相配合，至于墩帽还应符合墩身顶宽的要求。支座边缘到墩、台身顶部边缘的距离见表5-5的规定。其目的是为了避免支座过分靠近墩、台身边缘而导致应力集中，另一方面是为了提高混凝土的局部抗压强度，以及考虑施工误差和设置锚栓孔的需要。同时，墩、台帽的宽度除了应满足上述规定和要求外，还应视墩、台结构形式和安装上部构造的施工方法，以及防震措施所需的宽度而定。

支座边缘至墩、台身边缘的最小距离(cm) 表5-5

桥向 / 跨径	顺桥向	横桥向	
		圆弧形端头(自支座边角量起)	矩形端头
大桥	25	25	40
中桥	20	20	30
小桥	15	15	20

注:1. 当采用钢筋混凝土悬臂式墩、台帽时，上述最小距离则为支座至墩、台帽边缘的距离。

2. 跨径100m及以上的桥梁，应按实际情况另定。

在桥梁建设中，钢筋混凝土悬臂式墩、台帽是一些较宽或墩、台身较高的桥梁，为了减少墩、台身和基础的圬工数量，降低工程造价，而常采用的一种结构形式。

根据上述要求，梁式桥的顺桥方向的墩帽宽度，应符合下列表达式：

$$b=f+a+2c_1+2c_2$$

式中：b——梁桥的墩帽宽度(cm)；

f——相邻两跨支座的中心距离(cm)，它由支座中心至主梁端部的距离和梁端与梁端之间的伸缩缝宽度来确定；

a——支座板的纵桥向宽度(cm)；

c_1——墩帽的出檐宽度，一般为5~10cm；

c_2——支座边缘至墩身上缘的最小距离(cm)，见表5-5。

在支座下面，墩帽和台帽内应设置钢筋网。对于大、中跨径的桥梁，墩、台帽内应设置构造钢筋，小跨径的墩、台帽，除严寒地区外，可以不设置构造钢筋。钢筋直径一般采用8~16mm，按间距15~25cm网格布置。

在同一桥墩上，当支承相邻两孔桥跨结构的支座高度或建筑高度不相同时，常在桥墩上设置支承垫石来调整。垫石的平面尺寸一般规定为支座垫板的边缘距支座垫石的边缘距离不应小于15~20cm,垫石的厚度为其长度的1/3~1/2。

至于拱式桥则是在其墩、台顶部的起拱线高程上,设置与拱轴线成正交的拱座,直接承受拱圈传来的压力。所以,若拱式桥的拱圈为半圆拱时,则拱座呈水平面。坦圆拱时,则拱座为斜面。

当桥墩两侧的孔径不等,恒载水平推力不平衡时,常将拱座设置在不同的起拱线高程上。这样,一般在桥墩墩身推力较小的一侧进行变坡,考虑外形美观上的要求,变坡点应设在常水位以下。

(2)墩、台身。这是桥墩和桥台的主要组成部分,在公路梁桥和拱桥建设中,常用的重力式桥台有U形桥台和八字形桥台两种结构形式。有关U形桥台的技术要求和规定,将另行介绍。

根据《公路砖石及混凝土桥涵设计规范》的规定,对于梁桥中的实体桥墩墩身的顶宽,小跨径不宜小于80cm;中跨径不宜小于100cm,至于大跨径桥的墩身顶宽,应视上部构造的类型而定。其墩身侧坡一般采用20:1~30:1,小跨径桥的桥墩也可采用直坡。

为了便于水流和漂浮物的顺利通过,墩身平面形状通常作成圆端形或尖端;无水的岸墩或高架桥的桥墩也可作成矩形,应结合实际情况,合理确定。

至于拱桥,因是一种推力结构,拱圈传给墩上的力,除了垂直力以外,还有较大的水平推力,这是与梁桥最大不同之处。同时,拱桥的桥面(上承式拱桥)与墩顶的顶面相距还有一定的高度,故墩顶上还要修建各种不同形式的结构,如实腹式拱桥,则要作成与侧墙平齐的形式,空腹式拱桥则常采用立墙式(即墩上横墙)或者立柱加盖梁等形式。

等跨径拱桥的实体式桥墩的顶宽(单向推力墩除外),对于混凝土墩可按拱跨的1/30~1/15,石砌墩可按拱跨1/25~1/10估算,其比值随跨径增大而减小,且不宜小于80cm。对于单向推力墩,则应按实际情况计算确定。

单向推力墩是指在它的一侧的桥孔因某种原因遭到毁坏时,能承受住单向水平推力,以保证其另一侧的桥孔不致因此而倒塌,故又称为制动墩。有时在多孔拱桥的施工中,为了拱架的多次重复使用,达到节约劳力和费用的目的,按桥台与某墩之间或者按某两个墩之间作为一个施工段进行分段施工,因此也需要设置能承受部分恒载的单向推力的制动墩。这种单向推力的制动墩比一般普通墩要做得厚实一些,相应圬工体积要大。

2. 轻型墩、台

实体式轻型墩、台,是相对于重力式墩、台而言的,其主要特点是力求体积轻巧,自重较小,它借助结构物的整体刚度和材料的强度来承受外力,从而可大量节省圬工材料,减轻地基的负担,为在软土地基上修建桥梁开辟了经济可行的途径。但它只适宜用于跨径不大于13m的梁(板)式上部构造,当台高不超过4m时,可采用块石砌筑,其顶宽不宜小于60cm,一般都采用直坡,是一种直立薄壁墙。

轻型桥台上端与上部构造要铰接,即用钢筋锚栓相互锚固,相邻桥台(墩)之间要设置支撑梁,这样就构成四铰刚构系统,以桥梁的上部构造及桥孔下面的支撑梁作为桥台上下支撑,桥台则作为上下端简支的竖梁,承受台后的土压力。支撑梁应设于铺砌层或冲刷线以下,中距一般为2~3m。从桥中心线左右两侧对称布置,并应垂直于桥台,可采用混凝土或天然石料砌筑,以节约钢筋,但断面尺寸不应小于40cm×40cm。若支撑梁设计为钢筋混凝土时,其断面尺寸一般为20cm×30cm。

轻型桥台按照翼墙的不同形式，有八字形轻型桥台、一字墙轻型桥台和耳墙式轻型桥台三种，如图5-66所示。

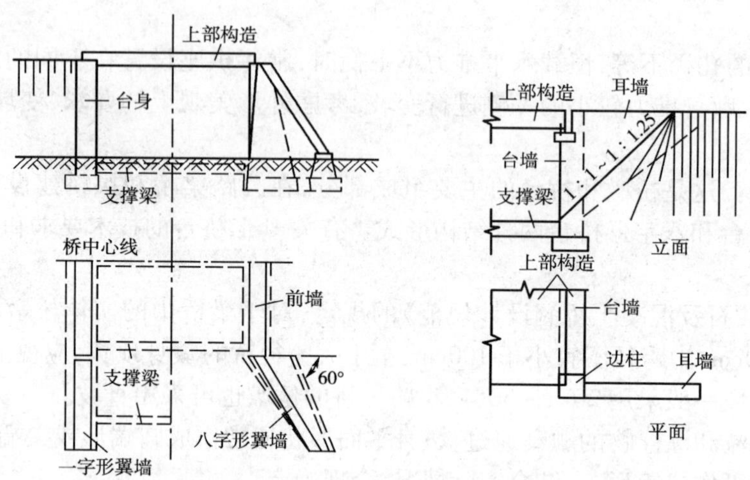

图5-66　轻型桥台结构形式

八字墙和一字墙的轻型桥台，都采用天然石料砌筑，砂浆强度等级不宜小于M7.5，如果基础能嵌入岩层，也可不设支撑梁。台身与翼墙之间一般要设置沉降缝分离。这类桥台一般都不设置路堤锥坡。

为了节省圬工，轻型桥台可以不做八字翼墙或一字翼墙，改在轻型台上设置耳墙。这样，桥台由台墙、耳墙和边柱三部分所组成。耳墙附于钢筋混凝土的边柱上部，为水平土压力作用下的悬臂板。它是一种三角形的薄壁结构，与锥坡配合起到路堤挡土的作用，其悬臂长度不宜大于4m。对于需要经过人工处理的软土地基来说，效果较好。

轻型墩、台的墩、台帽的尺寸及结构，也取决于上部构造及其支座的尺寸等要求而定，与上述的重力式墩、台并无多大差异。

三、柱式墩、台

公路桥梁中的柱式墩、台结构，有圆柱式和方柱式两种，都是采用钢筋混凝土就地浇筑而成，高度可达30m，是公路桥梁建设中采用较多的一种墩、台结构形式。它外形美观，圬工体积小，故相应重量较轻。

柱式墩、台也是一种轻型墩、台结构，应用最多的有独柱、双柱和三柱三种形式，如图5-67所示。

1. 独柱

在跨线桥（立交）和弯梁桥中应用较多，因为它能适应连续曲线箱梁等半径较小及斜交角度较大的特殊情况，便于立交桥的墩位布置，不仅占地少，而且桥下空间视野开阔，有利于行车，桥梁的整体造型也很美观。

2. 双柱

多作为空心板、T形梁、工形梁、箱梁等上部构造的桥墩使用。它的特点是，基础大都是采

图 5-67　柱式桥墩

用钻孔灌注桩,柱与桩直接相连,可以说立柱是地面上的桩。这种钻孔灌注桩柱式桥墩结构,根据建设实践经验,能适应许多场合和各种不同的地质条件,一般情况下,是比较经济的。当墩身桩柱的高度大于1.5倍的桩距时,通常应在桩柱之间设置系梁。这样,柱的底端被连成整体,从而增强墩身的侧向刚度。不足之处是双柱间空隙较小,易于阻塞漂浮物,如图5-68所示。

图 5-68　双柱式桥墩

3. 三柱式

高等级公路桥梁的桥面一般都比较宽,当斜交时则桥墩的盖梁长度可达18m左右。这样,通常采用桩连柱的形式,设置较小的盖梁高度和跨径,此时桩柱间距离一般在6～8m之间。若按双柱设计,盖梁内力必然增大,势必加大钢筋混凝土盖梁的高度,相应会使路堤高度增加,从总体上来讲,是不经济的。

当柱式墩、台的高度超过钢筋的标准定尺长度时,施工过程中必然出现在现场接长钢筋的情况,根据公路工程概、预算定额的规定,所需的塔接长度的数量应按照实际情况另行计入钢筋的设计重量内。若系较高的立柱式墩,为了加快施工进度,减少模板的安装拆卸工作,应采用提升模架的方式进行施工。这种提升模架，是将模板沿着所施工的混凝土结构四周截面组配，并固定在提升架上，模板的高度根据墩身分节浇筑的高度确定，一般在4m左右，逐节浇筑，然后往上提升。这样，就无需设置施工接缝，也提高了工程质量。因此，在编制工程造价时，应另行计算其提升模架的金属设备费用。

柱式墩、台的施工方式比较优越和具有许多有利条件，因为全部墩、台工程都可以在原有的钻孔灌注桩工作平台上进行，不仅能节省费用，也便于组织连续施工。

四、埋置式桥台

埋置式桥台，是将台身完全埋置在路堤填土中，只露出台帽部分，以安置支座和上部构造，在台身上设置背墙和短小的耳墙与路提衔接，耳墙伸入路堤的长度应不小于50cm。在台前铺砌护坡，台的两侧设置锥坡。这种桥台受到的土压力大为减少。因此，可以减薄台身，缩短翼墙。所以，埋置式桥台也是一种轻型桥台。但是由于台前护坡伸入桥孔，压缩了河床的流水断面，或者为了不压缩河床，就要适当增加桥长。而护坡一般是用片石作表面防护的一种永久性设施，故存在被洪水冲毁而使桥台裸露的可能，所以，在设计时，要考虑承受来自桥台后面单向主动土压力的受力情况，可以用压实土的内摩擦角来验算其主动土压力。

台帽部分的内角到护坡表面的距离不应小于50cm，否则应当在台帽的两侧设置挡板，用以挡住护坡填土，以免侵入支座平台上去。

埋置式桥台，有肋形式、框架式、后倾式和双柱式等多种形式。

1. 肋形埋置式桥台

由两块后倾式的肋板与顶面帽梁连结而成，故而得名。并设有台背墙和耳墙，以挡住路堤填土，如图5-69所示。台高在10m及以上者要设置系梁。台身和基础可用C15混凝土，台身与帽梁和基础之间，要布置少量的接头钢筋，它适用跨径40m以内的梁桥。

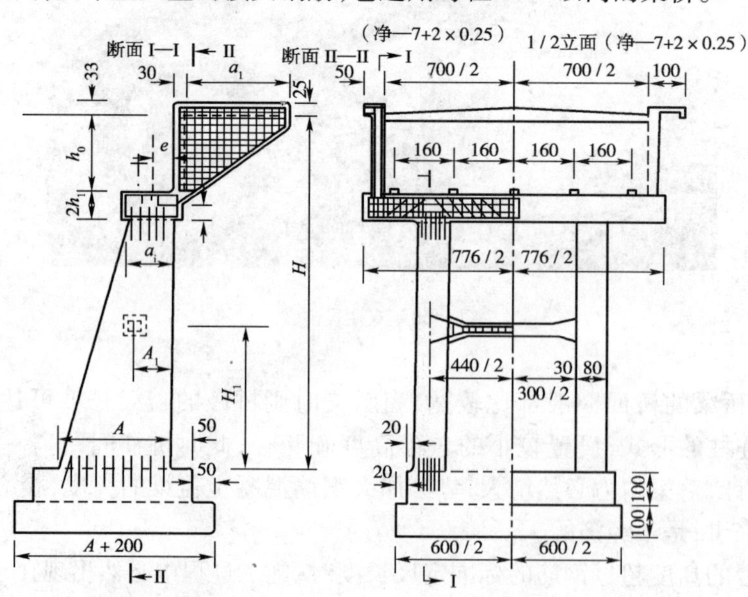

图5-69 肋形埋置式桥台(尺寸单位:cm)

2. 框架式埋置式桥台

它与肋形埋置式桥台基本上是类似的,只是其挖空率更高,故用料更省,但一般要用钢筋混凝土来修建,如图5-70所示。其基础通常都是采用双排钻孔灌注桩,通过系梁连成为一个框架结构,所以,具有更好的刚度,它适用于跨径20m以内的梁板式桥及台身高度在10m以下的桥台。

3. 后倾式埋置式桥台

它实质上是一种实体重力式桥台,借助台身后倾,使重心落在基底截面重心之外,以平衡台后填土的倾覆作用,故倾斜要适当。台身一般都用天然石料修建,台帽、背墙及耳墙采用C15混凝土,其中台帽与耳墙要设置钢筋。这种桥台的稳定性较好,见图5-71所示。它适用于10m以上高度的桥台。

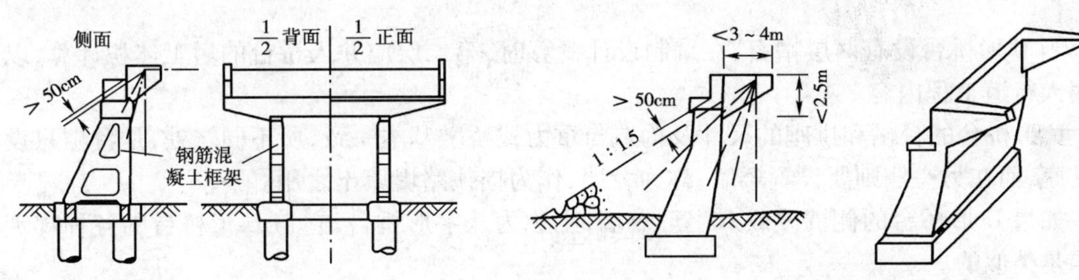

图5-70 框架式埋置式桥台　　图5-71 后倾式埋置式桥台

如果为了节省圬工体积,降低工程造价,可以把这种后倾式埋置式桥台的台身部分适当挖空,就成为前述的肋形埋置式桥台,所以,在进行设计时,应当根据建设工程的实际情况,合理选用。

4. 双柱式埋置式桥台

它与双柱式墩、台结构形式基本上是一样的,只是盖梁上要设置台背墙和耳墙,是一种桩与桩相连的结构。

双柱式埋置式桥台适用于各种土壤的地基,还可根据桥宽和地基的承载能力采用三柱或者多柱的结构形成。如果不采用钻孔灌注桩而将立柱嵌在天然基础之上的则称为立柱式埋置式桥台。

埋置式桥台,一般适用于桥头为浅滩或边坡冲刷较小的河道修建桥梁的桥台或岸墩,但在施工时要注意前后均匀填土。

五、U形桥台

U形桥台,是一种实体重力式桥台,它由前墙和两个侧墙构成为一个U字形,如图5-72所示,大都采用天然石料砌筑。前墙正面侧坡一般为10∶1或20∶1,侧墙正面一般是垂直的,与前墙联合成一体,兼有与路基衔接和反撑前墙的作用,侧墙尾墙应有不小于75cm的长度插入路堤内,以保证与路堤有良好的衔接。U形桥台主要依靠自身的重量和台内填土的重量来维持其稳定,其结构简单,施工方便,有利于就地取材,是广泛

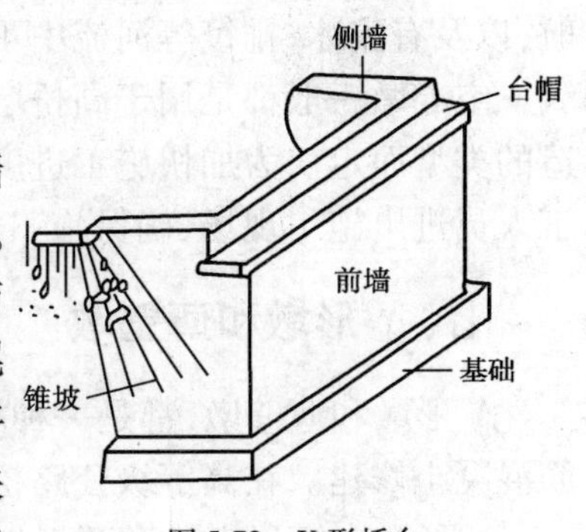

图5-72 U形桥台

使用的一种桥台形式,但由于自重较大,因此对地基要求较高。

根据桥涵设计规范的规定,U 形桥台的前墙,其任一水平截面的宽度不宜小于该截面至墙顶高度的 0.4 倍。侧墙的任意水平截面的宽度,对于片石砌体不小于该截面墙顶高度 0.4 倍;对于块石、料石砌体或混凝土不小于 0.35 倍。如果桥台内填料为透水性良好的砂性土或砂砾,由上述两项规定可相应减为 0.35 倍和 0.30 倍。

为了排除桥台内积水,一般要在略高于高水位的平面上,修建台背排水设施,在台后路基方向设置有斜坡的夯实黏土层作为不透水层,其上再铺一层碎石,将积水引入设在台后横贯路堤的盲沟内。

设置在 U 形桥台两侧的锥坡坡比,一般由纵向的 1:1逐渐变至横向的 1:25,以便与路堤边坡一致。故锥坡的平面形状为四分之一的椭圆。锥坡的表面一般采用片石或混凝土块铺砌加固。

当 U 形桥台设有两层帽石,在编制设计概算时,第二层应并入桥台的圬工体积计算,以上则属人行道工程内容。

U 形桥台的台帽和拱座的尺寸及构造与重力式桥墩基本一致,所不同之处,是台帽只设单排支座,而在另一侧则要设置矮墙,称为背墙,作为挡住路堤填土之用。

如果 U 形桥台的侧墙改成八字形翼墙,则称为八字形桥台,它与 U 形桥台的各种规定与要求是类似的。

六、空心墩

空心桥墩的结构形式,在外形上与实体重力式桥墩是相似的,主要是在一些高大的桥墩中,为了减少圬工体积,节约用料,降低工程造价,或者为了减轻重量,降低地基的承受力,而用混凝土或钢筋混凝土将墩身内部作成空腔结构,故称为空心墩,其自重较实体式桥墩要轻,介于实体重力式和轻型桥墩之间,高度可达 70m。

按规定空心墩的构造尺寸,应符合下列要求:

(1)墩身的最小壁厚,对于混凝土不宜小于 50cm,钢筋混凝土不宜小于 30cm。

(2)墩身内应设置纵、横隔板,以加强墩的局部稳定。

(3)墩顶实体部分及以下,应设置带门的进人洞和相应检查设施。

(4)墩身周围应适当设置通风孔或泄水孔,孔的直径不宜小于 20cm。

空心墩的不足之处,是抵抗碰撞的能力较差,因此,在夹有大量泥砂等撞击磨损物质或通航,以及有流冰、排筏等河流中不宜采用。

空心墩一般都是用于高桥墩和大跨径的桥梁,故墩身顶宽及墩帽的平面尺寸应视上部构造的类型而定。为加快施工进度,应采用提升模架的方式组织施工,并设置施工电梯,以利施工人员进出施工现场,确保施工安全。

七、Y 形墩和薄壁墩

Y 形墩和薄壁墩,都是一种轻型桥墩,其结构形式经济合理,外形轻盈美观,一般都采用钢筋混凝土修建。在高等级公路桥梁建设中,常使用这种桥墩结构。

Y 形墩由矩形墩柱和两根斜腿所组成,因墩身呈 Y 字形而得名。大都采用 C30 钢筋混凝土来作成，适用于高度在20m以内的梁桥桥墩，一般都与箱梁上部构造配合使用，故无需再设置盖梁。结合这种墩的结构特点，在施工过程中，两个斜腿应对称地进行混凝土的浇筑，若数量较多亦可分段地进行施工。

薄壁墩的墩身是直立的，其厚度与高度的比值较小，约为1/15～1/10，一般只30～50cm厚，是一种实体薄壁结构。其结构特点是：圬工体积小，结构轻巧，比实体重力式桥墩的圬工要少20%左右，而且施工方便，外形美观，由于墩身薄，故过水性较好，适用于软弱地基的梁桥桥墩的修建，只是钢筋的含量较高，大都采用C25混凝土来修建。

八、索塔

索塔一般由立柱、横梁、顶梁及腹系杆所组成，但也有不设顶梁的，横桥方面的立面有独柱式、门式、斜腿门式和倒Y式等多种形式。它是悬索桥和斜拉桥的主要支承结构，通过固定的钢索承托着上部构造的全部荷载，而钢索则是这种桥梁的主要承重部件，大部分是用抗拉强度高、疲劳强度好和弹性模量较大的高强钢丝作成，如图5-73所示。

图5-73　索塔

独柱形的索塔，外形轻巧美观，结构简单，是吊桥和斜拉桥常用的结构形式。而纵向和横向都呈独柱形的索塔，则仅限于单面斜拉索的桥梁，当需要加强侧向抗风刚度时，可以配合采用倒Y形式。斜腿门式索塔，是双平面索常用的形式，而且它适用于较高的索塔。门式索塔一般用于设置竖直双平面索的场合，钢索吊桥则通常都是采用这种索塔的结构形式。

索塔主要承受轴力，除塔底铰支的幅射式斜索布置形式外，也承受弯矩。此外，因制动力、温度变化、混凝土的徐变与收缩等还会增加塔内的弯矩。当采用悬臂施工时，还会受到相当大的不平衡弯矩。索塔一般都是用C40混凝土作成，其截面为方形或矩形。斜拉桥索塔的钢筋含量比较高。

凡索塔是墩塔相连的一种固结形式时，其高度和工程量则应从其础顶面算起。吊桥的索塔多建于桥台或岸墩，其墩、台与索塔有明显的分界线，是一种分离形式，索塔的高度和工程量，则应从桥面顶面以上至塔顶进行计算。所以，在编制工程造价时，应分别按上述要求确定其计算工程量。

索塔一般都比较高，施工时应采用提升模架，并设置施工电梯，以确保施工的顺利进行。

第五节 桥梁基础

公路桥梁常用的基础类型，有扩大基础、桩基础（打入桩、钻孔灌注桩、挖孔桩）和沉井基础等三种。随着桥梁技术的发展，地下连续墙基础、组合式基础也逐渐得到应用。根据交通部颁布的《公路桥涵地基与基础设计规范》的规定与要求，基础类型应根据桥址处的工程地质勘测资料，以及水文、地形情况，结合上下部结构、荷载、材料供应和施工条件等合理选用。

一、扩大基础

这种基础将荷载通过逐步扩大的基础直接传到土质较好的天然地基或经人工处理的地基上。它的尺寸按地基承载力和所承受荷载决定，基础埋置深度与基础宽度相比很小，属于浅基础范畴，施工常采用明挖方法，因此又称为明挖浅基础。

1. 基础埋深规定

(1)当墩台基底设置在不冻胀土层中，其基底埋深可不受冻深的限制。若上部为超静定结构的桥梁，而地基为冻胀性土时，则基础的基底应埋入冻结线以下不小于25cm。若墩台基础设置在季节性冻胀土层中，其基底的最小埋置深度，应按规范规定的计算公式计算确定。

(2)小桥基础，在无冲刷处，除岩石地基外，应在地面或河床底以下至少埋入深度1m；如有冲刷，基底埋深应在局部冲刷线以下不少于1m。若河床上有铺砌层时，宜设置在铺砌层顶面以下1m。

(3)大、中桥基础在有冲刷处，其基底埋置深度应按规范规定的局部冲刷线以下的安全值选定，一般为1~4m。建于抗冲刷能力强的岩石上的基础，则不受此限制。

(4)墩台基础的顶面不宜高于最低水位，若地面高于最低水位但不受冲刷时，则不宜高于地面。

(5)墩台基础设置在岩石上时，应清除风化层。当河流冲刷较严重时，则应根据基岩强度嵌入岩层一定深度，或采取其他锚固措施，使之连成整体。当桥台设置在山坡或倾斜的岩石上时，可根据基岩的强度作成台阶形，以减少工程数量，节约投资。

为了确保桥梁基础设计的合理可靠，一般应沿桥轴线或其两侧进行工程地质钻探，钻孔数结合桥梁的类别和桥址的工程地质条件而定，中桥不少于2个钻孔，大桥不少于3个钻孔，特大桥一般不少于5个钻孔（控制性钻孔应不少钻孔总数的一半）。钻孔主要是了解掌握桥基持力层的地质构造，不良地质情况，地基土的物理力学性质及地下水的状况等，以满足设计和施工的需要。

2. 天然地基上的浅基础的特点

天然地基上的浅基础的特点是将基础底面直接设置在土层或岩层上，其埋置深度较浅，一般从地表面至地基上的深度在5m以内，而地基的承载力又能满足设计的要求，则采用这种天然地基上的浅基础。它施工简单，又比较经济，是公路桥梁工程建设中广泛使用的一种基础形式。一般采用石砌或混凝土圬工，不需要钢筋，又能做到充分就地取材。由于圬工材料抗拉强度较小，故基础的悬出部分不宜过大，以避免因其受拉而开裂破坏，当基础的厚度较大时，则应作成台阶形断面。

天然地基上的浅基础的另一个特点，是要开挖基坑，其作用是提供一个施工活动的空间，使基础的砌筑得以按照设计所指定的位置进行，所以，基坑的大小应满足基础施工作业的要求，一般基底应比设计的平面尺寸各边增宽50～100cm，并以此作为计算开挖基坑数量和编制工程造价的依据。渗水土质（即在湿处开挖基坑土、石方）的基坑坑底的开挖尺寸，还应考虑设置排水沟和集水井的宽度。但因此而相应增加的开挖基坑的土、石方数量，不得作为编制桥梁工程挖基的计价依据，因为概预算定额中已综合了这些作业的用工。

3. 基坑开挖要求

当基础覆盖层的土壤系坚硬或硬塑状态的黏性土，而基坑顶部边缘无活荷载，稍松土质的基坑深度不超过0.50m，中等密实土质的基坑深度不超过1.25m，密实土质的基坑深度不超过2.00m时，都可采取垂直坑壁进行开挖。基坑深度在5.00m以内，施工期较短，土的湿度正常，土层结构均匀时，则可采取斜坑壁（即放坡）开挖，其坑壁坡度可参考表5-6确定。当坑壁不稳定或放坡开挖受场地限制，或开挖方数过大，不符合技术经济要求，则可结合具体情况，采用基坑挡土板对坑壁进行加固。挡土板的计价工程量一般按需要支撑的基坑侧面积计算。

基坑坑壁坡度 表5-6

坑壁土类	坑壁坡度		
	坡顶无荷载	坡顶有静载	坡顶有动载
砂类土	1:1	1:1.25	1:1.5
卵石、砾类土	1:0.75	1:1	1:1.25
粉质土、黏质土	1:0.33	1:0.5	1:0.75
极软岩	1:0.25	1:0.33	1:0.67
软质岩	1:0	1:0.1	1:0.25
硬质岩	1:0	1:0	1:0

在确定基坑的开挖坡度时，若要经过不同的土层时，坡度可分层决定，并酌设平台。当基坑深度大于5m时，基坑坑壁可适当放缓或加设平台。

4. 基坑渗水量的计算

当桥梁基础位于地表水以下，而采用明挖基础时，还要根据水深、流速和桥址的实际情况，设置各种不同结构形式的围堰作为防水设施，以保证在无水条件下进行基础施工作业。因此，相应要考虑排水工作，在公路工程概预算定额中的湿处挖土石方所需的水泵台班已有了具体的规定，编制工程造价时，可以根据覆盖层的土壤类别选用。但在施工时，如何确定抽水设备的总排水能力，以保证能在基坑内基本无水进行作业，首要的任务，是要计算出基坑的渗水量，然后据以选定抽水机的型号。渗水量的计算可参照下列经验公式进行：

$$Q = F_1 q_1 + F_2 q_2$$

式中：Q——基坑总渗水量（m^3/h）；

F_1——基坑底面积（m^2）；

q_1——基坑底面平均渗水量[$m^3/(m^2/h)$]，可参照表5-7选用；

F_2——基坑侧面积（m^2）；

q_2——基坑侧面平均渗水量[$m^3/(m^2/h)$],可参照表5-8选用。

基坑底面每 m^2 的渗水量(q_1) 表5-7

序号	土 类	土的特征及粒径	渗水量(m^3/h)
1	细亚砂土,松软黏砂土	基坑外侧有地表水,内侧为岸边干地;土的天然含水量<20%,土粒径<0.005mm	0.14~0.18
2	有裂隙的碎石岩层、较密实黏性土	多裂隙透水的岩层,有孔隙水的粒性土层	0.15~0.25
3	细砂黏土、大孔性土层,紧密砾石土	细砂粒径0.05~0.25mm,大孔土重800~950kg/m^3,砾石土孔隙率在20%以下	0.16~0.32
4	中粒砂,砾砂层	砂粒径0.25~1.0mm,砾石含量30%以下,平均粒径10mm以下	0.24~0.8
5	粗粒砂,卵砾层	砂粒径1.0~2.5mm,砾石含量30%~70%,平均最大粒径150mm以下	0.8~3.0
6	砾卵砂,砾卵石层	砂粒径2.0mm以上,砾石卵石含量30%以上(泉眼总面积在0.07m^2以下,泉眼直径50mm以下)	2.0~4.0
7	漂石、卵石有泉眼或砂砾石有较大泉眼	石料平均粒径50~200mm,或有个别大弧石在0.5m^3以下,泉眼直径300mm以下(泉眼总面积0.15m^2以下)	4.0~8.0
8	砾石、卵石,漂石粗砂,泉眼较多		>8.0

注:表中渗透量,无地表水时用低限,地表水深2~4m,土中有孔隙时用中限,地表水深>4m,松软土时用高限。

基坑侧面每 m^2 的渗水量(q_2) 表5-8

序号	基坑围堰情况	渗水量(m^3/h)
1	敞口放坡开挖基坑或土围堰	按同类土质基坑底面渗水量的20%~30%计
2	木板桩或石笼填土心墙围堰	按同类土质基坑底面渗水量的10%~20%计
3	挡土板或单层草袋围堰	按同类土质基坑底面渗水量的10%~20%计
4	钢板桩、沉箱及混凝土护壁	按同类土质基抗底面渗水量的0~5%计
5	竹、木笼围堰	按同类土质基坑底面渗水量的15%~30%计

5. 基坑排水

目前常用的基坑排水方法有集水井(坑)排水法和井点排水法两种。

1)集水井(坑)排水法

它是在基坑整个开挖过程及基础施工和养护期间,在基坑四周开挖集水沟汇集坑壁及基底的渗水,并引向一个或数个比集水沟挖得更深一些的集水井(坑),用排水工具将水排出基坑之外。集水沟和集水井(坑)应设在基础范围之外,在基坑每次下挖之前,必须先开挖沟、井,集水井(坑)的深度应大于抽水机吸水龙头的高度。在吸水龙头上套以竹筐围护,防止龙头堵塞。

这种排水方法设备简单,费用低,一般土质条件下均可采用。但当地基土为饱和粉砂、细砂土等黏聚力较小的细粒土层时,由于抽水会引起流沙现象,造成基坑破坏和坍塌,因此,不宜采用此种排水方法。

2)井点排水法

当基坑系粉、细砂或地下水位较高,基坑较深,坑壁不易稳定和用普通排水方法难以解决的基坑,可以采用井点排水法。公路工程定额中的“轻型井点降水”定额适于土层渗透系数为0.1~0.8m/h的土壤,降低水位深度在6~9m。井点法的布设形式,如图5-74所示,其中滤水管应尽可能埋设在透水性能较好的土层中,并应在水位降低的范围内,设置水位观测孔。对整个井点系统要加强维护和检查,并保证不间断地进行抽水。此外,还应考虑到水位降低区域构筑物受其影响而可能产生沉降,故应做好沉降观测,必要时应采取防护措施,以免造成不必要的经济损失。井点排水法因需要设备较多,施工复杂,费用较高,故在公路桥梁建设中较少采用,应结合建设工程的实际情况,进行技术经济比较后确定。

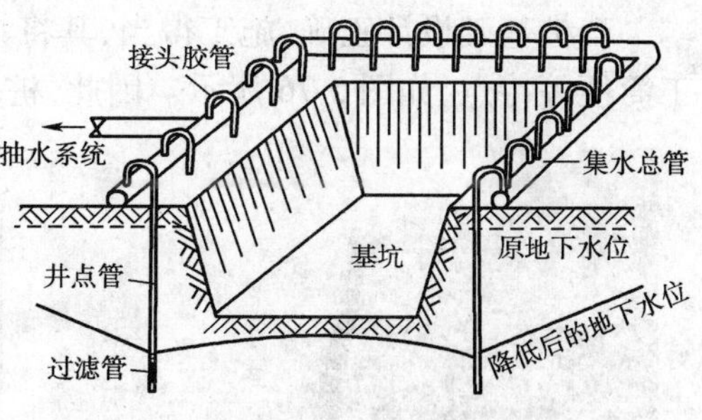

图5-74 井点排水法布设形式

3)帷幕法排水

它是在基坑边线外设置一圈隔水幕,减少渗流水量,防止流砂、突涌、管涌、潜蚀等地下水的作用。具体方法有深层搅拌桩隔水墙、压力注浆、高压喷射注浆、冻结帷幕法等。

6. 人工地基

天然地基的承载力,常会碰到不能满足设计要求的情况,若改用其他形式的基础,既无此必要,又很不经济。因此,常采用人工加固的方法,以提高地基的承载力,使之符合设计要求,这种地基处理称为人工地基。处理方法有砂砾(砂)、碎石垫层,石灰桩,振冲碎石桩,袋装砂井,塑料排水板,粉喷搅拌桩等。粉喷搅拌桩的直径一般为80~100cm,深度为10~30m。

实际工程中应根据软弱地基的厚度和物理力学特性、承载力大小、施工期限、施工机具和材料供应等因素,就地取材,因地制宜地选用合理的方法。

二、桩基础

当地基浅层土质不良时,采用浅基础无法满足结构物对地基强度、变形和稳定性等方面的要求时,往往要采用深基础。

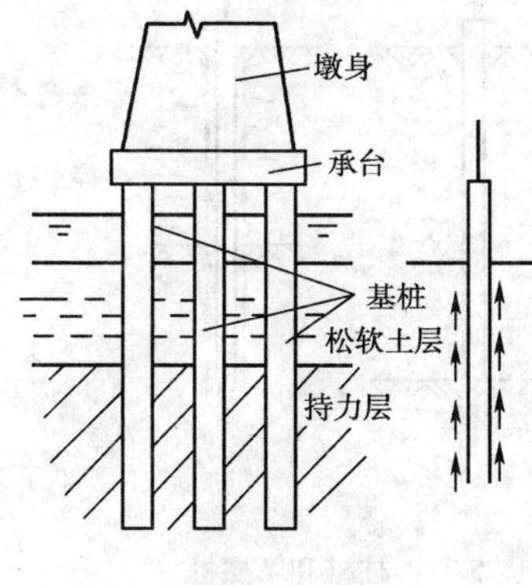

图5-75 桩基础

桩基础由若干根桩和承台两部分组成。桩在平面排列上可以为一排或几排,所有桩顶由承台联成一整体并传递荷载。在承台上再修筑桥墩、桥台及上部构造,如图5-75所示。桩身可全部或部分埋入地基土中,当桩身外露在地面上较高时,在桩间应加设横系梁,以加强桩之间的横向联系。

桩基础的作用是将承台以上结构物传来的外力通过承台,由桩传到较深的地基持力层中去,承台将各桩连成一整体共同承受荷载。桩是基础中的柱形构件,其作用在于穿过软弱的压缩性土层,把桩基坐落于更硬或更密实或压缩性较小的地基持力层上。各桩所承受的荷载通过桩身和桩侧土的摩阻力及桩端土的抵抗力将荷载传至桩周围的土层中。

若桩基础设计正确，施工得当，其将具有承载力高、稳定性好、沉降量小而均匀、耗材少、施工简便等特点，如图5-76所示。因此，桩基础适宜在以下几种情况采用：

图5-76 桩基础施工

(1)荷载较大，地基上部土层软弱，适宜的地基持力层位置较深，采用浅基础或人工地基在技术上、经济上不合理；

(2)河床冲刷较大，河道不稳定或冲刷深度不易计算正确，采用浅基础施工困难或不能保证基础安全时；

(3)当地基计算沉降过大或结构物对不均匀沉降敏感时，采用桩基础穿过松软土层，将荷载传到较坚实土层，减少结构沉降并使沉降较均匀；

(4)当施工水位或地下水位较高时，采用桩基础可减少施工困难和避免水下施工；

(5)采用桩基础可增加结构物的抗震能力，消除或减轻地震对结构物的危害。

以上情况也可采用其他形式的深基础，但由于桩基础耗材少、施工简便，往往是优先考虑的深基础方案。

1. 桩基础的分类

1)按桩的受力条件分类

(1)柱桩和摩擦桩。桩穿过较松软土层，桩底支承在岩层或硬土层等实际非压缩性土层时，基本依靠桩底土层抗力支承垂直荷载，这种桩称为柱桩或支承桩，如图5-77a)所示；桩穿过并支承在各种压缩性土层中，主要依靠桩侧土的摩阻力支承垂直荷载，这种桩称为摩擦桩，如图5-77b)所示。一般情况下，摩擦桩除桩侧土的摩阻力支承垂直荷载外，桩底土层抵抗力也支承部分垂直荷载。

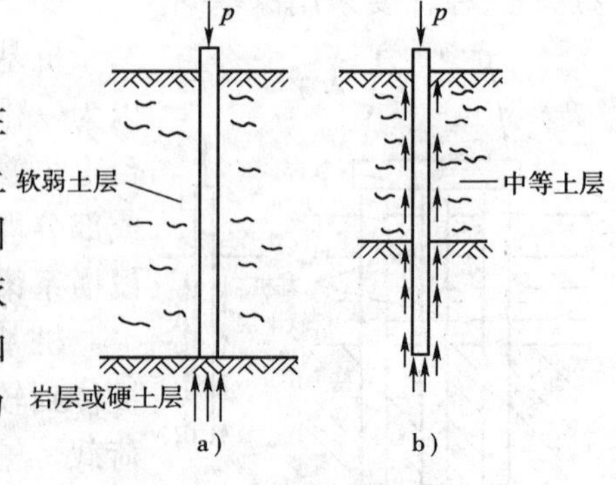

图5-77 柱桩和摩擦桩

(2)竖直桩和斜桩。按桩轴方向可分竖直桩，单向斜桩和多向斜桩，如图 5-78 所示。斜桩的特点是能承受较大的水平荷载，斜桩的桩轴线与竖直桩所成倾斜角的正切不宜小于 1/8，否则斜桩不起作用。

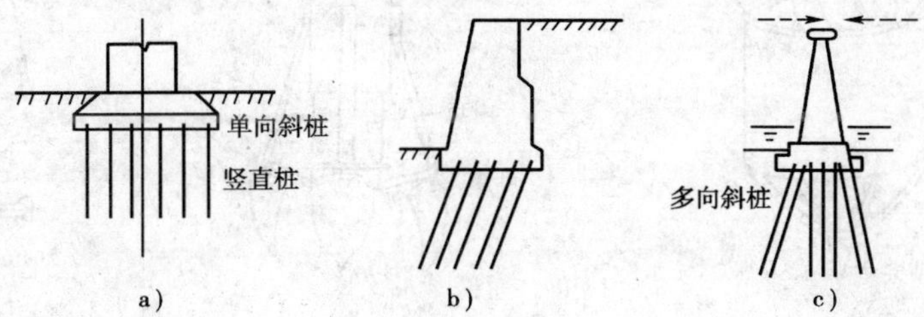

图 5-78　竖直桩和斜桩

(3)桩墩。桩墩是通过在地基中成孔后灌注混凝土形成大口径断面柱形深基础，即以单个桩墩代替群桩及承台。桩墩基础底端可支于基岩上，也可嵌入基岩或较坚硬土层之中，分为端承桩墩和摩擦桩墩两种。

2)按施工方法分类

(1)钻(挖)孔灌注桩。用钻(挖)孔机械在土中钻(挖)成桩孔，而后在孔内放入钢筋骨架，灌注桩身混凝土而成的桩，称为钻(挖)孔灌注桩。

(2)沉入桩。沉入桩是通过锤击、振动、射水、静力压及钻孔埋置等沉桩方法，将各种预先制好的桩打入地基内并达到所需要的深度。

3)按承台位置分类

桩基础按承台位置可分为高桩承台基础和低桩承台基础(简称高桩承台和低桩承台)。高桩承台的承台底面位于地面(或冲刷线)以上，低桩承台的承台底面位于地面(或冲刷线)以下。

4)按材料分类

有木桩、钢桩和钢筋混凝土桩。

2. 钻孔灌注桩基础

钻孔灌注桩基础，是利用不同专业钻孔机具，在地基的土石中造成一个直径为圆形钻孔，达到设计高程后，将钢筋骨架吊入钻孔中，然后通过安放在孔中的导管，直接在水中进行混凝土的灌注作业，从而形成一个较粗糙的圆柱式的桩基础。由于它是在现场就地浇筑完成的，所以称为钻孔灌注桩基础。其工程量应按桩的设计直径和长度作为计量支付依据。

1)钻孔机具

钻孔机具有冲抓锥、冲击锥、冲击钻机、回旋钻机、潜水钻机以及全套管钻机等专业钻孔机具。这些常用的钻孔机具，可归纳为冲抓式、冲击式和旋转式三大类，它能在各类土层造孔成桩，常用的桩径有 1.0m、1.2m、1.5m、2.0m、2.5m、3.0m、3.5m 等，而建成的最大桩径已有 4.0m的。桩的长度则从十余米到上百米。常用的钻孔机具如图 5-79 所示。

2)设计要求

对于摩擦桩，其入土深度不得小于 4m，若有冲刷时，入土深度则应自局部冲刷线算起。对于柱桩须嵌入基岩的有效深度，应按规范规定的计算公式计算确定，一般不得小于 50cm(不包括风化层)。

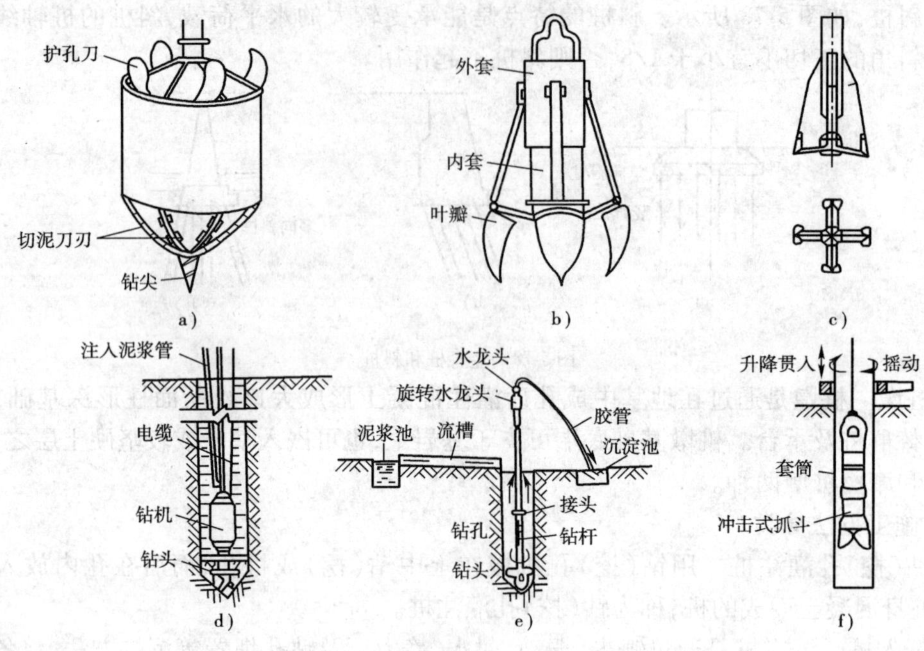

图 5-79　常用的钻孔机具

a)大锅锥;b)冲抓锥;c)冲击锥;d)潜水钻;e)回旋钻;f)全套管

钻孔灌注桩,一般都要设置钢筋骨架,但应按桩身内力大小分段设筋,当经过内力计算表明不需要配筋时,亦应在桩顶 3 ~5m 内设置构造钢筋。桩内钢筋的主筋直径不宜小于 14mm,其数量不宜小于 8 根。对于直径较大的桩,为了加强钢筋骨架的刚度,应在钢筋骨架上每隔 2.0 ~2.5m 设置直径 14 ~18mm 的加劲箍筋一道。同时,在吊装入孔时,应在钢筋骨架四周设置凸出的定位钢筋、定位弧形混凝土块或采用其他定位措施,以确保主筋有足够的保护层厚度。若系柱桩,则钢筋骨架应布置到嵌岩中。

修建群桩钻孔灌注桩基础时,其承台的厚度不宜小于 1.5m,边桩外侧与承台边缘的距离,对于直径小于或等于 1m 的桩,不得小于 0.5 倍桩径并不小于 25cm,对于直径大于 1m 的桩,则不得小于 0.3 倍桩径并不小于 50cm。承台在桩身混凝土顶端平面内须设一层钢筋网,钢筋的直径采用 14 ~18mm。

当设计为桩与柱相连的结构,为加强钻孔灌注桩与圆柱墩之间整体性而设置横系梁时,横系梁的高度可采用 0.8 ~1.0 倍桩的直径,宽度可取为 0.6 ~0.8 倍桩的直径。横系梁的主筋应伸入桩内与主筋相连接。

钻孔灌注桩所用的混凝土称为水下混凝土,它不同于一般混凝土的技术要求,水泥的初凝时间不宜早于 2.5h。粗集料宜优先用卵石,若采用碎石,宜适当增加含砂率,集料粒径不宜大于导管内径的 1/8 ~1/6 和钢筋最小净距的 1/4,同时不宜大于 40mm。混凝土的含砂率宜采用 40% ~50%,水灰比宜采用 0.5 ~0.6,坍落度宜为 18 ~20cm。每 m^3 混凝土的水泥用量,一般不宜小于 350kg,如图 5-80 所示。

3)施工程序及要求

钻孔灌注桩的施工,除应由有施工经验的施工人员主持外,还应掌握钻孔区的地质和水文

图5-80　桥梁基础施工

情况，同时，选好钻孔设备(可参考表5-9)，施工记录要完善。其施工程序是，钻孔场地准备、埋设护筒、钻孔、吊放钢筋骨架、安设导管和灌注水下混凝土等。

(1)钻孔现场准备。是指在钻孔之前必须进行的场地平整工作，主要是为解决安放钻孔设备的问题。当场地为旱地时，应清除杂物，换除软土，平整夯实。当系山坡时，可用枕木或型钢等搭设工作平台。若场地位于水中时，可采用围堰筑岛或修建工作平台的方法进行施工，围堰筑岛和工作平台的面积可按钻孔方法、桩基数量、设备大小等要求决定。凡采用围堰筑岛的方法进行施工，在编制工程造价时，其埋设护筒工作，则应视同为干处，适用其工程计价定额，不能再按水中埋设护筒计算。

各种钻孔设备的适用范围　表5-9

序号	钻孔设备	适用范围			
		土层	孔径(cm)	孔深(m)	泥浆作用及设施
1	冲抓锥	砂土、黏土、砂砾、砾石、卵石	100~150	20~50	护壁
2	冲击锥	砂土、黏土、砂砾、砾石、卵石、软石、次坚石、坚石	100~150	20~40	浮悬钻渣并护壁
3	冲击钻机	砂土、黏土、砂砾、砾石、卵石、软石、次坚石、坚石	100~150	20~50	浮悬钻渣并护壁
4	回旋钻机	砂土、黏土、砂砾、砾石、卵石、软石、次坚石、坚石	200~250	30~100	浮悬钻渣并护壁，要设泥浆池
5	潜水钻机	砂土、黏土、砂砾、砾石、卵石、软石、次坚石、坚石	200~250	30~80	浮悬钻渣并护壁，要设泥浆池
6	全套管钻机	砂土、黏土、砂砾、砾石、卵石、软石、次坚石、坚石	100~200	30~40	不需要泥浆

注：反回旋钻机和反潜水钻孔泥浆只起护壁作用。

在经过技术经济比较，采用人工围堰筑岛的施工方法，既不经济，建设条件也不许可，工作难度又大时,则可采用修建桩基或浮箱工作平台进行钻孔灌注桩的修建工作。

(2)埋设护筒。护筒具有保护孔口地面,防止地表水流入钻孔内,固定桩位和引导钻进方向,并保证钻孔内的水位高出地下水位和施工水位,从而增加静水压力,以维护孔壁,防止坍塌等作用。常用的有钢护筒和钢筋混凝土护筒两种,要求坚固耐用,不漏水,其内径应比桩径稍大,冲抓锥、冲击锥、冲击钻机、潜水钻机宜大 30 ~ 40cm,回旋钻机、人工推钻宜大 20 ~ 30cm,深水处的护筒内径至少应比桩径大 40cm。

护筒顶端的高度:采用反循环回转方法钻孔时,护筒顶端应高出地下水位和施工最高水位 2.0m 以上;采用正循环回转方法钻孔时,护筒顶端泥浆溢出口底边,当地质良好,不易坍孔时,宜高出地下水位和施工最高水位 1.0 ~ 1.5m 以上,当地质不良,容易坍孔时,应高出地下水位 1.5 ~ 2.0m 以上;采用其他方法钻孔时,护筒顶端宜高出地下水位 1.5 ~ 2.0m,当处于旱地时,还应高出地面 0.2 ~ 0.3m;在有潮水影响的地区时,应高出最高水位 1.5 ~ 2.0m 以上。

护筒底端的埋置深度:当在旱地或浅水处,对于黏性土应不小于 1.0 ~ 1.5m;对于砂土应将护筒周围 0.5 ~ 1.0m 范围内挖除夯填黏性土至护筒底 0.5m 以下;在冰冻地区应埋入冻层以下 0.5m;在深水及河床软土、淤泥层较厚处,应尽可能深入到不透水层黏性土内 0.5 ~ 1.5m,当无黏性层土时,则应沉入到砾卵石层内 0.5 ~ 1.0m,若河床为软土,淤泥时,则不得小于 3.0m;有冲刷影响的河床,应埋入局部冲刷线以下不少于 1.0 ~ 1.5m。

在旱地埋设护筒时,筒身周围应用黏土填筑夯实。在深水中埋设时,应先打入导向架,可以采用冲抓或振动沉埋。

当采用全套管钻孔桩施工时,则不需要设置护筒。

(3)钻孔。钻孔灌注桩的成孔方法,随着钻孔设备的不同,其施工工艺也不尽相同,扩孔的程度也不一样,当前在公路桥梁建设中常用的几种钻孔设备,如表 5-9 所示。

冲抓锥是一种无动力的钻具,要另行配置卷扬机共同进行钻孔作业,它不需要钻杆,用钢索吊起,靠冲抓锥自重冲下,将土抓出,冲击高度一般在 1.0 ~ 2.5m,可以直接投放黏土在钻孔内,借频繁冲击作用,形成护壁泥浆。

冲击锥也是一种无动力的钻具,其成孔作业过程,可以说基本上与冲抓锥一样,所不同之处,是冲击高度要大,但最大冲程不宜超过 4 ~ 6m,同时需要采用掏渣筒出渣。

冲击钻机是具有动力的钻具,有机动和电动两种,它的成孔作业过程,完全与冲击锥一样,其钻孔效率虽则比卷扬机带冲击锥冲孔要高,但相应耗费也要大。所以,在选用时,应注意进行必要的技术经济比较,合理选用。

回旋钻机与潜水钻机是一种电动钻孔机械,有正反循环两种类型。是采用减压钻进成孔的,即钻机的主吊自始至终承受部分钻具(钻杆、钻锥、压重块)的重力,而孔底承受的钻压不超过其钻具动力之和(扣除浮力)的 80%,主要是为了减少斜、弯、扩孔现象。钻孔时所需的浮悬钻渣和护壁的泥浆,要用搅拌机械或人工进行拌制,质量要求高。因此,要修建泥浆循环系统,以利回收泥浆原料,清除钻渣和减少环境污染。若在水上进行钻孔作业时,还应设置船上泥浆循环系统。这种钻机的钻孔速度快,与冲击钻机同等孔径、深度相比,要快三倍多。而且孔深可达 100m 以上,费用也比较省,总体经济效益是比较好的。

全护筒钻机是一种比较先进的钻孔设备,利用压入孔内的钢套筒保护孔壁,然后用冲抓锥或冲击锥进行成孔。当在软弱及粉土地层钻进时,护筒应深入抓土面 1.0 ~ 1.5m,在中等硬度

($N=6\sim20$)地层中钻进时,应深入30cm左右,在紧密的卵砾石层中钻进时,须用抓斗预掘到护筒以下20~30cm,再压下护筒,然后继续往返钻进。它具有不扩张和坍孔等优点,也不需要泥浆,如图5-81所示。

钻孔作业应采取多班连续进行,要认真做好施工原始记录,注意土层变化,捞取渣样,以便与设计的地质剖面图核对。对泥浆质量要求较高的钻具,应经常对泥浆进行试验,不符合要求时,应随时改正。钻孔达到设计高程并经检查符合规范要求后,应立即进行清孔。清孔方法有掏渣清孔、换浆清孔和抽浆清孔三种,可以根据设计要求、钻孔方法、机具设备条件和土层情况等决定。掏渣清孔法只适用于冲抓、冲击钻孔;换浆清孔法适用于正循环钻孔的摩擦桩;抽浆清孔法,清孔较彻底,适用于各种方法的钻孔的柱桩和摩擦桩。经清孔后,孔内沉淀厚度,摩擦桩不大于$0.4\sim0.6d$,应尽量争取不大于$0.4d$(d为设计桩径),柱桩应不大于设计规定。孔内泥浆的允许指标是,相对密度1.05~1.20,黏度17~20,含砂率小于4%。

(4)吊装钢筋骨架。在完成了清孔作业并经检查符合规定要求后,应及时、准确地将钢筋骨架吊放在钻孔内,并应牢固定位,可将它固定在护筒或钻架上,以免在灌注水下混凝土过程中被混凝土顶出,或发生位移等事故。

(5)灌注水下混凝土。在钻孔内灌注水下混凝土,一般用不漏水的钢质导管进行,其内径一般为25~35cm。在吊装好钢筋骨架之后,应立即将导管安放在钻孔内,导管应设置储料漏斗,如图5-82所示。在灌注水下混凝土过程中,导管埋在混凝土内的深度一般不宜小于2.0m或大于6.0m。

图5-81　桩基施工

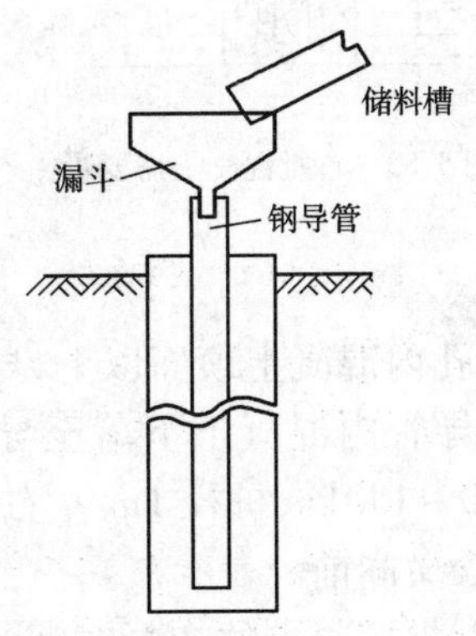

图5-82　导管设施

在进行水下混凝土作业之前,要了解下列问题。

①首批混凝土的需要量,如图5-83所示,应能满足导管初次埋置深度(≥1.0m)和填充导管底部间隙的需要,可按下列公式计算确定:

$$V \geq \pi r^2 h_1 + \pi R^2 H_c$$

式中:V——首批混凝土所需数量(m^3);

r——导管内半径(m);

h_1——井孔内混凝土面高达到 H_c 时，导管内混凝土柱需要的高度(m)；

$$h_1 \geqslant \frac{\gamma_w H_w}{\gamma_c}$$

R——井孔半径(m)；

H_c——灌注首批混凝土时，井孔内混凝土的顶面至底部所需的高度(m)。

H_w——井孔内混凝土顶面以上的水或泥浆的深度(m)；

γ_w——井孔内的水或泥浆的重度(kN/m^3)；

γ_c——混凝土混合物的重度(kN/m^3)。

$$H_c = h_2 + h_3$$

h_2——导管初次埋置深度(m)，$h_2 \geqslant 1.0$m；

h_3——导管底部至孔底间隙(m)，约为0.4m。

②当钻孔桩的桩顶低于或高于井孔中水面时，漏斗底口前者应高出水面，后者则要高出桩顶，各不宜小于4～6m。亦可按下列公式计算确定，见图5-84所示，当计算值大于上述规定时，应采取计算值作为取定依据。

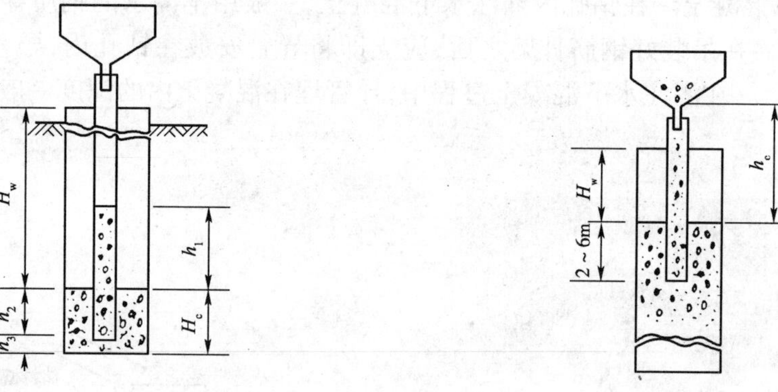

图5-83　首批混凝土需要量　　图5-84　漏斗需要高度

$$h_c \geqslant \frac{P_0 + \gamma_w H_w}{\gamma_c}$$

式中：h_c——井孔内混凝土顶面以上，导管内混凝土的高度(计算至漏斗底口)(m)；

P_0——使导管内混凝土下落至导管底并将导管外的混凝土顶升时所需的超压力，采用100～150Pa，桩径1m左右时取低限，2m左右时取高限；

其他符号含义同前。

③灌入的首批混凝土的初凝时间，不得早于灌注桩的全部混凝土灌注完成时间，当混凝土的数量较大，经分析计算无法达到时，可通过试验，在首批混凝土中掺入缓凝剂，以延迟其凝结时间。

灌注达到桩顶时，应高出设计高程0.5～1.0m。在修建承台或系梁时予以凿除。

若在通航河道上进行水下混凝土作业时，可以配置船上混凝土搅拌台，以利及时组织混凝土的供应。

当在全护筒内灌注混凝土时，应逐步提升护筒，护筒内混凝土不得过高，但一般不应小于1.5m。以防护筒内外侧摩阻力超过起拔能力，而拔不出护筒。

当桩身混凝土达到设计要求的强度后，若系干处或围堰筑岛修建的桩基，即可清除桩头混凝土，开挖基抗，立模浇筑承台或系梁，若处于水中则可采用套箱围堰，进行承台或系梁混凝土的浇筑工作，至此桩基工作已告完成，可开始进行墩台工程的施工。

3. 挖孔灌注桩基础

挖孔桩也属于灌注桩的范畴，只是其成孔方法是采用人工开挖，桩径一般在1.2～2.0m，以便于施工为宜，若桩径过小则开挖困难，孔深不宜大于15m，只适用于无水或少水而且较密实的土或岩石地层。为确保施工安全，防止孔壁坍塌，应根据实际情况，选择合适的孔壁支护类型，如木框架、混凝土护壁等，切实做好孔壁的支护工作。桩身混凝土可按常规的混凝土浇筑方法进行施工，若采用水下混凝土时，则应先向桩孔内灌水，至少应与地下水位相平。挖孔桩具有不受地形条件限制，使用机具简单，能减少大量挖基和圬工数量，能全面铺开加快施工进度，在开挖过程中又能直接摸清地质情况等优点，如图5-85所示。

图5-85 挖孔灌注桩基础

4. 沉入桩基础

如前所述，沉入桩有锤击、振动、射水、静力压及钻孔埋置等沉桩方法，应根据桩重、桩型、设计荷载、地质情况、设备条件及对附近建筑物产生的影响等因素选择合理的方法。

沉入桩所用的基桩主要为预制的钢筋混凝土桩和预应力混凝土桩，断面形式常用的有实心方桩和空心管桩两种。近年来钢管桩在一些桥梁基础工程中也开始使用，随着我国钢铁工业的发展及钢管桩施工方便的优点的日益突出，有可能会逐步推广。

当预制桩的长度不足时，需要进行接桩。常用的接桩方法有法兰盘连接、预埋钢圈焊接、硫磺砂浆锚接等。钢管桩一般在工厂整根制作或分节制作后在现场焊接。

沉入桩在公路桥梁工程中，目前使用较少，以下仅就锤击沉桩作以扼要介绍。

锤击沉桩亦称打入桩，一般适用于松散、中密砂类土和黏性土。由于锤击沉桩是依靠桩锤的冲击能量将桩打入土中，因此一般桩径不能太大（不大于60cm），入土深度在40m以内。

锤击沉桩的主要设备有桩锤、桩架及动力装置三部分。常用的桩锤有坠锤、单动汽锤、双动汽锤、柴油锤和振动锤等几种。沉桩设备是桩基施工质量与成败的关键，应根据土质、工程量、桩的种类、规格、尺寸、施工期限、现场水电供应等条件选择。目前，单(双)动汽锤在公路桥梁工程中已很少采用。

锤击沉桩施工中为了避免或减轻沉桩时由于土体的挤压，使后沉桩沉入困难或先沉入的桩被推移，因此，沉桩的顺序应由基础的一端向另一端进行，当桩基础平面尺寸较大时，也可由中间向两端进行。如果桩的埋置深度不一致时，应先沉入埋置深度大的。如果沉桩处地形为坡地时，则沉桩应由高处向低处进行。

在沉桩过程中，随着桩入土深度的增加，每次锤击的贯入度将随之减小，它在一定程度上能反映出桩的承载力，因此在沉桩时应记录好桩的贯入度，以此作为桩是否达到设计要求的控制数据。除一般的中、小桥沉桩工程，有可靠的依据和实践经验可不进行试桩外，其他沉桩工程在施工前均应先进行试桩试验，以确定桩基的入土深度和控制贯入度，保证桩基具有设计的承载能力。

三、沉井基础

沉井是井筒状构造物，如图5-86所示。它是通过井内挖土、依靠自身重量克服井壁摩阻力后下沉至设计高程，然后经过混凝土封底，并填塞井孔，使其成为桥梁墩台或其他结构物的基础。沉井基础的特点是埋置深度大、整体性强、稳定性好，能承受较大的垂直荷载和水平荷载，而且施工设备简单，工艺不复杂，在桥梁工程中应用较为广泛。缺点是工期长，易发生流沙现象，造成沉井倾斜，沉井下沉过程中遇到大孤石、树干或岩石表面倾斜较大等，均会给施工带来一定的困难。

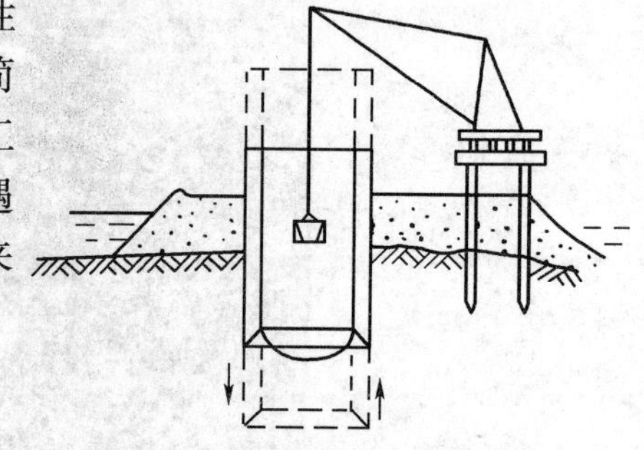

图5-86　沉井基础

1. 沉井的类型和构造

1)沉井的类型

(1)按所用的材料分类。沉井可用不同的材料作成，有混凝土、钢筋混凝土、砖石和钢壳沉井等。目前公路桥梁中采用较多的是钢筋混凝土沉井。

(2)按沉井的平面形状分类。沉井的平面形状通常是结合墩台的平面形状来确定的，一般常用的有圆形、矩形、正方形和圆端形等。

(3)按沉井的立面形状分类。在公路桥梁工程中，常用的沉井立面形状有柱形、阶梯形和倾斜式等。沉井立面形状的选择，主要取决于沉井下沉时所穿切土层的性质和下沉深度。当穿切的土层土质比较松软，摩阻力不大，下沉深度也不很深，沉井依靠自重便可以克服摩阻力而下沉时，宜采用柱形沉井，保证下沉时有较好的稳定性。当土层比较实，摩阻力较大时，为了不增加沉井的自重而能顺利下沉，可采用阶梯形或倾斜式沉井。沉井高度以沉井顶面不高出河流最低水位为宜，如地面高于最低水位、且不受冲刷时，则不宜高出地面。沉井底面高程应由冲刷深度和地基容许承载力而定。

2)沉井的构造

沉井主要由井壁、刃脚、隔墙、封底、填心和顶盖板等几部分组成，如图5-87所示。

井壁是沉井的主体部分。在下沉进程中，是一个活动围壁，用以挡土围水并利用自身重量克服土与井壁之间的摩阻力，使沉井顺利下沉。在使用期间，作为基础将作用其上的荷载传递到地基上去。它的厚度应根据结构强度,下沉需要的重量等因素来确定。一般采用0.7～1.5m,但薄壁沉井不受此限制。所采用的混凝土强度等级不应低于C15,沉井最底下一节的最小含筋率不宜小于0.1%,其水平钢筋不宜在井壁转角处有接头。每节沉井的高度根据沉井全高、土质情况和施工条件确定,一不宜高于5m。

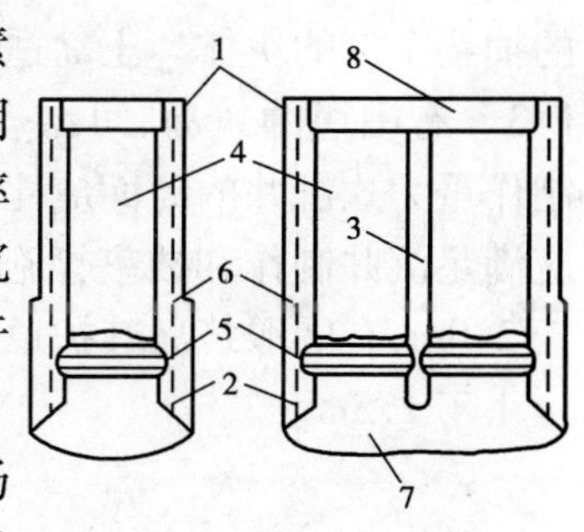

图5-87　沉井结构示意图

1-井壁;2-刃脚;3-隔墙;4-井孔;5-凹槽;6-填心;7-封底;8-盖板

井孔是由井壁围成的空间,在施工过程中作为挖土排土的场地和通道,其尺寸应满足施工要求,井孔的宽度或直径不宜小于3m。井孔的平面布置宜简单对称。

刃脚位于沉井井壁的下端,其主要作用是切土。为了利于切土和便于取土,刃脚斜面在保证刃脚受弯和受剪的强度要求下,应尽量做得陡些,刃脚斜面与底面所成的夹角大于45°。刃脚的踏面宽度一般为0.1～0.2m。刃脚高度视井壁厚度而定,为了便于人工挖掏刃脚下面的土,高度最好大于1m。沉井通过坚硬土层,如夹卵石、漂石层时,刃脚底面应以角钢或钢板加强,以免损坏刃脚。沉井刃脚一般采用强度等级不低于C20的钢筋混凝土制成。

当沉井的平面尺寸较大时,为了使用或施工中的需要,常用一道或几道内墙把沉井分隔成几个井孔,这样既减少了井壁的跨度,又增加了沉井的整体刚度。隔墙一般受力较小,其厚度常采用0.6～1.0m。隔墙刃脚踏面应比井壁刃脚踏面高出0.5m,以减少下沉阻力。在排水下沉人工开挖的情况下,应在隔墙上开设1.0m×1.2m的过人洞,以方便施工。

沉井下沉至设计高程后用C20混凝土填封底层,岩石地基可用C15混凝土填封。沉井封底后抽水时,底板将会受到地基反力和水压力的作用,根据其受力要求来确定其厚度,一般不小于井孔最小边长的1.5倍,封底的顶面应高出刃脚根部0.5m。为了使封底混凝土与井壁混凝土有较好的结合,可在井壁的刃脚附近设置凹槽。沉井井孔的空间,可采用填心或空心两种方式进行处理。当作用在沉井上的外力较大时,应采用填心式,填料可采用混凝土、片石混凝土或浆砌片石,在无冰冻地区,还可采用粗砂或砂砾来填充。当作用在沉井上的外力较小,或为了减轻沉井重量时,在无冰冻地区也可采用空心沉井,但不管是填充砂砾材料还是空心沉井,其顶盖板一律采用钢筋混凝土板,以承受由墩台传来的荷载。对填心的沉井顶盖板可采用强度等级不低于C15的混凝土,厚度为1.0～2.0m。

2. 沉井施工

沉井本身既是基础结构,而在施工过程中又是挡土防水的围堰设施。其埋深规定与天然地基上的浅基础相同。

沉井一般都是作为桥墩基础,其制作方法应根据桥址的具体情况合理确定。当在制作下沉过程中无被水淹没的岸滩上,则宜就地围堰筑岛制作沉井。当位于深水处而围堰筑岛困难时,可采用浮式沉井。

1)重力式沉井

它的特点是壁厚、重量大。当墩台位于旱地时,可就地制作,挖土下沉;当位于浅水区或可能被水淹没的区域时,一般宜用筑岛的方法制作和下沉。筑岛分为无围堰筑岛和有围堰筑岛两种形式。筑岛材料应用透水性好、易于压实的砂土或碎石土等,而且不应含有影响岛体受力的抽垫下沉的块体。土岛适用于水浅、流速不大的河床,其临水面坡度,一般可采用1:1.75~1:3。有围堰的筑岛,可结合当地的实际情况,选用草土、草(麻)袋、竹木笼、钢板桩等围堰。制作重力式沉井的岛面应比施工最高水位高出50~70cm,有流水时,应再适当加高,筑岛尺寸应满足沉井制作和抽垫等施工要求,一般须在沉井周围设置护道,无围堰筑岛其护道宽度不小于2.0m,有围堰筑岛其护道宽度可按下列公式计算确定。但在任何情况下,护道的宽度都不应小于1.5m。

$$b \geqslant H\tan\left(45° - \frac{\varphi}{2}\right)$$

式中:b——护道的宽度(m);

H——筑岛高度(m);

φ——筑岛土饱和水时的内摩擦角(°)。

重力式沉井的下沉作业,有排水下沉和不排水下沉两种方式。一般宜采用静水抓土的不排水方法下沉,有卷扬机带抓斗和履带式起重机带抓斗两种方法,可结合现场条件选定。当限于设备条件,又是在稳定的土层中,也可采用排水人工开挖配卷扬机提升出土下沉,但应有安全措施,防止发生人身安全事故。

在沉井下沉过程中,进行沉井接高时,不得将刃脚掏空,接高加重要均匀,并对称地进行,以防止接高时急剧下沉发生倾斜。

2)浮式沉井

浮式沉井基础,系将沉井作成空腔式的壳体,入水后能自行浮于水中,有钢丝网水泥薄壁沉井和钢壳沉井等多种形式。钢丝网水泥薄壁浮运沉井的构造,其空腔壁系由3cm左右厚的钢筋网、钢丝网和水泥砂浆组成,在河岸上制成后,通过临时修建的下水轨道,下滑至水中。考虑施工人员在壁腔内操作方便,沉井的壁厚一般不得小于80cm。钢壳沉井实际上是用角钢和薄钢板焊成的沉井钢模板,如图5-88所示,一般是在工厂里按设计要求制成构件,然后在船坞或船上进行拼装,故应根据现场实际情况,修建临时船坞或拼装船。

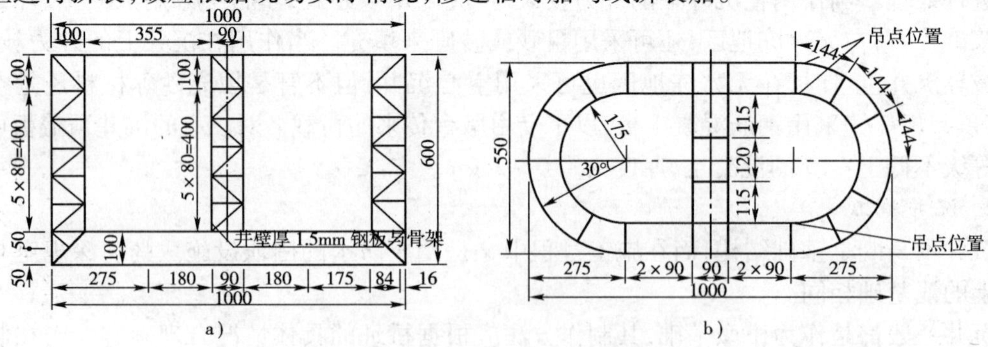

图5-88 钢壳沉井构造(尺寸单位:cm)

a)剖面;b)平面

浮式沉井的施工顺序是:制作或拼装、下水、浮运、定位落床。在施工之前,应根据建设条件和实际情况与要求,选配好导向船、定位船、船上混凝土搅拌台、排水灌水设备,以及固定船只和沉井用的锚碇的规格和数量等。在沉井制作完成下水后,用拖轮拉运(导向船)或绞车(卷扬机)牵引就位,而在浮运和定位落床的任何时间内,露出水面的高度均不得小于1m。尤其是定位落床,它是浮式沉井施工中的一个关键环节,技术要求高,施工难度大,故应根据建设环境的实际情况,通过各种必要的分析计算,确定定位布置方案。

当浮运沉井准确定位后,应向井孔内或井壁空腔格内迅速、对称、均衡地灌水,使沉井落至河床,并拆除临时底板,薄壁空腔沉井落床后,可逐格对称、均衡地灌注适当数量的水下混凝土,以加固井壁和增加重量,然后将水抽干,进行一般混凝土的浇筑,从而使薄壁空腔式沉井变成为普通的重力式沉井,依靠自重或另行加压使之下沉。

3. 封底、井孔充填及顶板浇筑

当沉井沉至设计高程后,经检查基底合格,应及时进行封底。封底之前,应进行清底,要尽量整平基底,清除浮泥,井壁、隔墙及刃脚与封底混凝土接触处的泥污要清洗掉。采用水下混凝土封底,当封底面积较大时,宜采用多根导管逐根灌注,按先周围后中部和先低处后高处的顺序进行,使混凝土保持大致相同的高程。多根导管之间的布置间距与灌注混凝土时的超压力有关,可参考表5-10确定。封底混凝土的厚度,一般应由计算确定,但其顶面应高出刃脚根部(即刃脚斜面的顶点处)不小于50cm。

导管作用半径与超压力的关系 表5-10

超压力(kPa)	75	100	150	250
导管作用半径(m)	<2.5	3.0	3.5	4.0

沉井基础耗用的人工和材料都比较多,由于钻孔灌注桩的施工工艺的不断完善和发展,因此,在公路桥梁建设中已较少采用这种基础。

四、地下连续墙基础及组合基础

随着桥梁技术的不断发展,以及跨越能力的不断增大,一些新型基础形式也得到了发展和应用。在此,简要介绍一些地下连续墙和组合基础的概念。

1. 地下连续墙基础

地下连续墙是一种新型的桥梁基础形式。它是在泥浆护壁条件下,采用专用的挖槽(孔)机械,顺序沿着基础结构物的周边,在地基中开挖出一个具有一定宽度和深度的槽孔,然后在槽内安放钢筋笼,浇筑水下混凝土,逐步形成的一道连续的地下钢筋混凝土墙。当混凝土硬化到一定的强度后,即可作为基坑开挖时挡土、防渗、对邻近建筑物的支护以及直接成为承受垂直荷载的基础的一部分。目前,直接作为桥梁基础的还较少,大多是作为基坑开挖的挡土、防渗设施。

地下连续墙按槽孔形式可分为壁板式、桩排式和组合式,如图5-89所示。按墙体材料可分为钢筋混凝土、素混凝土、塑性混凝土(由黏土、水泥和级配砂石所合成的一种低强度混凝土)和黏土等。按挖槽方式可分为抓斗、冲击钻和回旋钻等。基础的平面形状能适应工程的需要作成矩形、圆形、多角形及井字形等。

地下连续墙刚度大、强度高,是一种变形较小刚性基础。施工时对地基无扰动,基础与地基的密着性好,墙壁的摩阻力比沉井井壁大,在无明显坚硬持力层的情况下,能提供较大的承载力。同时,施工所占用空间较小,对周围地基及现有建筑物的影响小,可近距离施工,特别适宜于在建筑群中施工。施工时振动小、噪声低,无需降低地下水位,浇筑混凝土无需模板和养护,故可使费用降低。对地基的使用范围广,施工机械化程度高,工作效率高,速度快。随着成槽机械的不断改进,目前地下连续墙的深度已达100m。

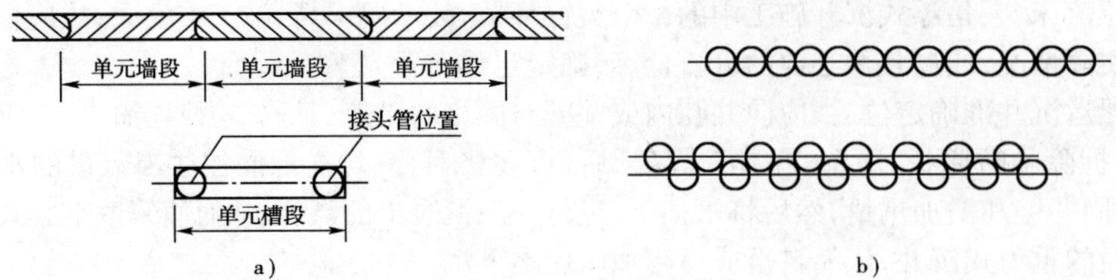

图5-89　地下连续墙的平面形式
a)壁板式;b)桩排式

但地下连续墙施工工序较多,技术要求高,尤其因墙壁是钻挖成槽后就地浇筑水下混凝土的薄壁结构,如果施工不当,容易发生因竖直度达不到要求,不能形成封闭的地下围墙,或出现槽壁坍塌、墙体厚薄不匀、水下混凝土浇筑质量低劣等事故。为了保证施工质量,工地施工检测和控制的可靠性是十分重要的。

2. 组合式基础

处于特大水流上的桥梁基础工程,墩位处往往水深流急,地质条件极其复杂,河床土质覆盖层较厚,施工时水流冲刷严重,施工工期较长,采用普通的单一形式的基础已难以适应。为了确保基础工程安全可靠,同时又能维持通航,宜采用由两种以上形式组成的组合式基础。其功能要满足既是施工围堰、挡水结构物,又是施工作业平台,能承担所有施工机具与用料等。同时还应成为整体基础结构物的一部分,在桥梁运营阶段亦有所作用。

组合式基础的形式较多,常用的有双壁钢围堰钻孔灌注桩基础、钢壳沉井加管柱(钻孔桩)基础、浮运承台与管柱、井柱、钻孔桩基础,以及地下连续墙加箱形基础等。可根据设计要求、桥位处地质水文条件、施工机具设备状况、施工安全及通航要求等因素,通过综合技术经济分析、论证比较,因地制宜地合理确定。

五、基础围堰

围堰为在水中进行基础施工时,围绕基础平面尺寸外围修建的临时性挡水设施。围堰建成后,可使基础工程由水中施工变为干处施工。

围堰的结构形式和材料要根据水深、流速、地质情况、基础形式及通航要求等条件进行选择。但不论何种围堰,均必须满足下列要求:

(1)围堰的顶高宜高出施工期间最高水位(包括浪高)50~70cm。

(2)围堰的外形应适应水流排泄,大小不应压缩流水断面过多,以免壅水过高危害围堰安全,以及影响通航、导流等。围堰内形应满足基础施工的要求。堰身断面尺寸应保证有足够的强度和稳定性,使基础施工期间,围堰不致发生破裂、滑动或倾覆。

(3)应尽量采取措施防止或减少渗漏,对围堰外围边坡的冲刷和修筑围堰后引起河床的冲刷均应有防护措施。

围堰为辅助工程,概预算定额是将修建和拆除清理两项工作内容综合在一起的。而在设计阶段,设计人员在选定桥梁基础的结构形式时,除考虑其经济合理和实施的可能性外,一般对应采用哪种形式围堰都不提供具体的设计资料,而是在编制工程造价和组织施工时,由造价工程师或施工人员,根据设计要求,结合建设条件和现场实际情况,通过调查研究,本着合理可靠,便于施工的原则决定。不同水深和地质条件的基础围堰,如表5-11所示。

各类围堰参考适用范围 表5-11

序号	围堰类型	适用条件
1	草土围堰	水深1.5m以内,流速0.5m/s以内,河床土质渗水性较小
2	草、麻袋围堰	水深3.0m以内,流速1.5m/s以内,河床土质渗水性较小
3	竹笼围堰	水深4.0m以内,流速较大,河床土质渗水性较小
4	竹、铅丝笼围堰	水深1.5~4m以内,流速较大
5	木笼铁丝围堰	水深3.0m以内、流速较大、河床坚硬平坦,无覆盖层,打桩有困难
6	套箱围堰	埋置不深的水中基础
7	钢板桩围堰	各类土(包括强风化岩)的深水基础
8	钢筋混凝土板桩围堰	黏性土、砂类土及碎石土类河床
9	双壁钢围堰	深水基础

围堰所用的填料宜采用黏性土,以减少渗漏,从而减少排水工作。

凡采用围堰施工的基础,应尽可能安排在枯水季节进行,在施工前应将堰底河床上的树根、石块、杂物等清除,修筑围堰应自上游开始至下游合龙。

公路桥梁基础施工中常用的围堰结构形式介绍如下。

1. 草土围堰

在围堰的临水面分层铺草填土,以保护坡面,防土被水冲走的一种防水设备称为草土围堰,堰顶宽度一般为1~2m,堰外侧的边坡一般全部是土围堰时边坡应为1:2~1:3,堰内侧边坡一般为1:1~1:1.5,边脚与开挖基坑的边缘距离根据河床土质及基坑的深度而定,但一般不得小于1m。它多用于河岸处的墩台基础围堰。

2. 草、麻袋围堰

为减少围堰断面并保护堰坡不被流水冲刷侵蚀,而采用80cm×60cm的草袋或110cm×70cm的麻袋盛装松散的黏性土壤堆码堰堤边坡而在中间填土的一种防水设施,称为草、麻袋围堰。围堰的顶宽一般为1~2m,有黏土心墙时为2.0~2.5m,堰的外侧边坡一般为1:0.5~1:1,堰的内侧边坡一般为1:0.2~1:0.5,坡脚与开挖基坑的边缘距离的具体要求与草土围堰相同。它多用于流速较大,而又不宜过多压缩河道流水断面的基坑开挖工作。袋内盛土一般为袋容量的60%左右为宜,袋口应用线缝合,堆码要尽量密实整齐,土袋内外层和上下层应相互错缝,必要时由潜水工配合整理坡脚。采用黏土心墙措施,是为了更好的防止渗漏,从而减少排水工作。

在编制工程造价时,草土以及草、麻袋围堰和竹笼围堰作为计价依据的工程量,以围堰的中心长度为准。

3. 竹笼围堰

用竹篾编成ϕ80~120cm左右的竹笼,其高度则视需要的围堰高度而定,在笼内填塞土袋、石块、竖立成单层或双层,用木料串连,铁丝捆扎等方法予以加固,在两层中间填筑黏性土壤,防止渗漏的一种防水设施,称为竹笼围堰。竹笼围堰的顶宽一般为水深的1~1.5倍。为防底部渗漏,可在堰底外侧堆码土袋。它适用于水流较急的河道,但由于需用竹子较多,故只宜在盛产竹子的地方使用。

4. 木笼铁丝围堰

用木料作成的框架,内外安设铁丝编成的网,在框架就位后,再抛填石块、土袋的一种防水设施,称为木笼铁丝围堰。当用于开挖基坑围堰防水时,木笼的宽度一般应不小于0.6倍水深,这样,在排除堰内的水后,它依靠自身的重量与其中所抛填的土石的重量,以及所产生的摩阻力的作用,可抵防外侧的水压力,其稳定性就能得到保证。当其用于钻孔灌注桩的围堰筑岛,就不需要再考虑其他防渗措施。若用于开挖基坑围堰防水时,则应采取其他有效的防渗漏措施,如在木笼外侧堆码草、麻袋黏土墙等。在编制工程造价时,是以木笼所包围的实体作为计算依据。

5. 套箱围堰

用各种钢构件(如万能杆件)组拼成骨架,板壁用钢板焊或铆合成一个开口箱形结构后,将其整体悬吊定位,有无底和有底两种形式,因为它常被用于修建桩基的承台,施工时是将基桩套在其内并予以固定的一种围堰防水设施,故称为套箱围堰。除用于修建桩基承台外,一般只适宜用于埋置不深的水中基础。

套箱用于修建桩基承台时,无论是有底还是无底都要在套箱内灌注水下混凝土封底,然后抽干水再进行施工。若用于修建一般基础工程则与沉井的施工方法是一样的。

有底套箱一般用于桩基的承台设置在水中,当承台埋置在覆盖层内时,则应采用无底套箱围堰作为防水设施。在组织实施时,一般可根据现场的实际情况和配备的起吊、移动能力,亦可采用装配式的方法,就地拼装,但必须采取措施,防止套箱接缝处渗漏。

在实际工作中,套箱围堰一般用于通航的河道,故在实施时,需要配拖轮、工程驳船、潜水设备等,用驳船吊运至基础位置、定位落床。

6. 钢板桩围堰

钢板桩是一种定型的工业产品,具有强度大,防水性能好,能打入坚硬的砾石、卵石以及软石岩层内,适用范围广等优点。其成品长度有多种规格,最长为20m,可根据需要进行接长,一般采用等强度焊缝焊接。10~30m深的围堰,采用钢板围堰是适宜的。但费用比较高,需要的机械设备比较多,如需要在水中修建工作平台或采用工程船舶进行插打钢板桩,故在公路桥梁建设中较少使用。

在编制工程造价时,只能以钢板桩的设计重量作为计算费用的依据。

7. 双壁钢围堰

前述的钢壳沉井作为围堰使用,其组拼、下水、浮运、定位落床与沉井的施工方法是完全一样的,唯一不同之处,是在基础工程完成之后,应予以拆除,在编制工程造价时,应按规定计算回收,如设计不拆除作其他使用如防撞,则不计回收。这种围堰适宜作为深水通航河道的基础施工的围堰防水,目前,在国内外大江、大海深水基础中,同灌注桩或管柱桩组成复合式基础使用较多。

围堰的种类比较多,除上述几种外,还有钢筋混凝土板桩围堰、木板桩围堰、木和钢木结合套箱及钢丝网混凝土套箱围堰等,为了做到安全可靠,经济合理,在编制工程造价时,应通过调查研究,结合建设条件,本着就地取材和保护生态环境的原则,逐座桥梁、逐个基础的进行分析比较,选定适宜的围堰形式。

第六节 涵洞工程

涵洞是公路路基通过洼地或跨越水沟(渠)时设置的,或为把汇集在路基上方的水流宣泄到下方而设置的横穿路基的小型地面排水结构物,它是公路上广泛使用的一种人工构筑物。公路建设中修建涵洞的目的,一是专为排泄小溪流水和天然雨水,以保护路基的稳固,避免雨水的毁坏;二是专为灌溉农田之用,不致因修建公路而影响发展农业生产用水。

一、涵洞的构成与分类

1. 构成

涵洞由洞身、洞口建筑、基础和附属工程组成,如图5-90所示。

洞身是涵洞的主要部分,其截面形式有圆形、拱形、箱形等。

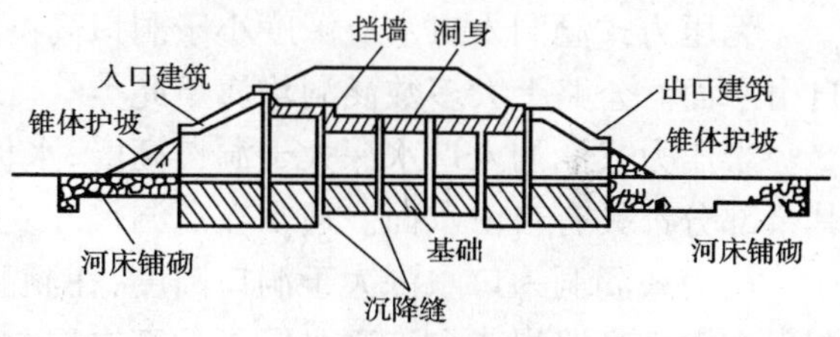

图5-90 涵洞构成

洞口建筑设置在涵洞的两端,有一字式和八字式两种结构形式。涵洞的进出口应与路基衔接平顺且保证水流顺畅,使上下游河床、洞口基础和洞侧路基免受冲刷,以确保洞身安全,并形成良好的泄水条件。在山区修建涵洞时,出水口要设置跌水坎,在进水口处有时要设置落水井(竖井)等减冲、防冲消能设施,一般下游至少应铺出洞口以外3~5m,压力式涵洞宜更长些。尤其是改沟移位的涵洞,进出水口的沟床应整理顺直,要做好上下游导流排水设施,如天沟、侧沟、排水沟等的连接应圆顺、稳固,以保证流水顺畅,避免流水损坏路基、村舍和农田等。

基础的形式分为整体式和非整体式两种。涵洞的附属工程包括:锥形护坡、河床铺砌、路基边坡铺砌及人工水道等,如图5-91所示。

图5-91 涵洞

涵洞的建设规模以孔数、跨径、台高的形式来表示,其长度则以路基横断面方向的水平距离作为计算依据。如2-1.0×1.2则表示为双孔,跨径1.0m,台高1.2m的盖板涵,又如1-ϕ1.5则表示为单孔,直径1.5m的圆管涵。

2. 涵洞的分类

涵洞的种类繁多,截面形状、出入口类型、涵内水流流态也多种多样。按不同的分类方法,涵洞可分为不同的类型。

(1)根据涵洞中线与路线中线的关系,可分为正交涵洞和斜交涵洞。正交涵洞中线与路线中线垂直,斜交涵洞中线与路线中线有一定交角。

(2)根据涵洞洞身截面形状的不同,可分为圆管涵、盖板涵、拱涵和箱涵等。

(3)根据涵洞洞顶填土情况的不同,可分为明涵和暗涵。明涵洞顶不填土,适用于低路堤或浅沟渠;洞顶填土厚度大于50cm的称为暗涵,适用于高路堤和深沟渠。

(4)按建筑材料的不同,可分为砖涵、石涵、混凝土涵、钢筋混凝土涵和其他材料(木、陶瓷、瓦管、缸瓦管、石灰三合土篾管、石灰三合土拱、铸铁管、波纹管)涵等。

(5)按涵洞水利特性的不同,可分为无压力式、半压力式、压力式涵等。

无压力式涵洞入口水流深度小于洞口高度,并在涵洞全长范围内水面都不触及洞顶,具有自由水面。公路上大多数涵洞均属于此类。

半压力式涵洞入口水深大于洞口高度,水仅在进水口处充满洞口,而在涵洞全长范围内的其余部分都具有自由水面。通常在涵洞尺寸受路基高度或其他因素限制时采用。

压力式涵洞入口水深大于洞口高度,在涵洞全长范围内都充满水流,无自由水面。此类涵洞仅在深沟高路堤或允许壅水但不危害农田时采用。

此外,当路线跨越农业灌溉沟渠,沟渠底高于路堤时,可设置为倒虹吸式涵。此时,涵洞的管节宜采用钢筋混凝土或混凝土管,进出水口须设置竖井,包括防淤沉淀井等设施,见图5-92。

图5-92 涵洞施工

二、涵洞设计的有关问题

1. 涵洞设置位置要求

(1)凡路线与一条明显沟形的干沟、小溪相交,且上游汇水面积大于0.1km^2时,应设置涵洞。

(2)山区公路的傍山路线,除应在路线上、下坡变坡处,或为路线纵坡由大于6%变换至小于3%的变坡处,设置涵洞外,一般每隔200~400m,设置一道涵洞,以排除路基内侧边沟雨水。

(3)当路线与其他道路相交叉时,为了不使边沟雨水受阻,一般均应设置涵洞,通常称为线外涵洞或边沟涵。

(4)路线跨越农田、灌溉沟,为了不致因修建公路而影响自浇灌溉或淹没庄稼时,必须设置能满足灌溉和排水要求的涵洞。

2. 涵洞设计参数的确定

涵洞孔径的确定,一般采取直接类比法,即通过对该地区各种道路上已建成的涵洞的基本尺寸和实际营运情况的调查比较,从而拟定涵洞设计孔径。该法确定了设计流量后,则可根据下列简化宽顶堰流的计算公式,确定涵洞的孔径。

盖板涵 $$Q=1.575\times B\times H^{\frac{3}{2}},\qquad B=\frac{Q}{1.575\times H^{\frac{3}{2}}}$$

石拱涵 $$Q=1.422\times B\times H^{\frac{3}{2}},\qquad B=\frac{Q}{1.422\times H^{\frac{3}{2}}}$$

圆管涵 $$Q=1.69\times d^{\frac{5}{2}},\qquad d=\left(\frac{Q}{1.69}\right)^{\frac{2}{5}}$$

$$H=\frac{h-\triangle}{\beta}$$

式中:Q——设计流量(m^3/s);

B——涵洞宽,即净跨径(m);

H——涵前壅水高度(m);

d——圆管涵孔径(m);

h——涵洞高度,计算时一般事先初步拟定,作为计算分析依据(m);

$\triangle$——进口处涵洞净空高度(m),按表5-12规定计算确定;

β——进口壅水降落系数,通常采用$\beta=0.87$。

无压力涵洞净空规定 表5-12

净空高度(m) / 涵洞类型 / 涵洞进口净高(或内径)(m)	盖板涵	拱涵	圆管涵
$h\leqslant3$	$\geqslant h/6$	$\geqslant h/4$	$\geqslant h/4$
$h>3$	≥0.5	≥0.75	≥0.75

3. 涵洞设计要点

根据《公路砌石及混凝土桥涵设计规范》的规定,当涵洞长度大于15m小于30m时,其内径或净高不宜小于1.0m;长度大于30m时不宜小于1.25m。以防一旦发生泥土等堵塞时,便于进行清除养护。压力式和半压力式涵洞必须设置基础,接缝要严密。涵洞洞底的纵坡不宜大于5.0%,以免遭受急流冲刷。当洞底纵坡大于5.0%时,其基础底部宜每隔3~5m设置防滑横隔墙或把基础作成阶梯形。洞底纵坡大于10.%时,涵洞洞身及基础应分段作成阶梯形,同时前后两节涵洞的盖板或拱圈的搭接高度不得小于厚度的四分之一。涵洞沿洞身长度方向和在结构分段处应设置沉降缝,以防止不均匀沉降。涵身一般每隔4~6m设沉降缝一道,具体设置视地基土情况及路堤填土高度而定。

涵洞整体式基础一般为矩形基础,其尺寸通常是由上部构造的大小而定,而不受地基承载力的控制,分离式基础是单独修建在各涵台下相互独立的基础,在跨径较大及地基强度较高时采用。

涵洞完成后,应在涵洞砌体砂浆或混凝土强度达到设计强度等级的70%时,方可回填土,同时应从涵洞两侧不小于2倍孔径范围内,按水平分层、对称地填筑压实,但进行公路路基设计和计算土石方数量时,通常是不扣减涵洞体积所占的土石方数量,所以,编制涵洞工程的造价时,不得将涵背回填土石方数量作为计算造价的依据。

三、不同结构类型涵洞的特点

1. 圆管涵

圆管涵,一般采用预制的钢筋混凝土管材,其管壁厚度与孔径大小及其管顶填土高度有关。常用的管径有0.75m、1.00m、1.25m、1.50m、2.00m五个标准。管内水流一般为重力流,除倒虹吸管外,一般不考虑承受内部压力。目前在平原地区二级公路以下使用比较多,而高速公路、一级公路以及山岭区的公路建设中则采用得少一些,如图5-93所示。

图5-93　圆管涵

管节的预制长度,一般在2~4m,有插口和平口两种接口形式,一般的预制管厂都有成品出售,平接管的接缝应不大于1~2cm,其沉降缝则应设在管节的接缝处。

当地基承载力符合设计要求时,管身可直接搁置在天然地基上,但应作成与管身弧度密贴的弧形基座。若管底土层承载力不够时,则可采用砂砾(砂)或碎石等材料铺设涵管基础垫层进行加固,当设有石砌或混凝土基础时,则应铺设混凝土垫层(管座),如图5-94所示。图中的ϕ角叫中心角,这个角度的大小,往往与荷载及地基承载力有关,在无特殊荷载时,一般采用90°;如有特殊荷载,而且地基松软,又容易产生不均匀的沉降时,则可采用135°或180°。

圆管涵结构简单,施工方便,耗用材料少。采用工厂化生产,吊装设备也比较简单,施工进度快,总体经济效果较好。而且可以采用顶进法进行施工,可避免破坏已建成的路基和影响交通,还可节省修建临时便道等费用。

2. 盖板涵

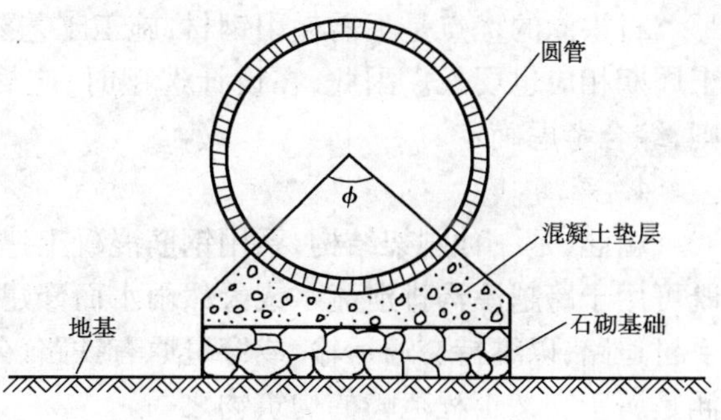

图 5-94　圆管涵基础

盖板涵有石盖板和钢筋混凝土盖板两种。目前采用的石盖板涵已不太多。广泛采用钢筋混凝土盖板涵。钢筋混凝土盖板涵洞身和基础,大都是采用石砌圬工。

钢筋混凝土盖板涵,有 0.75m、1.00m、1.25m、1.50m、2.00m、2.50m、3.00m、4.00m 八种不同的标准跨径,修建较多的是 1.00m 左右跨径的盖板涵,2.00m 及以上的一般都比较少,洞身(墩、台)都采用矩形截面,其圬工砌体要求采用不低于 MU25 的片块石和 M5.0 砂浆砌筑,砌体的外露面要用 M7.5 砂浆勾缝,其中块石主要用作镶面之用,表面应平整,并应分层砌筑,厚度为 20～30cm。每层石料的高度应大体一致,块石砌体一般约占 40%。基础工程(包括沟底铺砌)一般采用与墩台相同强度等级的砂浆砌筑和片石圬工砌体,沟床和进出水口处的铺砌等工程,在编制施工图预算时,一般与基础工程综合在一起作为编制涵洞造价的依据。洞口设置的一字墙或八字墙的墙身和基础圬工砌体则分别与涵洞的墩台身和基础合并进行计算。但在编制初步设计概算时,则是按洞身、洞口分别适用工程定额进行计算,这是概预算编制方法的不同之处。

钢筋混凝土盖板,一般采用预制宽度为 1.00m 的矩形实心板,板的长度为净跨径加 2cm × 25cm,混凝土的强度等级不宜小于 C20。当板顶填土高度大于 5.0m 时,一般要适当增加板的厚度和钢筋的用量,以免土压过大而造成盖板断裂。

预制钢筋混凝土盖板时,应注意检查上下面的方向,斜交涵洞则应注意斜交角度的方向,避免发生反向错误。

盖板涵的安装工作,由于构件重量轻,一般都是采用扒杆或汽车式起重机械等来进行。

3. 拱涵

拱式涵洞多为石拱涵。且一般都是采用半圆拱结构,其标准跨径(净跨径)为 1.50m、2.00m、2.80m、3.00m、4.00m 五种,各结构的组成、施工工艺要求与石拱桥基本上是一致的,对地基的承载力要求高,不能产生不均衡的沉降,以免造成拱圈开裂。

拱涵所需的拱涵支架,是以涵洞的长度乘净跨径的水平投影面积作为定额计算单位的,这是与石拱桥的拱盔、支架的计算方法不同之处。在条件许可的情况下,也可以采用土胎(常称为土牛拱)来建造拱圈。

拱涵的拱圈按无铰拱计算,其各部分的圬工砌体,通常分别采用如下不同规格的石料、砂浆砌筑,并以它作为编制施工图预算的依据。

(1)拱圈,采用 M7.5 砂浆砌片石或片块石混合砌体,并用 M10 砂浆勾缝。

(2)墩、台、侧墙等采用 M5.0 砂浆砌片块石,其中片石约为三分之二、块石三分之一,并用 M7.5 砂浆勾缝。

(3)基础,一般采用 M5.0 砂浆砌片石,沟床应进行铺砌。

(4)护拱,采用 M5.0 砂浆砌片石。

(5)防水层,拱圈上要铺设防水层,一般采用胶泥、石灰土或石灰三合土。

石拱涵的优点是不需耗用钢材,施工工艺要求不高也不复杂,但木料和劳动力需要多,施工周期相应也要长。因此,在设计选型时,应根据地质情况,结合工期要求,按就地取材的原则,综合考虑确定。

4. 箱涵

箱涵,是一种刚架结构,系用钢筋混凝土建筑材料作成的,有现浇和预制两种。这种结构,既可用于跨越溪沟排泄流水或天然雨水而修建的排水设施(涵洞),而更多的是用于跨越原有乡村道路,以维持交通运输,或穿过原有铁路、公路而所修建的立交式通道,因此,也可以说,箱涵是属于交叉工程范畴的构筑物之一。

现浇钢筋混凝土箱涵的标准设计结构尺寸,是以箱涵的净空来表示的(即净宽×净高),分为2.0m×1.5m~4.0m×3.0m,6.0m×3.5m~7.0m×4.2m,(3.0+7.0+3.0)m×4.2m等,在公路工程概预定额中亦依此作为划分定额子目的依据。由于它是一种整体式的箱形截面,故习惯把它称为箱涵。

预制钢筋混凝土箱涵,则是当拟建的公路须从现有铁路或公路的路基下面立交通过时,又不能修筑便桥、便道以维持交通,经技术经济比较合理,而拟建箱涵的地点及附近地区的地形、地质条件又适宜时,则可以采取预制顶进的施工方法来建造。这样,需要设置专业的顶进设施,以箱涵的自重所需的金属设备的重量作为计算依据。如图5-95所示,是在顶进部位开挖竖坑实施顶进方法的情况,若在平地上进行顶进施工时,则应在千斤顶的后面修建其他构筑物来承受反力。

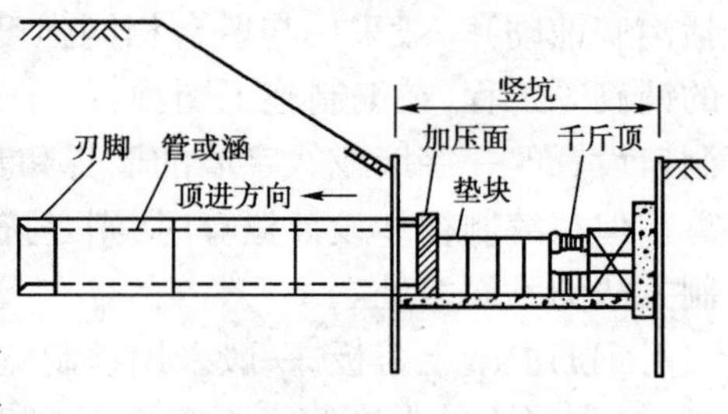

图5-95　顶进方法

顶进的施工方法主要是依靠顶进力,它是根据被顶进物体的尺寸、顶进长度,断面的厚度,内部挖掘的方法,地基的土质类别,使用减摩剂等而不同,一般单位外周面积的顶进力为2~3kN/m^2。

思　考　题

1. 我国桥梁工程设计的基本原则和要求有哪些?

2. 桥梁工程由哪几部分组成? 各组成部分的作用是什么?

3. 桥涵工程有哪些分类方式? 是如何分类的? 按建设规模的不同其分类标准是什么? 按桥梁结构形式分类的各类桥梁各有哪些特点?

4. 选择桥梁结构形式和施工方法主要应考虑哪些因素?

5. 桥梁上部构造有哪些结构形式? 其设计和施工方面的主要规定和要求如何?

6. 梁式桥可划分为哪些结构承载体系? 各承载体系有哪些受力特点和构造特征? 常用的施工方法有哪些?

7. 简述拱桥的基本特点,有哪些分类及其适用范围。

8. 简述刚构桥、斜拉桥各有哪些类型,各有何特点?

9. 悬索桥由哪几部分组成?

10. 桥梁墩台有哪些类型？其构造如何？适用范围又如何？

11. 公路桥梁常用的基础有哪些类型？其适用条件如何？施工有何特点？

12. 桥涵基础施工时，采取围水、挡土的围堰有哪些形式？其适用范围又如何？

13. 钻孔灌注桩的施工方法有几种？各有哪些特点？

14. 沉井分为哪几种？

15. 什么是涵洞？涵洞分哪些类型？当前在高速公路和一级公路中采用较多的是什么形式的涵洞？

第六章　其他工程

所谓其他工程,是指上述路基、路面、隧道、桥涵四项工程之外,所构成公路建设工程总体的各项有关工程。按照公路基本建设工程概算、预算项目划分的规定,这些工程有交叉工程、沿线设施、路用房屋、临时工程及辅助工程等。这些工程的特点是,其技术标准和工程规模,随不同的公路等级和建设工程的实际使用情况而有所不同。因此,要求从实际出发,本着经济合理,安全可靠和适用的原则确定。

第一节　交叉工程

交叉工程,是指拟建公路与原有公路、铁路、乡村道路、管线等相交,为了避免互相干扰和交通阻滞,确保交通安全,而必须设置的各种有关工程设施,它包括跨线桥,以及被交道必要的改建、整修中发生的路基、路面、构造物等工程。

公路与公路、铁路、乡村道路的交叉,以其交叉口的道路所处的空间位置和形式,可分为平面交叉和立体交叉两大类,它们各有不同的技术要求和适用范围。

路线交叉的位置与形式,应根据相交公路等级、使用性质、计算行车速度、交通量大小、转向车流的分布,以及各条公路的远景规划,并结合当地自然条件和地形情况来确定。

交叉范围内应具有良好的排水条件,使地面水能及时排泄,当立体交叉无法采用管道进行自然排水时,应设置泵站排水。

路线交叉的设置,应首先保证等级高的主要交通流方向公路的平、纵线形的舒顺、平缓。设置平面交叉的路段应设置标志。

一、平面交叉

两条或两条以上路线在同一平面上相互交叉,称平面交叉,是低等级公路中最常见的交叉形式。

公路建设中的平面交叉,结构简单,施工方便,有与公路、铁路、乡村道路三种不同的相交情况。

1. 公路与公路平面交叉

这是一种交通情况较为复杂的交叉,由于各个方向的车流进入平面交叉口时,分为直行和左、右转弯车流,然后才汇入所欲行驶方向的车流,因此,会形成许多冲突点(包括交叉点、合流点和分流点)。由于这些冲突点的存在,使交通相互干扰,影响交叉口的行车速度和通行能力,而且易于发生交通事故。冲突点的数量会随着公路交会条数的增加而急剧增加。所以,交叉路口交会的公路条数除特殊情况外,一般不得多于四条。

根据《公路路线设计规范》的规定,平面交叉的设置应符合下列要求:

(1)平面交叉范围内相交的公路的计算行车速度,原则上应与该公路的计算行车速度一致。两相交公路等级相同或交通量相近时,平面交叉范围内直行交通的计算行车速度可降低,但与公路计算行车速度之差不应大于20km/h。

(2)交叉口应选择在地形平坦,视线开阔的地方,其交叉角应为直角或近似直角。当受地形条件等限制,必须斜交时,其交叉的锐角应大于45°。

(3)平面交叉前后的路段应尽量采用直线,当采用曲线时,其半径以大于不设超高的最小半径为宜。

(4)平面交叉内的纵坡一般宜设置为水平或平缓的坡段,水平坡段的最小长度应符合规范规定的最小长度,并对称地布置在交叉点的两侧。紧接水平坡段的纵坡应不大于3%,由于地形特别困难处,也不应大于5%。

(5)平面交叉点前后,各交叉公路的停车视距所构成的三角形范围内应互相通视,如有碍视线的障碍物应予以清除,如图6-1所示。图中的AO、CO为公路等级的相应视距($AO=BO$,$CO=DO$)。当地形条件受到限制时,这两个停车视距,可按规范规定的停车视距低限值确定,即约减少30%,见表6-1。

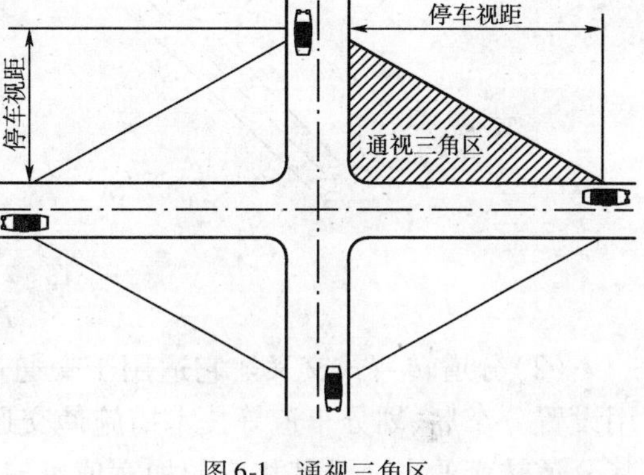

图6-1 通视三角区

停车视距与识别距离 表6-1

计算行车速度(km/h)		100	80	60	40	30	20
停车视距(m)	一般值	160	110	75	40	30	20
	低限值	120	75	55	30	25	15
信号控制的识别距离(m)		—	350	240	140	100	60
停车标志控制的识别距离(m)		—	—	105	55	35	20

(6)平面交叉路口的间距,原则上应尽量加大,当两路口相靠较近时,应满足平面交叉最小间距的要求,该最小间距(见表6-2)由以下因素确定:

①足够安全的交织长度,不致使交叉受阻的车辆队列堵塞相邻的交叉路口。

②有布设必要的转弯车道、加速车道或减速车道的长度。

③满足驾驶员注意力对交叉路口最小视距的要求。

平面交叉最小间距 表6-2

公路等级	一级公路			二级公路	
公路功能	干线公路		集散公路	干线公路	集散公路
	一般值	最小值			
间距	2000	1000	500	500	300

平面交叉的布置形式,有加铺转角式、分道转弯式、加宽路口式和环形交叉等四种。交叉口相识的选择应根据交通量大小、主要车流方向,以及交叉口处的地形情况,合理确定。

(1)加铺转角式交叉。一般适用于交通量不大,车速不高,转弯车辆少的交叉路口,其右转车速一般在10~25km/h范围内。交叉路口以圆曲线构成加宽来连接交叉公路的路基和路面,如图6-2所示,其连接行车道边缘的曲线半径,可按规范中的规定选用。

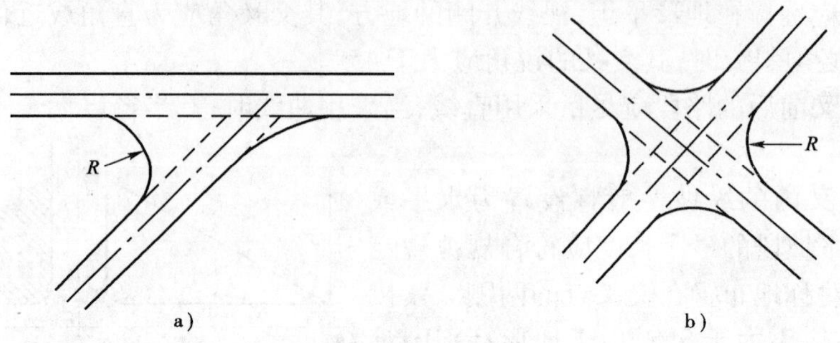

图6-2 加铺转角式交叉

a)斜交;b)正交

(2)分道转弯式交叉。它适用于交通量不大,转弯车辆较多,车速较高的交叉路口。系采用设置分车岛、划分车道等技术措施使交通分道行驶,故称为分道转弯式交叉,如图6-3所示,其分道转弯的半径及其相应的加宽值可按规范的规定执行。

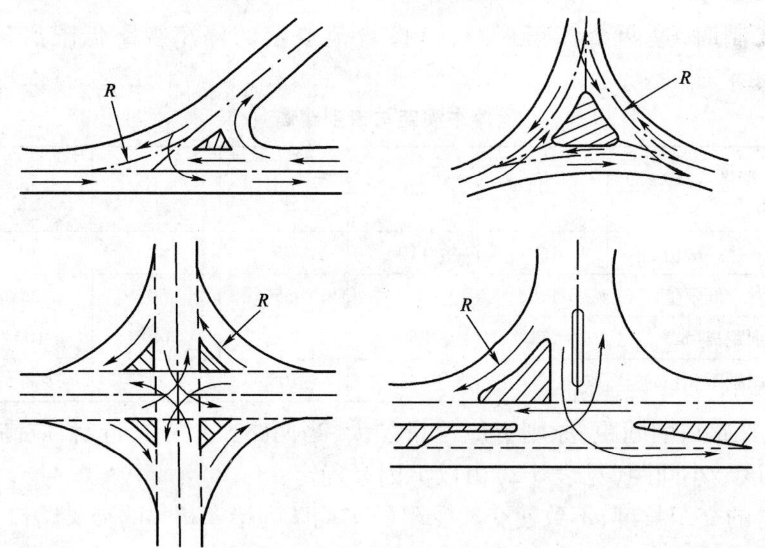

图6-3 分道转弯式交叉

(3)加宽路口式交叉(又称为漏斗式交叉)。它适用于交通量较大,转弯车辆较多的交叉路口。系采用增辟减速车道和加速车道,以及增辟附加车道的方法来改善交叉路口的交通状况的一种交叉形式,如图6-4所示。

增辟车道的宽度一般为3.0~3.5m,减速车道的长度一般为50~80m,加速车道的长度可按表6-3选用。

(4)环形交叉。它适用于多条公路相交,而且通过交叉口的总交通量为500~3000辆/h,左右转弯的车辆又较多,且地形开阔较为平坦的交叉处,如图6-5所示。环形交叉系在交叉口的中心设一圆形的环岛，使车辆顺逆时针方向绕岛行驶，以减少车辆的阻滞，中心岛的形状可根据当地的自然条件，结合相交公路的交通量，进行调整。环形交叉的优点是能保证行车安全，可以连续行驶，不足之处，是占地多，增加了车辆的绕行距离，当畜力车较多时，对环交的行驶速度、通行能力都有较大的影响。

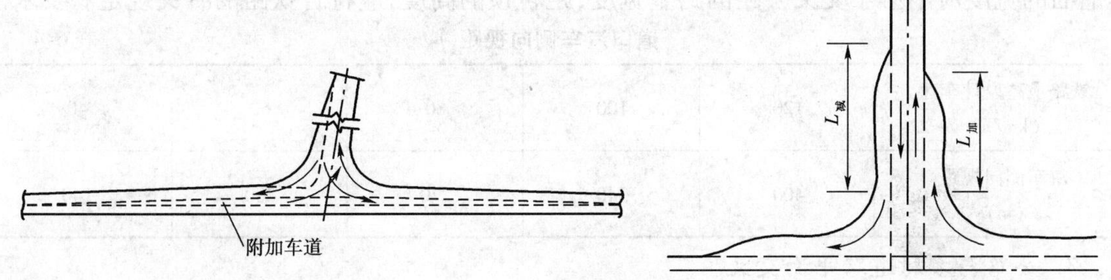

图 6-4　加宽路口式交叉

加宽路口式加速车道长度　　表 6-3

公路等级	二		三		四	
	平原微丘	山岭重丘	平原微丘	山岭重丘	平原微丘	山岭重丘
加速车道长度(m)	80	30	45	25	30	20

2. 公路与铁路平面交叉

应根据公路与铁路的使用性质及其交通情况，地形条件综合考虑，合理确定，并应符合下列要求：

（1）交叉道口两侧的公路应各有不小于 50m 的直线距离，并尽量与铁路正交，当必须斜交时，其交叉的锐角应大于 45°。

（2）平交道口的位置应选择在视距良好的地方，汽车在公路上距离交叉点相当于该公路的停车视距并不得小于 50m 的范围处（如图 6-6 所示），或由于地形等条件受限制时，在距铁路轨道外侧 5m 处停车后，均应能看到两侧各不小于表 6-4 所规定的距离以外的火车，以确保安全。当平交道口位置不符合上述规定要求时，应设看守。

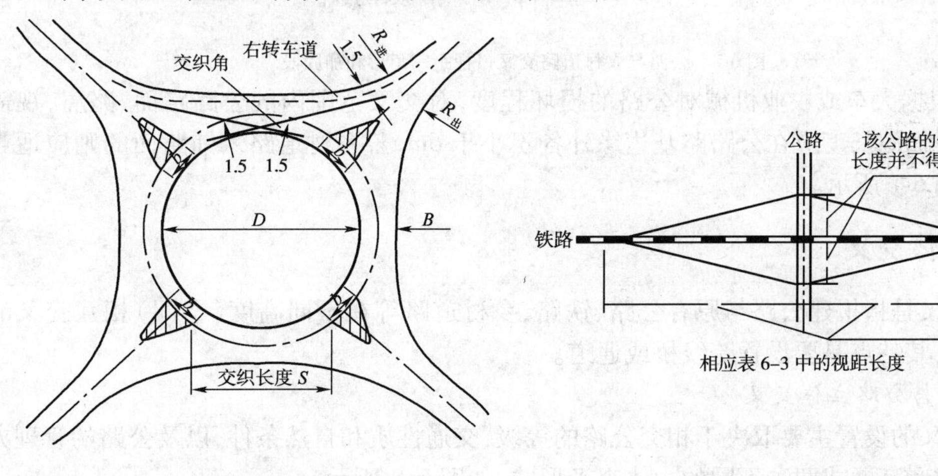

图 6-5　环形交叉　　图 6-6　公路与铁路平交道口视距三角形

(3)为了停车的方便和安全起见,公路在平交道口自铁路的净空限界两侧起,应各有不小于16m的水平段(不包括竖曲线),当公路向道口为下坡时,该水平段应不小于20m。紧接水平段的纵坡,一般应不大于3%,工程困难地段应不大于5%。

(4)平交道口钢轨两侧2m范围以内的路面,应设置易翻修的钢筋混凝土预制块铺砌层,其铺面的宽度应不小于交叉公路的路基宽度,距轨顶的高度,应符合铁路的有关规定和要求。

道口汽车侧向视距 表6-4

铁路最高设计车速(km/h)	120	100	80	60	40
汽车侧向视距(m)	400	340	270	200	140

3. 公路与乡村道路平面交叉

乡村道路泛指通行畜力车、拖拉机、农业机械等的道路,通常称为大车道。公路与这些道路相交除应符合上述公路与公路平面交叉的有关规定和要求外,还应符合下列要求:

(1)交叉口的数量,应根据公路等级有所限制。在大车道密集的农村地区,当交叉点过密而影响交通安全时,在方便人们生产、生活的原则下,可以适当合并交叉点减少交叉路口。

(2)在交叉路口公路边缘的两侧应各有不小于10m的水平路段,紧接水平路段的纵坡一般不得大于3%,工程困难地段也不应大于6%。

(3)交叉路口处应有良好的视距,驭手或驾驶员在交叉路口不小于20m的范围内,应能看到交叉路口两侧各50m以外的汽车,如图6-7所示。视线范围内的有碍视线的障碍物应予以清除。

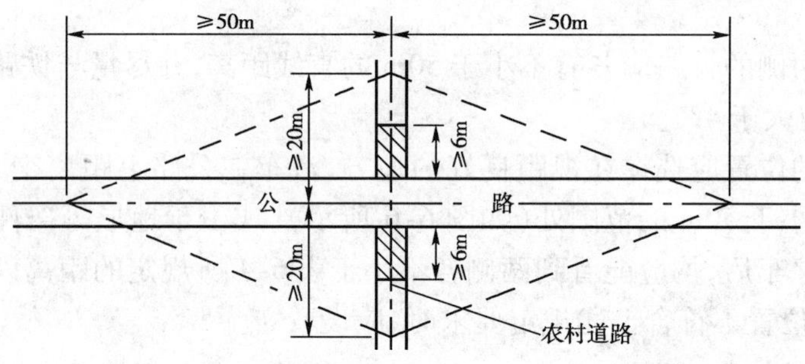

图6-7 公路与农村道路交叉口视距三角形和加固段

(4)应根据大车或农业机械对公路的损坏程度,对交叉范围内的公路路面、路肩,视需要进行加固,其加固长度应在公路路基边缘外各不小于6m,若乡村道路未铺路面的则应适当增加长度,如图6-7所示。

二、立体交叉

立体交叉是指拟建公路与原有公路、铁路、乡村道路等在不同高度(空间)相互交叉的一种交叉形式,其特点是要设置跨线桥或通道。

1. 公路与公路立体交叉

立体交叉的设置主要取决于相交公路的等级、交通性质和自然条件,以及公路的管理方式等,有分离式和互通式两种不同的立体交叉形式,如图6-8所示。

图 6-8 立体交叉

1）分离式立体交叉

分离式立体交叉是指采用上跨或下穿的方式相交的立体交叉，只设跨线桥，其结构简单，施工方便，但车辆不能互相转道。高速公路与其他各级公路相交，除在控制出入的地点设置互通式立体交叉外，均应设置分离式立体交叉。这种交叉，其设计路线的上、下位置是选择的重要环节，故应注意以下要求：

（1）主要公路的纵坡设计高程以保持不变为宜。

（2）相交公路中等级较低的一方采用下穿为宜。

2）互通式立体交叉

互通式立体交叉除设置跨线桥外，还要设置匝道，以连接上、下线路，这种立交全部或部分消除了冲突点，各方向车辆行驶干扰较小。这种立交结构复杂，占地也多。它由跨线桥、匝道、入口、出口、加速道和减速道等部分组成。并应设置各种标志，使驾驶员易于准确地辨别所欲行驶的方向。

互通式立体交叉的形式很多，其基本类型有以下几种：

（1）苜蓿叶形。适用于两条相交公路都是等级高的主要干线公路，是常用的形式之一，右转弯用定向的匝道连接，左转弯用 270°的右转弯代替，故转弯半径小，而且是反向转弯 270°，所以绕行距离长，行驶条件差，由于占地较多，易受地形限制，如图 6-9 所示。

（2）Y 形。它适用于两条等级高的主要干线公路相交。其特点是行驶方向易于识别，转弯路线短，平面线形指标高，但构造物多，造价较高，如图 6-10 所示。

图 6-9 苜蓿叶形

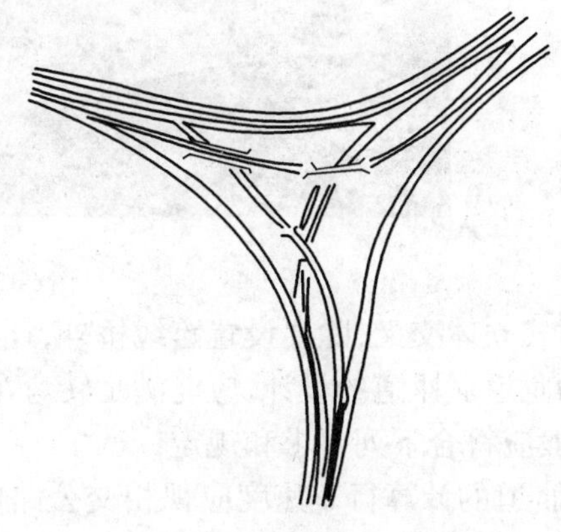

图 6-10 Y 形

(3)喇叭形。适用于主要干线公路与次要公路相交。其特点是线形简单,行车安全、便利,构造物少,用地省,一般要将喇叭口设在转弯车辆较多的一侧,以利主要车流方向行车,如图6-11所示。

(4)菱形。一般用于主要干线公路与次要公路相交。其特点是线形简单,用地少,易为驾驶员识别,但匝道与次要公路连接处系平面交叉,影响匝道与次要公路的通行能力,如图 6-12 所示。

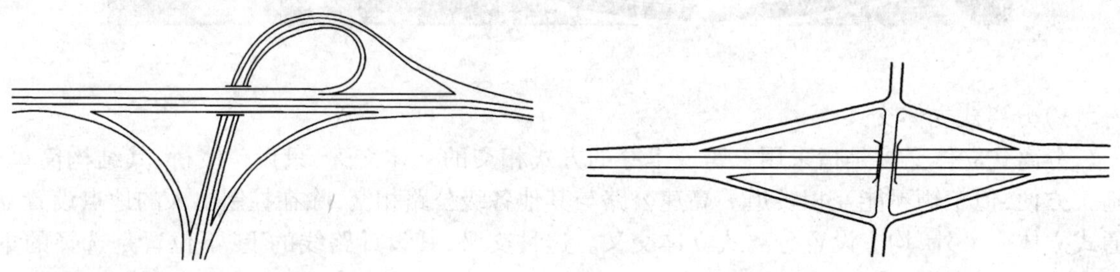

图 6-11　喇叭形　　　　图 6-12　菱形

(5)环形。一般也是用于主要干线公路与次要公路相交。其特点是用地少,但构造物多。它能保证主要公路的直行交通不受影响,但左、右转弯车辆需经环道同相交公路的车流形成交织行驶,故通过能力要受一定的影响,如图 6-13 和图 6-14 所示。

图 6-13　环形立交

互通式立体交叉,除要设置跨线桥外,还要设置连接上、下线路供车辆互相通行的联络线,通常称为匝道。匝道的设计,应能满足转弯车辆的通过,并与相交公路的等级相适应,其技术标准,一般应符合下列要求和规定:

(1)匝道的计算行车速度应视相交公路的等级、转弯交通量的大小等因素来确定。通常由公路进入匝道时,车速有所降低,一般按所连接的公路的计算行车速度的 50% ~70% 计。至环形匝道的计算行车速度一般采用 30 ~40km/h,并以不超过 50km/h 为宜。

(2)匝道的最小平曲线和竖曲线半径,可根据匝道的计算行车速度确定,平曲线的两端都要设置缓和曲线。

(3)根据匝道计算行车速度的大小,匝道的最大纵坡不宜大于4% ~6%,冰雪严寒地区不宜大于5%。匝道与公路的衔接应舒顺,其衔接段的纵坡不宜大于3%。

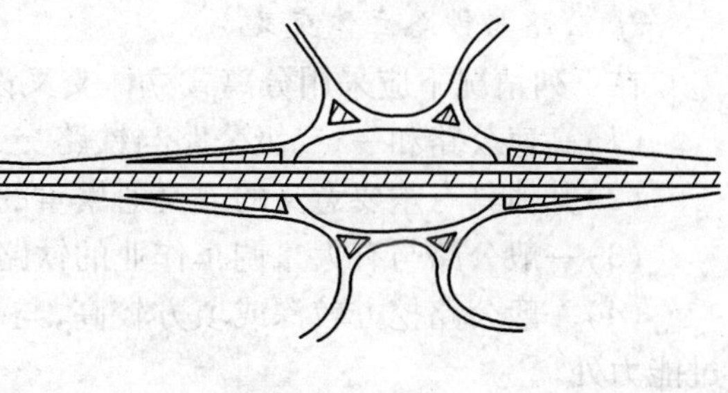

图6-14　环形

(4)按匝道的行驶情况,可分为单向和双向两种。单向匝道的路基宽度,一般采用5.5~7.0m(其中路面宽度为3.0~3.5m);双向匝道的路基宽度,一般采用10m或11m(其中路面宽度为6m或7m),当不考虑两侧路肩停车时,路基宽度可采用8.5m。

(5)匝道及进、出口处的路面类型,应与主要公路的路面类型相适应,路肩要进行加固,其曲线部分要按照规范的规定进行加宽。

(6)匝道的进、出口设计应注意与公路衔接的协调,并易于辨别,一般当车辆驶离主线进入匝道时,须减速;而驶离匝道进入主线时,则须加速。因此,须增设加(减)速车道,常称为变速车道。这种变速车道,有定向式和平行式两种,如图6-15所示。当两个计算行车速度相差不大时,采用回旋线连接或设置定向式加(减)速车道;当相差较大时,宜设置为平行式加(减)速车道。

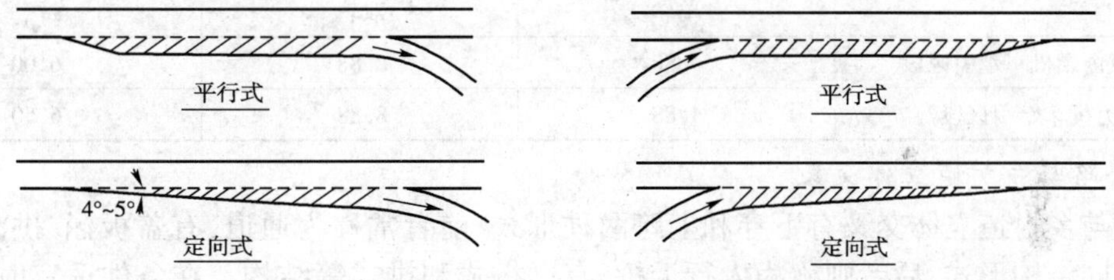

图6-15　变速车道

变速车道的宽度,通常为一个车道的宽度,即3.5m,其长度可通过下列公式计算确定。

$$L = \frac{v_1^2 - v_2^2}{26a}$$

式中:L——变速车道的长度(m);

v_1——公路的平均行驶速度(km/h);

v_2——匝道的平均行驶速度(km/h);

a——汽车的平均加速度,建议减速时取2.0~3.0m/s^2,加速时取0.8~1.2m/s^2。

跨线桥的桥下净宽,应包括行车道、路肩、人行道、中间带、加速车道、减速车道、慢行道、排水沟和路上设施等这些部分的宽度。桥下净高,在路肩或人行道上应不小于2.5m;在路面顶点处,高速公路和一、二级公路为5.0m,三、四级公路为4.5m,如有特殊车辆行驶的路线,其净高可根据实际情况确定。但互通式立体交叉,一般不考虑这种特殊净高要求,而采取交通管理措施,使特殊车辆经过匝道跨越上线通过。

2. 公路与铁路立体交叉

在下列情况下应采用分离式立体交叉设施:

(1)高速公路和一、二级公路与铁路交叉。

(2)其他具有重要意义的或交通繁重的公路与铁路交叉。

(3)一般公路与有大量调车作业的铁路交叉。

(4)一般公路挖方较深或填方较高,与平交比较,工程造价增加不多,而又能提高公路通过能力处。

(5)当地形困难,采用平交不能保证必要的视距和行车安全处。

公路与铁路立体交叉,应符合下列规定和要求:

(1)公路与铁路立体交叉时,应尽量采用正交,当必须斜交时,其交叉的锐角不应小于45°。

(2)当公路从铁路桥下穿时,其净宽和路肩、人行道上的净高同上述公路与公路立体交叉的规定,行车道上的净高一般为5.0m,如有特殊车辆通行的线路,其净高可根据实际情况确定。

(3)当铁路从公路桥下穿行时,其净高应符合表6-5的规定。公路跨线桥及引道纵坡按公路立体交叉的有关规定执行。

铁路净空限界 表6-5

净　空	净　宽　(m)		净高(m)
	单轨	双轨	
蒸汽及内燃机车牵引区段	4.88	8.88	6.00
电力机车牵引区段	4.88	8.88	6.50

3. 公路与乡村道立体交叉

公路与乡村道立体交叉有下穿和上跨两种形式,前者常称为通道,有盖板涵、拱涵、箱涵、板桥等不同结构形式,后者则称为人行天桥,有梁板式和拱式等结构。在条件适宜时,也可采用平时无水或流量很小的桥涵作为立体交叉。

当乡村道路从公路上跨越时,其桥下的净空应符合公路与公路立体交叉的有关规定与要求,道路的纵坡一般不大于3%,工程困难地段应不大于6%。

常采用的通道的结构形式有钢筋混凝土盖板涵、钢筋混凝土箱涵等,涵底要铺砌或铺筑路面,要做好纵、横向排水设施,使之具有良好的排水系统。

三、公路与管线交叉

所谓管线是指电信线路、电力线路、电缆、管道、渠道等设施。这些设施均要求不得侵入公路限界,也不得妨碍公路的交通安全,并不得损害公路的构造物和设施。

各种管线工程设施与拟建公路交叉或接近时,应符合设计规范的规定和要求。

综上所述,公路建设工程中的交叉工程,包括了路基、路面、桥涵等各项工程内容,而有关这些工程的设计和施工的方法和步骤,大都与前面已论述过的路基、路面、桥涵等基本相同,但编制工程造价(指概算、预算)时,是将其综合在一起计算的,其概、预算项目表中的计量单位为处。而在施工过程中进行工程结算时,一般与公路的同类工程归并在一起进行计算。这是在工程造价管理上的不同之处。

第二节 沿线设施

沿线设施,包括管理养护设施、服务设施、安全设施及环境保护等工程。它的设计是否得当,对工程造价和通车后的营运管理、维修养护等都有着极其重要的影响。因此,应认真做好这些设施的设计和施工工作。

一、管理养护设施

管理养护设施,主要包括收费站、管理站、通信系统、监控系统、供电系统等设施的安装和必要的设备配置。实际上只有高等级公路才需要设置这些设施,但也并不是每条高等级公路都应全部具备,而是按公路的标准、使用性质、交通量等因素而定。其中尤其是交通量的大小是其设计内容的主要依据。

1. 收费站

按照公路商品化有偿使用公路的原则而修建的公路,一般都须在控制的出、入口,设置收费站,对车辆收取通行费。它包括雨篷、收费亭,以及必要的收费设备和办公用具。目前,全国尚无统一设计标准,各地大都是结合建设工程的实际情况,在有利于收费和美观的前提下,经济、合理地确定。

2. 管理站

是为保证公路交通安全、畅通,依法进行路政和交通管理,所必须设置和需要安装的设施。根据目前我国公路管理模式,管理站分为三级,即管理中心、管理分中心和管理所。管理中心,一般每省、区、市仅设置一处,管理全省行政区域内公路;管理分中心,原则上每条公路设置一处,管理该公路;管理所,则应根据每条公路的长度,按一定的间隔设置,管理相应的路段。实际上只是在每高速公路或一级公路上才单独设立这种管理机构,其他各等级的公路一般不设置。

3. 养护设施

是指为公路维修养护人员而修建的房屋,它包括养护道班房和养护工区房屋。由于我国长期以来,都是以行政区域建立地、县两级管理机构,当新的公路建成后,按区域进行移交接管,所以一般都不存在要修建养护段站房屋的情况。通常是按 10 ~ 15km 修建一幢道班房。近年来在修建高速公路和一级公路时,一般路线都比较长,大都建立了专门的高等级公路养护机构进行管养工作,但养护管理和路政管理,一般又是合在一起,只是内部进行了分工,所以,在修建这种养护机构的房屋时,既可列在上述管理项目内,也可列为养护房屋,但应分别列为养护房屋和管理房屋,其建筑面积应根据实际情况合理确定。

4. 监控系统

分为控制系统、监视系统、情报系统等部分。其控制和监视的重点是匝道的控制和对偶发事故的反映,以利及时指挥疏导交通,维护交通秩序,处理交通事故和进行救援工作。

(1)控制系统。通常采用主干道本身与匝道入口的关闭、定时调节等,其目的在于减少延误,避免发生拥堵或交通事故,以维护交通的正常营运。

(2)监视系统。一般有电子监控、闭路电视、巡逻车、电话系统等,是获悉发生偶然事故的手段,帮助管理人员在发生偶然事故或车辆发生故障时,能及时提供紧急服务,或改变匝道的控制方式,以适应新的情况,并在偶然事故可能影响的范围内,为道路使用者提供情报服务。

(3)情报系统。是将有关交通、气象和环境情况传递给道路使用者的设施,有可变情报系统、无线电系统和汽车内显示等不同方法。一般应设置公路情报站,随时将交通情况,如拥挤、事故、维修、延误等;气象和环境,如雾、雪、冰冻、大风、雨等,以及指示选择路线(即交通诱导)与之有关的交通限制等的情报通知给驾驶员。

目前,国内外还没有统一的监控系统设计标准,而涉及的内容又比较复杂,故应根据建设工程的实际情况、需要和经济承受能力合理确定。

5. 供电系统

这是使整个公路管理系统正常运行的配套设施。如监控系统的用电,收费站、管理站和公路特殊地段的照明,隧道的通风和照明等用电。在实际工作中,一般都是利用工业电源,但需要建立变电站和完善的供电系统。同时,还应设置储备的自发电源,以便一旦发生断电事故,仍能保证公路的正常营运。供电系统的设置,一般应按照电力部门的有关规定和要求执行。当无工业电源时,就必须自行修建发电站,相应就要修建生产厂房和生活等设施。

二、服务设施

服务设施包括服务区和停车区两种。服务区指能完全满足人和汽车基本需要的休息设施,主要包括停车场、加油站、维修站、餐厅、客房与小卖部、免费休息区、公共厕所、绿化用地、加(减)速车道、配电室、锅炉房、供排水等设施。停车区指能满足驾驶员生理要求、解除紧张疲劳最低限度的服务设施,也可供驾驶员自检车辆,主要包括停车场、小卖部、免费休息区、公共厕所、绿化用地、加(减)速车道等设施。

按照各类设施的不同组合构成以下八种服务设施的基本形式:分离式外向型、分离式内向型、分离式平行型、分离式餐厅单侧集中型、内外并用型、分离式餐厅上空型、单侧集中外向型、中央集中型。一般应根据中途出入口及沿线情况,选定服务设施的类型,通常是在同一地点的公路两侧相对建立隔离的两个独立的服务区,但也可以结合地形情况,修建一处互通立交,只建一个服务区。

根据经验,停车车位数与各类设施的关系如图6-16所示。

三、安全设施

包括护栏、隔离设施、防眩设施、视线诱导设施、路面标线、公路标志等工程内容。在设计和施工时,应按照交通部颁布的《公路交通安全设施设计规范》、《公路交通安全设施设计细则》等各项有关规定和要求执行。

为了确保交通安全,高速公路和一级公路,都要设置中间带,其作用主要是用来分隔往返车流,防止车辆驶入对向行车道。中间带由中央分隔带和内侧路缘带组成。目前,我国中央分隔带的设计标准宽度为1.5~3.0m。但世界各国采用标准不一,如日本因用地紧采用3m,德国、法国、英国、意大利等多数国家采用4~5m,美国中央分隔带的宽度变化比较大,窄的达4.5m,宽的达25.5m。

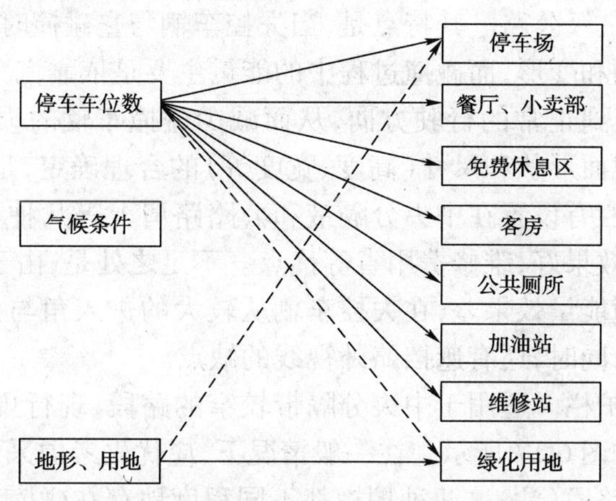

图 6-16 停车车位数与各类设施的关系

注：——→有密切关系----→有一定关系

在连续设置中间带的路段上，应根据实际情况设置中间带开口，开口宽度一般为 25m，并在开口处安设活动护栏，以利进行维修养护和在需要的情况下，车辆能从一侧行车道上转到另一侧行车道上。

内侧路缘带是作为侧向余宽的一部分，起着导向作用，常和路面排水设施设在一起，一般的宽度为 0.5 ~0.75m。在实际工作中也有将两内侧的路面排水设施合并设在中央分隔带内。中央分隔带应设置路缘石和防撞护栏，并植树绿化。植树绿化具有美化作用，同时具有防眩作用。

1. 护栏

护栏是公路的重要交通安全设施，其作用一是起警示作用，二是防止失控车辆越出路外或穿越中央分隔带闯入对面行车道，以保护路边和中央分隔带内的构造物及其他设施，并使失控车辆平滑改变方向，防止危及其他车辆，保障人身安全，使事故损失减至最小限度。有柱式护栏、墙式护栏、钢筋混凝土防撞护栏、波形钢板护栏、缆索护栏、桥梁护栏等多种不同的结构形式，各自适用于不同等级的公路和不同的情况。

1）柱式护栏（护柱）

是设置在公路土路肩上或路堤挡土墙上的预制钢筋混凝土的护栏结构，其截面为 20cm × 20cm，设在土路肩上的长度为 130cm，设在挡土墙上的长度为 80cm，其间距一般为 2 ~4m。它只适用一般公路的高填路堤、悬崖、急弯的外侧等路段。并应在柱上涂上黑、白相间宽度为 10cm 的油漆。

2）墙式护栏

通常采用天然石料砌成，为了美观常用水泥砂浆进行抹面，并应在迎车行道一侧的墙上和两端涂以黑、白相间的油漆。其截面一般为 40cm × 60cm（宽 × 高，其高度不包括埋入路肩内的深度），有整体式和间断式两种，间断式一般以长 20m、空隔 20m 的形式进行布置。这种护栏的适用范围，与柱式护栏相同。

3）钢筋混凝土防撞护栏

通常简称为混凝土护栏，是一种以一定的截面形状的混凝土块相连接而成的墙式结构。

一般只用于高速公路和一级公路。其特点是,当失控车辆与它碰撞时,在瞬间移动荷载的作用下,护栏基本上不会移动和变形,而碰撞过程中的能量主要是依靠汽车沿护栏坡面爬高和转向来吸收,使失控车辆恢复到正常的行驶方向,从而减少碰撞车辆的损失和保护车上乘员的安全。所以,混凝土护栏截面形状和尺寸(高度、宽度等)的合理确定,是直接影响碰撞作用效果的重要因素。混凝土护栏有设置在中央分隔带和公路路肩上等几种不同的结构形式,它具有防止失控车辆越出路外效果好,维修费用省等优点。不足之处是,由于混凝土护栏是一种不变形的刚性结构,吸收碰撞能量效果差,在失控车辆从较大的进入角与护栏发生碰撞时,对车辆和乘员的损害都比较大,同时,还有遮挡路外视线的缺点。

中央分隔带混凝土护栏。适用于中央分隔带较窄的路段,现行规范推荐基本型和改进型两种混凝土护栏结构,如图 6-17 所示。在一般情况下,应优先考虑采用改进型,因为它适合交通量大和重车比例高的路段(注:这两种护栏都不同程度地存在碰撞车辆翻车的可能性,已与现有车辆群体不相适应。大多数西欧国家及我国都在不同程度地限制其使用,而主张推广采用单坡型混凝土护栏)。

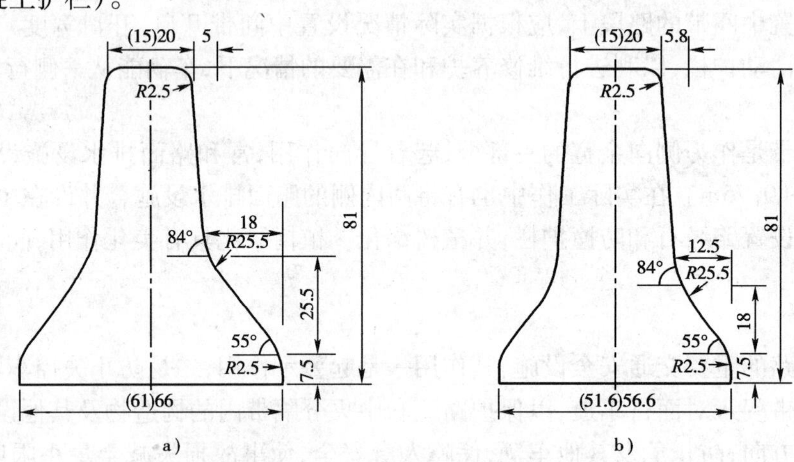

图 6-17　中央分隔带混凝土护栏(尺寸单位:cm)

a)基本型混凝土护栏;b)改进型混凝土护栏

这两种护栏,是目前世界上公认的比较好的混凝土护栏形式,许多国家都在使用。当要将通信、供电管线布置在中央分隔带内时,可采用分离式的混凝土护栏,如图 6-18 所示,即将基本型或改进型一分为二,背面为直立,顶上则加设盖板。如果不设置管线,则不设盖板而在中间填土,植树进行绿化。这种设置方式,只有当中央分隔带的宽度大于 2m 时才能使用,而且造价高,设计时应进行必要的技术经济比较。

当中央分隔带设置为混凝土护栏而遇有其他构造的地点时,如标志柱、照明灯柱等,则可与之浇筑在一起,并做专门处理。这种结构称为加宽型混凝土护栏,是在基本型或改进型的基础上进行加宽,把其他构造物包裹在里面,其加宽的尺寸可以根据其他构造物的大小和特点确定,但最大不能超出中央分隔带的宽度,即加宽部分不能侵入公路建筑限界,而且这种加宽型混凝土护栏只能用于中央分隔带内有其他构造物的局部路段。因此,在标准型护栏与加宽型之间应设置一渐变段,其渐变段的长度应符合规范的要求,以达到线形平滑过渡和美观的目的。

中央分隔带混凝土护栏的高度一般为 81cm,若作为防眩设施则高度不够。因此,凡在混凝土护栏路段需设置防眩设施时，通常是在护栏的顶部预埋连接件，然后将防眩设施固定在中央分隔带混凝土护栏的顶部，要求做到连接牢固，拆安方便。若要设置轮廓标时，一般是将轮廓标安装在混凝土护栏的侧墙上或护栏的顶部。

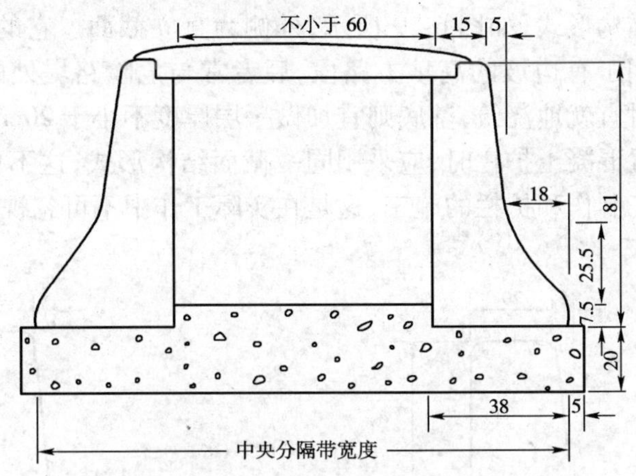

图 6-18　分离式混凝土护栏(尺寸单位:cm)

由于中央分隔带混凝土护栏的修建，可能对路面排水会产生一定的影响，因此，为了及时排除路面雨水，一般是在中央分隔带混凝土护栏的侧面下缘设泄水孔。泄水孔的尺寸和间距可根据当地雨量情况和路面排水设计的要求综合考虑确定。

中央分隔带混凝土护栏系采用强度等级不低于 C25 的混凝土作成，有预制安装和就地浇筑两种施工方法。预制分节的长度，一般为 2 ~ 6m，就地浇筑的长度，可按横向缩缝要求确定，横缝的间距一般采用 4 ~ 5m，最大不超过 6m。目前，在实际工作中多采用预制安装。公路工程概、预算定额将采用这种方法设置的护栏，称为“中间带隔离墩”。凡预制的混凝土护栏块，应配置一定数量的纵、横向钢筋，一般是根据预制块的长度和吊装方式来确定。现浇的混凝土护栏可根据实际情况少配或不配钢筋。

为了提高混凝土护栏的稳定性和强度，故必须设置基础。基础是保证护栏寿命，充分发挥护栏应有功能的一个重要组成部分。在碰撞过程中，它与护栏一起共同参与作用。护栏与基础连接有两种方式，一是将中央分隔带混凝土护栏嵌锁在基础中，其埋置深度一般为 10 ~ 20cm，施工时选按设计高程铺好混凝土垫层，护栏吊装就位后，浇筑两侧宽度不小于 10cm 的混凝土基础嵌锁带。二是将中央分隔带混凝土护栏通过传力钢筋与基础连接，传力钢筋的长度为 25cm，直径不应小于 25mm，必须将其固定在埋置于基础中的 20cm × 20cm × 20cm 的混凝土块中，并应错列布设。

预制混凝土护栏除要做好与基础的连接外，还要考虑纵向连接，以防止在汽车冲击力的作用下，发生护栏的脱开、错位，以致使失控车辆不能利用护栏进行顺利的导向。这种护栏预制块的纵向连接可采用纵向传力钢筋连接法或纵向企口连接法。

现浇的混凝土护栏，其纵向可按平接处理。

在中央分隔带混凝土护栏的起、终点和开口处，若汽车发生碰撞时，几乎是处于直角正面碰撞状态，因此，其端头要进行特殊设计，目前世界上广泛使用的有斜坡式和尖头式两种不同的结构形式，其效果都比较好，前者正面碰撞时车辆可以爬高吸能，后者正面碰撞时车辆不能爬高,但侧撞时会有很好的导向效果。一般应根据设置地点的实际情况确定。

当半径较小的弯道,行驶条件较差,以及危险陡坡路段,为防止车辆越出路外,可考虑设置路侧混凝土护栏。但由于混凝土护栏存在有上述不足之处,故在一般情况下,路侧应尽可能不要设置这种护栏。其结构形式,如图 6-19 所示,外侧为直立截面。它的基础有嵌锁式和扩大式两种形式。前者适用于有边坡的高填方路段,后者常与危险路堤处的高档土墙配合使用。设置路侧混凝土护栏时宜就地浇筑,基底则宜加做一层厚度不小于 20cm 的半刚性基层。

在一条公路上设置混凝土护栏时,应采用同一截面结构形式,这不仅是美观上的要求,而且也更便于模具的加工制作和护栏的施工,这是在实际工作中不可忽视的一个问题。

4)波形钢板护栏

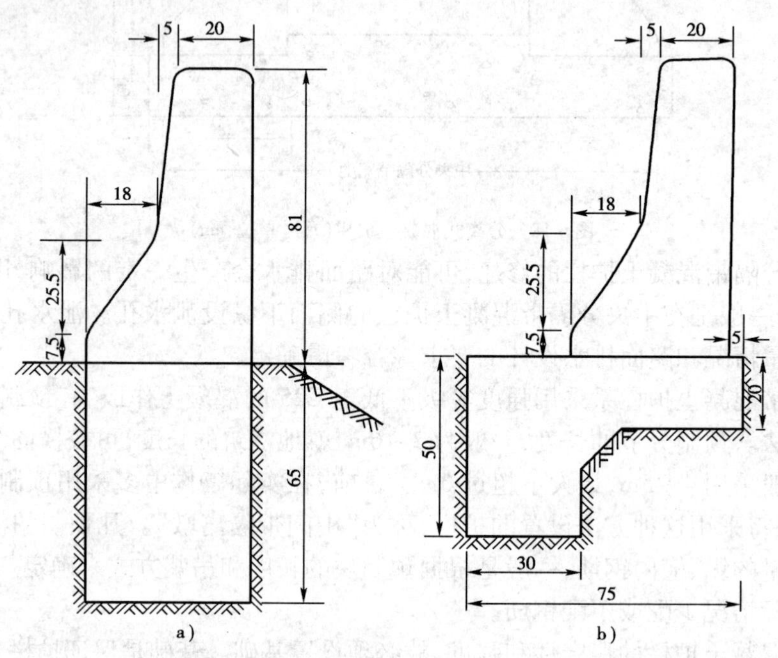

图 6-19 路侧混凝土护栏构造

a)路侧混凝土护栏嵌锁式基础;b)路侧混凝土护栏扩大式基础

是一种以波纹状钢板相互拼接并由钢立柱支撑而组成的连续梁柱式的护栏结构,具有一定的刚度和柔性,故又称为波形梁护栏。其特点是利用土基、立柱、波形梁的变形来吸收失控车辆的碰撞能量,并使其改变方向,恢复到正常的行驶方向,避免越出路外或穿越中央分隔带闯入对面行车道。

波形钢板护栏,按防撞等级可分为用于路侧护栏的 A 级和 S 级与用于中央分隔带护栏的 Am 级和 Sm 级,其中 S 级和 Sm 级为加强型。其结构形式是一样的,只是立柱的中心间距不同,A 级和 Am 级的为 4m,加强型的为 2m。这种护栏常设置在高速公路和一级公路的路侧和中央分隔带上,加强型的适用于路侧特别危险,需要加强保护的路段或中央分隔带内有重要构造物,并需要限制护栏横向移动的路段。是目前我国高速公路和一级公路建设工程中广泛使用的一种护栏结构形式。

波形钢板护栏,由立柱、波形钢板、紧固件以及防阻块和横隔梁等组成多种结构形式,对设置在路侧和中央分隔带上也各有不同的要求和规定，如图6-20和图6-21所示。防阻块是波形钢板与立柱之间的承力部件，适用于交通流比较复杂，预计碰撞车辆可能会在护栏的立柱处产生绊阻的路段，或为了减少路缘石对碰撞车辆的运动轨迹产生不利影响的路段。

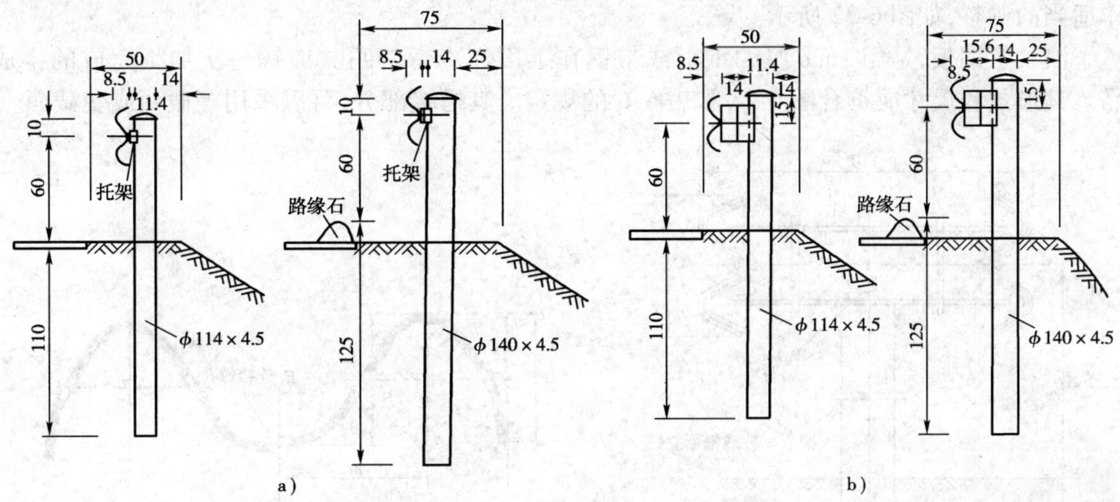

图6-20 路侧波形钢板护栏的横断布置(尺寸单位:cm)

a)无防阻块的路侧波形钢板护栏(圆形立柱);b)有防阻块的路侧波形钢板护栏(圆形立柱)

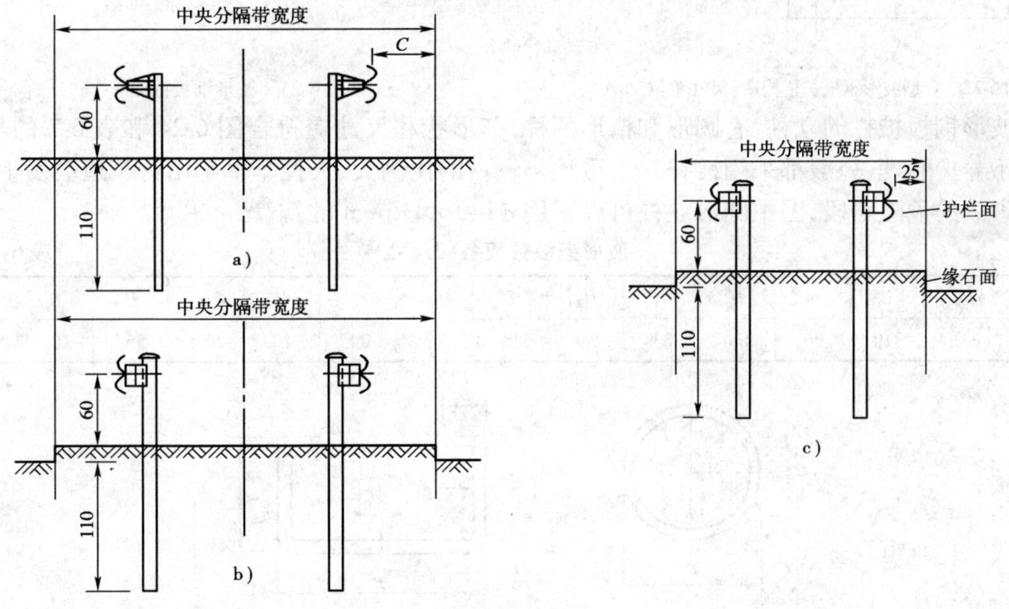

图6-21 分设型护栏的横断布置(尺寸单位:cm)

a)无缘石时;b)有缘石时;c)满足公路建筑限界的规定

设置于路侧的波形钢板护栏，其护栏面不应侵入公路建筑限界以内，同时又应使立柱外侧具有足够的侧向土压力。故当土路肩的宽度为50cm时，立柱外边缘到路肩边缘的最小距离，不应小于14cm；当土路肩的宽度为25cm时，则不应小于25cm。

图6-21中的C值，应满足公路建筑限界的规定和要求，即护栏面不得侵入公路的建筑限界内。

设有横隔梁的波形钢板护栏系一种组合型护栏，它适用于中央分隔带比较窄的路段，其立柱设置在公路的中心线上。横隔梁由两根槽钢组成，分别安装在立柱的两边。两边的波形钢板则分别与横隔梁的两端相连接，其最大的组合宽度为100cm，但也可根据中央分隔带的宽度作适当的调整，如图6-22所示。

波纹状钢板，是用3mm厚的钢板或带钢在工厂经冷弯、冲孔、镀锌一次加工完成的半成品。其形式和尺寸应符合图6-23和表6-6的规定。其搭接部分，可以采用等截面或变截面。

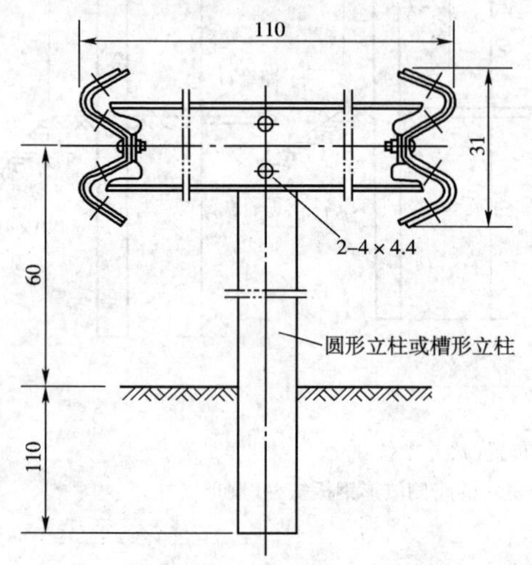

图6-22　合型波形钢板护栏构造(尺寸单位:cm)

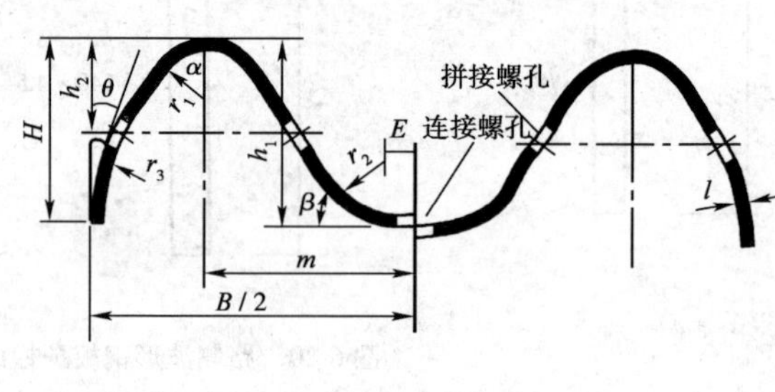

图6-23　波形钢板截面

波形钢板护栏的立柱，有圆形和槽形两种，其形状和尺寸应符合图6-24和表6-7的规定。为便于养护管理，一般都采用镀锌。当重型车辆占的比例大、失控车辆越出行车道会发生严重交通事故的危险路段，图中圆形立柱可以采用$\phi 140\times 4.5$mm的钢管。

波形钢板截面各部尺寸　　表6-6

代　号	B	m	H	h_1	H_2	E	r_1	r_2	r_3	α	β	θ	t
尺寸(mm)	310	96	85	83	39	14	27	24	10	55°	55°	10°	3

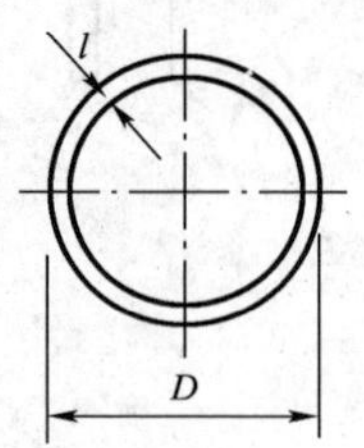

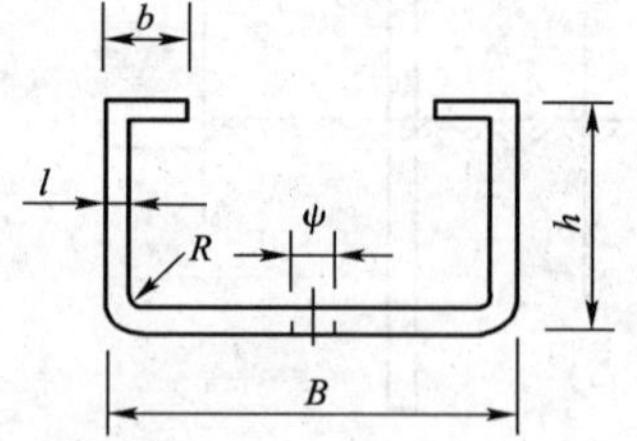

图6-24　立柱的断面

立柱截面各部尺寸　　表6-7

圆形立柱(mm)		槽形立柱(mm)				
D	t	B	H	b	t	ϕ
$\phi 114$	4.5	125	62.5	25	5	18

立柱一般都采用打入法施工,无法打入的石方地段或有构造物时则可采用挖孔浇筑混凝土基础或预留孔洞的埋置方式。埋置于混凝土基础中的深度一般应不小于40cm,混凝土的强度等级不应小于C15。为了维修养护的方便起见,可采用法兰盘装配式的连接方式或抽换式护栏立柱装置。抽换式的护栏立柱装置,非常适合用于混凝土的基础中。它结构简单,安装维修都很方便。

波形钢板护栏的起终点和中央分隔带的开口处,都应进行端头处理。路侧护栏的端头有圆头式和地锚式两种。逆行车方向的上游圆头式端头与标准段之间应设渐变段,顺行车方向的下游端头则可与标准段成一直线布设。

中央分隔带护栏的端头有分离型和组合型两种结构形式,分离型的端头一般在16m长的范围内,以抛物线形与标准段相连接,圆头的半径一般为25cm,其立柱的间距为2m。

中央分隔带上,无论是设置波形钢板护栏,还是混凝土护栏等,在开口处均应设置活动护栏,如图6-25所示。其高度应与中央分隔带护栏高度保持一致。为便于养护工作的进行和特种车辆(如交通事故处理车和急救车等)在紧急情况下临时开启放行,故安装后,应易于拔出和重新插入。

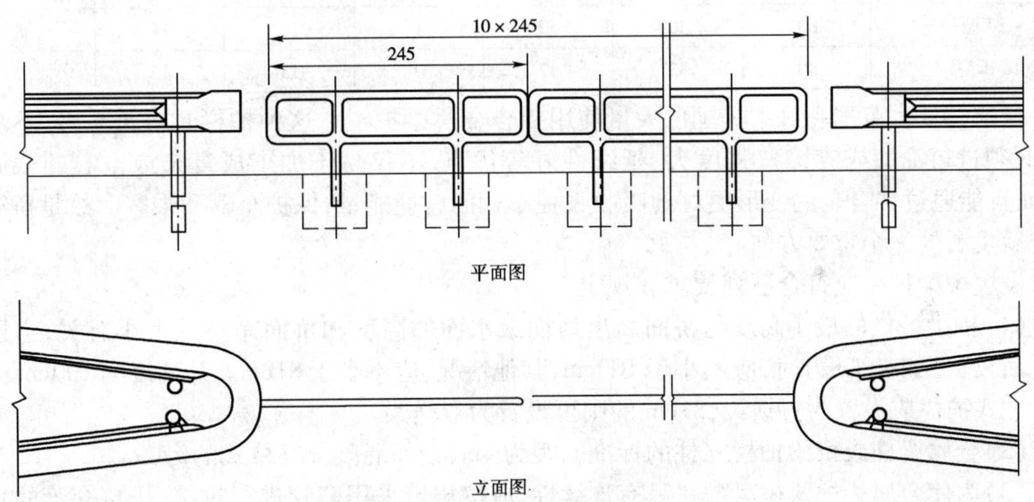

图6-25　活动护栏构造(尺寸单位:cm)

此外,设置在交通分流处的匝道三角地带的波形钢板护栏,其构造应与路侧护栏一致,并应根据三角地带的线形和地形进行设置。在靠近公路主线和匝道一侧的两端各8m长的范围内应采用加强型级,在加强型护栏的中间接6跨A级护栏,同时用圆头将三角区两侧的护栏连接起来。一般在危险三角区应采用带防阻块的护栏。

5)缆索护栏

是一种以数根施加初张力的钢丝绳固定于立柱上所组成的,具有较大缓冲能力的韧性护栏结构,主要依靠缆索的拉应力来抵抗车辆的碰撞从而吸收碰撞能量。目前,我国在高速公路和一级公路的建设中,较少修建这种护栏。

路侧缆索护栏,按防撞等级也分为A级和S级两种,S级为加强型,中央分隔带缆索护栏则只有Am一个等级,没有加强型的,其适用范围与波形钢板护栏基本相同。

6）桥梁护栏

指设置于高速公路和一级公路的桥梁上具有防撞功能的护栏结构，分为三个等级：一级用于一般公路跨越高速公路和一级公路；二级用于高速公路和一级公路；三级用于桥外特别危险需要重点保护的特大桥，故它不同于一般公路桥梁的行人护栏（常称为桥梁栏杆，是由立柱和扶手组成的，结构简单，只起保障行人安全的作用）。

桥梁护栏用钢材、铝合金或钢筋混凝土等材料制成。按其构造特征，可分为梁柱式、钢筋混凝土墙式和组合式三类护栏，如图6-26和表6-8所示。在实际工作中，桥梁护栏一般都是与桥梁的上部构造一起进行设计和施工，实际上它是桥梁工程的一个重要组成部分，故其费用归并在桥梁工程的造价内，不单独反映，也不归并在沿线设施的护栏工程内。但为了便于统筹组织施工，目前在一些高速公路和一级公路的建设工程中，除特大桥和大、中桥外，大都采用与路侧护栏一致的结构形式进行设置，无疑是适宜的，同时，也省却了端头的处理，节约了费用，简化了施工环节，是应予注意的一个问题。

钢筋混凝土梁柱式护栏参数（cm）　　表6-8

参数 形式	*A*	*B*	*C*	*D*	*E*	*F*	*G*
Ⅰ型	80	30	50	4	18	11	33
Ⅱ型	80	33	47	0	15	15	30

目前，美国、英国和日本等国已大量使用铝合金桥梁护栏。这种护栏具有重量轻、不易腐蚀（无须进行油漆或镀锌）、强度大、延续性好等优点，不仅易于加工成复杂或空心的截面形状，而且能通过铝合金的变形更好地吸收失控车辆的碰撞能量，保护车辆和乘客。故是桥梁护栏今后发展的一个重要方向。

设置桥梁护栏应符合下列要求和规定：

（1）桥梁护栏的最小高度与桥面高出地面或水面的高度和桥面净空的大小有关，当桥高或桥面较宽（如4车道）时，应不小于100cm，其他情况，应不小于81cm。凡高度为100cm的金属梁柱式护栏应设置为三横梁，81cm的则可设置为双横梁。

（2）金属梁柱或桥梁护栏立柱的标准间距为4m，钢筋混凝土梁柱式的为2m。

（3）为使金属梁柱式桥梁护栏具有连续性，应按规定采用套管进行拼接，拼接套管的长度应大于或等于直径的2倍，并不应小于30cm，在护栏的正面（迎车流面）不应有凸出物。

（4）高速公路和一级公路的桥梁上不宜设置护轮安全带，当必须设置时，其高度宜控制在5～10cm之间，护栏的正面与护轮带的边缘应成一直线。

（5）凡桥面设有伸缩缝处，护栏亦应设置伸缩缝，并应与桥梁伸缩缝的位移量一致。

金属梁柱式护栏的伸缩缝应符合规定和要求，其连接板或管的长度应大于或等于3倍横梁的宽度。当桥面伸缩缝处发生竖向、横向复杂的位移时，可不连接，但应在伸缩缝的两端设置专门的端部立柱，其中心间距不应大于2m，两横梁的间隙不得大于桥梁伸缩缝的设计位移量加25mm。

钢筋混凝土墙式桥梁护栏在桥面伸缩缝处应断开；钢筋混凝土梁柱式桥梁护栏亦应断开，但在伸缩缝的两端应设置端立柱，其间隙均不应大于桥面伸缩缝的设计位移量。

至于组合式桥梁护栏中的钢筋混凝土部分和金属结构部分，应分别符合钢筋混凝土墙式

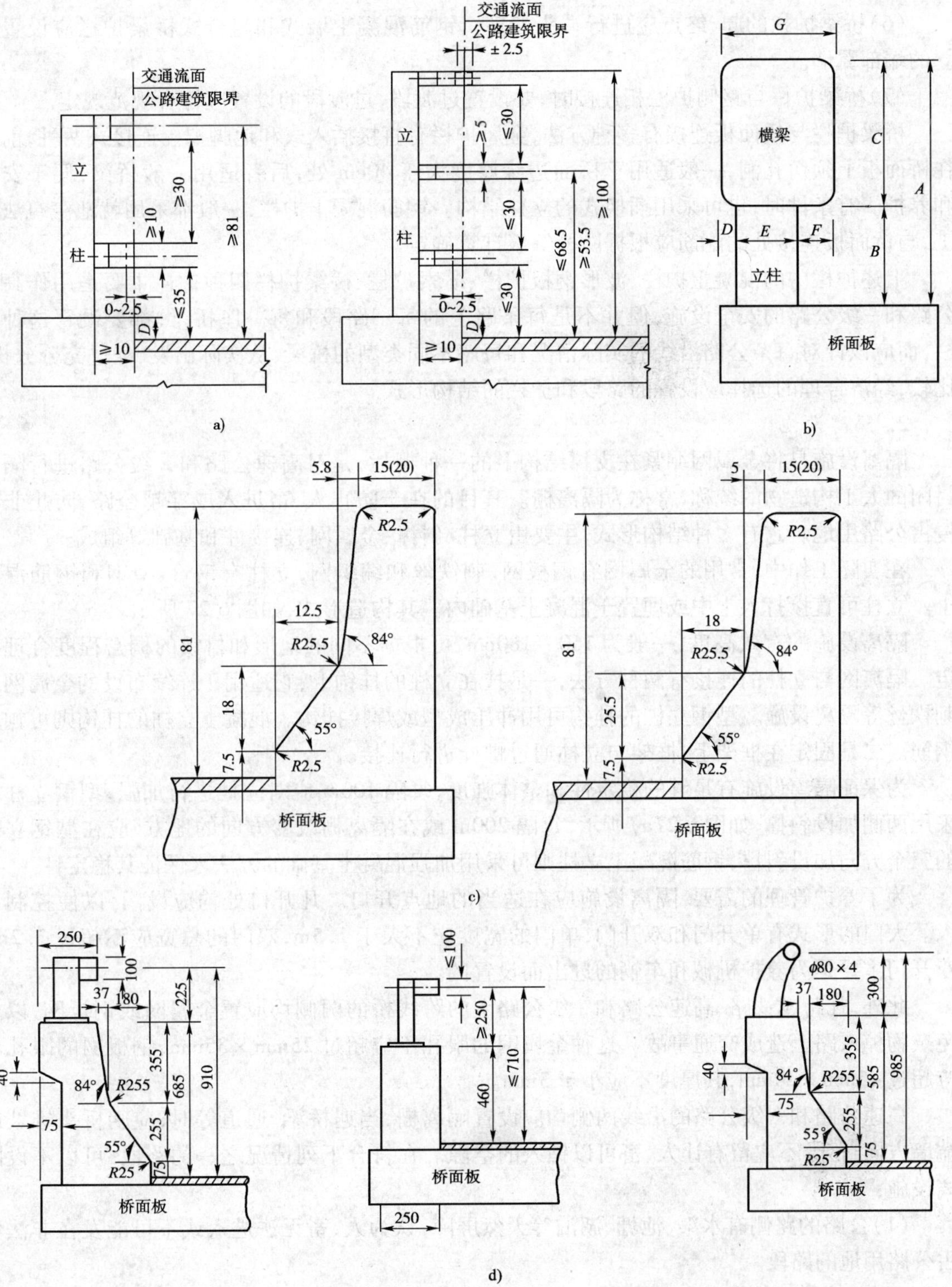

图6-26　桥梁护栏构造特征

a)金属制桥梁护栏($D\leqslant10$cm);b)钢筋混凝土梁柱式护栏;c)钢筋混凝土墙式护栏;d)组合式桥梁护栏

和金属梁柱式中的有关伸缩缝设置的规定。

(6)桥梁护栏的起、终点应进行端头处理。钢筋混凝土墙式和组合式桥梁护栏应设置独立的端部翼墙。

(7)桥梁护栏与路侧护栏相连接时,要设置过渡段,过渡段的设置应符合规范规定。

桥梁护栏与桥面板连接有多种方法,金属护栏有直接插入式和地脚螺栓连接式两种,前者在桥面板上须留孔洞,一般适用于桥面边缘厚度大于40cm处,后者适用一般桥梁,便于安装和养护。有条件时,也可采用插换式的立柱结构。钢筋混凝土护栏,一般都采用就地浇筑法施工,与桥面板连接处的配筋应根据防撞等级计算确定。

上述护栏中的混凝土护栏、波形钢板护栏、缆索护栏、桥梁护栏四种护栏主要是用作高速公路和一级公路的安全设施,但并不是每条路上的每一路段和每一座桥梁,都要设置这种护栏,而应该针对每条公路沿线的实际情况和每座不同类型的桥梁,从实际出发,经过充分分析、比较,经济合理的选择应设置的路段和护栏的结构形式。

2. 隔离设施

隔离设施是将金属网绷紧在支撑结构上的一种栅栏,是对高速公路和一级公路进行隔离封闭的人工构造物的统称,常称为隔离栅。其目的在于防止人、畜进入或穿越公路,防止非法侵占公路用地。它有多种结构形式,主要由立柱、斜撑、金属网、连接件和基础等组成。

在实际工作中,常用的金属网有钢板网、刺铁丝和编织网,立柱有钢管、型钢和钢筋混凝土。立柱可直接打入土中或埋置于混凝土基础内。其构造形式,如图6-27所示。

隔离设施的有效高度,一般为160~180cm,可根据不同的地形和村镇的稠密程度合理确定。隔离网与立柱的连接有两种方法,一是挂在立柱的挂钩上,它适用于连续布设的金属网和刺铁丝等隔离设施。型钢立柱的挂钩可用冲压成型或焊接挂钩。混凝土立柱的挂钩则可预埋钢筋。二是固定在框架上,框架与立柱通过螺栓进行连接。

为保证隔离设施有足够的稳定性和整体强度,每隔100m应对立柱进行加强,型钢立柱可采用两侧加设斜撑,如图6-27a)所示,每隔200m或在隔离栅改变方向的地方,应在型钢立柱的三个方向加设斜撑,钢筋混凝土立柱则可采用加强混凝土基础的方法来保证其稳定性。

为了养护管理的需要,隔离设施应在适当的地点开口。凡开口处均应设门,以便控制出入。大门的形式有单开门和双开门,单门的宽度应不大于1.5m,双门的总宽应不超过3.2m。双开门主要是为养护机械和车辆的进出而设置的。

此外,凡跨越铁路、高速公路和一级公路上的跨线桥的两侧均应置金属网或钢板网,以避免杂物掉入路上造成交通事故。这种金属网的眼孔不应超过25mm×35mm,钢板网的眼孔不应超过45mm×20mm,其厚度不应小于3mm。

高速公路和一级公路的沿线两侧均应设置隔离栅,当遇桥梁、通道等时,应朝桥头锥坡或端墙方向封死,不应留有让人、畜可以钻入的空隙。在符合下列情况之一的路段,可以不设隔离设施:

(1)公路的路侧有水渠、池塘、湖泊等天然屏障,认为人、畜无法进入或不可能发在非法侵占公路用地的路段。

(2)公路的路侧有高度大于1.5m的挡土墙或砌石等陡坎,人、畜无法进入的路段。

隔离设施,一般沿公路用地界线20~50cm以内处设置。

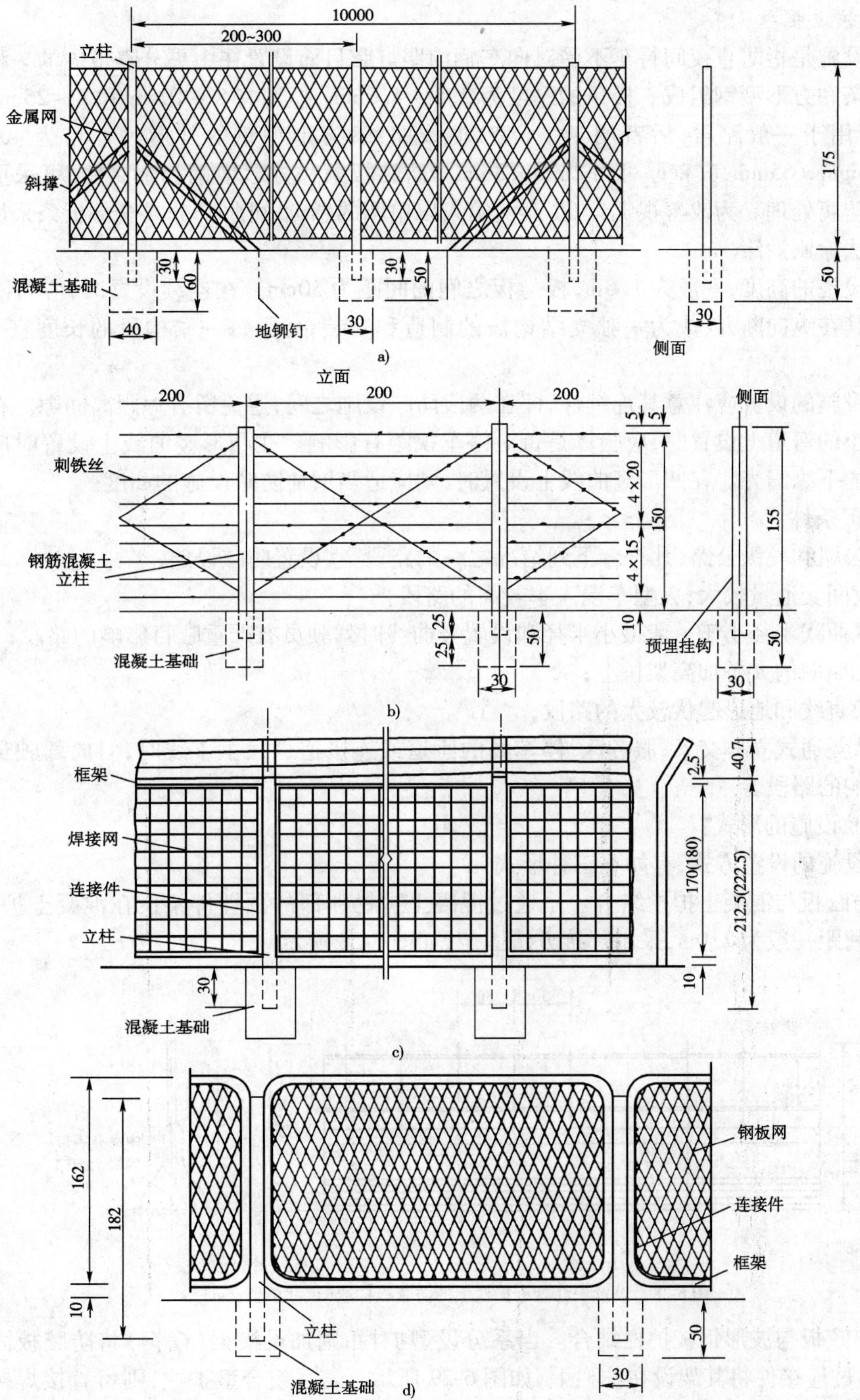

图 6-27 隔离设施构造形式(尺寸单位:cm)

a)金属网连续铺设的构造;b)钢筋混凝土立柱铁丝网的构造;c)框架式焊接网,加刺铁丝的构造;d)框架式钢板网的构造

3. 防眩设施

防眩设施是指防止夜间行车不受对向车辆前照灯眩目而设置在中央分隔带内的一种构造物。由板条和方形型钢组成。板条的厚度为2.5～4.0mm,板宽有8～10cm和8～25cm两种标准,前者用于一般路段,后者用于平(竖)曲线路线,方形型钢的外形尺寸可为40mm×40mm～65mm×65mm,其壁厚可为2mm×3mm。防眩板条和方形型钢等金属件,可采用热浸镀锌进行防腐处理。为改善视觉景观,避免给人以单调的感觉,可将部分或全部板条采用颜色搭配的方法涂刷油漆。

防眩设施的高度,一般为1.6m,板与板之间的间距为50cm。在连续设置时,应每隔一定的距离使其在纵向断开,成为一独立结构段的制造和安装单元,每一结构段的长度宜为4～12m。

防眩设施的设置应注意其连续性,即在两段防眩设施之间,避免留有短距离间隙。在平曲线半径较小的弯道上设置时,应验算是否对停车视距有影响。在凸形竖曲线上设置时应避免防眩设施的下缘漏光。在凹形竖曲线上设置时,则应适当增加防眩设施的高度。

1)设置条件

高速公路和一级公路,凡符合下列情况之一的路段,宜设置防眩设施:

(1)夜间交通量较大,大型车混入率较高的路段;

(2)平曲线半径小于一般最小半径和设置竖曲线时驾驶员有严重眩目影响的路段;

(3)无照明的大桥加高架桥上;

(4)长直线和地形起伏较大的路段;

(5)从互通式立体交叉、服务区、停车场的匝道或连接道进入主干线时,对向驾驶员有严重眩目影响的路段。

2)防眩设施的形式:

防眩设施的设置方式,有如下三种形式:

(1)防眩板与混凝土护栏结合。是通过混凝土护栏顶部的预埋件架设在混凝土护栏上,预埋件的间距一般为2.0m,采用焊接方法固定,如图6-28所示。

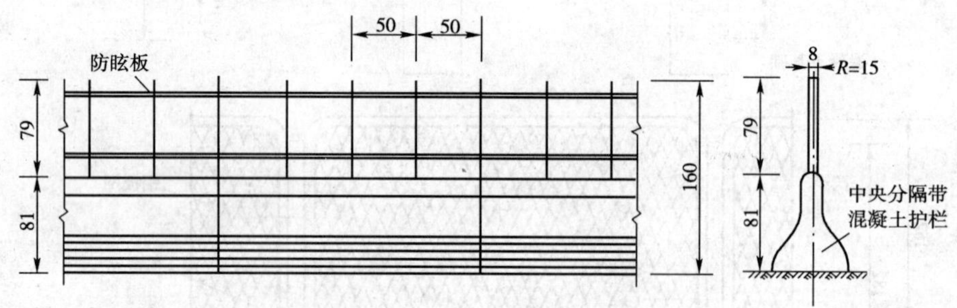

图6-28 设置于混凝土护栏上的防眩板构造(尺寸单位:cm)

(2)防眩板与波形钢板护栏结合。当系分设型护栏,则加设横梁(槽钢)将防眩板固定在槽钢上,通过连接件将其架设在护栏上,如图6-29所示。若系组合型护栏,则可直接焊接在护栏的立柱上。

(3)单独竖立支柱将其埋设在中央分隔带上。

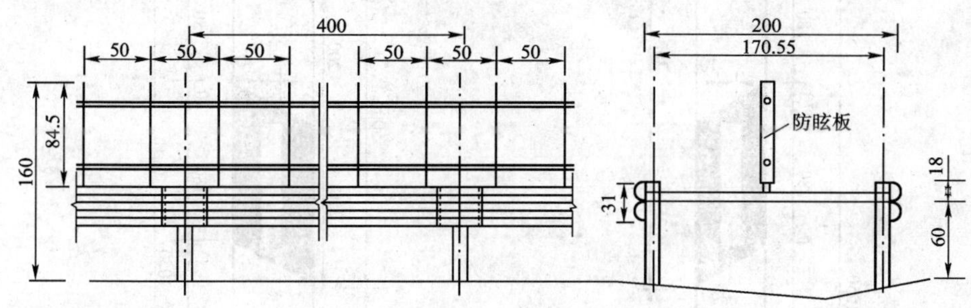

图 6-29 设置于波形钢板护栏上的防眩板(尺寸单位:cm)

当中央分隔带较宽时,亦可采用植树进行防眩。

4. 视线诱导设施

视线诱导设施按功能可分为:轮廓标,分流、合流诱导标,指示性或警告性线形诱导标三类。它们以不同的侧重点来诱导驾驶员的视线,使行车更趋安全和舒适。

1)轮廓标

轮廓标是以指示道路线形轮廓为主要目标的一种视线诱导设施。通常都是全线连续的,设置在高速公路和一级公路的主线,以及互通式立体交叉、服务区、停车场等的进出匝道或连接道前进方向左、右两侧的道路边缘,设置间隔直线段一般为 5m,曲线段则应符合表 6-9 的规定,表中标有"*"系指互通式立体交叉匝道的半径。

轮廓标曲线段设置间隔 表 6-9

曲线半径(m)	小于 30*	30~89*	90~179*	180~274	275~374	375~999	1000~1999	2000 以上
设置间隔(m)	4	8	12	16	20	30	40	50

轮廓标有埋置于土中和附着于各类构筑物上两种不同的构造形式,一般应根据建设工程的实际情况确定。

(1)埋置于土中的轮廓标,由三角形柱体、反射器和混凝土基础等组成,如图 6-30 所示。柱体采用钢板或玻璃钢作成,其顶部斜向行车道,柱身部分为白色,在距路面 55cm 以上部分有 25cm 的黑色标记,在黑色标记的中间,镶嵌一块 18cm×4cm 的定向反光材料反射器,故又称为柱式轮廓标。轮廓标被撞坏时,为便于更换修复,柱与基础的连接可采用装配的形式。

(2)附着于各类构筑物上的轮廓标,由反射器、支架和连接件组成。由于构筑物的种类和位置不同,其形状和连接方式也不一样,如有附于各种护栏上的,也有附于隧道、挡墙、桥梁墩台等侧墙上的。如图 6-31 所示,是附着于波形钢板护栏上的一种轮廓标构造形式,故又称为栏式轮廓标。如图 6-32 所示,是附着于侧墙上的轮廓标的构造形式。

在经常有雾、风沙、阴雨、下雪、暴雨等地区,可采用 100mm 的圆形反射器,将其安装在波形钢板护栏的立柱上,如图 6-33 所示。

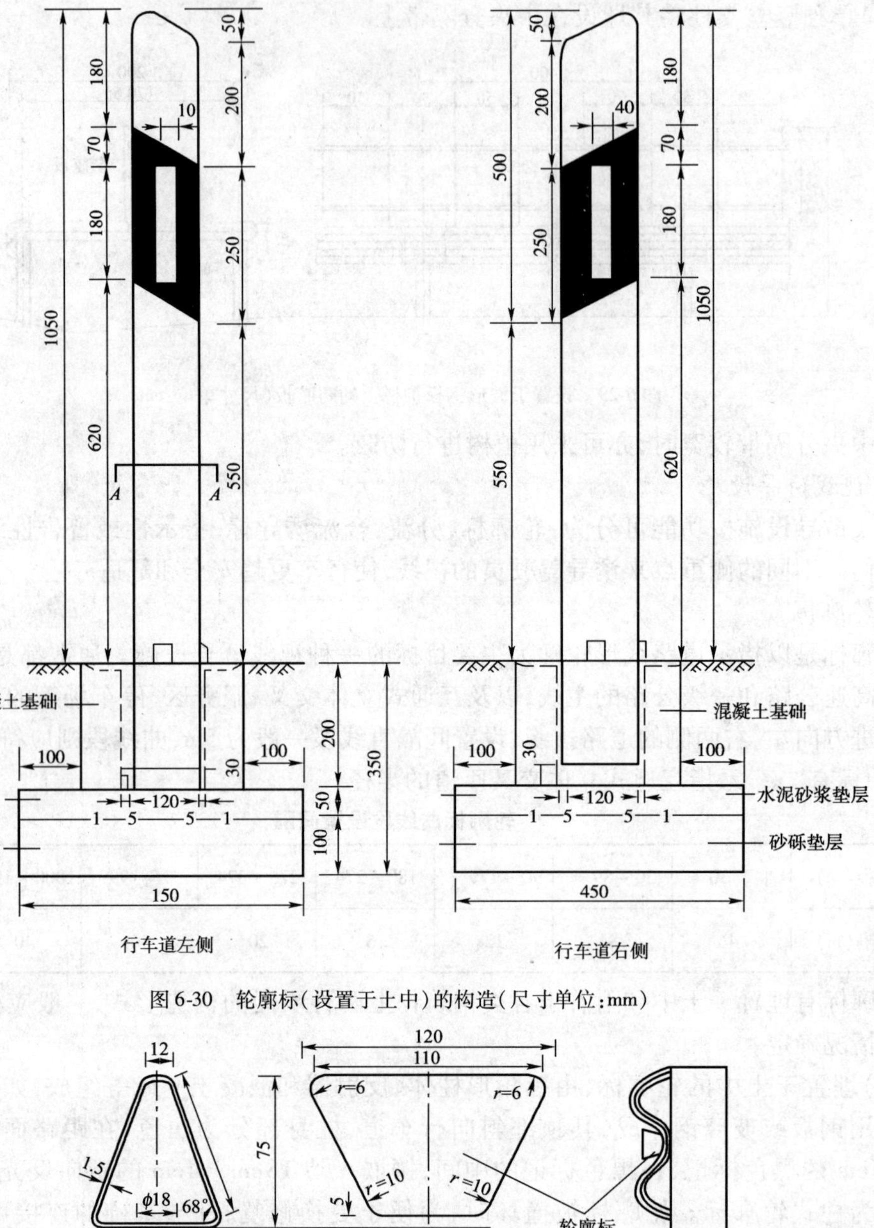

图 6-30 轮廓标(设置于土中)的构造(尺寸单位:mm)

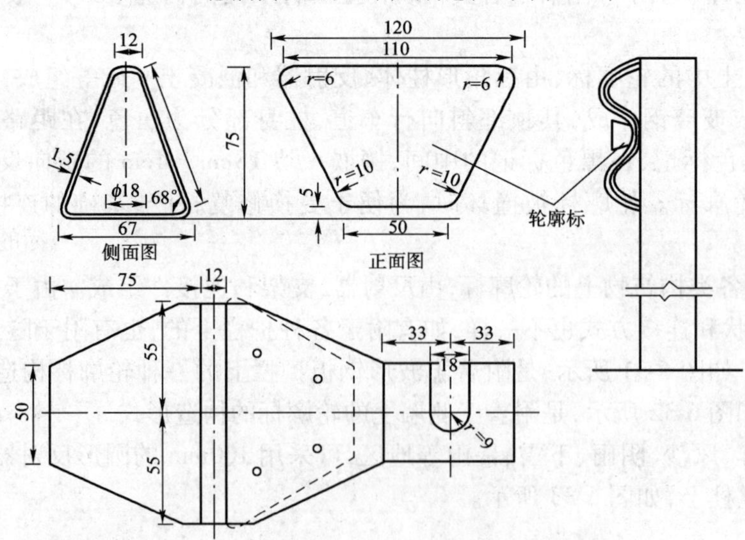

图 6-31 轮廓标附着于波形钢板护栏中间的槽内(尺寸单位:mm)

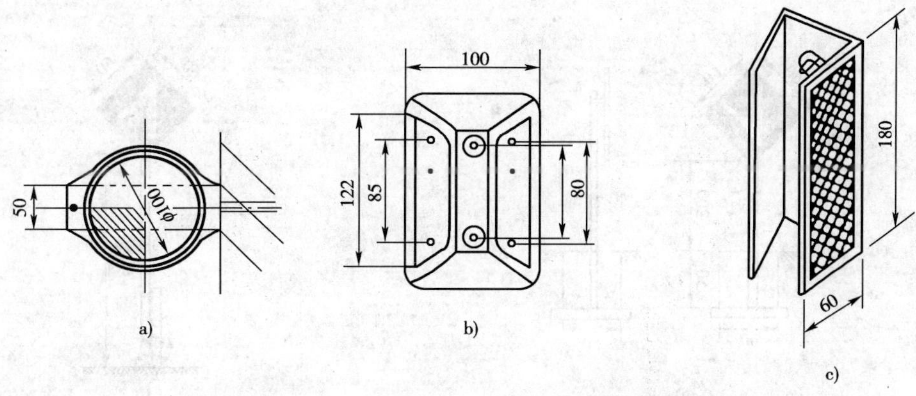

图 6-32　附着于侧墙上的轮廓标(尺寸单位:mm)

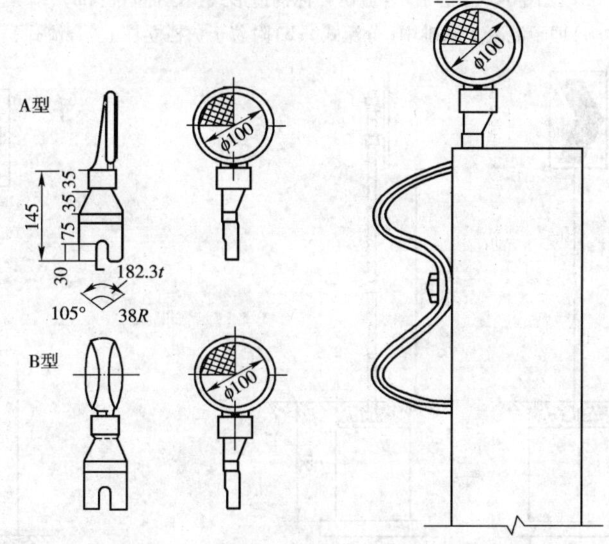

图 6-33　轮廓标安装于波形钢板护栏立柱上(尺寸单位:mm)

2)分流、合流诱导标

分流、合流诱导标是设置在互通式立体交叉的进、出口匝道附近,有交通分流或合流的地方的一种设施,它可以引起驾驶员对互通式立体交叉进、出口匝道附近的交织运行的注意。由反射器、底板、立柱、连接件和混凝土基础等所组成,其底板的尺寸为 60cm × 60cm 的钢板或铝合金,距路面高度为 2.0m,高速公路的底板为绿色,其他公路为蓝色,诱导标的符号为白色,其构造如图 6-34 所示。实际上它的构造形式跟公路标志基本上是一样的。

3)线形诱导标

线形诱导标是设置在急弯或视距不良地段,用以指示道路改变方向或警告驾驶员改变行驶方向的一种设施,其构造如图 6-35 所示。当计算行车速度大于 100km/h 时,底板的尺寸为 60cm × 80cm,计算行车速度在 100km/h 以下时,底板的尺寸为 22cm × 40cm。一般都采用钢板或铝合金作成。其构造形式也和公路标志是相同的。线形诱导标,指示性的为白底蓝图,警告性的则为白底红图。警告性线形诱导标,是由于公路局部施工或维修作业等,需临时改变行车方向的路段。

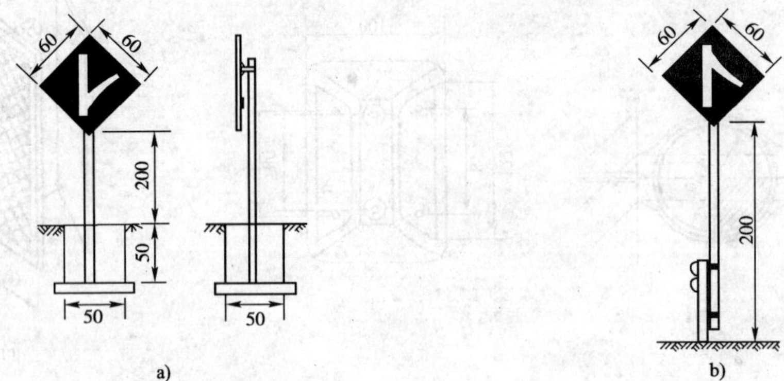

图6-34　分流、合流诱导标构造形式(尺寸单位:cm)

a)埋于混凝土基础中(分流式);b)附着于护栏立柱上(合流式)

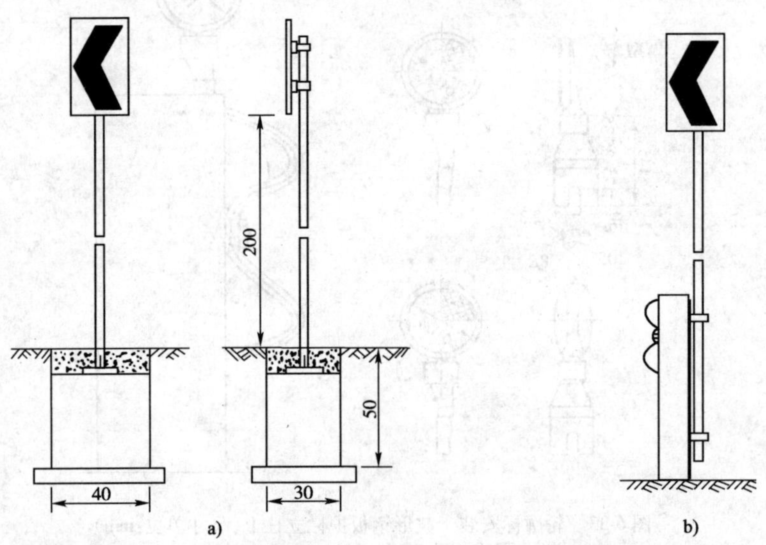

图6-35　线形诱导标构造形式(尺寸单位:cm)

a)埋置于混凝土基础中;b)附着于护栏柱上

视线诱导设施上的反射器一般都是来用反光膜镶贴而成,在夜间停车时通过车辆前照灯的照射就能显示其标记,起着良好的视线诱导效果。

5. 路面标线

路面标线是以规定的线条、箭头、文字、突起路标或其他导向装置,画设于路面上,用以管制和引导交通的设施。

驾驶员在道路上安全、高速的行驶,有赖于道路线向的轮廓分明,在路面标线和视线诱导设施的指引下,建立了行进方向的参照系,驾驶员对其视野范围更远的道路走向树立了信心。因此,路面标线是引导驾驶员视线、管制驾驶员驾车行为的重要手段,它可以确保车流分道行驶,导流交通行驶方向,指引车辆在汇合或分流前进入合适的车道,加强车辆的行驶纪律和秩序,促使更好地组织交通。正确设置交通标线能合理的利用道路的有效面积,改善车流行驶条件,增加道路通行能力,减少交通事故。

高速公路、一级公路和二级公路应设置齐全的路面标线,运输繁忙的三级公路以及在急弯、陡坡、视距不良等路段,应设置分道行驶的行车道中心线。

路面标线按功能可分为指示标线、禁止标线和警告标线三类。

指示标线是指示车行道、行驶方向、路面边缘、人行道等设施的标线。分为纵向标线(如行车道中线、车道分界线、路缘线等)和横向标线(如人行道横线、距离确认线等)。此外,还有其他标线如高速公路出入口标线、停车位标线、导向箭头等。

禁止标线是告示道路交通的遵行、禁止、限制等特殊规定,驾驶员及行人需严格遵守的标线。分为纵向禁止标线(如禁止超车线、禁止变换车道线、禁止路边停车线等)和横向禁止标线(如停车线、停车让行线、减速让行线等),以及其他禁止标线包括非机动车禁驶区标线、导流线、网状线、专用车道线和禁止掉头线。

警告标线是促使驾驶员及行人了解道路上的特殊情况,提高警觉,准备防范应变措施的标线。分为纵向警告标线(如车行道宽度渐变段标线、路面障碍物标线和铁路平交道口标线等)和横向警告标线(如减速标线、减速车道线等)。此外,还有一种立面标记,一般设在跨线桥、渡槽等的墩柱或侧墙端面上及隧道洞口和人行横道上的安全岛等的壁面上,其作用是提醒驾驶员注意,在车行道或近旁有高出路面的构造物,以防发生碰撞。

这些标线可归纳为连续实线、间断线和箭头指示三种形式,其颜色一般采用白色或黄色。线的宽度除停车线和人行横线为15~20cm外,其他标线都采用10~15cm宽。以下就几种常用的标线作一简单的介绍。

(1)行车道中心线。指设置在没有中央分隔带设施的中心位置上的连续实线或虚线,用以隔离对向行驶的交通流。当系四个及四个以上的车道时,应采用黄色双实线,两线间隔20~30cm。但并不一定限于设置在道路的几何中心线上。其画法为虚线的实线段长度为4m,间距6m。

(2)车道分界线。凡同一行驶方向有两条或两条以上行车道时,应画车道分界线,用白色虚线表示。用以分隔同向行驶的交通流,设在同向行驶的行车道分界线上。在保证安全的情况下,允许车辆越线变换车道。高速公路、一级公路的车道分界线中实线段长为6m,间距为9m;其他道路实线段长为2m,间距为4m。

(3)路缘线。指设置在公路的路面边缘的标线。高速公路、一级公路应在行车道外侧边缘或在路缘带内侧画边缘线,采用白色连续实线。但当车辆需跨越边缘线处(除辟有紧急停车带路段外)应画白色虚线。

(4)停车线、人行横线、导流线、导向箭头、交叉路口中心圈。一般在公路平面交叉处才设置这种标线。

(5)禁止超车线。分三种情况:

①中心黄色双实线。用于4车道或4车道以上公路又没有设中央分隔带的情况,表示严格禁止车辆越线超车或压线行驶;

②中心黄色虚实线。用于划分双向通行的三条机动车道道路以及需要实行单侧禁止超越的其他道路,由一条实线和一条间隔为15~30cm的平行虚线组成。实线一侧禁止越线超车或左转,虚线一侧准许越线超车或左转;

③中心黄色单实线。上下行方向各有一条或两条车道(一条机动车道和一条非机动车

道)的道路和双向三车道道路,在视距受限制的竖曲线、平曲线路段及有其他危险需要禁止超车的路段设置,表示不准车辆越线超车或压线行驶。

(6)停车方位线。在高速公路和一级公路的服务区设有停车场或路边空地、行车道边缘或道路中央位置设置,用以指示车辆停放的位置。停车方位线为白色,可分为平行式、倾斜式和垂直式三种,根据行车道宽度、停放车辆种类、交通量等情况选用。

路面标线的材料有标线涂料,还有各种粘贴材料,如贴附成型标带、突起路标、分离器等。路面标线的材料分类见表6-10。

路面标线涂料按施工温度可分为常温型(冷用)、加热型和熔融型三类。常温型和加热型(50~80℃)属于溶剂型涂料,呈液态供应,常称为标线漆,使用寿命较短。其中加热型涂料固体成分略多一些,黏度也高一些。熔融型涂料呈粉末状供应,需经加高温(180~220℃)使其熔解后才能涂敷于路面,这种涂料称为热塑涂料,其使用寿命合比较长,费用要高,目前在公路建设工程中大都采用这种热塑型标线涂料。

路面标线材料的分类 表6-10

序号	分类			施工条件
1	标线涂料	溶剂型	常温涂料	常温施工
			加热涂料	加热施工
		熔融型	热熔涂料	熔融施工
2	贴附材料	贴附成型标带		粘贴施工
		热融成型标带		加热施工
		铝箔标带		粘贴施工
3	标线器	突起路标		粘贴或埋入施工
		分离器		螺栓固定施工

路面标线涂料中均掺有反光玻璃微珠,这种玻璃微珠是无色透明的小球,对光线具有折射、聚焦和定向反射功能。混入涂料或撒布于涂膜表面,可以将汽车灯光回归反射到驾驶员的眼睛,大大提高标线的可见性,在夜间行车时,有利于行车安全。

在原有道路的旧路面上和水泥混凝土路面上,涂刷热塑型标线涂料时,要先涂刷一遍底漆,使之与路面能更好的结合。

贴附式标带有贴附成型标带、热融成型标带和铝箔标带三类。不需特殊设备便可简便地进行施工,耐磨性好,但不利于机械化施工,不能采用大规模施工,价格高,湿润后防滑性能降低,夜间可视性差,一般只在小面积的文字及记号的标示,积雪寒冷地带人行道外边线及临时标线等情况使用。

突起路标一般俗称路纽。正常情况下与标线配合使用,也可单独使用。对突起路标的要求是反光亮度大,视线诱导效果高,施工容易,耐久性好。

分离器主要用于没有中央分隔带的双向行驶的道路中心线上,是用弹性材料制作的,车辆碾压后能恢复原状,反光性能好。

6. 公路标志

道路交通标志是用图形符号、文字向驾驶员及行人传递法定信息,用以管制、警告及引导交通的安全设施,它在现代道路交通管理中发挥着重要作用。实践证明,合理设置道路交通标志,可以提高道路通行能力,减少交通能够事故,防止交通阻塞,节省能源,降低公害,美化路容。

公路标志有主要标志和辅助标志两大类,如图 6-36 所示。

图 6-36 公路指示标志

公路主要标志按其作用,可分为如下四种。

(1)指示标志。是指示车辆、行人行进或停止的一种标志。如直行、左右转弯、行人横道、停车场、公共汽车停靠站、公路的起、终点等。标志牌的形状为圆形、矩形和正方形,颜色为蓝底、白色图案。

(2)指路标志。是传递道路方向、地名、地点、距离等信息的一种标志。有里程牌、百米桩、公路界牌、指路牌、地名牌、立交行车示意牌、高速公路和一级公路中途出入口和服务区标志等。除里程碑、百米桩、公路界碑外,其他指路标志牌的形状均为矩形。板面尺寸的大小,主要是根据汉字和数字的高度而定,一般应符合表 6-11 的规定,阿拉伯字码的高度可按汉字的相应高度的 0.7 倍取定,颜色一般为蓝底、白字和白色图案。高速公路指路标志为绿底白字。

指路标志牌上汉字大小标准 表 6-11

计算行车速度(km/h)	80 及以上	40、60	30、20
汉字高度(cm)	30	20	10

(3)警告标志。是警告驾驶员注意沿路运行中存在有影响行车安全地点的一种标志。如交叉点、道路平面形状(如急弯、连续弯)、道路纵坡形状(如纵坡大于或等于 7% 的路段)、路面变窄及窄桥、沿路情况(如铁路道口、隧道、落石、易滑、村镇、学校等)等的预告。标志牌的形状为等边三角形,颜色为黑边框、黄底黑色图案。

(4)禁令标志。是禁止和限制车辆和行人通行的一种标志。如禁止某些机动车、非机动车通行,禁止左右转弯,禁止超车,限制速度、重量、高度等,标志牌的形状为圆形,颜色为白底、红圈红斜杠和黑色图案。

辅助标志,是附设在指标、警告和禁令标志牌的下面,起辅助说明作用的标志,不单独设立。其形状为矩形,颜色为白底、黑边框和黑字。可分为:表示车辆种类,表示时间,表示区域或距离,表示禁令、警告理由等四种。

公路标志,除里程碑、百米桩、公路界碑采用混凝土或天然石料作成外,其他各种标志,目前大都采用金属建筑材料制造，其板面有钢板和铝合金两种。底板、文字和图案则采用反光膜镶贴而成，常称为反光标志。反光膜的耗用量一般为板面的1.3～1.5倍。立柱一般采用钢管，通过连接件进行固定，埋设在混凝土基础中，或采用地脚螺栓进行连接。其埋置深度应根据当地土质、板面大小等条件确定，一般为60～200cm。板面尺寸的大小与计算行车速度的高低有关，应符合表6-12的规定。

公路标志牌形状及尺寸（cm）　　表6-12

形　状	计算行车速度（km/h）			
	>100	90～70	60～40	<30
三角形	130	110	90	70
圆形	120	100	80	60
正方形	120	100	80	60
矩形	190×140	160×120	140×100	—

标志牌的立柱形式，有单、双柱、悬臂、门架和附着等不同形式，如图6-37所示。其设置高度，单柱式和双柱式自标志牌面的下缘到路肩表面为180～250cm，悬臂式和门架式自标志牌面的下缘到行车道路面的顶面，应符合各级公路建筑限界的规定。

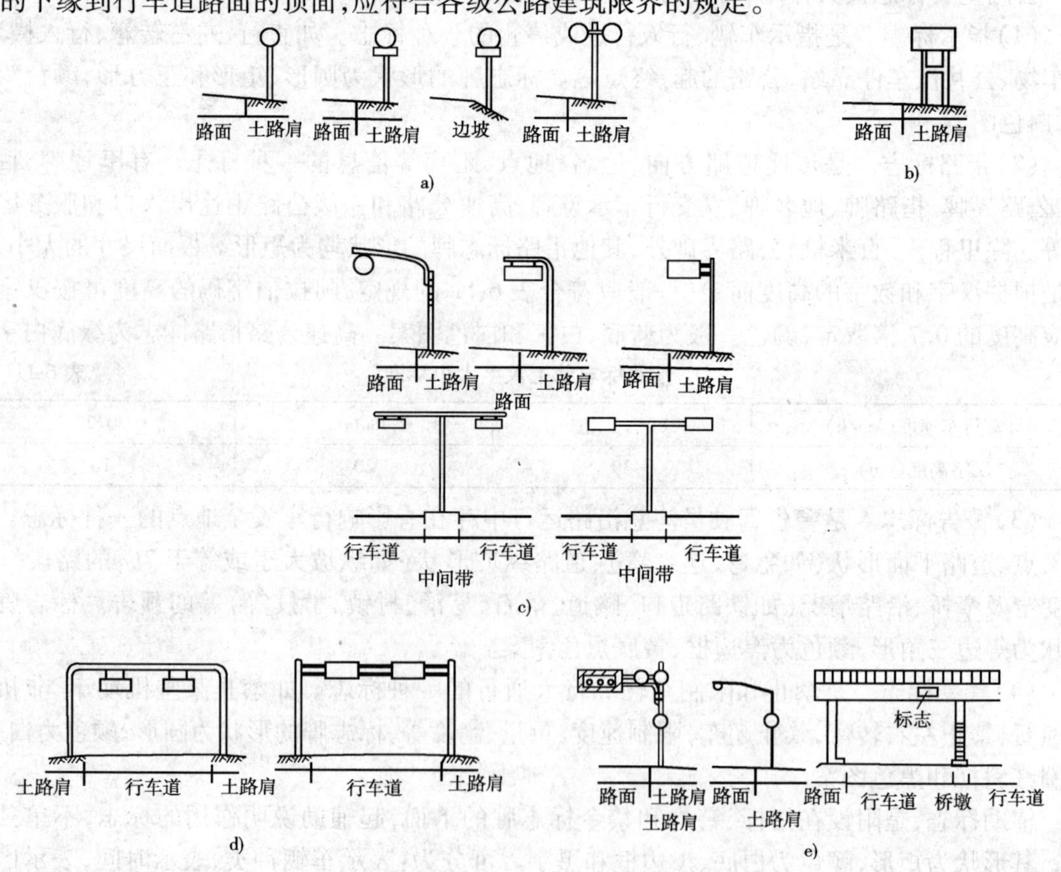

图6-37　标志牌支柱形式

a)单柱式；b)双柱式；c)悬臂式；d)门架式；e)附着式

各种标志,一般应设在公路右侧,其内缘离路面或硬路肩边缘的距离不得小于25cm。在同一点需要设置两种以上的标志时,可以合并安装在一根立柱上,但最多不应超过四种。

四、环境保护工程

公路对环境的影响,主要反映在两个阶段中,即公路施工阶段和营运阶段。前一阶段是对自然环境的破坏,容易造成水土流失,这是在设计和施工过程中,应注意修建必要的防护工程和排水设施来解决,同时,要注意处理好建筑废渣。后一阶段则是对社会环境的影响,在相当长的营运时期内,汽车排出的废气和汽车的噪声与振动,随着交通量的增加会日益严重。故在公路概、预算项目的划分中,设有"环境保护工程"专项,如在医院、学校,以及居民稠密区,应修建必要的防噪设施,其次是要做好绿化和美化工作,使公路的构筑物与沿线景观相协调。在市郊、风景区、疗养区等路段,应尽可能选用常绿树种,栽植风景林,以增加美观感。在工厂区附近的路段,则宜植耐酸或耐废气的树种。在农田地区的公路两侧则不得栽植对当地农作物成活生长等有传播虫害的树种。同时,对树种的选择在可能条件下,做到速生树种与慢长树种相结合,速生树种绿化快,但寿命短,宜用慢长树种来更新。常绿树种与落叶树种相结合,四季之中,都有绿化效果。

交通部颁发的《公路基本建设工程概算、预算编制办法》只对二级及以下公路的绿化规定了每公里绿化补助的费额指标,因此,高速公路、一级公路的绿化,应根据当地实际情况,做好绿化的设计和施工工作。

第三节　临 时 工 程

公路建设工程中的临时工程是间接为建设工程服务的,它的特点是公路工程建成后,应全部拆除,并恢复原来的生态面貌。临时工程包括两个方面的内容:一是施工企业进行建筑安装工程施工所必需的生产和生活用的临时建筑物、构筑物和其他临时设施等,以费率的形式计入现场经费内,常称为小型临时设施;二是临时轨道铺设、便道、便桥、临时电力和电讯线路、临时码头等,可以根据建设工程的实际情况,逐项列入工程造价内,是构成全部建筑安装工程费用的一个内容,常称为大型临时工程,也是单独作为计量支付的依据。现扼要介绍如下。

一、临时轨道铺设

指在进行大型混凝构件的预制时,铺设在预制场内的轨道,预制场至桥头和桥面上应铺设的轨道,以及供龙门架行走的轨道,专供大型混凝土预制构件的出坑、运输、堆放和运至桥上安装之用。按钢轨的重量分为11kg/m、15kg/m、32kg/m三种不同的标准,一般根据预制构件的单件重量确定。所以,应根据预制场的条件和采用的安装方法,提出设计需要量,列入工程造价内。

二、便道

应予修建的便道有两种情况:一是专供汽车运输建筑材料用的,如料场到施工现场,原有道路与新建公路进场的连接线,以及现场范围内必须修建的便道等;二是专供大型施工机械进场用的便道。这两种便道的性质是一样的，只是修建标准有所差异。

便道有双车道和单车道两种标准，双车道的路基宽度为7.0m，单车道为4.5m，一般是根据运输任务的大小来确定。如果是常年使用的便道，为保证晴雨畅通，还应加铺路面，同时，应根据使用期的长短，计入养护维修所需的费用。若只要求晴通雨不通，或一次性的使用便道，如只供大型施工机械进场用的便道，或运输任务不大的便道，则可修建为单车道并不铺设路面。

三、便桥

是指便道在跨沟涉河处必须修建的桥梁，有时在修建大型桥梁时，为两岸运输建筑材料等的需要，也要修建临时用桥，若达不到通行汽车的标准，则不能列入便桥项目内计入工程造价，是属于现场经费中的临时设施费范围的内容。

为了贯彻以钢代木、节约木材的目的，公路工程概、预算定额只规定了钢便桥一种结构形式。即利用公路装配式钢梁桁节（贝雷桁架）组成，在编制工程造价时，必须贯彻执行，不得变更定额内容或进行抽换。

四、临时电力线路

是指在公路工程施工过程中，当工程用电使用工业电源时，需要安设由高压输电线路到工地变电站之间的电力线路。至于变电站或自发电的厂房至施工现场各个作业用电点的线路，是一种低压线路，属于现场经费中的临时设施费的范围内容，就不得计入临时电力线路内，作为编制工程造价的依据。

此外，在修健大型桥梁时，由于工程用电的需要，必须敷设水下电缆，可结合建设工程的实际情况，参照电力部门的有关规定和要求确定，计入临时电力线路项目内，作为编制工程造价的依据。

五、临时电信路

是指施工现场各施工点与驻施工现场的管理机构，以及与外界的通信联系而需架设的电话线路。一般是按从当地附近的电信局连接到工地各施工点的线路长度作为编制工程造价的依据。但目前由于电信事业的不断发展，通信的方式很多。因此，在实际工作中，不论施工单位今后将采用何种通讯方式，一般可按公路的修建长度，作为编制工程造价的依据。

六、临时码头

当建设工程处在通航地区，为利用水上运输工具进行建筑材料的运输，或桥梁水下施工需要工程拖轮和工程驳船运送材料和构件时，必须修建临时码头才能进行装卸工作，有重力式石砌码头和装配式浮箱码头的两种结构形式。一般应结合当地的实际情况在经济合理的原则下选定。

浮箱码头是由多个以钢板作成的浮箱拼组而成的，并用钢筋混凝土锚碇进行固定。

各种临时工程的另一个显著的特点，无具体的服务对象，而是为建设工程项目的全部工程服务的，但在施工过程中又是必不可少的工程设施。

第四节　辅助工程

所谓辅助工程，是相对于主体工程而言的，它有具体的服务工程对象，但在施工过程中只起辅助性的作用。而不构成主体工程的实体，通常是将其费用综合在相应的使用对象的工程造价内，故除个别外，一般都不单独反映这些辅助工程的内容，亦不得作为计量支付的依据。这些辅助工程的内容比较多，现扼要介绍如下。

一、平整场地

是指专为大型混凝土预制构件预制和路面混合料集中拌和等而必须修建的场地。场地修建时，除要进行填挖土石方和找平之外，还应进行碾压，使之具有足够的强度。同时，对场地范围由材料运进和半成品运出的道路等地段应铺筑不小于15cm厚的碎砾石路面，其铺筑面积一般可按平整场地中实际地质和车辆情况进行计算。

平整场地面积的大小，应根据拌和路面混合料和预制大型混凝土构件的任务大小和采用拌和设备的类型确定，一般应考虑各种材料的堆放、安放拌和设备、大型预制构件的底座、半成品堆放、场内各种道路，以及警卫、施工人员用房等所需的面积，并通过必要的分析计算确定。它是大型拌和站的配套设施。

平整场地工作，《公路基本建设工程概算、预算编制办法》是将其归列在其他工程及沿线设施项目中的清除场地内，只在编制施工图预算时，方能计算这项费用，编制设计概算时，就不能再计算，因为已综合在相关工程项目的工程定额内。

二、大型拌和站

根据工程质量和任务要求，在公路建设工程中，需要设置的大型拌和站，有厂拌稳定土、沥青混合料拌和、混凝土搅拌站三种，其拌和设备的生产能力，是以每小时t或m^3来划分的。因此，在设置拌和站时，要解决的首要问题就是如何选定其型号。一般应根据施工任务量，在保证总工期要求的前提下，尽可能做到满负荷的施工生产而留有必要的余地科学合理的选定拌和设备的型号，这是设置拌和站的一个重要工作环节，如图6-38所示。

1. 稳定土厂拌站

是指按路面施工技术规范的规定，为保证路面工程质量，高级路面中的水泥碎石、石灰粉煤灰碎石等基层，应采用集中拌和进行铺筑，故必须设置拌和站。这种稳定土厂拌设备的生产能力有50～400t/h等多种型号。组织施工生产时，要将厂拌设备固定在基座上，还要设置上料台，基础一般采用混凝土，上料台则采用石砌圬工作成。

2. 沥青混合料拌和站

沥青混合料有沥青碎石和沥青混凝土两种。一般都采用拌和设备进行拌和。其生产能力有25～150t/h等多种型号，60t/h以上的拌和设备其生产过程全由微机进行控制管理，自动化程度高，是一种比较先进的机械设备产品。在组织生产时，除要修建拌和设备和锅炉的混凝土基座外，还要设置储油（沥青）池和沉淀池，砌筑上料台等。

这种设备的一次安装费用一般都比较高，如150t/h的沥青混合料拌和设备安装拆除一次的费用约50万元，所以合理设置拌和点，实行专业化施工，标段不应太短，宜在30～50km，这是在实际工作中不可忽视的一些因素。

图6-38　拌和站

3. 混凝土拌和站

是在修建大型钢筋混凝土桥梁或铺筑水泥混凝土路面时，采用的一种拌和设施，但实际上在公路建设工程中较少采用。其设备的生产能力有15～60m^3/h等几种型号。在组织施工生产时，要修建拌和设备的混凝土基座，砌筑堆料场的隔板和隔墙等。

设置上述各种拌和站，除要注意合理选定拌和设备的型号外，还应经过科学的分析计算，做好装料机械和半成品运输车辆，以及路面混合料的摊铺设备等的型号选配，务须使之能协调而又能均衡地进行连续生产，避免互相脱节，在某些环节上产生延滞、停误。

三、混凝土蒸气养生设施

是指在混凝土的施工过程中，为了缩短混凝土的养生期，使之尽快达到设计强度的要求，或在严寒季节，为避免混凝土受冻损坏，常采用蒸气养生的办法来解决。因此，需要建筑蒸气养生室，若系大型混凝土预制构件，则可采用挖坑或在地面上砌墙的方式来建筑蒸气养生室，坑壁和坑底都要用砖或天然石料进行铺砌，要设置活动的坑盖和保温门，以利构件出坑，安设蒸气管道和工业锅炉，按时测温和喷水。

蒸气养生室的建筑面积，应根据单件预制构件的大小和每次需要预制的根数来确定。一般是按两梁之间的间距0.8m，并按梁长每端各加1.5m，宽度每边各加1.0m来考虑确定。

由于这种养生方法，虽可缩短养生期，加快施工进度，但因增加费用较多，故在公路建筑工程中，要慎重计划和计算。

四、大型预制构件底座

是指钢筋混凝土和预应力混凝土T形梁、I形梁、箱形梁等桥梁上部构造，当采用构件预制时,必须设置专门的底座。这种底座由于质量要求高,使用情况又无一定的规律性,故在公路工程预算定额中单独设立了这项工程的定额子目,分为平面底座和曲面底座两种,前者适用于T形梁、工形梁、等截面的箱形梁,后者适用于梁桥和拱桥的曲面箱形梁、箱形拱、桁梁和刚架等。一般是按工期要求,计划可以周转的次数,确定需要修建的座数,将其费用综合在大型预制混凝土构件的造价内。

各种底座的计量单位以面积计,按工程定额中规定的计算公式执行。

五、钢桁架栈桥式码头

是指为大型预制混凝土构件装船用的一种设施,实际上也是属于临时工程的性质,由于它有具体的服务工程对象,故在桥梁工程定额中单独列为一个定额子目,而没有将其归类临时码头内。

栈桥式码头的上部构造,是采用万能杆件组拼而成的,根据以往的建设工程的历史工程资料,栈桥的下部构造和基础,一般要修建钻孔灌注桩和柱式墩与砌石桥台等工程,故从正面看似一座半边桥的形式。在实际工作时,应根据当地的水文地质情况,提出施工设计图表资料作为施工依据。

六、先张法预应力钢筋张拉、冷拉台座

张拉台座是预应力混凝土预制构件在制作之前,对预应力钢筋进行张拉的一种设施(如图6-39所示),一般采用900kN预应力拉伸机来进行张拉,故它应具有足够的抗拒张拉力能力,所以,一般都采用高强度等级的钢筋混凝土制成。张拉台座由压柱、横梁所组成,并应铺设台面,以便安放模板。至于横梁亦可采用型钢代替。用于先张法的预应力钢筋,有II、III、IV级粗钢筋、钢绞线和高强钢丝等。冷拉台座则是对预应力粗钢筋,在构件预制之前,按设计要求先行冷拉的一种设施。它需要设置钢筋混凝土地锚,采用50kN单筒慢速卷扬机进行冷拉。一般可按预制构件的配筋长度,将多根钢筋对焊接长(预算定额台座的标准长度为45m)。经冷拉后,按需要长度切断。钢筋经冷拉后,不仅长度可增加,而且还可提高钢筋的单位应力,从而能有效地节约钢材。

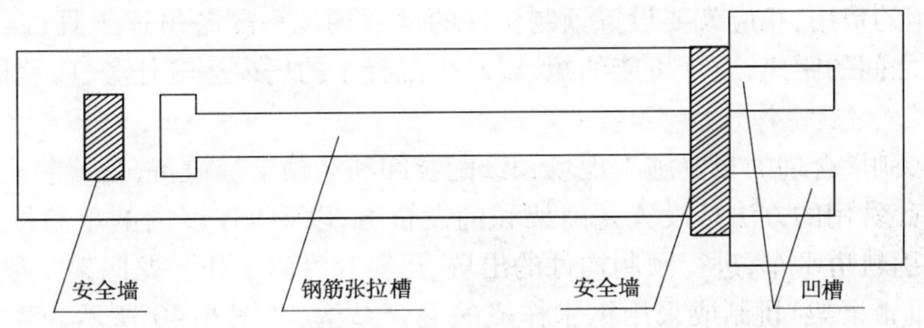

图6-39　张拉台座

张拉、冷拉台座的设置,应根据施工工期要求与当地客观实际情况进行选定。如一个建设工程项目中,有多座先张法预应力梁桥,原则上应采用集中预制的方法来进行施工,设一座张拉台座,这样,既便于加强现场管理,减少施工机具设备的配备数量,又有利于保证工程质量,故只有当增加大型预制构件的运输费用超过分设张拉台座的费用,或无法解决大型预制构件

的运输工具时，方宜考虑分设张拉台座，分别就地进行构件的预制。因为张拉、冷拉台座的费用一般都比较大，同时，相应还要修建场地，这是在实际工作中应予重视的一个问题。

七、船上混凝土搅拌台及泥浆循环系统

当大型桥梁在江河中进行水上、水下混凝土施工时，一个极为重要的关键环节，就是如何解决水上混凝土的运输供应问题。比较行之有效的方法，就是配置船上混凝土搅拌台，用钢筋混凝土锚碇将其固定在水上施工现场，一般是采用90kW和150kW以内的内燃拖轮及100t和150t的工程驳船等船只组成为一个大型拌和场地，将拌和设备和各种建筑材料，分别安放和堆放在船上，以利进行混凝土的拌和与供应。因此，在编制工程造价时，要另行计算搅拌台的安装拆除和在船上拌和混凝土的相应费用。

当在江河中采用回旋钻机或潜水钻机修建桥梁钻孔灌注桩基础时，一般要配置泥浆循环系统，包括泥浆池和沉渣池，以利回收利用泥浆和进行钻渣处理。这种循环系统，是采用45kW和90kW以内的内燃拖轮与50t及100t的工程驳船等船只组成，它是进行深水钻孔灌注桩施工的一项专用设施。

八、施工电梯

施工电梯是在修建较高的桥墩和索塔时，为使施工人员快速安全的进入高空施工现场和返回地面，并供运输各种建筑材料等专用的一种电动垂直输送设施。一般采用型钢制成的升降架，与预埋在混凝土基座内的地脚螺栓相连接，并用缆风索加固。实际上它起着类似一般桥涵工程中脚手架的作用。因近年来在修建斜拉桥中，其索塔高达百米，相应施工难度要大，所以，当桥梁的墩身或索塔的高度较高时，为确保施工安全，加快施工进度，方便施工，结合建设工程的实际情况，在编制工程造价时，可以另行计列这种施工电梯的费用。

九、大型预制场吊移工具设备的选择

大型预制场具有这样一些特点和要求：一是预制构件的体积一般都比较大，相应也较重，移动难度大；二是都要设置平面或曲面大型预制构件底座；三是为了尽可能提高底座的周转利用率，节约底座的费用，相应就要设置预制构件的堆放场地和配备吊移工具；四是混凝土的拌和地点与底座之间的距离，应尽可能的短，以减少混凝土的场内运输任务，以利构件的浇筑，节约费用。

因此，如何科学合理的布置施工现场和选配装卸和运输工具设备，是编制施工组织设计的一项重要内容。常用的方法是设置龙门架和铺设轨道，以5OkN以内的单筒慢速卷扬机或轨道拖车头来牵引轨道平车，进行预制构件的出坑、运输和堆码工作。龙门架一般采用公路装配式钢梁桁节（贝雷桁架）拼制或采用钢木作成的混合结构，如图6-40所示。当然在设备条件可能的情况下，也可采用起重机或扒杆装卸配合大吨位的汽车进行运输。

就一个公路建设工程项目而言，这种大型预制场地设施，除独立的大型桥梁外，在实际工作中总是少数，而大量的是一般的和小型的混凝土预制构件，诸如矩形板、空心板、通道和涵洞盖板，以及行人道、栏杆、拱上立柱和盖梁等。虽不存在需要设置专用底座、龙门架和铺设轨道等情况，但仍然存在有预制构件的出坑、运输和堆码工作。因此，也需要选配相应的吊移工具

设备,对建立正常的施工秩序,是有直接影响的一个重要因素。

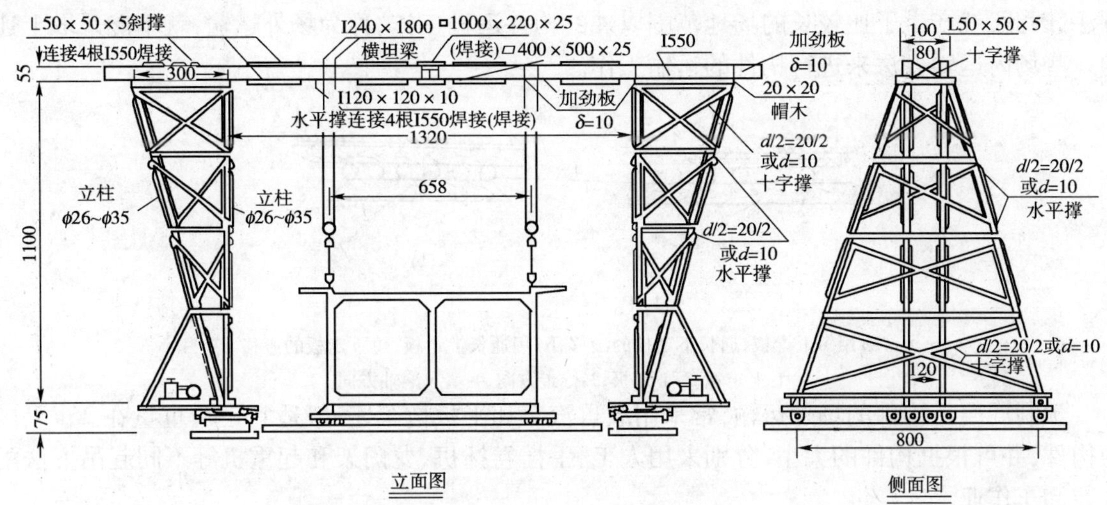

图 6-40　钢木混合构造龙门架

这些构件的特点是:结构简单、体积小、重量轻、移动方便。故一般可根据预制构件的形状、大小,分别选用如下合适的吊移工具设备。

1. 手推车

凡单件预制构件重量在 300kg 以内的,可采用双轮胶轮手推车运输,它使用灵活方便,装卸也比较容易。

2. A 形小车

是用木料或钢材作成的,起重和运输能力在 200~1000kg,如图 6-41 所示。在进行运输时,将车架前端抵住构件,抬高车柄使 A 字架而前倾斜,吊钩钩住构件后,压下车柄,使构件离开地面并靠在 A 字架上,然后推动小车行走。回空时,则可将车轮移至后面的轴座上,推走时就更省力。它结构简单,制作、使用都很方便,可就地加工制造应用。

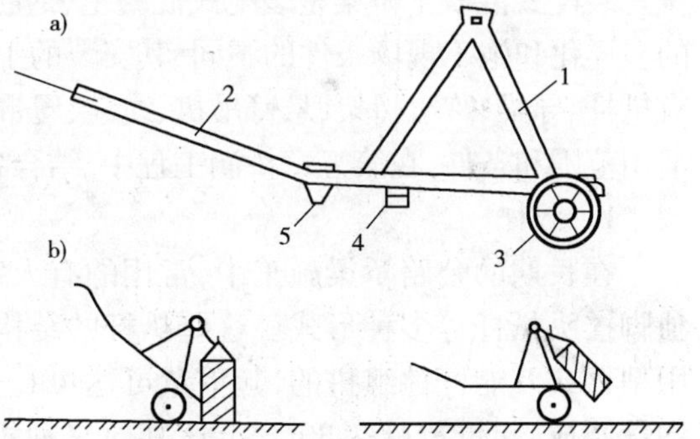

图 6-41　A 形小车

a) 构造示意;b) 使用方法

1-A 字架;2-车架;3-车轮;4-轴座;5-支腿

3. 垫滚子绞运

是水平滚移重物的一种方法,常用于单件质量在 5~15t 的构件的短距离搬运,如图 6-42 所示。走板一般用木板,滚子可由木滚筒或钢管滚筒。构件较重时,一般都采用通长下走板。进行滚移时,用千斤顶将构件顶起,垫上走板和滚筒,然后用手摇绞车进行绞运。

以上所述,通常称为场内运输。除大型预制混凝土构件,如 20m 及以上长度的梁板结构,分节预制的大跨径的箱梁、箱拱等,因搬运难度大,故一般都采用在桥位附近设置预制场进行预制,而将预制的轨道连续铺至桥头或桥面上进行构件的运输工作,也就是说,预制场范围以外的运距一般都比较短,就不再考虑场内、场外运输因素的不同,而一般的和小型预制混凝土构件的使用地点大都是分布于公路全线，为了便于现场管理，保证质量，则多采用集中预制的方法，因此，就产生了比较长的场地范围以外的构件运输工作，称为场外运输，就不能采取上述的一些场内运输方法来进行构件的运输工作。

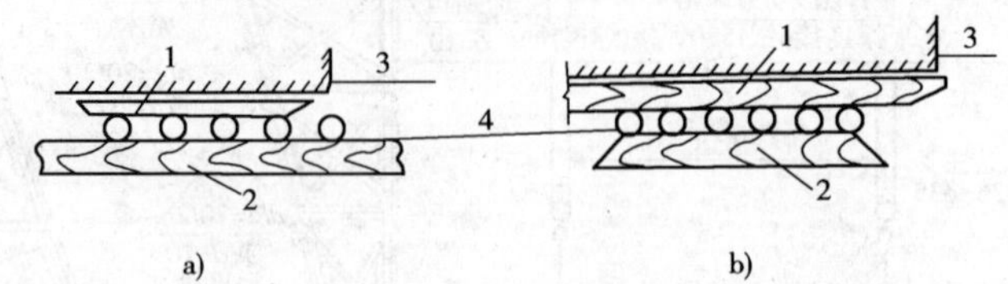

图 6-42　滚移装置

a)用短上走板，通长下走板的滚移；b)用通长上走板、短下走板的滚移

1-上走板；2-下走板；3-行走方向；4-填入滚轴方向

预制混凝土构件的场外运输，常采用载重汽车和平板拖车，一般适宜运输重量在 25t 以内的构件，并可根据构件的大小，分别采用人工、手摇卷扬机、龙门架和起重机等不同起吊方法配合装卸车作业。

此外，在进行构件运输时，要注意构件的安全，如 T 形梁、工形梁等，其稳定性较差，要特别做好加固和支撑工作，避免发生构件倾倒损坏事故。

总之，对预制场的设置、构件的运输方法、吊移工具设备的选择等，应根据当地和建设工程的实际情况，通过必要的技术经济比较，合理确定。

十、装配式混凝土桥梁的上部构造安装工具设备的选择

装配式混凝土桥梁是装配式混凝土、钢筋混凝土、预应力混凝土的简称。由于桥梁上部构造的多样化和施工现场条件的不同，其安装的工具设备和方法，也是多种多样的，目前广泛使用的，有扒杆、导梁、跨墩门架、悬臂吊机、缆索、履带式和汽车式起重机等。这些安装工具设备，各有其适用范围和条件，在第五章桥涵工程中，结合各种不同的桥梁上部构造已作了必要的说明。

1. 扒杆

在长期的公路桥梁施工中，常用的有人字扒杆、三角扒杆、摇头扒杆、格架人字扒杆和钢管独脚摇头扒杆等多种形式。这些扒杆的结构简单，占地面积小，施工方便。格架人字扒杆是采用型钢或万能杆件组拼的，起重量可达 40t。钢管独脚摇头扒杆，一般采用 152 ~ 426 ㎜外径的钢管制成，起重量可达 30t。上述其他三种扒杆，一般都采用木料制成，只适用于 13m 及以下长度的梁板预制混凝土构件或单件构件重量较轻的安装工作。

采用扒杆安装预制的构件时，一般一个施工总要成对的配置。

2. 导梁

有单导梁和双导梁两种，一般采用万能杆件等钢构件组拼而成。公路工程预算定额中规定的导梁全套设备的重量资料，是按 2 孔半确定的，以利平衡移动过墩，故它只能用于 3 孔及以上的多跨桥梁的安装。若小于 3 孔的梁板式桥而采用导梁安装时，应按实计算确定导梁的需要重量，并采用扒杆等其他方法，先行架设好导梁，然后再安装梁板构件。单导梁只限用于 20m 及以下跨径的桥梁。双导梁则适用于 25m 及以上的桥梁的安装工作。

3. 跨墩门架

一般只适宜用于桥墩高度不大于 13m 的无常流水的干涸而又平坦的河床的梁板式桥梁

的安装工作，因为需要在桥的两侧铺设轨道，作为移动跨墩门架和预制混凝土构件之用。它适用于跨径 30m 及以下的梁板式桥梁的安装，常采用万能杆件等钢构件组拼而成。

4. 悬臂吊机

主要用于大跨径的箱梁（如连续梁、T 构、斜拉桥箱梁）和桁架梁等的悬拼工作，也是利用万能杆件等钢构件来组拼的。一般都是将悬臂吊机安设在大桥墩上，故先要浇筑墩顶零号块，除 T 构外，应将零号块与桥墩进行临时固结，避免产生应力不平衡的现象，以确保施工安全。

5. 缆索吊装设备

是由缆索、索塔和地锚等所组成的，索塔一般多采用万能杆件或公路装配式钢梁桁节（贝雷桁架）等钢构件来组拼，地锚则用钢筋混凝土或型钢作成。这种吊装设备适用于大跨径的双曲拱、箱形拱、桁架拱和刚架拱等拱式桥梁的安装工作，不宜用于梁式桥梁的安装，因为这种吊装设备的造价比较高，是不经济的，而且公路工程预算定额中的缆索设备是按照钢筋混凝土拱式桥梁的要求来制定的，故不得将其作为梁式桥的安装工具。

6. 起重机械

常用的起重机械有履带式和汽车式两种，一般适用于单件混凝土预制构件重量较轻，而地形条件又可能时，如矩形板、空心板等桥梁的安装工作。

为了更系统的了解上述各种安装工具设备的适用范围，现分类列表如下，见表 6-13。

装配式混凝土桥上部构造安装工具设备适用范围　　表 6-13

桥梁结构形式		安装工具设备名称						
		木扒杆	起重机	单导梁	双导梁	跨墩门架	悬臂吊机	缆索吊装设备
矩形板		√	√					
空心板		√	√					
少筋微弯板		√						
连续板		√	√	√				
I 形梁		√	√					
T 形梁（跨径，m）	10、13	√						
	16、20			√				
	10～30					√		
	25～50				√			
预应力空心板（跨径，m）	10～16	√	√					
	16～20			√				
组合箱梁（跨径，m）	16、20			√				
	16～30					√		
	25～40				√			
预应力箱梁					√			
连续梁、T 构、斜拉桥、桁架梁							√	
双曲拱		√						√
桁架拱、刚架拱、箱形拱								√

上述各种安装工具设备,在实际使用时,除所述的主体结构外,尚需很多的配套件,如绳索、拴吊用具、滑车、链滑车、锚碇等。这些配套件,根据建设工程的历史资料,采取综合的方法,已摊入相应的吊装工具设备的工程定额内,故在编制工程造价时,就不得另行计算其费用。

十一、现浇混凝土梁式桥上部构造支架

现浇混凝土梁桥上部构造支架,有满堂式和桁构式木支架、满堂式轻型钢支架、钢木混合支架、万能杆件和装配式公路钢桥桁节(贝雷桁架)拼装支架、墩台自承式支架、模板车式支架等多种不同的结构形式。

1. 满堂式木支架

主要适用于桥位处的水位不深的桥梁,有排架式、人字撑和八字撑等不同结构形式,如图6-43所示。排架式结构简单,由排架和纵梁等部件所组成,其纵梁为抗弯构件,故跨径一般不宜大于4m。人字撑和八字撑的结构复杂,跨径可达8m,其纵梁须加设人字撑或八字撑,是一种可变形结构。因此,在浇筑混凝土时,要保持均匀、对称地进行,以免发生较大的变形,影响工程质量。

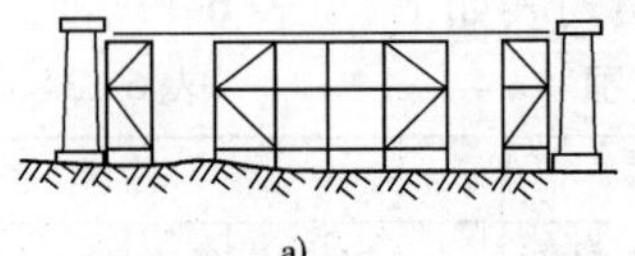
a)

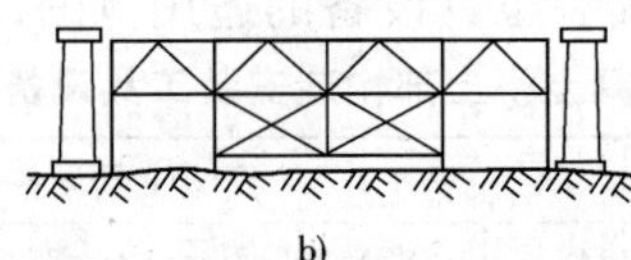
b)

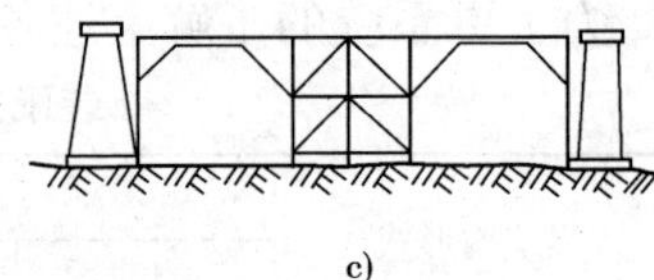
c)

图6-43　满堂式木支架结构形式

a)排架式;b)人字撑式;c)八字撑式

在满堂式支架排架的地梁(枕木)以下,应设置圬工或桩基等基础,基础须坚实可靠,以保证排架的沉陷值不超过规定。这种支架,一般适用于墩台高度在12m以下,当排架较高时,为保证支架的横向稳定,除排架上应设置撑木外,尚需在排架的两端外侧加设斜撑或斜立柱,以确保施工安全。

2. 桁构式木支架

是用木料作成的桁构式纵梁,只在墩台两旁设立支撑排架,但在拼装和拆除时,须在中间设临时支撑架。它适用于墩台高度在12m以内和跨中地质情况较差的桥梁。

3. 满堂式轻型钢支架

是用工字钢、槽钢或钢管加工制成的,斜撑和连接系等则采用角钢。桥位地面较平坦,又有一定的承载能力的桥梁,为节约木材,宜采用这种轻型钢支架,如图6-44所示。其排架应设置在混凝土或钢筋混凝土枕木上,或以木板作支承基底。为防止冲刷,支承基底须埋入地面以下适当的深度。它适用于墩台高度在10m以下的桥梁。

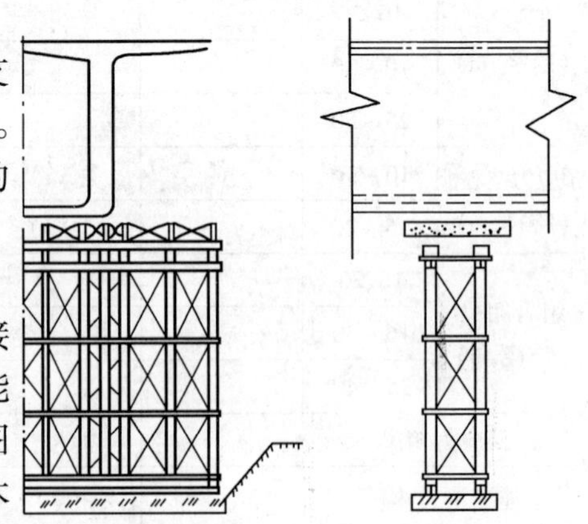

图6-44　轻型钢支架

4. 万能杆件和装配式公路钢桥桁节(贝雷桁架)拼装支架

前者可拼装成各种跨度和高度的支架,其柱高除柱头和柱脚外应为2的倍数,即2m、4m、6m及以上的各种不同高度,柱与柱之间的距离应与桁架之间的距离相同。后者则可拼装成桁架梁和塔架,为加大桁架梁的跨径和利用墩台作支承,也可拼装成八字斜撑以支撑桁架梁。

这种支架结构,在荷载作用下的变形都比较大,因此,应考虑预压,其预压重量应相当于浇筑混凝土的重量。

5. 混合钢木支架

是由木排架和工字钢纵梁组成的,如图6-45所示。当设计的跨度达10m时,应改用木框架结构作支架,以加强支架的承载力和稳定性。

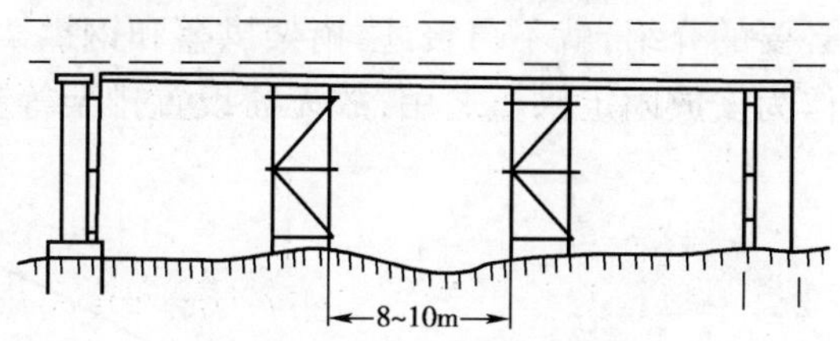

图6-45 钢木混合支架

6. 墩台自承式支架

在墩台上设置承台预埋件,以利安装横梁及架设工字钢或槽钢纵梁,即构成模板的支架。

7. 模板车式支架

是将模板与支架整体安装在铺设的轨道上,可以前后移动的一种支架,如图6-46所示。它适用于桥跨不大,桥墩为双柱式的多跨桥梁的施工。须在桥位处铺设临时轨道。移动时,须将斜撑取下,将插入式钢梁节段推入中间钢梁节段内,并将千斤顶放松,使模板与混凝土脱离开。由于这种支架需要在桥位处铺设临时轨道,故只能用于干涸平坦的河床的桥梁施工。

公路工程预算定额中,只有上述前三种支架的定额资料,在编制施工图预算时,当采用其他支架结构时,则应编制补充定额作为编制依据。

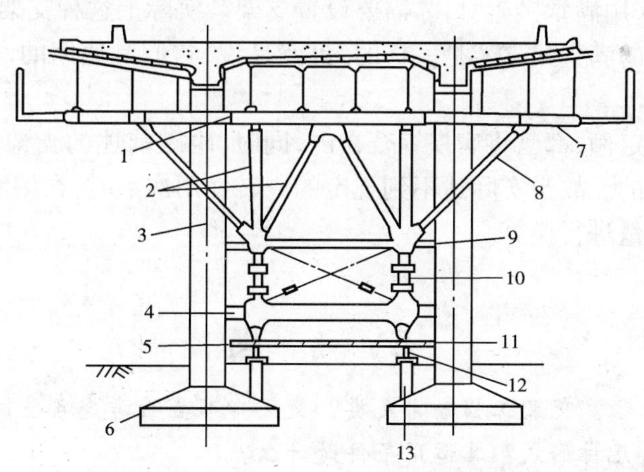

图6-46 模板车式支架

1-钢架;2-钢支撑;3-立柱;4-轮轴架;5-轨道;6-基脚;7-插入式钢梁;8-斜撑;9-楔块;10-调整千斤顶;11-枕木;12-钢底梁;13-混凝土支墩

现浇混凝土梁式桥上部构造的模板,因已综合在相应的各种桥型结构的工程定额内,故不再存在选择的问题。但各种支架的工程定额,因是按照一般正常的施工条件和最大可能的周转使用次数制定的,故在编制施工图预算时,当实际达不到规定的周转使用次数时,可以按实际使用的次数将材料消耗量进行换算。

十二、石砌拱桥的拱盔支架

拱盔是指拱桥的起拱线以上部分，在拱圈砌筑过程中起支承拱圈圬工作用的一种设施，有满堂式和桁架式木拱盔，钢拱架等不同结构形式。木拱盔一般适用于跨径在50m以下的拱桥，跨径较大的拱桥，则宜采用钢拱架，以节约木材。桁架式拱盔，适用于经常性通航，桥位处水较深或墩台较高的桥孔，如图6-47所示。其他拱盔构造形式，已在第五章桥涵工程内作了必要的介绍，就不再赘述，桁架拱盔和钢拱架，一般都是在墩台上预留支承处，或设置预埋件，作为安放固定拱盔之用，故无需设置排架等支架。

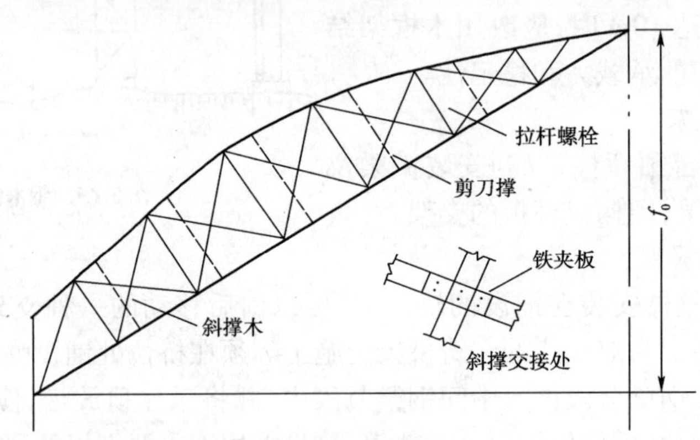

图6-47　三铰木桁拱架（$L=40\sim60$m）

拱桥的支架，即起拱线以下部分，系支撑拱盔的一种结构，有排架式、撑架式等不同形式。从上述可知，只有当采用满堂拱盔时，才需要设置支架。实际上这种支架与前述现浇混凝土梁式桥上部构造支架中的满堂式支架是一样的，也就是说，它们是通用的，故可参照所述的有关规定和要求执行。

各种形式的拱盔定额，都已将底模综合在内，同时，也跟前述的支架一样是按照最大可能周转使用的次数制定的。故当实际达不到规定的周转使用次数时，在编制施工图预算时，可以将定额中的材料消耗量进行换算。

思　考　题

1. 什么是交叉工程？交叉工程分哪几类？交叉口布置应考虑哪些因素？

2. 平面交叉有哪几种形式？其适用条件是什么？

3. 立体交叉分几种形式？其主要区别是什么？互通式立体交叉的基本形式有哪几种？各有什么特点，适用范围如何？

4. 公路建设项目中的沿线设施包括哪些内容？

5. 公路建设项目中的安全设施包括哪些内容？

6. 护栏有哪几种形式？其适用条件是什么？

7. 什么是隔离设施？什么是防眩设施？什么是视线诱导设施？它们各起什么作用？

8. 什么是路面标线？路面标线按功能分为哪几类？常用的标线有哪几种？

9. 什么是公路标志？公路标志分哪几类？主要标志有哪几种？各起何作用？

10. 什么是临时工程？什么是辅助工程？它们在计量支付中有何特点？各包括哪些内容？

11. 大型预制场构件吊移的工具设备有哪些？其适用条件是什么？

12. 装配式桥梁上部构造的安装工具设备有哪些？其适用条件是什么？

13. 现浇桥梁上部构造的支架有哪些类型？

第七章　施工组织设计

第一节　施工组织设计概述

公路工程施工组织设计是指对拟建工程项目提出科学的实施计划,从工程项目实际出发,确定合理的施工组织及施工方案,科学安排施工进度计划与施工平面图及施工现场的规划,并作为编制工程造价和指导施工的依据。

公路工程施工组织的核心任务就是研究公路建设在施工过程中的诸要素的合理组织。即如何认真贯彻国家现行技术经济政策和法令,根据公路工程施工的特点,将人力、资金、材料、机械、施工方法等各种因素进行科学地、合理地安排,使之在一定的时间和空间内得以实现有组织、有计划、有秩序地施工,使其工期短、质量好、成本低,迅速发挥投资效益。

一、施工组织设计的概念与作用

1. 施工组织设计的概念

施工组织设计是指导工程投标、签订承包合同、施工准备和施工全过程的全局性的技术经济文件。施工组织设计的含义包括:

(1)施工组织设计是根据工程承包组织的需要编制的技术经济文件。其内容既包括技术的也包括经济的,更确切地说是技术和经济相结合的文件,既解决技术问题,又考虑经济效果。所以,它是一种管理文件,具有组织、规划(计划)和据以指挥、协调、控制的作用。

(2)施工组织设计是全局性的文件。“全局性”是指:工程对象是整体的,文件内容是全面的,发挥作用是全方位的(指管理职能的全面性)。

(3)施工组织设计是指导承包全过程的,从投标开始,到竣工结束。在市场经济条件下,特别应当发挥施工组织设计在投标和签订承包合同中的作用,使工程施工组织设计不但在管理中发挥作用,更在经营中发挥作用。

2. 施工组织设计的作用

(1)指导工程投标与签订工程承包合同,作为投标书的内容和合同文件的一部分。

(2)指导施工前的一次性准备和工程施工全局的全过程。

(3)作为项目管理的规划性文件,提出工程施工中进度控制、质量控制、成本控制、安全控制、现场管理、各项生产要素管理的目标及技术组织措施,提高综合效益。

二、施工组织设计的分类和内容

1. 施工组织设计的分类

根据公路工程施工组织设计阶段的不同,施工组织设计可以划分为两类:一类是投标前编制的施工组织设计(简称标前设计):另一类是签订工程承包合同后编制的施工组织设计(简称标后设计)。两类施工组织设计的区别见表7-1。

按施工组织设计的工程对象的不同,可以分为三类:施工组织总设计、单项(或单位)工程施工组织设计和分部工程施工组织设计。施工组织总设计是以整个建设项目或群体工程为对象编制的,是整个建设项目或群体工程施工准备和施工的全局性、指导性文件。单项(或单位)工程施工组织设计是施工组织总设计的具体化,以单项(或单位)工程为对象编制,用以指导单项(或单位)工程准备和施工全过程。它还是施工单位编制月旬作业计划的基础性文件。

两类施工组织设计的区别　　表7-1

种　类	服务范围	编制时间	编制者	主要特征	追求主要目标
标前设计	投标与签约	投标书编制前	经营管理层	规划性	中标和经济效益
标后设计	施工准备至验收	签约后开工前	项目管理层	作业性	施工效率和效益

对于施工难度大或者施工技术复杂的工程项目,在编制单项(或单位)工程施工组织设计之后,还应编制主要分部工程的施工组织设计,用以指导各分部工程的施工。如复杂的基础工程、大型混凝土构件预制与安装工程以及有特殊要求的工程项目等。分部工程施工组织设计突出作业性。

2. 各类施工组织设计的内容

(1)"标前设计"的内容。由于"标前设计"的作用是为编制投标书和进行签约谈判提供依据,故它应包括以下内容:

①施工方案。包括施工程序、施工方法选择,施工机械选用、劳动力和主要材料、半成品投入量等。

②施工进度计划。包括工程开工日期,竣工日期,分期分批施工工程的开工、竣工日期,施工进度控制图及说明。

③主要技术组织措施。包括保证质量的技术组织措施、保证安全的技术组织措施、保证进度的技术组织措施、环境污染防治的技术组织措施等。

④施工平面布置图。包括施工用水量计算、用电量计算、临时设施需用量及费用计算、施工平面布置图。

⑤其他有关投标和签约需要的设计。

(2)施工组织总设计的内容。一般来说,施工组织总设计应包括以下内容:

①工程概况。包括建设项目的特征、建设地区的特征、施工条件、其他有关项目建设的情况。

②施工部署和施工方案。包括施工任务的组织分工和安排、重要单位工程施工方案、主要工种工程的施工方法及"三通一平"规划。

③施工准备工作计划。包括现场测量、土地征用、居民拆迁、障碍物拆除,掌握设计意图和进度,编制施工组织设计和研究有关技术组织措施,新结构、新材料、新技术、新设备的试制和试验工作,大型临时设施工程,施工用水、电、路及场地平整工作的安排,技术培训,物资和机具的申请和准备等。

④施工总进度计划。用以控制总工期及各单位工程的工期和搭接关系。

⑤各种需要量计划。包括劳动力需要量计划,主要材料及加工品需用量、需用时间及运输

计划,主要机具需用量计划,大型临时设施建设计划等。

⑥施工总平面图。对建设空间(平面)的合理利用进行设计和布置。

⑦技术经济指标分析。目的是评价上述设计的技术经济效果,并作为考核的依据。

(3)单项(或单位)工程施工组织设计的内容。与施工组织总设计类似,其内容主要有以下几项:

①工程概况。工程概况应包括工程特点、建设地点的特征、施工条件三个方面。

②施工方案。包括确定施工程序和施工流向、划分施工段、主要分部分项工程施工方法的选择和施工机械选择、技术组织措施。

③施工进度计划。包括确定施工顺序,划分施工项目,计算工程量、劳动量和机械台班量,确定各施工过程的持续时间并绘制进度计划图。

④施工准备工作计划。包括技术准备,现场准备,劳动力、机具、材料、构件加工半成品的准备等。

⑤编制各项需要量计划。包括材料需用量计划、劳动力需要量计划、构件加工半成品需用量计划、施工机具需用量计划。

⑥施工平面图。表明单项(或单位)工程施工所需施工机械、加工场地、材料、构件等的设置场地及临时设施在施工现场的配置。

(4)分部工程施工组织设计的内容。分部工程施工组织设计的内容应突出作业性,主要进行施工方案、施工进度作业计划和技术措施的设计。

三、施工组织设计的编制原则和程序

1. 编制原则

(1)严格遵守工期定额和合同规定的工程竣工及交付使用期限。总工期较长的大型建设项目,应根据生产的需要,安排分期分批建设,配套投产或交付使用,从实质上缩短工期,尽早发挥建设投资的经济效益。在确定分期分批的施工项目时,必须注意使每期交工的一套项目可以独立发挥效用,使主要的项目同有关的附属辅助项目同时完工,以便完工后可以立即交付使用。

(2)合理安排施工程序与顺序。公路施工有其本身的客观规律,按照反映这种规律的程序组织施工,能够保证各项施工活动相互促进、紧密衔接,避免不必要的重复工作,加快施工速度,缩短工期。在安排施工程序时,通常应考虑以下几点:

①要及时完成有关的施工准备工作,为正式施工创造良好条件。准备工作视施工需要,可一次完成或分期完成。

②正式施工前应先进行平整场地,铺设管网,修筑道路等全场性工程及可供施工使用的永久性建筑物,然后再进行各个工程项目的施工。

③对于单个构筑物的施工顺序,既要考虑空间顺序,也要考虑工种之间的顺序。

(3)用流水作业法和网络计划法安排施工进度计划。

(4)恰当地安排冬、雨季的施工项目。对于那些必须进入冬、雨季施工的工程,应落实季节性施工措施,以增加全年的施工天数,提高施工的连续性和均衡性。

(5)采用先进合理而又可行的施工方法,贯彻执行技术规范和操作规程,确保工程质量和安全施工,降低工程成本。

(6)尽量利用正式工程、原有或就近的已有设施,以减少各种临时设施;尽量利用当地资源,合理安排运输、装卸与存储作业,减少物资运输量,避免二次搬运;精心进行施工场地规划布置,节约施工临时用地,不占或少占农田。

(7)实施目标管理。各类施工组织设计的编制均应实行目标管理原则。编制施工组织设计的过程,也就是提出施工项目目标及实现办法的规划过程。因此,必须遵循目标管理原则,使目标分解得当,决策科学,实施有法。

(8)与施工项目管理相结合。进行施工项目管理,必须事先进行规划,使管理工作按规划有序地进行。施工项目管理规划的内容应在施工组织设计的基础上进行扩展,使施工组织设计从仅服务于施工和施工准备发展为服务于经营管理和施工管理。

2. 编制程序

(1)标前设计的编制程序。学习招标文件→进行调查研究→编制施工方案并选用主要施工机械→编制施工进度计划、确定开工日期、竣工日期、分期分批开工与竣工日期、总工期→绘制施工平面图→确定标价及钢材、水泥等主要材料用量→设计保证质量和工期的技术组织措施→提出合同谈判方案,包括谈判组织、目标、准备和策略等。

(2)标后设计的编制程序。进行调查研究,获得编制依据→确定施工部署→拟定施工方案→编制施工进度计划→编制各种资源需要量计划及运输计划→编制供水、供热、供电计划→编制施工准备工作计划→设计施工平面图→计算技术经济指标。

四、施工组织设计的编制依据

1. 标前设计的编制依据

主要包括:

(1)招标文件和工程量清单。

(2)施工现场踏勘情况。

(3)进行社会、市场和技术经济调查的资料。

(4)可行性研究报告、设计文件和各种参考资料。

(5)企业的生产经营能力。

2. 施工组织总设计的编制依据

主要包括:

(1)计划文件,包括国家批准的基本建设计划文件、单位工程项目一览表、分期分批投产的要求、投资指标和设备材料订货指标、建设地点所在地主管部门的批件、施工单位主管上级下达的施工任务等。

(2)设计文件,包括批准的初步设计或技术设计、设计说明书、总概算或修正总概算、可行性研究报告。

(3)合同文件,即施工单位与建设单位签订的工程承包合同。

(4)建设地区的调查资料,包括气象、地形、地质和其他地区性条件等。

(5)定额、规范、建设政策法令、类似工程项目建设的经验资料等。

3. 单项(或单位)工程施工组织设计的编制依据

主要包括:

(1)上级领导机关对该单项工程的要求、建设单位的意图和要求、工程承包合同、施工图的要求等。

(2)施工组织总设计和施工图。

(3)年度施工计划对该工程的安排和规定的各项指标。

(4)劳动力配备情况,材料、构件、加工品的来源和供应情况,主要施工机械的生产能力和配备情况,水、电供应情况。

(5)设备安装进场时间和对土建的要求以及对所需场地的要求。

(6)建设单位可提供的施工用地,临时房屋、水、电条件。

(7)施工现场的具体情况,包括地上、地下障碍物,交通运输道路,水准点,地形、水文、地质、气候等自然资料。

(8)建设用地征购、拆迁情况,国家有关规定、规范、规程及定额等。

五、公路施工组织调查

为了做好施工组织设计,必须事先进行施工组织调查工作。所谓施工组织调查,就是为编制施工组织文件所进行的收集和研究有关资料的活动。为编制设计阶段的施工组织文件所进行的施工组织调查活动是在勘察设计阶段进行的,为编制施工阶段的施工组织文件所进行的施工组织调查活动是在开工前的施工准备阶段完成的。前者带有勘察调研的性质,后者则具有复查和补充的性质,但其总的内容和方法基本上是一样的。施工组织调查是施工组织设计的基础,必须脚踏实地、深入现场同有关部门进行认真细致地查询、研究,调查工作一般与概、预算资料调查工作结合一起进行,主要包括现场勘察和收集资料两个方面。

1. 勘察

所谓勘察是指对施工现场进行勘察。在设计阶段是在外业勘测中,由勘测队的调查组来完成;在施工阶段是在开工前组成专门的调查组来完成。勘察的对象主要是路线、桥位、大型土石方地段、材料采集加工场地等。勘察的主要内容如下。

(1)施工现场及沿线的地形地貌。对于公路沿线的大、中型桥位,附属加工等施工现场,应结合勘察测绘平面图,并进行定性地描述。

(2)施工现场的地上障碍及地下埋设物。对于需要拆迁的建筑物等地上障碍物以及地下埋设的管线、文物等,除在勘测中进行实地调查外,尚应在施工前由施工单位去现场进行复查,并办理有关手续。

(3)其他必须去现场实地勘察的事项。

2. 施工组织设计资料的收集

施工组织调查收集资料的基本要求是:座谈有纪要、协商有协议,有文件规定的要索取的书面资料。资料要确实可靠,措辞严谨,手续健全,符合法律要求。一般调查收集以下资料:

(1)施工单位和施工组织方式。在勘察阶段,如未明确施工单位,则应向建设单位调查落实施工单位,并明确是专业队伍施工还是军工或民工建勤施工方式。无论何种施工组织设计,均应事先考察施工单位的施工能力(即可投入的人力、机械、设备及其他施工手段)。对实行招标、投标的工程,在设计阶段一般不能明确施工单位,设计单位应从设计角度出发,提出最为合理的意见,作为编制概、预算的依据。

(2)气象资料。在勘测中或施工前应与工程所在地气象部门联系,抄录工程所在地的气温、季风、雨量、积雪、冻深、雨季等有关资料。

(3)水文地质资料。可向工程所在地的水文地质部门或向本测量队的桥涵组、地质组抄录下列主要内容:地质构造、土质类别、地基土承载能力、地震等级,地下水位、水量、水质、洪水位。

(4)技术经济情况:

①施工现场(沿线)附近可以利用的场地,可供租用的房屋等情况。在勘测中或施工前,通过调查并与地方主管部门(如乡政府等)签订协议,解决施工期间住宿办公等用房。

②对工程所需的外购材料应进行详细调查,并填写“调查证明”,由提供材料单位盖章证明。

③自采加工材料的料场、加工场位置、供应数量、运距等情况。

④当地能够雇用或支援建设的劳动力数量以及技术水平。

(5)运输情况。关于材料运输方面,除应分别了解施工单位自办运输及当地可提供的运力(指可能参加施工运输的运力,包括汽车、拖拉机、兽力车等)状况外,还应对筑路材料的运输途径、转运情况、运杂费标准等进行调查。除车辆调查外,尚应对施工便道情况进行调查。

(6)供水、供电、通信情况。了解施工用水水源、供水量、水压、输水管道长度。了解供电线路的电容量、电压、可供施工用的用电量及接线位置,对临时供电线路和变电设备的要求等。对于供电,应与当地电业部门签订用电协议书。通过调查确定施工动力类别的构成。

(7)生活供应与其他。了解粮、煤、副食品供应地点;调查医疗保健情况等。

通过上述实地勘察和资料收集,既可对施工总体部署做到心中有数,据此对施工过程进行空间组织和时间组织;同时也是确定施工方案、选择施工方法的重要依据之一。总之,施工组织调查是施工组织设计的基础工作,对工程施工的经济效益具有重大影响。

六、公路施工组织的研究对象

公路施工组织是研究公路建筑产品(一个建设项目或单位工程)生产(即施工)过程中诸要素之合理组织的学科。

要进行生产,就必须要有一定的劳动力、劳动资料和劳动对象,这就是生产的诸要素。

生产(施工)就是具有一定生产经验与生产技能的人借助于生产工具以改变劳动对象使之符合人类需要的过程。在这个过程中,人们一方面同自然对象和自然力发生关系,另一方面人们彼此之间也发生一定的关系,即生产力和生产关系。生产诸要素的组织问题,也就是生产力的组织问题。

归纳起来说,施工组织研究的是如何根据公路建设的特点,从人力、资金、材料、机械和施工方法这五个主要因素进行科学合理的安排,使之在一定的时间和空间内,得以实现有组织、有计划、均衡地施工,使整个工程在施工中达到时间上耗费少、工期短,质量上精度高、功能好,经济上资金省、成本低的目的。

公路施工要多快好省地完成施工生产任务,必须有科学的施工组织,合理地解决好一系列问题。公路施工组织的具体任务是：

(1)确定开工前必须完成的各项准备工作；

(2)计算工程数量，合理部署施工力量，确定劳动力、机械台班、各种材料、构件等的需要量和供应方案；

(3)确定施工方案，选择施工机具；

(4)安排施工顺序，编制施工进度计划；

(5)确定工地上的设备停放场、料场、仓库、办公室、预制场地等的平面布置；

(6)制定确保工程质量及安全生产的有效技术措施。

此外，公路工程的施工总方案可以是多种多样的，我们应该依据公路建筑工程具体任务特点，工期要求，劳动力数量及技术水平，机械装备能力，材料供应以及构件生产、运输能力，地质、气候等自然条件及技术经济条件进行综合分析，从几个方案中反复比较，选择出最理想的方案。

把上述各项问题加以综合考虑，并做出合理的决定，形成指导施工生产的技术经济文件——施工组织设计，它是指导施工准备工作、全面布置施工生产活动、控制施工进度、进行劳动力和机械调配的基本依据，对于是否能多快好省地完成公路建筑工程的施工生产任务起着决定性作用。

第二节　施工过程组织原理

一、施工过程的组织原则

施工过程的基本内容主要是劳动过程，在某些情况下，还包含自然过程，如水泥混凝土硬化过程的养生、渣油路面的成型等。此时，施工过程就是劳动过程和自然过程的结合，是互相联系的劳动过程和自然过程的全部生产活动的总和。

根据各种劳动在性质上以及对产品所起的作用上的不同特点，可以将施工过程划分为：

(1)施工准备过程。是指产品在投入生产前所进行的全部生产技术准备工作，如可行性研究、勘测设计、施工准备等。

(2)基本施工过程。是指直接为完成产品而进行的生产活动，如挖基、砌基础等。

(3)辅助施工过程。是指为保证基本施工过程的正常进行所必需的各种辅助生产活动，如动力(电、压缩空气等)的生产，机械设备维修、材料加工等。

(4)施工服务过程。是指为基本施工和辅助施工服务的各种服务过程，如原材料、半成品、工具、燃料的供应与运输等。

1. 公路施工过程的组成

组织公路工程的施工，必须研究施工过程的组成，以适应施工组织、计划、管理等工作的需要。

按照现行的公路工程设计概预算文件编制办法，将公路工程划分为路基、路面、桥涵、交叉工程、隧道、其他工程及沿线设施六个分项工程。相应于各个分项工程，又划分为若干目。例如桥涵分项工程中，按工程性质与结构的不同，分为漫水工程、涵洞、小桥、中桥、大桥等五个目。对于独立大(中)桥工程,亦相应划分为桥头引道、基础、下部构造、上部构造、调治构筑物及其他工程和临时工程等分期工程。各分项工程再细分若干目。公路施工过程是由上述项和目所组成。

施工组织与管理工作,按上述项目可以做总的安排,但更多情况下还要进一步划分。从施工组织的需要出发,公路全部施工过程可依次划分为:

(1)动作与操作。动作是指工人在劳动时一次完成的最基本的活动,若干个相互关联的动作组成操作。完成一个动作所耗用的时间和占用的空间是制定定额的重要原始资料。

(2)工序。指在劳动组织上不可分,施工技术相同的施工过程,它由若干个操作所组成。施工组织往往以工序为基本对象。工序是组织上分不开和技术上相对的施工过程。工序的主要特征是:工人编制、工作地点、施工工具和材料均不发生变化。

(3)施工段。是由几个在技术上相互关联的工序所组成,可以相对独立完成的某一种细部工程,如对整个路面工程而言,包括路槽、路肩、垫层、基层、面层等操作过程。

(4)综合过程。由若干个在产品结构上密切联系的,能最终获得一种产品的施工过程的总和。

以上划分,因工程性质及施工对象的复杂程度而异,并无统一划分的规定,要以有利于科学地进行施工组织与施工管理工作而定。值得注意的是,依据研究对象的不同,划分方法与分解层次具有一定的相对性。

2. 施工过程的组织原则

影响施工过程组织的因素很多,如施工性质、施工生产类型、建筑产品结构、材料及半成品性质、机械设备条件、自然条件等,使施工过程的组织变化因素多,困难较大,因此,科学地、合理地组织施工过程则更为重要,其原则可归纳为:

(1)施工过程的连续性。连续性是指产品施工过程的各阶段、各工序的进行在时间上是紧密衔接的,不发生各种不合理的中断现象。表现为劳动对象始终处于被加工状态,或者在进行检验,或者处于自然过程中。保持和提高施工过程的连续性,可以缩短建设周期,减少在制品数量,节省流动资金,可以避免产品在停放等待时可能引起的损失,对提高劳动生产率,具有很大的经济意义。

(2)施工过程的协调性。施工过程的协调性也叫比例性,它是指产品施工各阶段、各工序之间,在施工能力上要保持一定的比例关系,各施工环节的工人数、生产效率、设备数量等都必须互相协调,不发生脱节和比例失调现象。协调性是保证施工顺利进行的前提,使施工过程中人力和设备得到充分利用,避免产品在各个施工阶段和工序之间的停顿和等待,从而缩短施工周期。施工过程的协调性在很大程度上取决于施工组织设计的正确性。

(3)施工过程的均衡性。施工过程的均衡性又称节奏性,是指企业的各个施工环节都按照施工生产计划的要求,工作负荷保持相对稳定,不发生时松时紧、前松后紧等现象。均衡施工能充分利用设备和工时,避免突击赶工造成的各种损失,有利于保证施工质量、降低成本、有利于劳动力和机械的调配。

(4)施工过程的经济性。施工过程组织除满足技术要求外,必须讲究经济效益。上述的连续性、协调性和均衡性,最终都要通过经济效果集中反映出来。

上述合理组织施工过程的四个方面是相互制约,互为条件的。在进行施工组织时,必须保证全面符合上述四个方面的要求,不可偏颇。

二、施工过程时间组织方法

公路工程项目的施工过程组织,包括时间组织、资源组织和空间组织三个主要方面的问题。时间组织又是施工组织的核心。时间组织主要考虑实施施工的作业顺序和施工组织的作业方式。施工任务的排序问题属于管理科学中的动态规划,求解最优排序比较复杂,但仍可按施工的客观规律采用将前后关联工序的周期按一定方式合并的方法,分别应用约翰逊-贝尔曼法则,求出"合并后工序"相应的周期,最后再按选取最小值的方法求得施工顺序的较优安排。施工顺序的安排,除考虑施工速度快外,同时还要考虑施工费用省、施工质量高和保证安全,因此必须从实际出发全面加以考虑,使施工顺序的确定能够为好、快、省、安全地完成施工任务创造条件。在此限于篇幅不讨论这一问题。

1. 工程项目施工作业方式

在公路施工生产中,施工队(班组)对施工对象的施工顺序,一般可分为:顺序(依次)作业法、平行作业法和流水作业法等三种基本施工方式。

(1)顺序作业。按工艺流程和施工程序(步骤),按先后顺序进行施工操作。如多层结构型的路面工程,先后操作程序是:路槽、底基层、基层、连接层、面层和路肩。石方爆破工程的程序是:打眼、装药、堵塞、引爆和清方等。顺序作业就是按此固定(取决于工艺或结构物性质)程序组织施工。

(2)平行作业。线型工程的作业面很大,根据工程或技术的需要,可划分为几段(或几个点),分别同时按程序施工。

(3)流水作业。是比较先进的一种作业方法,它是以施工专业化为基础,将不同工程对象的同一施工工序交给专业施工队(组)执行,各专业队(组)在统一计划安排下,依次在各个作业面上完成指定的操作。前一操作结束后转移至另一作业面,执行同样操作,后一操作则由其他专业队继续执行。各专业队按大致相同的时间(流水节拍)和速度(流水速度),协调而紧凑地相继完成全部施工任务。流水作业符合工艺流程,组织紧凑,有利于专业化施工,是现代化工业产品生产的基本组织形式。对于建筑工程(包括公路在内)亦具有先进性。其基本原理在下一节中详述。

为了便于进一步说明这三种施工作业方法的特点,现举例如下:拟修建跨径6.0m的同类型钢筋混凝土矩形板桥 m 座(设 $m=4$),比较范围仅限于施工期限和劳动力数量之间的相互关系,故假定四座桥的同一工序工作量相等,每座小桥部分4道工序,即 $n=4$。还假定施工班组按完全相同的条件组成,因而在每座桥上每一工序所需的工作日数亦固定不变,即 $t=4$(d),则 $T=n\times t=4\times 4=16$(d)。工程进度横道图见图7-1。

由施工进度横道图7-1可以看出,顺序作业法是四座桥按先后顺序进行施工,后一座桥的施工必须待前座桥全部竣工后才能进行。施工总期限 $T=m\cdot t=4\times 16=64$(d)。同时投入施工的劳动力(或其他资源)较少,最多12人,最少3人。

平行作业法是四座桥同时开工,同时竣工,配以四组相等的劳动力。虽施工总期限缩短为只有 $T=16$(d),但所需劳动力(资源数)却按施工对象(m)的倍数增加,最多48人,最少12人。

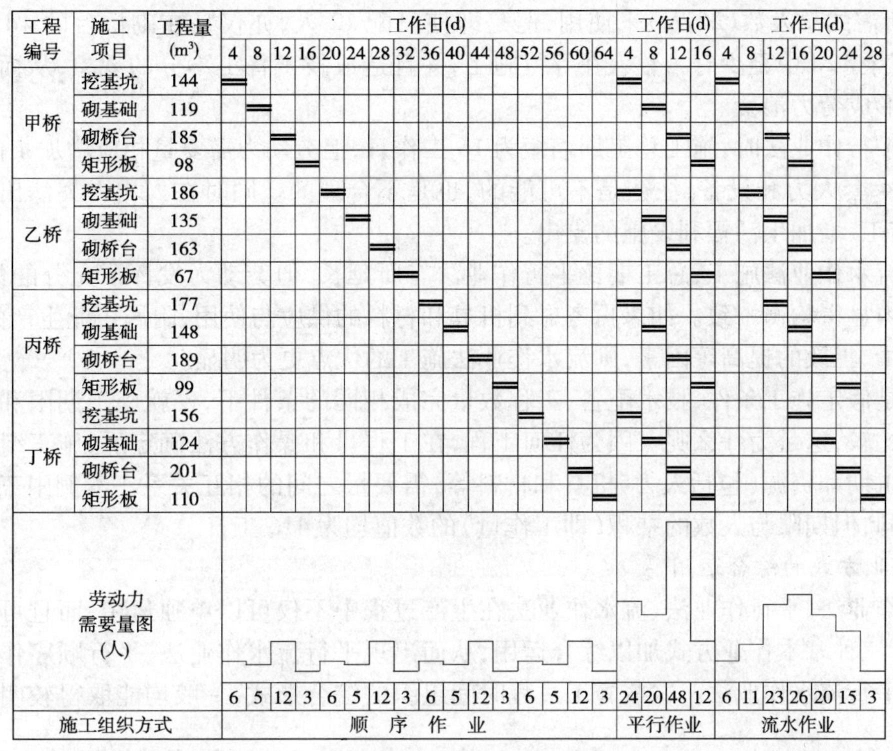

图 7-1　工程进度横道图

流水作业与上述两种方法不同,其特点是将同性质的项目或操作过程,由一个专业施工队(组)按一定顺序连续在不同空间来完成。现将上例各座桥的全部施工操作内容分 4 个独立的项目:挖基坑、砌基础、砌桥台、安装矩形板,分别交由 4 个专业班组施工,此时专业班组按规定的先后顺序(流水方向)进入各桥。由图 7-1 知,本例中挖基坑专业班组由 6 人组成,最先在甲桥施工,再依次在乙、丙、丁三座桥施工,直到全部完成,共占用 16 工作日。砌基础专业班组要等甲桥完成挖基坑任务后才能进入甲桥施工,并依次投入乙、丙、丁三座桥,每班 5 人同样亦占用 16 工作日。在日程进度图上比基坑班组推迟四天开工,其他两个班组依次比前一班组推迟四天开工,以后在甲、乙、丙、丁四座桥上连续施工。在流水作业法中,劳动力的总需要量是随着各专业班组先后投入施工而逐渐增加,当全部班组投入后就保持稳定(本例为 26 人),直到第一个施工对象(甲桥)完成后才逐渐减少。虽然每一施工班组均占用 16 个工作日,但由于是一个接一个相继投入施工,所以施工总期限的前段时间,即由正式开工起至所有施工班组全部投入为止,这段时间间隔称为流水作业的开展时间,用 t_0 表示,显然它与专业班组的数目(n)和每一施工班组在一个施工对象上执行同一工序的期限(t)有关。而总期限(T)又同时与开展时间和施工对象的数目有关,表示如下:

$$T = t_0 + m \cdot t = t \cdot (n - 1) + m \cdot t = (m + n - 1)t$$

由上式可知,本例用流水作业法施工时,总期限为 28d。

上面三种方法各具特点,对于同一项工程的施工,采用顺序作业法需要 64 工作日,工期较长,劳动力需要量较少,但周期性起伏不定,对劳动力的调配管理以及临时性设施不利,尤其在工种和技工的使用上形成极大的不合理。在本例中为减少间隔性的重复窝工,当然不可能按

4 个项目所需的总人数(26 人)来使用,但是即使只配 12 人,亦仅是在砌桥台的 4d 才得到充分利用,其余 12d 中至少有半数人在等待施工,并且造成技工普工不分的现象,从而大大降低了工效和形成劳力浪费。

采用平行作业法时,施工总工期缩短为 16 工作日,但劳动力需要量相应增加 4 倍,这在短期内集中 4 套人力和设备,往往是不可能的,也是不合理的。同时在人力上突然出现高峰现象,造成窝工,增加生活福利设施的支出。

采用流水作业法施工,总工期比平行作业法有所延长,但劳动力发挥了充分的作用,在整个施工期内显得均衡一致。如果再考虑到机具和材料的供应与使用,附属企业生产的稳定,以及工程质量、工效的提高等因素,则流水作业法施工的优点更为明显。

上例是假定施工条件、技术配备、工程数量完成相同的条件下,仅就施工期限和劳动力需要量进行比较,这是为什么呢?因为任何工程,在工程量和操作方法确定后,施工组织的任务就是解决工期和资源(包括人力、机具和材料等)需要量之间的相互关系。本例中三种方法的形式虽不同,但期限与人数的乘积(即工作量)的数值均为 416 工日。

2. 作业方式的综合运用

顺序作业法、平行作业法、流水作业法在生产过程中不仅可以单独运用,而且可以根据具体条件,将三种基本作业方式加以综合运用,从而出现平行流水作业法、平行顺序作业法以及立体交叉平行流水作业法。这些施工过程时间组织的综合形式,一般均能取得较明显的经济效果。

1)平行流水作业法

在平行作业法的基础上,按照流水作业法的原则组织施工,以达到适当缩短工期,而又使劳动力、材料、机具需要量保持均衡。

2)顺序平行作业法

这种方法的实质是用增加施工力量的方法来达到缩短工期的目的。它使顺序作业法和平行作业法之缺点更加突出,故仅适用于突击性施工情况。

3)立体交叉平行流水作业法

它是在平行流水作业法的原则上,采用上、下、左、右全面施工的方法。它可以充分利用工作面和有效地缩短工期,一般适用于工序繁多、工程特别集中的大型构造物的施工,如大桥、立体交叉、隧道等工程量大、工作面狭窄、工期短的情况。

第三节　流水施工原理

一、流水施工的特点

流水施工建立在分工协作和大批量生产的基础上,其实质就是连续作业,组织均衡生产,它是对施工进度控制的有效方法。主要表现在:

(1)把劳动对象的施工过程划分为若干工序或操作过程,每个工序或操作过程分别由按工艺原则建立的专业班组来完成。

(2)把一个劳动对象尽可能地划分为劳动量大致相等的若干施工段。

(3)各个作业班组按照一定的施工顺序,携带必要的机具,依次地、连续地由一个施工段转移到另一个施工段,反复完成同类工作。

(4)不同工种或同种作业班组完成工作的时间尽可能的相互衔接起来。

流水施工法的特点是生产的连续性和均衡性,因此可使各种物质资源均衡地使用,使建筑机构及其附属企业的生产能力充分地发挥,劳动力得到了合理的安排和使用,从而带来了较好的经济效果。它主要表现在以下几个方面:

(1)消除了工作的时间间歇,避免施工期间劳动力的过分集中,从而减少临时设施工程量,节约基建投资。

(2)由于实行工程队(组)生产专业化,为工人们提高技术水平和进行技术改造革新创造了有利条件,促进劳动生产率和工程质量的不断提高。

(3)在采用流水施工方法时,单位时间内完成的工程数量,对于机械操作过程是按照主导机械的生产率来确定的;对于手工操作过程是以合理的劳动组织为依据确定的,可以保证施工机械和劳动力得到合理和充分的利用。

(4)由于工期缩短,劳动生产率提高,劳动力和物质消耗均衡,可以降低工程间接费用;同时由于各种资源得到充分的利用,减少了各种不必要的损失,可以降低工程直接费用。

必须指出,流水施工法只是一种组织措施,它可以在施工中带来很好的经济效果,而不要求增加任何的补充费用。现代的公路建筑沿着建筑工业化的道路发展,如建筑设计标准化,建筑结构装配化,构件生产工厂化,施工过程机械化,建筑机构专业化和施工管理科学化,这些方面是密切联系、互为条件的,既是实现公路建筑工业化必不可少的重要措施,也是公路施工企业多、快、好、省地进行四化建设的重要手段。

二、流水施工的主要参数

为了说明流水施工在时间和空间上的开展情况,我们必须引入一些量的描述,这些量称为流水参数。按参数性质不同,可以分为以下三类。

1. 工艺参数

工艺参数是指一组流水中施工过程的个数。在划分施工过程时,只有那些对工程施工有直接影响的施工内容才予以考虑并组织在流水之中。施工过程可以根据计划的需要确定其粗细程度。可以是一个个工序,也可以是一项项分项工程,还可以是它们的组合。组入流水的施工过程如果各由一个专业队(组)施工,则施工过程数和专业队(组)数相等。有时由几个专业队(组)负责完成一个施工过程或一个专业队(组)完成几个施工过程,于是施工过程数与专业队(组)数便不相等。计算时可用 N 表示施工过程数,用 N' 表示专业队(组)数。

对工期影响最大的,或对整个流水施工起决定性作用的施工过程,称为主导施工过程。在划分施工过程以后,首先应找出主导施工过程,以便抓住流水作业的关键环节。

2. 时间参数

1)流水节拍

流水节拍是指某个专业队(或作业班组)在一个施工段上的施工作业持续时间,以 t 表示。它的大小关系着投入的劳动力、机械和材料量的多少,决定着施工的速度和施工的节奏性。通常有两种确定方法,一种是根据工期要求来确定;另一种是根据现有能投入的资源(劳动力、机械台班数和材料量）来确定。流水节拍按下式计算：

$$t = Q/(C \cdot R) = P/R$$

式中：Q——某施工段的工作量（$i=1,2,3,\cdots,k$）；

C——每一工日（或台班）的计划产量（产量定额）；

R——施工人数（或机械台数）；

P——某施工段所需要的劳动量（或机械台班量）。

确定流水节拍时应注意以下问题：

(1)流水节拍的取值必须考虑到专业队组织方面的限制和要求，尽可能不过多地改变原来的劳动组织状况，以便于对施工队进行领导。专业队的人数应有起码的要求，以使他们具备集体协作的能力。

(2)流水节拍的确定，应考虑到工作面条件的限制，必须保证有关专业队有足够的施工操作空间，保证施工操作安全和能充分发挥专业队的劳动效率。

(3)流水节拍的确定，应考虑到机械设备的实际负荷能力和可能提供的机械设备数量。也要考虑机械设备操作场所安全和质量的要求。

(4)有特殊技术限制的工程，如受交通条件影响的道路改造工程、有防水要求的混凝土工程、受潮汐影响的水工作业等，都受技术操作或安全质量等方面的限制，对作业时间长度和连续性都有限制或要求，在安排其流水节拍时，应当满足这些限制或要求。

(5)必须考虑材料和构配件的供应能力和水平对进度的影响和限制，合理确定有关施工过程的流水节拍。

(6)首先确定主导施工过程的流水节拍，并以它为依据确定其他施工过程的流水节拍。主导施工过程的流水节拍应是各施工过程流水节拍的最大值，应尽可能是有节奏的，以便组织节奏流水。

2)流水步距

流水步距是指两个相邻的施工队（组）先后进入流水作业的最小时间间隔，以符号 K 表示。流水步距的长度，要根据需要及流水方式的类型经过计算确定。计算时应考虑的因素有以下几点：

(1)每个专业队连续施工的需要。流水步距的最小长度，必须使专业队进场以后不发生停工、窝工现象。

(2)技术间歇的需要。有些施工过程完成后，后续施工过程不能立即投入作业，必须有足够的时间间歇，这个间歇时间应尽量安排在专业队进场之前，不然便不能保证专业队工作的连续性。

(3)流水步距的长度应保证每个施工段的施工作业程序不乱，不发生前一施工过程尚未全部完成，而后一施工过程便开始施工的现象。有时为了缩短时间，某些次要的专业队可以提前插入，但必须在技术上可行，而且不影响前一个专业队的正常工作。提前插入的现象越少越好，多了会打乱节奏，影响均衡施工。

3)工期

工期是指从第一个专业队投入流水作业开始，到最后一个专业队完成最后一个施工过程的最后一段工作退出流水作业为止的整个延续时间。由于一项工程往往由许多流水组组成，所以这里说的是流水组的工期，而非整个工程的总工期。

在安排流水施工之前，应有一个基本的工期目标，以便在总体上约束具体的流水作业组织。在进行流水作业安排以后，可以通过计算确定工期，并与目标工期比较，两者应相等或使计算工期小于目标工期。如果绘制了流水图表，在图表上可以观察到工期长度。可以用计算工期检验图表绘制的正确性。

3. 空间参数

空间参数是指单体工程划分的施工段或群体工程划分的施工区的个数，施工区、段可称为流水段。施工段的数目不能太多，太多则易使工作面太小，工人工作效率受影响；太少则流不开水，容易使工程窝工。

在划分施工段时，应考虑以下几点：

(1)施工段的大小应保证工人有足够的工作面，由主要施工过程的工作需要确定。

(2)在同一组流水中，各个施工过程原则上应采用相同的分段界线和相同的施工段数。

(3)某些以施工机械负责主导施工过程施工的工程，施工段的划分必须满足施工机械(一般指大型施工机械)操作区间和操作能力的限制，以利于提高机械的使用效率和确保机械施工作业的安全。

(4)划分施工段应保证结构不受施工缝的影响，应尽量利用结构的自然分界(温度缝、沉降缝和单元尺寸等)作为流水段的分界。

三、流水施工的分类

由于工程构造物的复杂程度不同，所处的具体位置多变以及工程性质各异等因素的影响，流水施工的组织按节奏性可分为有节奏流水和无节奏流水。其中有节奏流水又分为全等节拍流水、成倍节拍流水和分别流水。

1. 全等节拍流水

所谓全等节拍流水，是指各施工过程的流水节拍 t 与相邻施工过程之间的流水步距 B 完全相等的流水施工，即 $t = B =$ 常数，也即各专业施工队在所有施工段上的作业时间均相等。

图7-2是一个全等节拍流水的例子。图中 $m = 3$、$n = 5$、$t = B = 2$。全等节拍流水的总工期为：

$$T = (n - 1)B + m \cdot t = (m + n - 1)t$$

2. 成倍节拍流水

当各施工过程的流水节拍彼此不相等，但有互成倍数的常数关系时，如仍按全等节拍流水组织施工，则会造成施工队窝工或作业面间歇，从而导致总工期延长。此时，为了使各施工队仍能连续、均衡地依次在各施工段上施工，应按成倍节拍流水组织施工。其步骤如下：

(1)求各流水节拍的最大公约数 K，它相当于各施工过程都共同遵守的“公共流水步距”，为了使用方便和便于与其他流水作业法比较起见，今后称这个 K 为流水步距。

(2)求各施工过程的专业施工队数目 b。每个施工过程的流水节拍 t 是 K 的几倍，就应相应安排几个施工队，才能保证均衡施工。同一施工项目的各个施工队依次相隔 K 天投入流水施工，因此，施工队数目 b 按下式计算：

$$b = t/K$$

(3)将专业施工队数目的总和$\sum b$看成是施工过程数n,将K看成是流水步距后,按全等节拍流水的方法安排施工进度。

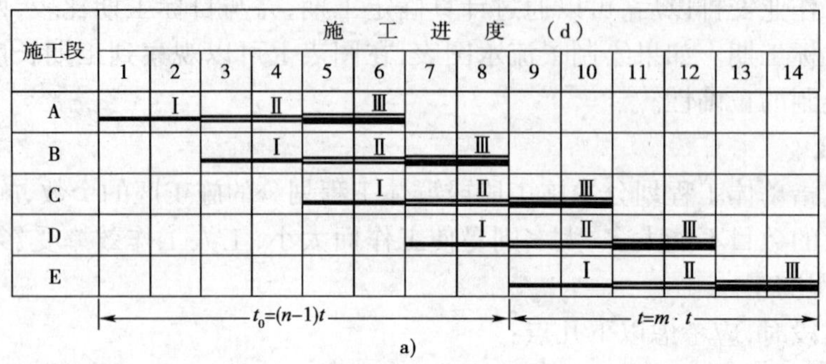

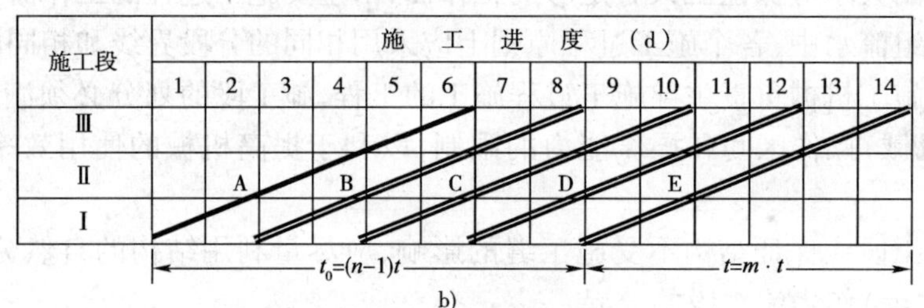

图7-2 全等节拍流水

a)水平横道图;b)垂直图表

(4)计算总工期T,由于$n=\sum b$,因此总工期为:

$$T=(m+\sum b-1)K$$

式中:K——各流水节拍的最大公约数。

图7-3表示6座管涵按成倍节拍流水组织施工的一个例子。由于作业面受限制,只能容纳4人同时操作,因此每个专业施工队按4人组成时,挖槽需2d,做基础4d,安管涵6d,洞口砌筑2d。它们的最大公约数$K=2$,由公式计算得到的各施工过程数b为:挖槽1个队;做基础2个队;安管涵3个队;洞口砌筑1个队。该例$n=6$,$\sum b=1+2+3+1=7$,$K=2$,由公式计算得到总工期:

$$T=(m+\sum b-1)K=(6+7-1)\times 2=24(\text{d})$$

3. 分别流水

所谓分别流水是指各施工过程的流水节拍各自保持不变($t=$常数),但不存在最大公约数,流水步距K也是一个变数的流水作业。分别流水作业的组织方法用图7-4。

组织分别流水施工时,首先应保证各施工过程本身均衡而不间断地进行,然后将各施工过程彼此搭接协调。也就是说,既要避免各施工过程之间发生矛盾,也要尽可能减少作业面的间隙时间,使整个施工安排保持最大限度的紧凑,以达到缩短工期的目的。

由于流水步距是个变数,因此必须个别确定,这对各施工过程的相互配合和正确搭接是一个很重要的参数。下面用图7-4来说明流水步距的计算。(注:下面$n+1$均代表项数)

当后一个施工过程的作业持续时间(t_{n+1})等于或大于前一个施工过程的作业持续时间(t_n)时,流水步距根据后一个施工过程所要求的时间间隔(或足够的作业面)决定。如图7-4中的A

与B、B与C之间的情形(图中要求间隔1d);当 $t_{n+1} < t_n$ 时,流水步距(B_{n+1})用下式计算:

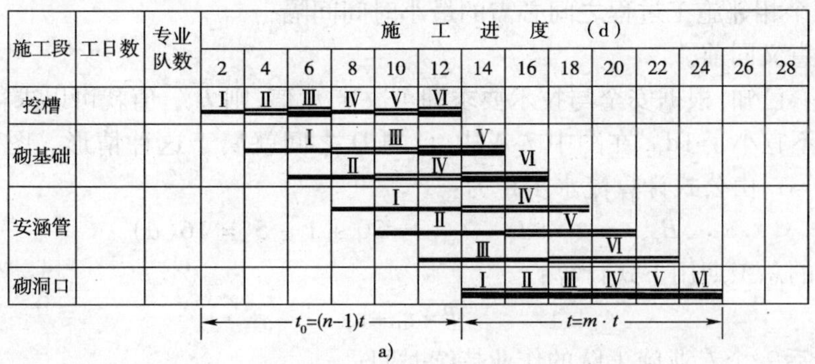

a)

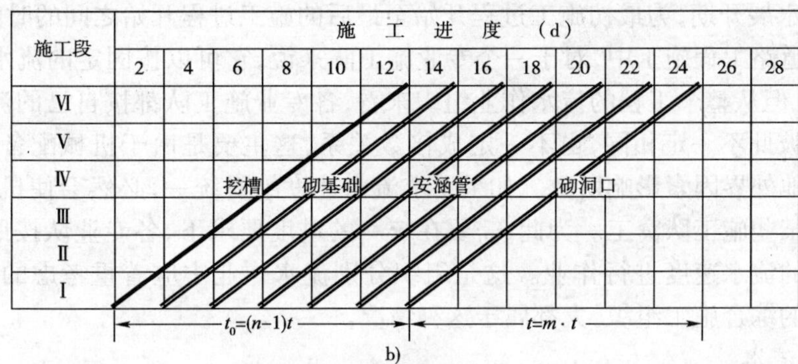

b)

图7-3 成倍节拍流水

a)水平横道图;b)垂直图表

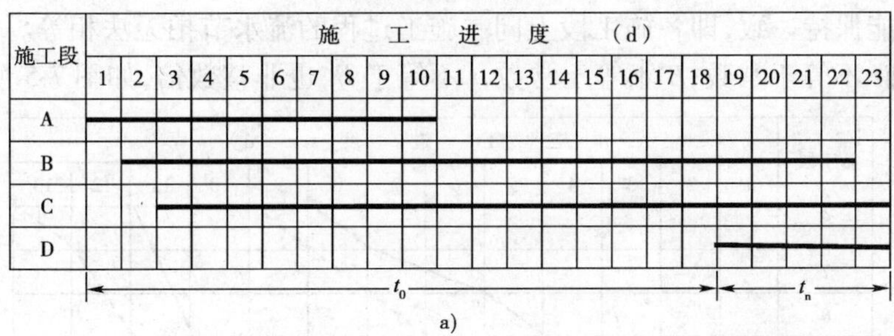

a)

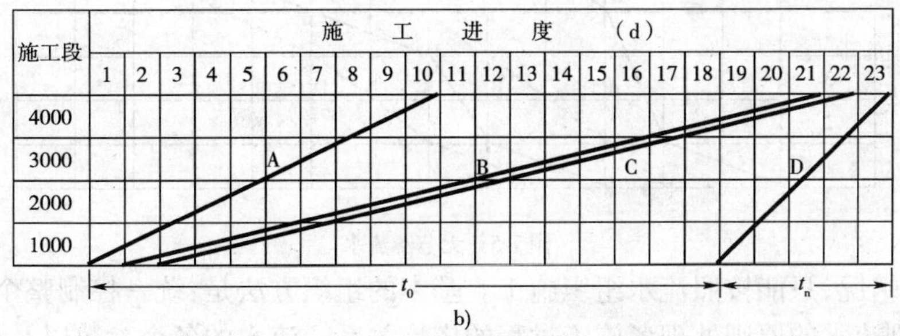

b)

图7-4 分别流水

a)水平横道图;b)垂直图表

$$B_{n+1} = t_n + t_a - t_{n+1}$$

式中:t_a——两个相邻施工过程之间必需的最小时间间隔;

其余符号意义同前。

当 t_n 和 t_{n+1} 已知,根据安全与技术要求即可决定 t_a 值,则 B_{n+1} 值就可以求得。

t_a 值一般不宜小于1d。在图中7-4中,C与D之间就属于这种情形。图中 $t_n = t_C = 20$, $t_{n+1} = t_D = 5$, $t_a = 1$,由公式计算流水步距为:

$$B_{n+1} = t_n + t_a - t_{n+1} = 20 + 1 - 5 = 16(\mathrm{d})$$

分别流水的总工期用下式计算:

$$T = t_0 + t_n$$

式中:t_n——最后一个专业施工队的作业持续时间;

t_0——流水展开期,为最初施工过程开始至最后的施工过程开始之间的时间间隔。

在实际的道路工程施工中,对于一个专业施工队来说,它可以按固定的流水节拍(或不变的速度)前进。但从整个工程的流水作业组织来看,各专业施工队都按自己的流水节拍(或移动速度)前进,彼此不一定相同,也不一定成倍数关系,这主要是由于机械配备、施工条件、劳动生产率或其他外界因素影响所致。如果要求流水速度绝对统一,必然会使机械效率不能充分发挥或造成某些施工队窝工。为此,需要在统一的进度要求下,各专业队按照本身最合理、施工效率最高的流水速度进行作业。这是组织分别流水作业中应着重考虑的仔细解决的问题。道路工程的综合施工组织,大都属于这种情况。

4. 无节奏流水

对于道路工程施工来说,沿线工程量的分布都是不均匀的,而大、中型桥梁或路基土石方的高填深挖,又为集中型工程,因此,实际上各专业施工队在机具和劳动力固定的条件下,流水作业速度不可能保持一致,即各施工段上同一施工过程的流水节拍无法相等。也就是说,在组织流水施工时,t 不等于常数,B 不等于常数,t 不等于 B,也非整数倍,如图7-5所示。

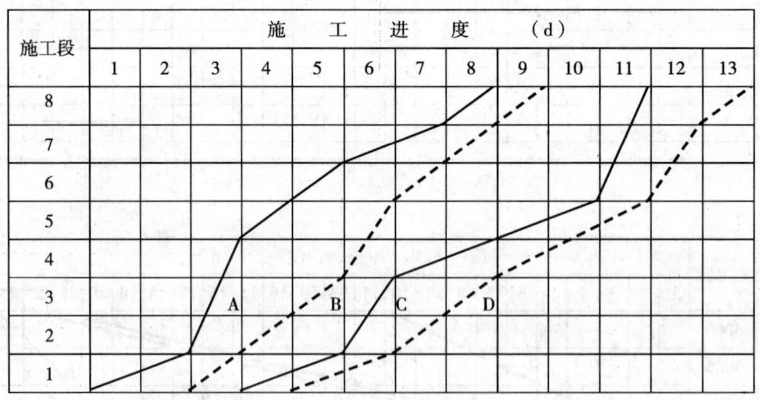

图7-5 无节奏流水

对于以上情况,只能按照流水组织施工。基本的组织方法是:统一控制整个工程的总平均速度,再按分别流水的原则处理各施工过程的搭接关系。流水的各个参数以及总工期的确定,都必须通过对专业施工队逐个落实,反复调整,才能得到满意的结果。以下介绍一种称之为"相邻队组每段作业时间累加,数列错位相减取大差"法的计算方法。

四、工程实例计算

【例】 某工程由A、B、C、D四个施工过程组成，施工顺序为：A→B→C→D，分别在四个施工段上，各施工过程相应的流水节拍为：$t_A=2d$，$t_B=4d$；$t_C=4d$，$t_D=2d$。在劳动力相对固定的条件下，试确定流水施工方案。

解：本例从流水节拍特点看，可组织异节拍专业流水；但因劳动力不能增加，无法做到等步距。为了保证专业工作队连续施工，按无节奏专业流水方式组织施工。

(1)确定施工段数、工序数

为使专业工作队连续施工，取施工段数等于施工过程数，即：$m=n=4$

(2)求累加数列

A：2，4，6，8　　　　B：4，8，12，16

C：4，8，12，16　　　D：2，4，6，8

(3)确定流水步距

①$K_{A,B}$

$$\begin{array}{rrrrrr} & 2 & 4 & 6 & 8 & 0 \\ -) & 0 & 4 & 8 & 12 & 16 \\ \hline & 2 & 0 & -2 & -4 & -16 \end{array}$$

$$K_{A,B}=2$$

②$K_{B,C}$

$$\begin{array}{rrrrrr} & 4 & 8 & 12 & 16 & 0 \\ -) & 0 & 4 & 8 & 12 & 16 \\ \hline & 4 & 4 & 4 & 4 & -16 \end{array}$$

$$K_{B,C}=4$$

③$K_{C,D}$

$$\begin{array}{rrrrrr} & 4 & 8 & 12 & 16 & 0 \\ -) & 0 & 2 & 4 & 6 & 8 \\ \hline & 4 & 6 & 8 & 10 & -8 \end{array}$$

$$K_{C,D}=10$$

(4)计算工期

$$T=(2+4+10)+2\times4=24(d)$$

(5)绘制流水施工进度图表，见图7-6所示。

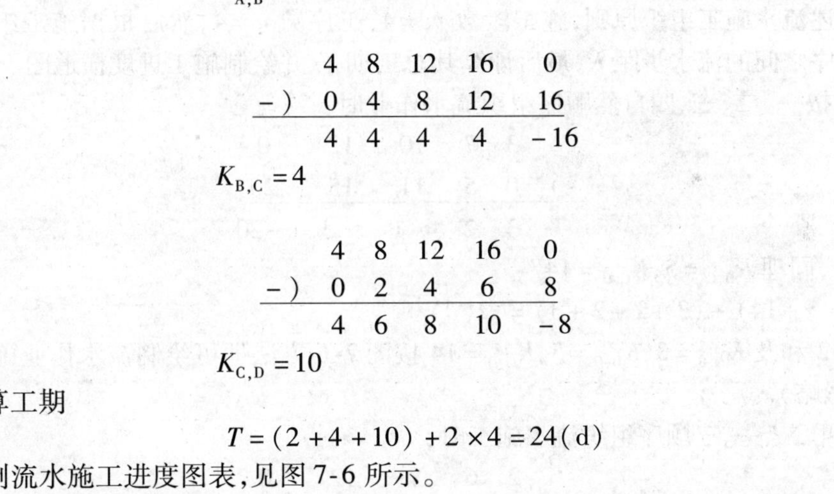

施工过程名称	施工进度(d)											
	2	4	6	8	10	12	14	16	18	20	22	24
A	①	②	③	④								
B	$K_{A,B}$	①		②		③		④				
C		$K_{B,C}$		①		②		③		④		
D						$K_{C,D}$			①	②	③	④

图7-6　流水施工进度图

从图7-6可知，当同一施工段上不同施工过程的流水节拍不相同，而互为整倍数关系时，如果不组织多个同工种专业工作队完成同一施工过程的任务，流水步距必然不等，只能用无节奏专业流水的形式组织施工，如果以缩短流水节拍长的施工过程，达到等步距流水，就要在增加劳动力没有问题的情况下，检查工作面是否满足要求。如果延长流水节拍短的施工过程，工期就要延长。

因此，到底采取哪一种流水施工的组织形式，除要分析流水节拍的特点外，还要考虑工期要求和项目经理部自身的具体施工条件。任何一种流水施工的组织形式，仅仅是一种组织管理手段，其最终目的是要实现企业目标——质量好、工期短、成本低、效益高和安全施工。

流水节拍（d） 表7-2

施工工序	一	二	三	四
A	3	4	3	2
B	5	6	4	5
C	6	5	4	6
D	3	2	2	3

【例】 某路段有4座相同性质的通道工程，其施工过程均可分解为挖基坑A、砌基础B、浇筑墙身C、安装盖板D四道工序，各道工序在各座通道上的持续时间（流水节拍）见表7-2，试按一、二、三、四自然顺序和四、二、一、三顺序施工时，分别组织流水作业。

根据上述流水施工组织原则，施工段数 $m=4$，工序数 $n=4$，然后根据施工组织顺序分别计算相邻工序之间的流水步距 K，最后计算其总工期 T、并绘制施工进度横道图。

解：（1）按一、二、三、四自然顺序组织流水作业时：

$$\begin{array}{rrrrrr} & 3 & 7 & 10 & 12 & 0 \\ -) & 0 & 5 & 11 & 15 & 20 \\ \hline & 3 & 2 & -1 & -3 & -20 \end{array}$$

$K_{A,B}=3$，同理 $K_{B,C}=5$，$K_{C,D}=14$

$T=(3+5+14)+(3+2+2+3)=32$（d）

由 $T=32$ 和及 $K_{A,B}=3$，$K_{B,C}=5$，$K_{C,D}=14$ 按图7-6方法即可绘制流水作业施工进度横道图（绘制图形略）。

（2）按四、二、一、三顺序组织流水施工时：

$$\begin{array}{rrrrrr} & 2 & 6 & 9 & 12 & 0 \\ -) & 0 & 5 & 11 & 16 & 20 \\ \hline & 2 & 1 & -2 & -4 & -20 \end{array}$$

$K_{A,B}=2$，同理 $K_{B,C}=5$，$K_{C,D}=13$

$T=(2+5+13)+(3+2+3+2)=30$（d）

其流水施工进度横道图如图7-7所示。

由上述示例可以看出，施工段的组织次序不同，其施工进度的总工期可能不同，在无特殊顺序要求的条件下，应以总工期最短作为组织施工段顺序的依据。

流水作业的效益具体表现在施工连续、进度加快、工期缩短上。

由于专业化程度提高，不仅保证质量，而且提高了劳动生产率；又由于资源供应均衡，降低了工程成本,因此公路工程施工组织应尽可能采用流水作业法。

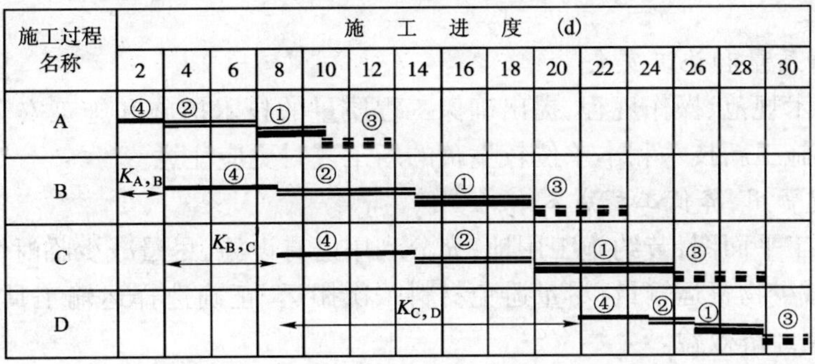

施工过程名称	施工进度(d)														
	2	4	6	8	10	12	14	16	18	20	22	24	26	28	30
A	④	②		①		③									
B	$K_{A,B}$		④		②			①		③					
C			$K_{B,C}$		④			②			①		③		
D							$K_{C,D}$				④	②	①		③

图 7-7 流水施工进度图

流水施工组织步骤如下:

①根据工程项目对象划分施工段;

②划分工序并编工艺流程,且按工艺原则建立专业班组;

③各专业班组依次、连续进入各个施工段,完成同类工种的作业;

④计算或确定流水作业参数;

⑤相邻施工段及相邻工序尽可能衔接紧密。

第四节 公路施工组织设计

一、施工组织设计要求

1. 严格执行基本建设程序和施工程序

要严格遵守合同签订的或上级下达的施工期限,按照基建程序和施工程序的要求,保质保量完成施工任务。对工期较长的大型工程项目,可根据施工情况,合理组织力量,确保重点,分期分批进行安排。

2. 科学安排施工顺序

按照公路工程施工的客观规律安排施工程序,可将整个项目划分为几个阶段,例如施工准备、基础工程、主体结构工程、路面工程、附属结构物工程等。在各个施工阶段之间合理搭接、衔接紧凑,在保证质量的基础上,尽可能缩短工期,加快建设速度。

3. 采用先进的施工技术和设备

在条件允许的情况下,尽可能采用先进的施工技术,不断提高施工机械化、预制装配化程度,减轻劳动强度,提高劳动生产率。

4. 应用科学的计划方法制定最合理的施工组织方案

根据工程特点和工期要求,因地制宜地采用快速施工,尽可能采用流水作业施工方法,组织连续、均衡且有节奏的施工,保证人力、物力充分发挥作用。对于复杂的工程,应用网络计划技术找出最佳的施工组织方案。

5. 落实季节性施工的措施,确保全年连续施工

恰当地安排冬、雨季施工项目,增加全年连续施工日数,应把那些确有必要而又不因冬、雨

季施工而带来技术复杂和造价提高的工程列入冬、雨季施工,全面平衡人工、材料的需用量,提高施工的均衡性。

6. 确保工程质量和施工安全

贯彻施工技术规范、操作规程,提出确保工程质量的技术措施和施工安全措施,尤其是采用国内外先进的施工新技术和本单位较生疏的新工艺时更应注意。

7. 节约基建费用,降低工程成本

合理布置施工平面图,节约施工用地;充分利用已有设施,尽量减少临时性设施费用;尽量利用当地资源,减少物资运输量;尽量避免材料二次搬运,正确选择运输工具,以节约能源,降低运输成本,提高经济效益。

二、设计文件内容

在公路工程设计和施工各个阶段,必须编制相应的施工组织设计文件,即深度、内容由粗到细的"施工方案"、"修正施工方案"、"施工组织计划"、"施工组织设计"。

施工组织设计按所起作用的不同分为两大类:一类是属于设计文件的组成部分,其中按设计阶段之不同,可分为一阶段施工图设计或两阶段设计中初步设计阶段的"施工方案",三阶段设计中技术设计阶段的"修正施工方案"和两阶段设计或三阶段设计中的施工图阶段的"施工组织计划"。另一类是属于指导施工的技术经济文件,即"实施性施工组织设计"或称为施工组织设计,其中又可分为"施工组织总设计"和"分部分项工程施工组织设计"。

施工组织设计又是施工方案、修正施工方案、施工组织计划和实施性施工组织设计等施工组织文件的统称。

施工方案、修正施工方案和施工组织计划由勘测设计单位负责编制,并编入相应的设计文件,按规定上报审批。实施性施工组织设计则完全由施工单位根据批准的初步设计或施工图设计中的施工方案或施工组织计划,综合施工时的自身和客观具体条件进行编制,并报上级领导部门审批或备案。

施工组织设计文件组成按不同分类如下。

1. 施工方案

(1)施工方案说明;

(2)人工、主要材料及机具、设备安排表;

(3)工程概略进度图(根据劳动力、施工期限、施工条件以及施工方案进行概略安排);

(4)临时工程一览表。

施工方案说明列入初步设计的总说明书中,其主要内容是:

①施工组织、施工力量和施工期限的安排;

②主要工程、控制工期的工程及特殊工程的施工方案;

③主要材料的供应,机具、设备的配备及临时工程的安排;

④下一阶段应解决的问题及注意事项。

2. 修正施工方案

采用三阶段设计的工程,在技术设计阶段应提出修正的施工方案。修正施工方案应根据初步设计的审批意见和需要进一步解决的问题进行编制。修正施工方案解决问题的深度和提交文件的内容,介于施工方案和施工组织计划之间。

3. 施工组织计划

不论采用几阶段设计,在施工图阶段都应编制施工组织计划,其内容如下:

(1)说明:

①初步设计(或技术设计)审批意见的执行情况;

②施工组织、施工期限,主要工程的施工方法、工期、进度及措施;

③劳动力计划及主要施工机具的使用安排;

④主要材料供应、运输方案及临时工程安排;

⑤对缺水、风沙、高原、严寒等地区以及冬季、雨季施工所采取的措施;

⑥施工准备工作的意见(如拆迁、用地、修建便道、便桥、临时房屋、架设临时电力、电信设施等)。

(2)工程进度图(包括劳动力计划安排)。

(3)主要材料计划表(包括型号、规格及数量)。

(4)主要施工机具、设备计划表。

(5)临时工程表(包括通往工地、料场、仓库等的便道、便桥及电力、电讯设施等)。

(6)重点工程施工场地布置图。绘出仓库、工棚、便道、便桥、运输路线、构件预制场地、沥青(或水泥)混凝土拌和场地、材料堆放场地等工程和生活设施的位置。

(7)重点工程施工进度图。

4. 实施性施工组织设计

在施工阶段,由施工单位编制的施工组织设计称为实施性施工组织设计。此时,施工图设计已获批准,所有施工原则和总方案已定,施工条件明确。因此,这一阶段的施工组织设计十分具体,对各分项工程各工序和各施工队都要进行施工进度的日程安排和具体操作的设计。

实施性施工组织设计文件的内容与施工图设计阶段的施工组织计划相似,但比之要更具体,更详细。

施工阶段施工组织设计即实施性施工组织设计。它是根据设计阶段施工组织计划和设计资料及确定的工期要求、施工企业的具体情况,以施工定额或历年统计资料整理的定额为依据而编制的。它不列入设计文件,是确保设计阶段施工组织计划实现的一种措施,是工程实施组织管理的重要内容。

施工阶段施工组织设计的内容目前尚无正式成文规定,由施工单位根据企业的实际情况和习惯编制,其主要内容一般应包括:

(1)对设计阶段施工组织计划的内容、要求、表格等按照施工单位的具体情况计算、核实,根据指导施工的要求将编制对象进一步细化,时间计划一般到月或旬,劳动组织方面可以班组为对象;

(2)实施性的开工前准备工作;

(3)在设计阶段施工组织计划编制的“材料计划表”的基础上,进一步编制材料供应图表;

(4)运输组织计划;

(5)附属企业及自办材料的开采和加工计划;

(6)供水、供电、供热及供气；

(7)实施性施工组织设计的技术组织措施计划；

(8)制订相应的管理制度，如建设监理制度或施工安全、质量管理制度。

以上内容可以看出，施工组织设计与施工组织计划的内容十分接近，只是偏重具体实施这一面。因此，本节着重介绍施工组织设计中特别具体细致的部分，对与前面内容相同的内容，本节就不再重复。

综上所述，从施工方案到实施性施工组织设计，后一阶段比前一阶段的要求更高、内容也更多，但是各个阶段是独立的又是相互联系的。

三、编制施工组织设计的程序

编制施工组织设计要遵守一定的程序，要按照施工的客观规律，协调和处理好各个影响因素的关系，用科学的方法进行编制，一般的编制程序如下：

(1)分析设计资料，选择施工方案和施工方法；

(2)编制工程进度图；

(3)计算人工、材料、机具需要量，制订供应计划；

(4)临时工程，供水、供电、供热计划；

(5)工地运输组织；

(6)布置施工平面图；

(7)编制技术措施计划与计算技术经济指标；

(8)编写编制说明。

四、资源组织计划

1. 劳动力需要量计划

根据已确定的施工进度计划，可计算出各个施工项目每天所需的人工数，将同一时间内有施工项目的人工数进行累加，即可计算出每日人工数随时间变劳动力需要量。同时还可编制劳动力需要量计划，附于施工进度图之后，为劳动部门提供劳动力进退场时间，保证及时调配，搞好平衡，以满足施工的需要。如现有劳动力不足或多时，应提出相应的解决措施，或者增开工作面，以按时或提前完成任务。劳动力需要量计划见表 7-3。

劳动力需要量计划 表 7-3

序号	工种名	需要人数及时间										备 注
		年度										
		一季度	二季度	三季度	四季度	合计	一季度	二季度	三季度	四季度	合计	
1	2	3	4	5	6	7	8	9	10	11	12	13

编制： 复核：

2. 主要材料计划

主要材料包括施工需要的由专业厂家生产的材料、地方供应和特殊的材料，以及有关临时设施和拟采取的各种施工技术措施用料,预制构件及其他半成品亦列入主要材料计划中。

材料的需要量,可按照工程量和定额规定进行计算,然后根据施工项目的施工进度编制年、季、月主要材料计划表(表7-4)。主要材料(包括预制构件、半成品)应包括材料的规格、名称、数量、材料的来源及运输方式等。材料计划是为物资部门提供采购供应、组织运输和筹建仓库及堆料场的依据。

主要材料计划表 表7-4

序号	材料名称及规格	单位	数量	来源	运输方式	年					年					备注
						一季度	二季度	三季度	四季度	合计	一季度	二季度	三季度	四季度	合计	
1	2	3	4	5	6	7	8	9	10	11	12	13	14	15	16	17

编制: 复核:

3. 主要施工机具、设备计划

在确定施工方法时,已经考虑了各个施工项目应选择何种施工机具或设备。为了做好机具、设备的供应工作,应根据已确定的施工进度计划,将每个项目采用的施工机械种类、规格和需用数量,以及使用的具体日期等综合起来编制施工机具、设备计划(表7-5),以配合施工,保证施工进度的正常进行。

主要机具、设备计划 表7-5

序号	机具名称及规格	数量		使用期限		年								备注
						一季度		二季度		三季度		四季度		
		台班	台辆	开始日期	开始日期	台班	台辆	台班	台辆	台班	台辆	台班	台辆	
1	2	3	4	5	6	7	8	9	10	11	12	13	14	15

编制: 复核

主要施工机具、设备需要量包括基本施工过程、辅助施工过程所得的主要机具、设备,并应考虑设备进、出厂(场)所需台班以及使用期间的检修、轮换的备用数量。

4. 临时工程计划

临时工程包括:生活房屋、生产房屋、便道、便桥、电力和电信设施以及小型临时设施等,其表格如表7-6所示。

临时工程表 表7-6

序号	设置地点	工程名称	说明	单位	数量	工程数量							备注
1	2	3	4	5	6	7	8	9	10	11	12	13	14

编制: 复核:

5. 技术组织措施计划

技术组织措施计划,应根据企业下达的要求和指标,按表7-7编制。

技术组织措施计划　　表 7-7

措施名称及内容摘要	经济效果(元)	计划依据	负责人	完成日期
1	2	3	4	5

编制：　　复核：

五、平面组织计划

施工平面图设计是施工过程空间组织的具体成果，亦即根据施工过程空间组织的原则，对施工过程所需的工艺路线、施工设备、原材料堆放、动力供应、场内运输、半成品生产、仓库、料场、生活设施等进行空间的特别是平面的科学规划与设计，并以平面图的形式加以表达。这项工作就叫做施工平面图设计。

1. 施工平面图设计的依据、原则和步骤

(1)施工平面图设计的依据：

①工程平面图；

②施工进度计划和主要施工方案；

③各种材料、半成品的供应计划和运输方式；

④各类临时设施的性质、形式、面积和尺寸；

⑤各加工车间、场地规模和设备数量；

⑥水源、电源资料；

⑦有关设计资料。

(2)施工平面图规划设计原则。施工平面布置是一项综合性的规划课题，在很大程度上决定于施工现场的具体条件。它涉及的因素很广，不可能轻易获得令人满意的结果，必须通过方案的比较和必要的计算与分析才能决定。一般施工平面图规划设计应遵循下列原则：

①在保证施工顺利的前提下，少占农田并考虑洪水、风向等自然因素的影响，所有临时性建筑和运输线路的布置，必须便于为基本工作服务，并不得妨碍地面和地下建筑物的施工；

②力求材料直达工地，减少二次搬运和场内的搬运距离，并将笨重的和大型的预制构件或材料设置在使用点附近，所有货物的运输量和起重量必须减至最小；

③加工等附属企业基地应尽可能设在原料产地或运输集汇点(如车站、码头)；

④附属企业内部的布置应以生产工艺流程为依据，并有利于生产的连续性；

⑤应符合保安和消防的要求，要慎重考虑避免自然灾害(如洪水、泥石流、山崩)的措施；

⑥施工管理机构的位置必须有利于全面指挥，生活设施要考虑工人的休息和文化生活；

⑦场地布置应与施工进度、施工方法、工艺流程和机械设备相适应；

⑧场地准备工作的投资最经济。

(3)施工平面图的设计步骤：

①分析有关调查资料；

②合理确定起重、吊装、运输机械的布置(它直接影响仓库、料场、半成品制备场的位置和水、电线路以及道路的布置)；

③确定混凝土、沥青混凝土搅拌站的位置；

④考虑各种材料、半成品的合理堆放；

⑤布置水、电线路；

⑥确定各临时设施的布置和尺寸；

⑦决定临时道路位置、长度和标准。

2. 施工平面图的类型及主要内容

(1)施工总平面图。施工总平面图是以整个工程为对象的施工平面布置方案，道路工程施工总平面图应包括以下内容：

①原有河流、居民点、交通路线(公路、铁路、大车道等)、车站、码头、通信、运输点等及工地附近与施工有关的建筑物；

②施工用地范围和工程主要项目，沿线大中桥、隧道、渡口、交叉口、集中土石方等的位置，道班房、加油站等运输管理服务建筑物位置；

③将施工组织设计的成果如采料场、附属工厂和基地、仓库、临时动力站(如抽水站、发电所、供热站等)、临时便道、便桥、电源线路、变压器位置以及大型机械设备的停放、维修厂直接标在图上；

④施工管理机构，如工程局、工程处、施工队及工程指挥系统的驻地；

⑤其他与施工有关的内容，如地质不良地段、国家测量标志、气象台、水文站、防洪、防风、防火、安全设施等需要表示的内容。

(2)单项工程、分部分项工程施工平面图。该类平面图的布置有两种情况，一种是在施工总平面图的控制下进行布置；一种是以施工总平面图为依据，即基本上按照施工总平面有关内容进行布置。但不论哪一种，都应比施工总平面图更加深入、更加具体。

重点工程施工场地布置图。一般说来，大桥、隧道、立交枢纽等都是重点工程，其施工场地布置图应在有等高线的地形图上按比例绘制。图上应详细绘出施工现场、辅助生产、生活等区域的布置情况，绘出原有地物情况。

其他单项局部平面布置图。对于大型项目，因施工周期长，管理工作量大，附属、辅助企业多，必要时应绘制其他的平面布置图。这类图主要有以下几种：

①沿线砂石料场平面布置图；

②大型附属企业如沥青混合料拌和厂、预制构件厂、主要材料加工厂(木工厂、机修厂)等平面布置图；

③临时供水、供电、供热基地及管线分布平面图；

④主要施工管理机构的平面布置图。

第五节　施工进度图编制

一、施工进度计划的作用

施工进度计划是控制工程施工进度和工程竣工期限等各项施工活动的依据，施工组织工作中的其他有关问题都要服从进度计划的要求，如计划部门提出月、旬作业计划，平衡劳动力计划；材料部门调配材料、构件；设备部门安排施工机具的调度；财务部门的用款计划等均须以施工进度为基础。

施工进度计划反映了工程从施工准备工作开始，直到工程竣工为止的全部施工过程；反映了工程建筑与安装的配合关系，及各分部工程及工序之间的衔接关系。所以施工进度计划有助于领导部门抓住关键，统筹全局，合理布置人力、物力，正确指导施工生产活动的顺利进行；有利于工人群众明确目标，更好地发挥主人翁精神；有利于施工企业内部及时配合，协同作战。

二、编制施工进度计划的依据和步骤

1. 编制施工进度计划的依据

(1)工程的全部施工图纸及有关水文、地质、气象和其他技术经济资料；

(2)上级或合同规定的开工、竣工日期；

(3)主要工程的施工方案；

(4)劳动定额和机械使用定额；

(5)劳动力、机械设备供应情况。

2. 编制施工进度计划的步骤

(1)研究施工图纸和有关资料及施工条件；

(2)划分施工项目，计算实际工程数量；

(3)编制合理的施工顺序和选择施工方法；

(4)计算各施工过程的实际工作量(劳动量)；

(5)确定各施工过程的劳动力需要量(及工种)和机械台班数量及规格；

(6)设计与绘制施工进度图；

(7)检查与调整施工进度。

三、施工进度图的形式

施工进度图通常是以图表表示的，主要形式有：横道图法、垂直图法和网络图法三种。

1. 横道图

其常用的格式如图7-8所示。它是由两大部分组成，左面部分是以分部分项工程为主要内容的表格，包括了相应的工程量、定额和劳动量等计算依据；右面部分是指示图表，它是由左面表格中的有关数据经计算得到的。指示图表用横向线条形象地表示出分部分项工程的施工进度，线的长短表示施工期限；线的位置表示施工过程；线上的数字表示劳动力数量；线的不同符号表示作业队或施工段别，表示出各施工阶段的工期和总工期，并综合反映了各分部分项工程相互间的关系。

这种表示方法比较简单、直观、易懂，容易编制，但有以下缺点：

(1)分项工程(或工序)的相互关系不明确；

(2)施工日期和施工地点无法表示，只能用文字说明；

(3)工程数量实际分布情况不具体；

(4)仅反映出平均施工强度。它适用于绘制集中性工程进度图，材料供应计划图或作为辅助性的图示附在说明书内用来向施工单位下达任务。

编号	工程名称	施工方法	工程量		××年（月份）										起止时间	
			单位	数量	1	2	3	4	5	6	7	8	9	10	开工	结束
1	临时通信线路	人工为主	km	80			6								1月初	7月底
2	沥青混凝土基地	人工安装	处	1			35								1月上旬	5月上旬
3	清除路基	机械	m^3	700000					4						3月初	7月底
4	路用房屋	人工	m^2	1300				40							1月初	6月底
5	大桥	半机械化	座	1							94				5月中旬	9月中旬
6	中桥	半机械化	座	5				53							3月15	8月底
7	集中性土方	机械	m^3	430000					20						4月上旬	9月底
8	小型构造物	半机械化	座	23					30						5月初	
9	沿线土方	机械为主	m^3	89000					36						5月初	10月底
10	基层	半机械化	m^2	560000							48				7月上旬	9月
11	面层	半机械化	m^2	560000									18		9月上旬	10月
12	整修工程	人工为主	km	80										10		10月

图 7-8　施工进度横道图

2. 垂直图

垂直图的表示特点是：以纵坐标表示施工日期，以横坐标表示里程或工程位置，而各分部分项工程的施工进度则相应地以不同的斜线表示。工程量在图表上方相应地表示，施工组织平面示意图可在图表的下方相应地表示，资源平衡可在图表右侧以曲线表示。图 7-9 为垂直图的应用实例。

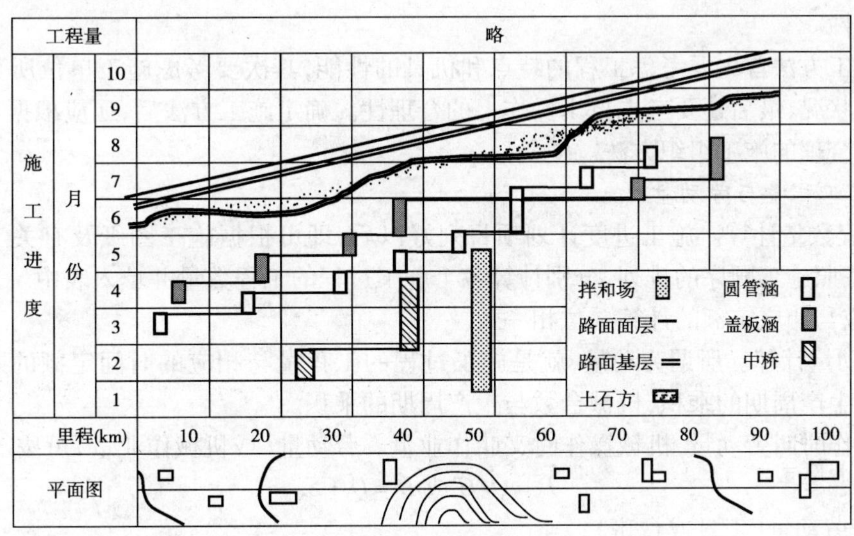

图 7-9　施工进度垂直图

垂直图的优点是消除了横道图的不足之处，工程项目的相互关系、施工的紧凑程度和施工速度都十分清楚，工程的分布情况和施工日期一目了然，从图中可以直接找出任何一天各施工队的施工地点和应完成的工程数量，但仍有一些不足之处：

(1)反映不出某项工作提前(或推迟)完成对整个计划的影响程度；

(2)反映不出哪些工程是主要的，不能明确表达出哪些是关键工作；

(3)计划安排的优劣程度很难评价;

(4)不能使用电子计算机,因而绘制和修改进度图的工作量很大。

3. 网络图

用网络图来表示施工进度的基本原理及计算将在第八章中讲述。网络图与横道图、垂直图比较,不但能反映施工进度,而且更能清楚地反映出各个工序、各施工项目之间错综复杂的相互联系、相互制约的生产和协作关系。不论是集中性工程,还是线型工程,都可以用网络图表示工程进度,因此,这是一种比较先进的工程进度图的表示形式,应大力推广使用。

四、施工进度计划的编制

1. 划分施工项目,确定施工方法

在编制单位工程施工进度计划时,首先要划分施工项目的细目,即划分为若干种工序、操作,并填入相应的栏内。划分时应注意:

(1)划分施工项目应与施工方法相一致,使进度计划能够完全符合施工实际进展情况,真正起到指导施工的作用。

(2)划分施工项目的粗细程度一般要按施工定额(施工图阶段按预算定额)的细目和子目来填列,这样既简明清晰,又便于查定额计算。

(3)施工项目在进度计划表内填写时,应按工程的施工顺序排列(指横道图),而且应首先安排好主导工程。

(4)施工项目的划分一定要结合工程结构特点仔细分项填列,切不可漏填,以免影响进度计划的准确性。

选择施工方法首先要考虑工程的特点和机具的性能,其次要考虑施工单位所具有的机具条件和技术状况,最后还要考虑技术操作上的合理性。确定施工方法后,还应根据具体条件选择最先进的合理的施工组织方法。

2. 计算工程量与劳动量

(1)工程数量计算。施工进度计划项目列好以后,即可根据施工图纸及有关工程数量的计算规则,按照施工顺序的排列,分别计算各个施工过程的工程数量并填入表中。工程数量的计算单位,应与相应定额的计算单位相一致。

(2)劳动量计算。所谓劳动量,就是施工过程的工程量与相应的时间定额的乘积。如劳动力数量与生产周期的乘积,机械台数与生产周期的乘积。

人工操作时叫劳动量,机械操作时又叫作业量。劳动量(或机械作业量)可按下式计算:

$$D = Q/C \text{ 或 } D = Q \cdot S$$

式中:D——劳动量(工日或台班);

Q——工程量;

C——产量定额;

S——时间定额。

劳动量的计量单位,对于人工为“工日”,对于机械则为“台班”。

计算劳动量时,应根据现行的相应定额(施工定额或预算定额)计算。

受施工条件或施工单位人力、设备数量的限制,对生产周期起控制作用的那个劳动量称为主导劳动量。一般取生产周期较长的劳动量作为主导劳动量。

在人员、机械数量不变,采用二班制或三班制将会缩短施工过程的生产周期。当主导劳动量生产周期过于突出,就可以采用二班或三班制作业缩短生产周期。

3. 生产周期计算

由于要求工期不同和施工条件的差异,其具体计算方法有以下两种:

(1)以施工单位现有的人力、机械的实际生产能力以及工作面大小,来确定完成该劳动量所需的持续时间(周期),一般可按下式计算:

$$T = D/(R \cdot n)$$

式中:T——生产周期(即持续天数);

D——劳动量(工日或台班);

R——每班人数或机械台数;

n——生产工作班制数。

(2)根据规定的工期来确定施工队(班组)人数或机械台数。

在某些情况下,可以根据已规定的或后续工序需要的工期,来计算在一班制、二班制或三班制条件下,完成劳动量所需作业队的人数或机械台数,一般按下式计算:

$$R = D/(t \cdot n)$$

限于篇幅,具体计算及分析参见有关公路施工组织管理的参考书。

4. 施工进度图的编制

以上各项工作完成后,即可着手编制不同阶段的施工进度计划。

(1)横道图法的编制步骤:

①按标准横道图格式绘制空白图表。

②根据设计图纸、施工方法、定额、概预算(指施工图设计和施工阶段)进行列项,并按施工顺序填入横道图的工程名称栏内。

③逐项计算工程量。

④逐项选定定额,将其编号填入横道图中。

⑤进行劳动量计算。

⑥按施工力量(作业队、班、组人数、机械台数)以及工作班制按上述公式计算所需施工周期(即工作日数);或按限定的周期以及工作班制、劳动量确定作业队、班(组)的人数或机械台数,将计算结果填入横道图相应栏内。

⑦按计算的各施工过程的周期,并根据施工过程之间的逻辑关系,安排施工进度日期。其具体做法是:按整个工程的开竣工日历,将日历填入横道图的日程栏内,然后即可按计算的周期,用直线或绘有符号的直线绘制进度图。

⑧绘制劳动力安排曲线。

⑨进行反复调整与平衡,最后择优定案。

(2)垂直图法编制步骤。对于线型工程,当施工方案确定以后,即可按下列步骤绘制用垂直图法表示的施工进度图。

①绘出图表轮廓及表头,即将项目以及项目的工程量按相应的里程绘于图的上半部,见垂直图。

②根据工程的开竣工日历，将进度日历绘于图左的纵坐标上。

③将里程及工程的空间组织，即施工平面草图绘于图的下部。

④进行列项，计算劳动量、周期、劳动力数、机械台数，一般可先列表算好，并与绘图结合，反复平衡优化。

⑤按已算出的施工周期，分别以铅笔绘出不同符号的进度线，并按紧凑的原则，使各进度线相对移动至最佳位置，其具体画法如下。

小桥涵工程：根据每座小桥涵的施工期长短，从可能施工之日起，在各桥涵的位置上用垂直直线画出施工期，并依次向流水方向移动，其垂直方向的全长即等于所有小桥涵施工期的总和；

大中桥工程：绘制方法与小桥涵相同，但上、下部工程最好用两种线条表示；

路面工程：路面是连续和等速施工，故进度应是一条斜直线，线的垂直高度等于路面所需的总工期，水平线的长度等于路面总里程；由于路基线起伏变化大，为了使路面线不致与路基相交（避免施工中断），最好用大头针订线试排后再画；

路基工程：几个队同时从某月某日并在指定的里程范围内开工，以斜线（用不同线条）表示时间和里程关系，为了保证路基施工不致中断，所有的斜线不能和桥涵线相交，否则要相对移动线的位置，借以改变其开工日期。

⑥最后调整。

调整的要点：力求各线靠近而不相交；检查总工期是否符合规定要求；劳动力需要量力求均衡，避免出现高峰低谷；补充图例和说明等；最后以黑线加深线条。

(3)网络计划技术。这部分内容我们将在以后章节学习。

五、施工进度计划的检查与调整

施工组织设计是一个科学的有机整体，编制的正确与否直接影响工程的经济效益。施工管理的目的是使施工任务能如期完成，并在企业现有资源条件下均衡地使用人力、物力、财力，力求以最少的消耗取得最大的经济效果。因此，当施工进度计划初步完成后，应按照施工过程的连续性、协调性、均衡性及经济性等基本原则进行检查与调整，这是一个细致的、反复的过程，现简述如下。

1. 施工工期

施工进度计划的工期应当符合上级或合同规定的工期，并尽可能缩短，以保证工程早日交付使用，从而达到最好的经济效果。

2. 劳动力消耗的均衡性

每天出勤的工人人数力求不发生大的变动，即劳动力消耗力求均衡。劳动力需要量图表明劳动力需要量与施工期限之间的关系。如前所述，正确的施工组织设计应该使劳动力需要量均衡，以减少服务性的各种临时设施和避免因调动频繁而形成的窝工。任何一项工程的施工组织设计，由于施工人数和施工时间不同，均有可能出现资源消耗不均衡的情况，故在编制施工进度图时，应以劳动力需要量均衡为原则，对施工进度进行恰当的安排和必要的调整。

劳动力消耗的均衡性，可用劳动力不均衡系数 K 表示。劳动力不均衡系数的值大于或等于1，一般不超过1.5。其值按下式计算：

$$K = R_{max}/R_{平均}$$

式中：R_{max}——施工期中人数最高峰值；

$R_{平均}$——施工期间加权平均工人人数。

3. 施工工期和劳动力均衡性的调整

(1)如果要使工期缩短，则可对工期较长的主导劳动量的施工采取措施，如增加班制或工人数（包括机械数量），来达到缩短总工期的目的；

(2)若所编计划的工期不允许再延长，而劳动力出现较大的高峰或低谷，则可在允许的范围内，通过调整工序的开工或完工日期，使劳动力需要量较为均衡。

某些工程由于特定的条件，工期没有严格限制，而在投资、主要材料及关键设备等某一方面有时间或数量的限制时，就要将这些特定条件作为控制因素进行调整。复杂的工程要获得符合工期、均衡施工原则的最合理的优化计划方案，必须进行多次反复调整计算，这个计算过程十分复杂，当前电子计算机技术的出现，为优化计算提供了理想的工具。

思　考　题

1. 施工组织设计的含义是什么？其作用有哪些？
2. 施工组织设计的编制原则和程序是什么？
3. 施工组织设计是如何分类的？
4. 公路施工过程的组织原则是什么？
5. 公路施工过程组织的基本方法有哪些？
6. 流水施工的特点是什么？有哪些经济效果？
7. 流水施工的主要参数有哪些？
8. 流水施工作业分哪几类？
9. 流水施工组织的步骤是什么？
10. 施工组织设计的要求有哪些？
11. 编制施工组织设计的程序是什么？
12. 施工平面图设计的原则是什么？
13. 编制施工进度图通常有几种方法？
14. 横道图的优缺点是什么？

第八章　施工网络计划技术

第一节　网络计划概述

网络计划技术是20世纪50年代国外陆续出现的一些计划管理的新方法。由于这些方法将计划的工作关系均建立在网络模型上,把计划的编制、协调、优化和控制有机地结合起来,所以称之为网络计划技术。

网络计划图是以加注工作持续时间的箭线和带有编号的节点组成的网状流程图,用以表示施工进度计划。其基本原理是:首先根据工作间的相互关系及其工作先后顺序流程绘制工程项目施工进度计划网络图;其次通过计算找出计划中的关键工作及关键线路;最后通过不断调整、改善网络计划,选择最优的方案付诸实施。在网络计划实施过程中进行有效地监督与控制,确保工程项目按合同条件顺利完成。

一、网络计划方法

网络计划技术有许多方法,诸如关键线路法(CPM)、计划评审方法(PERT)、流水作业网络计划、搭接网络计划(CNT)、图例评审法等。

CPM是1956年美国杜邦公司为了管理其内部不同部门的业务工作,研制的关键线路法。1958年初,该公司决定把CPM用于建设价值1000万美元的一座新化工厂,但同时与传统计划方法比较,于是分成两组,一组按CPM法制订计划,另一组仍按旧方法制订计划。对此,利用CPM法确定的工期比传统方法确定的工期缩短两个月且不用另外增加费用。以后此法被用于设备维修,使其停产时间由过去的125h缩短为74h。杜邦公司采用关键线路法安排施工和维修,仅一年就节约了近100万美元,是该公司用于发展研究CPM法所花经费的5倍。

1958年美国海军特种计划局在研制北极星导弹核潜艇时,首次提出PERT控制进度方法。北极星计划由8家总承包公司、250家二包公司、3000家三包公司、9000多厂商共同承担,规模庞大,组织管理复杂。由于使用了PERT技术,使原计划6年的研制时间提前了两年完成。20世纪60年代后美国又采用了PERT技术,组织阿波罗载人登月计划,以一个7000人的中心实验室为中心,把120所大学、2万余个企业、40万人组织在一起,耗资400亿美元,用13年时间到1972年圆满完成。

CPM和PERT虽然名称不同,但其主要原理和方法是一致的。前者为民用部门研制,偏重于成本控制,且工作持续时间一般是确定的,所以也称为肯定型网络计划;后者为军事部门所创,偏重于时间控制,且工作持续时间往往具有某种不确定性,所以也称为非肯定型网络计划。

流水作业网络计划是我国土建人员在20世纪70年代末研制的一种新型网络计划技术,它综合运用流水施工和网络计划的特点,为流水施工网络计划提供了简便有效的方法。搭接网络计划能够反映工作间的各种搭接关系,它可大大地简化网络图的形成和计算工作,特别适用于高等级公路及大型工程项目的施工进度计划安排。图例评审法也称为随机网络计划,是一种广义的随机网络分析方法,它主要用于编制项目施工进度计划中的排队、存储及可靠度分析等诸多统筹问题。

二、网络计划的应用及其特点

我国从20世纪60年代开始运用网络计划技术,著名数学家华罗庚教授结合我国实际情况,在吸收国外网络计划技术理论的基础上,将其统一命名为统筹法。网络计划技术在我国已广泛应用于国民经济各个领域的计划管理中,而应用最多的还是工程项目的施工组织与管理,并取得了巨大的经济效益。根据国内统计资料,工程项目的计划与管理应用网络计划技术,可平均缩短工期20%,节约费用10%左右。

网络计划与横道计划相比,具有以下特点:

(1)网络图把施工过程中的各个有关工作组成一个有机的整体,能全面而明确地表达出各项工作开展的先后顺序和反映出各项工作之间的相互制约、相互依赖的关系。

(2)能进行各种时间参数的计算。

(3)在名目繁多、错综复杂的计划中找出决定工程进度的关键工作,便于计划管理者集中力量抓主要矛盾,确保工期,避免盲目施工。

(4)能从众多可行方案中,选出最优方案。

(5)在计划执行过程中,某一项工作由于某种原因推迟或提前完成时,可以预见到它对整个计划的影响程度,而且能根据变化的情况迅速进行调整,保证自始至终对计划进行有效的控制和监督。

(6)利用网络计划中反映出的各项工作的时间储备,可以更好地调配人力、物力,以达到降低成本的目的。

(7)更重要的是,它的出现和发展使现代化的计算工具——计算机在建设工程施工计划管理中得以应用。

(8)但网络计划在计算劳动力、资源消耗时,比较困难。

三、网络计划的分类

(1)按箭线和节点表达的含义不同,可分为双代号网络图和单代号网络图。前者每项工作均由一根箭线和两个节点表示,其中箭线代表工作,节点表示工作间的逻辑关系,如图8-1a)所示;后者每项工作由一个节点组成,以节点代表工作,箭线表示工作间的逻辑关系,如图8-1b)所示。

(2)在双代号网络图中,按箭线长短与工作持续时间的关系分为一般双代号网络图(简称为双代号网络图)和时间坐标网络图(简称为时标网络图)。双代号网络图中工作持续时间长短与箭线长短无关;时标网络图中箭线的长短和所在的位置表示工作的持续时间和进程。

(3)按计划目标的多少,可分为单目标网络图和多目标网络图。网络图中只有一个计划目标的称为单目标网络图;有两个以上计划目标的称为多目标网络图。

(4)按工程项目的组成及其应用范围分,有:分项工程网络图、分部工程网络图、单位工程网络图、单项工程网络网及工程项目总体网络图等。

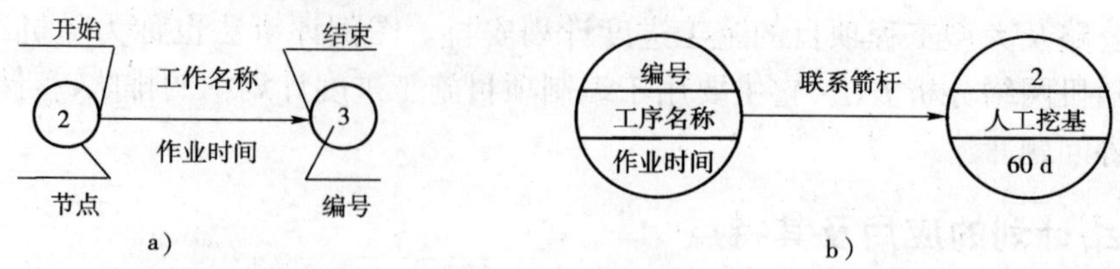

图 8-1　网络图

a)双代号;b)单代号

四、网络计划编制步骤

1. 调查研究

计划编制前要全面熟悉和审查图纸，并与设计单位、建筑单位联系，以了解建设目的和要求，掌握编制网络计划的必要资料。还要深入了解工程所在地的水文、地质条件，气候等自然条件，劳动力、材料、构配件、机械设备的供应和使用情况，交通运输条件，场地情况，水、电源的供应情况等。

2. 确定施工方案

根据工程对象的特点和现场施工条件，编制施工组织设计，确定施工方案，根据施工方案确定合理的施工顺序，这是编制网络计划的基础。

3. 按施工方案进行工作划分

施工方案决定了工程项目的施工顺序、施工方法、资源供应方式及主要指标的控制量等。按确定的施工方案编制符合施工工艺及施工组织条件的工艺流程，即按施工方案分解若干单项工作，确定工作项目，接着确定这些工作之间的逻辑关系。既要确定各工作开始之前应完成哪些紧前工作，或者工作之后有哪些紧后工作，又要定出各工作可平行的工作内容，以便找出工作之间的相互关系。

4. 构成一个工作关系时间表

当各工作之间的逻辑关系确定之后，还应确定各工作的持续时间，工作持续时间的确定或计算方法与第七章第三节“流水节拍”相同。工作持续时间直接影响到网络计划的质量，若时间太短，会造成工作无法完成或者影响工程质量；如果时间太长，又造成时间的浪费。所以应按正常情况合理地确定工作持续时间。

确定项目工作间相应关系和工作持续时间，根据情况考虑资源用量和费用消耗等问题，并将这些资料填写到工作关系表中去。一般构成工作关系时间表的基本内容包括：

(1)工作代号，常用英文字母表示；

(2)工作名称，从事工作的具体内容；

(3)紧前工作(或紧后工作)；

(4)持续时间、资源用量、费用消耗等定量数据。

5. 逐节生长法绘草图

根据工作关系表首先确定哪些工作为起始工作，然后寻找起始工作之后紧跟哪些工作，使网络图逐节生长，直到各条线路绘至网络图的终点为止。

6. 整理草图并检查其正确性

对绘制好的草图进行必要的布局调整,使图面整齐美观,再用工作逻辑关系检查布局合理的网络图的正确性,出现工作关系逻辑错误时引入虚箭线进行修改。

7. 绘制正确的网络图并将节点编号

经过反复检查确认网络图完全符合工作之间的逻辑关系后,则可对正确的网络图进行节点编号。

五、网络计划在工程进度施工控制中的作用

采用网络计划方法可加强工程项目的施工管理,使其取得好、快、省的全面效果。它在工程进度控制中可给管理人员提供下列可靠信息:

(1)合理赶工及其工期与成本的关系信息;

(2)各项工作有无机动时间及机动时间极限数据信息;

(3)劳动力、材料、施工机具设备等资源利用信息;

(4)预测哪些工作的提前或拖延对总工期有影响等信息。

第二节　双代号网络计划

一、网络图的基本概念

网络图是一种表示整个计划中各道工序(或工作)的先后次序、相互逻辑关系和所需时间的网状矢线图。组成双代号网络图基本模型的箭线(工作)、节点及箭头三大要素,如图 8-2 所示。

1. 工序(或工作)

工序是网络图的重要组成部分,在双代号网络图中,用箭线“→”表示,每一个箭线表示一道工序(一项工作)。在网络图中的工序可分为实工序和虚工序两种。实工序是指需要消耗时间和资源的工序,如挖基坑,浇筑混凝土,填筑路基等。有些技术间歇时间,如混凝土的养护、石灰土的养生等,虽然不消耗资源,但占用时间,因此,也应作为一道实工序对待,在网络图中即为一实箭线。

虚工序是既不消耗资源,也不占用时间,仅为了正确表示各工序之间的逻辑关系而设,故称之为虚工序,在网络图中即为一虚箭线。

箭线的方向表示工序进行的方向,箭线的长短和曲折对网络图没有影响(时标网络图除外)。

2. 节点(或事件)

节点即前后两工序的交点,表示工序的开始、结束和连接等关系。它是一个瞬间概念,不消耗时间和资源,用圆圈表示。

网络图中第一个节点称为原始(或开始)节点,最后一个节点称为结束(或终点)节点,其他节点称为中间节点。同一节点(除原始和结束节点外),既是前面工序的完工节点,又是后面工序的开工节点,如图 8-3 所示。ⓘ→ⓙ工序称为ⓙ→ⓚ工序的紧前工序,而ⓙ→ⓚ工序

则称为ⓘ→ⓙ工序的紧后工序。

图 8-2　双代号网络图组成要素

图 8-3　节点图

在双代号网络图中，可能有许多箭杆指向某节点，这些箭杆称为内向箭杆或内向工序，同样也可能存在许多箭杆由同一节点出发，这些箭杆称为外向箭杆或外向工序。

绘制双代号网络图时，需进行节点编号，其目的是赋予每道工序一个代号，以便对网络图进行计算。节点的编号代表工序的名称，编号的要求是：由小到大、从左至右，箭头的号码大于箭尾的号码，不允许重号，但可不必连续编号，以便增减新的节点。节点编号习惯方法在满足节点编号规则的前提下，可按以下方法进行节点编号。

①水平编号法：从网络图起点开始，由左到右按箭线顺序编号。

②垂直编号法：从网络图起点开始自左到右逐列编号，每列编号根据编号规则要求自上向下、或自下向上，或先上下后中间，或者先中间后上下进行。

③删除箭线法：先给网络图起点编号，再在图上划去该节点引出的全部箭线，并对图中剩下的没有箭线进入的节点依次编号，直到全部节点编完号为止。

3．线路

它是指网络图中从原始节点到结束节点之间可连通的线路。显然，一个网络图中线路有许多条，通过有关计算，就可以从中找到工作时间最长的线路，此线路就称为关键线路。工作时间少于关键线路的线路称为非关键线路。位于关键线路上的工序称为关键工序，在网络图中常用粗箭线或双线箭线表示。

(1)关键线路：网络图所有线路中总持续时间最长的线路为关键线路。一张网络图至少有一条最长的线路，这条线路上的总持续时间决定了网络计划的总工期，该线路上任何工作拖延都使总工期延长，它是完成工程任务的关键，故称之为关键线路。

(2)关键工作：关键线路上任何工作因为影响总工期故称为关键工作，反过来关键工作连成的线路称为关键线路。

关键线路上关键工序完成的快慢直接影响着整个工程的工期。但关键线路不是一成不变的，在一定条件下会转化。非关键线路上的工序有一定的机动时间，称为时差，它意味着该工序(线路)开工时间或完成日期容许适当提前或延期而不影响整个计划的按期结束。

时差是网络计划优化的基础，如果将非关键工序在时差范围内放慢施工速度，增加工序的持续时间，并把部分人力、机具转移到关键工序上去，加快关键工序的进行，就可达到均衡施工和缩短工期的目的。

二、双代号网络图的绘制

1．工作逻辑关系的表示方法

工作逻辑关系是工作进行时客观存在的一种先后顺序关系。在表示工程进度计划的网络图中,工作之间的逻辑关系是由施工组织、施工技术、工艺流程、资源供应、施工场地等决定的。各项工作之间逻辑关系表达正确与否,是网络计划图能否反映工程项目实际情况的关键。如果工作逻辑关系表示错了,则网络计划图的时间参数计算就会发生错误,关键线路和工程计划总工期也跟着发生错误。

网络图中的逻辑关系是指工作之间相互制约或依赖的关系,包括工艺关系和组织关系。工艺关系是指生产工艺上客观存在的先后顺序;组织关系是指在不违反工艺关系的前提下,人为安排的工作先后顺序关系。在施工方案确定之后,一般来讲工艺关系是不变的,而组织关系则应优化,即它是可变的。要绘制一张正确反映工作逻辑关系的网络计划图,必须搞清工作之间的关系。工作之间基本的逻辑关系有四种:

①本项工作必须在哪些工作之前进行;

②本项工作必须在哪些工作之后进行;

③本项工作可以与哪些工作平行进行;

④本项工作的进行与哪些工作无关。

在工程实际的网络计划图中,各项工作之间的逻辑关系是复杂多变的,表 8-1 的所列的是网络计划图中常见的一些工作关系的表示方法。各工作名称以字母表示,供绘制双代号网络计划图时参考。

常见工作逻辑关系的表示方法　　表 8-1

序号	工作之间的逻辑关系	网络图中的表示方法
1	A 完成后,进行 B 和 C	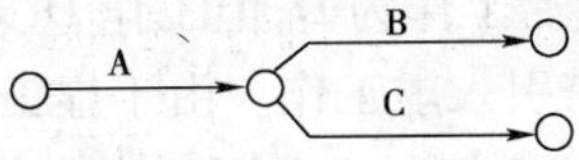 A B C
2	A 和 B 都完成后进行 C	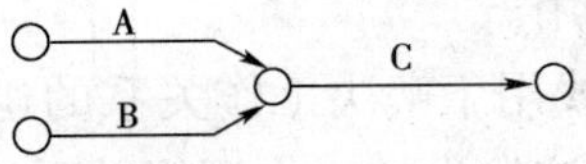 A B C
3	A 和 B 都完成后,进行 C、D	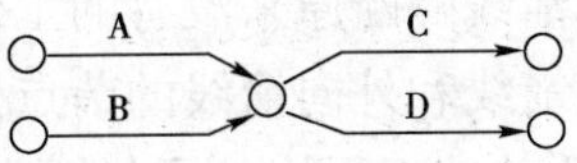 A B C D
4	A 完成后进行 C, A 和 B 都完成后,进行 D	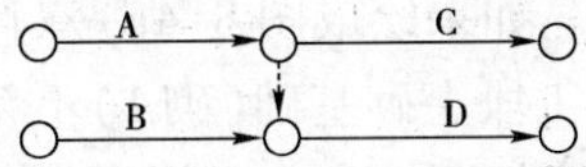 A C B D
5	A 和 B 都完成后,进行 D; A 和 B、C 都完成后,进行 E; D 和 E 都完成后,进行 F	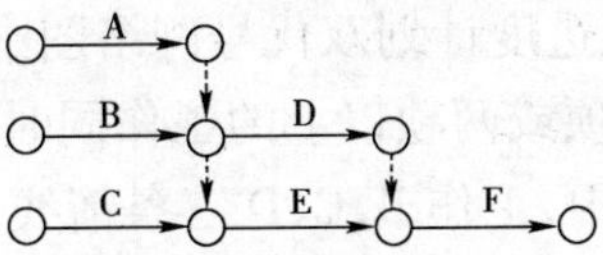 A B D C E F
6	A 和 B 都完成后,进行 C; B、D 都完成后,进行 E	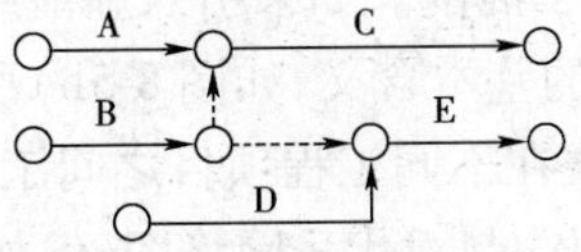 A C B E D

续上表

序号	工作之间的逻辑关系	网络图中的表示方法
7	A 和 B、C 都完成后，进行 D； B 和 C 都完成后，进行 E	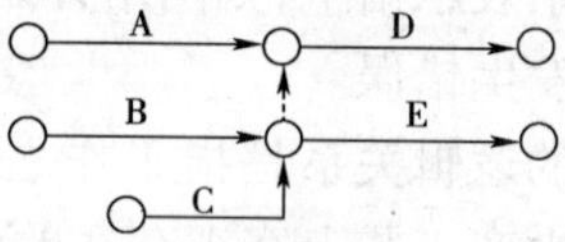
8	A 完成后进行 C； A 和 B 都完成后进行 D； B 完成后进行 E	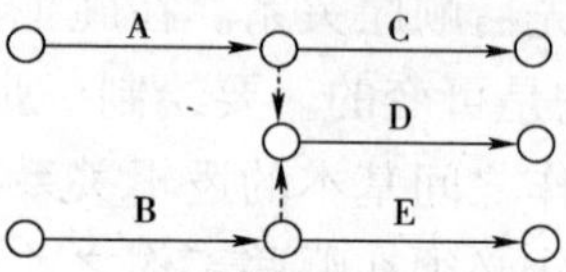
9	A 和 B 两项工作分成 3 个施工段，分段流水施工：A_1 完成后进行 A_2 和 B_1；A_2 完成后进行 A_3；A_2 和 B_1 都完成后进行 B_2；A_3 和 B_2 都完成后进行 B_3	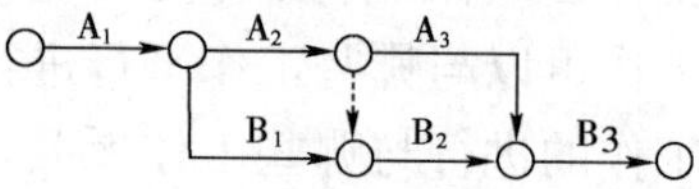

2. 虚箭线的应用

在绘制工程进度计划网络图时，根据工作关系的需要增设虚箭线，下面介绍虚箭线在表达工作间逻辑关系中的应用。

(1)虚箭线用于解决工作间逻辑关系的连接。在表 8-1 序号 4 中，工作 A 的紧后工作为 C，工作 B 的紧后工作为 D，但工作 D 又是工作 A 的紧后工作，为了把 A、D 两项工作的前后关系连接起来，需引入虚工作。由于虚工作的持续时间为零，所以 A 工作完成后 D 工作才能开始。同理在表 8-1 序号 5、6 竖向虚工作，7、8 和 9 第一种表示方法中，虚箭线都是在工作关系连接方面的应用。

(2)虚箭线用于解决工作关系的逻辑断路问题。绘制双代号网络计划图时，容易产生错误之处是把不该发生的工作逻辑关系连接起来，使网络图发生与实际不相符的逻辑错误。这时必须引入虚箭线隔断原来没有的工作联系，这种处理方法称为“断路法”。产生此类错误的地方常在内向箭线和外向箭线的节点处，绘双代号网络图时应特别注意，下面举例说明。

例如，某桥基础工程施工可分解为挖基坑、地基处理、砌基础、回填土四道工序，分两个施工段流水施工。如果绘成图 8-4a)双代号网络图那就错了，因为第二施工段上的挖基坑(挖 2)与第一个施工段上砌基础(砌 1)不存在逻辑关系，同样填 1 与处 2 也不存在逻辑关系。正确的绘制方法应把不该发生逻辑关系的工序连接引入虚箭线断开，如图 8-4b)所示。此法在流水作业施工进度计划双代号网络图中广泛应用。

(3)当两项或两项以上的工作同时开始和同时结束时，必须引入虚箭线，以免造成混乱。

图 8-5a)中，工作 B、C、D 三条箭线共用③、⑤两个节点，则代号(3,5)同时表示工作 B、C、D，这样就产生了混乱。如果引入虚箭线，则符合双代号网络图每项工作均由一根箭线和两个节点代号组成的基本含义，如图 8-5b)所示。

(4)虚箭线在不同工程项目之间工作有联系时的应用。例如，甲、乙两项独立的工程项目施工时，应分别绘制双代号网络图；但如果两工程的某些工序需要共用某台施工机械或某个技术班组时,就应引入虚箭线表示这些联系,如图 8-6 所示。

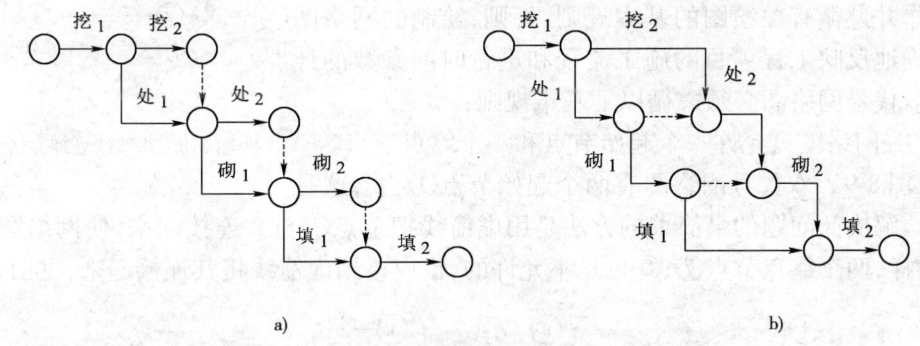

图 8-4 虚箭线表示工作关系断路中的应用

a)错误网络图;b)正确网络图

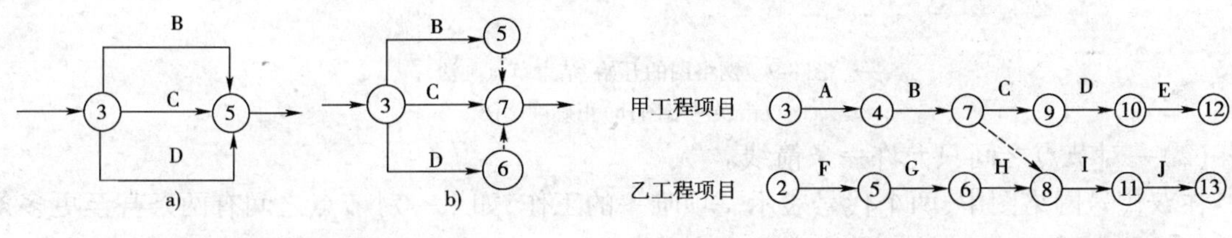

图 8-5 网络图

a)错误网络图;b)正确网络图

图 8-6 虚箭线在不同工程项目中的应用

从上图可以看出,乙工程项目的 I 工序不仅紧前工序 H 完成而且甲工程项目的 B 工序也应完成后才能开始。

综上所述,在绘制双代号网络计划图时,引用虚箭线是非常重要的。但是,在什么地方、在什么情况下引用虚箭线的判断比较困难,一般是先增设虚箭线,待网络计划图构成以后,再删除不必要的虚箭线。因为多余的虚箭线会增加绘图工作量和计算工作量,而且没有必要的虚箭线还会使网络图复杂,所以应将其删除。删除多余虚箭线的方法有:

①如果虚箭线是由节点发出的唯一的箭线,一般应将这条虚箭线删除;但当这条虚箭线是为了区分两个节点间两个或两个以上工作同时开始同时结束时;或流水网络中的某些虚箭线就不能删除,如图 8-7 所示。

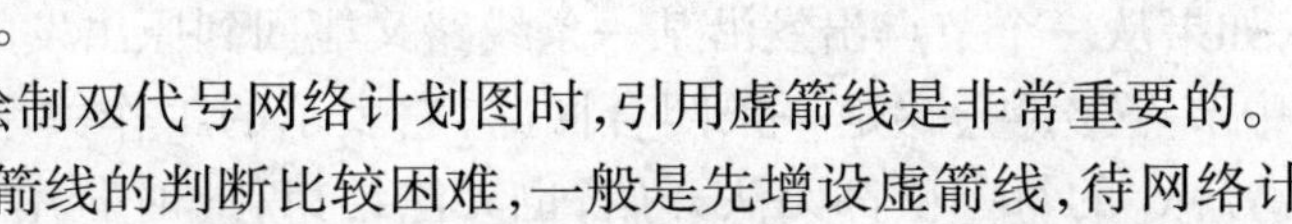

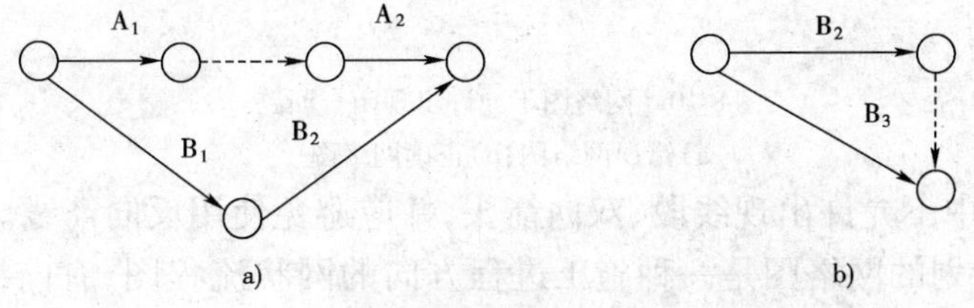

图 8-7 虚箭线处理方法之一

a)可以删除的虚箭线;b)不可以删除的虚箭线

②当一个节点有两条虚箭线进入,一般可清除其中一条虚箭线,上图 8-7 中删除了一条虚箭线。在图 8-8 中节点②的两条外向虚箭线和节点⑤的两条内向虚箭线都不能删除。

3. 绘制双代号网络图的基本规则

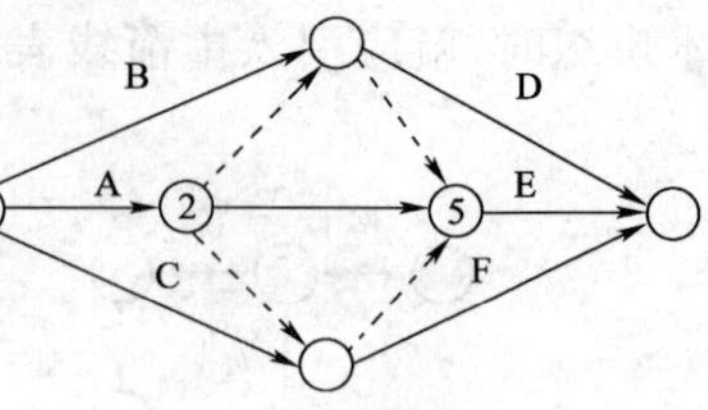

图 8-8 虚箭线处理方法之二

绘制双代号网络图时，应正确地表达工作间的逻辑关系和引用虚工作并遵循有关绘图的基本规则，否则，绘制的网络图就不能正确地反映工程项目的施工流程和进行时间参数的计算。绘制双代号网络图必须遵循以下基本规则：

(1)一张网络图只允许一个起始节点和一个终点节点。

例如，图 8-9a)双代号网络图有两个起始节点①、②，这是不允许的。解决此问题的最简单的方法是用虚箭线把节点①与②连接起来，使网络图变成一个起点；同样，两个终点节点⑦、⑧也是不允许的，也应该用虚箭线将其连接起来，见图 8-9b)。

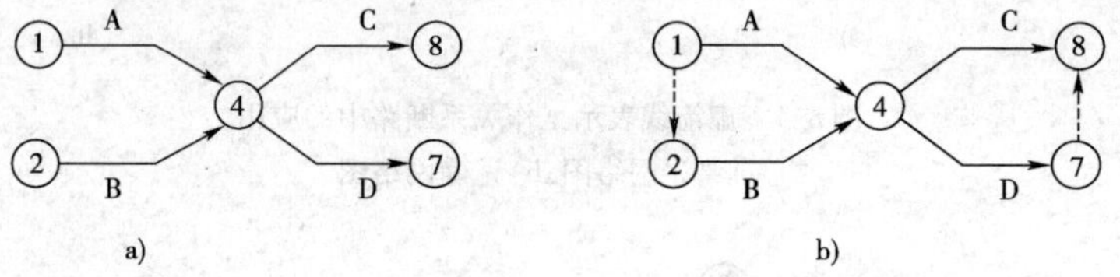

图 8-9 网络图的开始、结束节点画法

a)错误网络图；b)正确网络图

(2)一对节点之间只允许一条箭线。

在双代号网络图中，两个代号表示一项唯一的工作，如果一对节点之间有两条甚至更多条箭线同时存在，则无法分清这两个代号究竟代表哪一项工作。这种情况下正确的表达方法是引入虚箭线。

(3)网络计划图中不允许出现闭合回路。

在网络计划图中，如果从一个节点出发沿某一条线路又能回到原出发的节点，称此线路为闭合回路。图 8-10a)中节点③、④、⑤是一条闭合回路，它表示的工作关系是错误的，工艺流程相互矛盾，工作 A_2、A_3、A_4 的每一项都无法开始，也无法结束，此时若用计算机计算网络图时间参数时只进行循环运行，不能输出计算结果。遇到这种情况的处理办法一般是更改箭线方向消除闭合回路，如图 8-10b)所示。

图 8-10 网络图不允许出现闭合回路

a)错误网络图；b)正确网络图

(4)网络计划图中不允许出现线段、双向箭头，并应避免使用反向箭线。

表示工程进度计划的网络图是一种施工进程方向的网状流程图，有向线段中箭头方向为施工前进方向，所以不允许出现无箭头的线段和双向箭头的箭线。箭线所表达的工作需要占用时间，而时间是不可逆的，应避免使用反向箭线，否则容易引起闭合回路；在时标网络计划图中，更不允许出现反向箭线。

(5)网络计划图的布局应合理，尽量避免箭线交叉。

网络图的布局调整的目的,除避免箭钱交叉外,还应尽量使图面整齐美观,如图 8-11 所示。

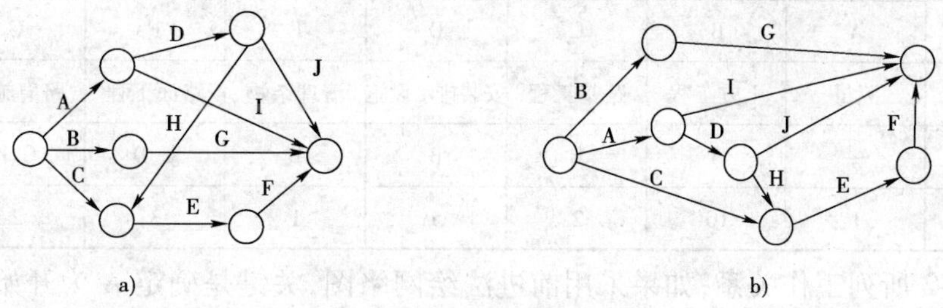

图 8-11　网络图中交叉箭线
a) 错误网络图;b) 正确网络图

当箭杆线交叉不可避免时,应采用"暗桥"、"断线"、"指向"等方法加以处理,如图 8-12 所示。

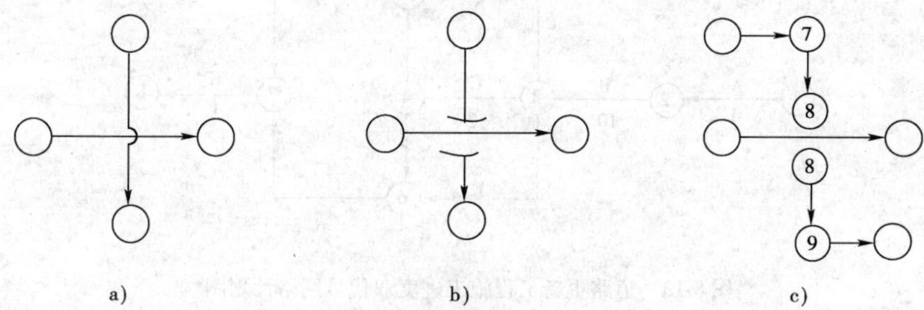

图 8-12　箭杆线交叉的处理方法
a) 暗桥法;b) 断线法;c) 指向法

三、双代号网络图的绘制方法和应用

1. 网络图的绘制方法

在构成工作关系及工作持续时间之后,绘制网络计划图通常采用以下方法。

(1)前进法。前进法是从网络图起点开始顺箭线方向逐节生长法绘图,直到各条线路均达到网络图的终点为止。一般当工作关系表中列出本工作与紧后工作的关系时,可方便地采用前进法绘网络图。前进法绘图的关键是第一步,要正确而又清楚地确定出哪些工作为开始工作。

(2)后退法。后退法是从网络图终点节点开始逆箭线方向逐节后退,直到各条线路均退回到网络图的起点为止。一般当工作关系表中列出本工作与紧前工作关系时,使用后退法较为方便。后退法绘网络图的关键是后退的第一步,也应正确又清楚地确定出哪些工作为最后结束的工作。

(3)先粗后细法。在工程进度计划实际网络图绘制中,可先粗略划分工程项目,然后逐步细分,先绘制分项或分部工程的子网络图,再拼成单位工程或单项工程总网络图。工程实际绘制网络计划图时广泛采用先粗后细法。

2. 工程应用实例及示例

(1)某段城市道路更新工程应用实例。某一段城市道路更新工程,工作项目划分与工作相互关系及工作持续时间见表8-2,试绘制其施工进度双代号网络计划图。

工作项目划分明细表 表8-2

工作代号	A	B	C	D	E	F	G	H
工作名称	测量	土方工程	路基工程	安装排水设施	清理杂物	路面工程	路肩施工	清理现场
紧前工作	—	A	B	B	B	C、D	C、E	F、G
持续时间(d)	1	10	2	5	1	3	2	1

根据表8-2所列工作关系,如果采用前进法绘网络图,关键是确定A为开始工作,然后从表8-2中找出紧前工作与本工作的前后关系,逐节生长绘图直至网络图的终点;若采用后退法给网络图,关键是确定H为结束工作,再从表8-2中寻找本工作与紧前工作的前后关系,逐节后退绘图直到网络图的起点。绘制的双代号网络计划图如图8-13所示。

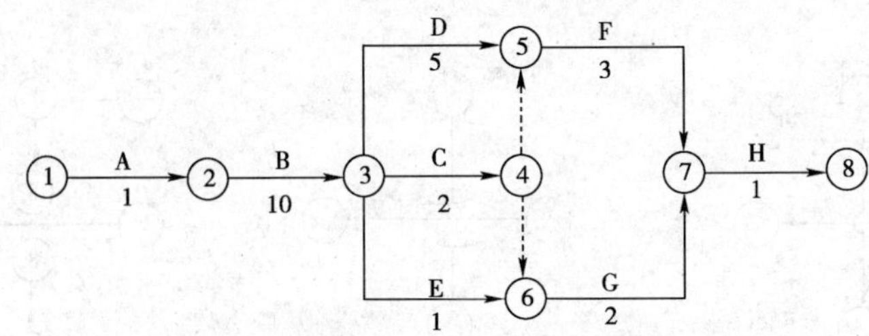

图8-13 道路更新工程施工进度双代号网络计划图

(2)某立交桥工程应用实例。某合同段立交桥工程施工工期直接影响主线路基和四条匝道路基填筑,据此确定工程项目的工作组成和工作间的逻辑关系及工作持续时间,如表8-3所示。绘制双代号网络图。

工 作 关 系 表 表8-3

工作代号	工 作 内 容	紧前工作	持续时间(周)	工作代号	工 作 内 容	紧前工作	持续时间(周)
A	临建工程	—	5	I	修筑预制场	E	1
B	施工组织设计	A	3	J	主梁预制	I	6
C	平整场地	A	1	K	盖梁施工	H	4
D	材料进场	B	3	L	预制场吊装设备安装	F	1
E	主桥施工放样	B	1	M	吊装准备工作	L	1
F	材质及配合比试验	C	1	N	主梁安装	J、K、M	3
G	基础工程施工	D	4	P	桥面系统施工	N	2
H	桥墩施工	G	3				3

根据表8-3工作逻辑关系,利用后退法或前进法绘制某立交桥施工进度的双代号网络图,见图8-14。

四、双代号网络时间参数分类

正确地绘制代表工程项目进度计划的双代号网络图,只是把工程项目工作之间的逻辑关系用网络计划的形式表达出来了。网络计划技术是一种定量分析方法,它可以为工程计划管理提供一系列重要的定量信息,而这些定量信息是通过网络计划图时间参数计算以后获得的。

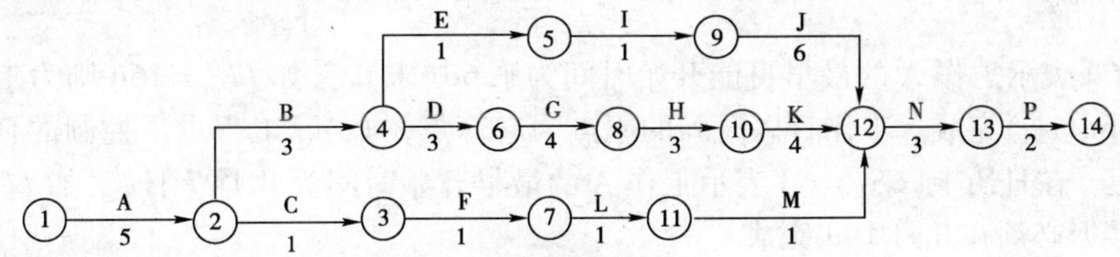

图 8-14　某立交桥施工进度双代号网络图

1. 时间参数的计算目的

通过网络计划图时间参数的计算可以达到下列目的:

(1)确定完成整个计划的总工期,各项工作的最早可能开始时间和最早可能完成时间。

(2)确定各工作的最迟必须开始时间和最迟必须完成时间,各项工作的各种机动时间与计划中的关键工作及关键线路。

(3)是绘制时标网络计划图的基础。网络图经过时间参数计算后,才可绘制时间坐标网络计划图,以便为网络计划下达执行提供依据。

(4)是网络计划调整与优化的前提条件。时间参数计算后发现工期超出合同工期,工程费用消耗过高,由时标图上绘出的资源调配图看出资源供应明显不均衡等,必须对原网络计划图进行必要的调整与优化,以达到既定的计划管理目标。

2. 时间参数分类

网络计划的时间参数按其特性可分为控制性时间参数和协调性时间参数两类。

1)控制性时间参数

(1)最早时间系列参数包括:

工作的最早可能开始时间(ES);

工作的最早可能完成时间(EF);

节点的最早可能实现时间(ET)。

(2)最迟时间系列参数包括:

工作的最迟必须开始时间(LS);

工作的最迟必须完成时间(LF);

节点的最迟必须实现时间(LT)。

2)协调性时间参数

工作的总时差(TF);

工作的局部时差(或称工作的自由时差)(FF)。

这里所说的时差,即为工作的机动时间,它意味着一些工作适当地推迟开始或者推迟完成时,并不影响整个计划的完成时间。

3. 时间参数的计算假定

为了使网络图时间参数计算都建立在统一的网络模型上,并共同规定时间计算的起点,必须作出以下计算假定:

(1)网络计划图中工作的持续时间是已知的,即为肯定型网络模型。

(2)工作的可能开始或完成,或者必须开始或完成时间均以单位时间终了时刻为计算标准。

$ES_A=6d$ 表示工作 A 的最早可能开始时间为第 6d(末),又如 $LF_B=16d$ 则为工作 B 最迟必须在第 16d(末)完成。工作日以时间的原点为起算点,与实际工程进度控制的日历时间有一定的差距。在日历上,$ES_A=6d$ 表示工作 A 的最早开始时间为几月 7 日,又如 $LF_B=16d$ 则为工作 B 最迟必须在几月 16d 完成

五、时间参数计算

双代号网络图时间参数的计算方法有很多,如分析计算法、图上计算法、表算法、矩阵法和电算法等,限于篇幅,本文只简单介绍分析计算法的原理,对图上计算法将作为重点介绍。

1. 分析计算法时间参数计算

1)节点时间参数计算

(1)节点的最早可能实现时间(ET):是指以计划起始节点的时间 $ET_{(1)}=0$ 为起点,沿着各条线路达到每一个节点的时刻,它表示该节点紧前工作的已经全部完成,其后的紧后工作最早可能开始的时间,用公式表示即为:

$$ET_{(j)}=\max\{ET_{(i)}+t_{(i,j)}\}\qquad(j=2,3,4\cdots,n)$$

式中:$t_{(i,j)}$——工作(i,j)的持续时间;

n——网络计划图中终节点的编号。

按上式计算得到终节点的最早可能实现时间即是计划的总工期。

$$ET_{(n)}=T$$

(2)节点的最迟实现时间(LT):是指在计划工期确定的情况下,从网络计划图结束节点开始,逆向推算即得各节点的最迟实现时间。先给定 $LT_{(n)}=ET_{(n)}=T$,由此递推:

$$LT_{(i)}=\min\{LT_{(j)}-t_{(i,j)}\}\qquad(i=n\text{-}1,n\text{-}2,\cdots,2,1);(j-1>1)$$

(3)节点时间参数计算步骤如下:

首先,设起始节点的最早可能实现时间 $ET_{(1)}=0$,顺箭头计算各节点的最早可能实现时间 $ET_{(j)}$;如果是汇集节点,即有多条箭线进入的节点,则应对进入节点的各条箭线分别进行计算,然后取其中最大值作为该节点的 ET 值;继续计算直到终节点得到 $LT_{(n)}$。

第二,终节点的最早可能实现时间 $ET_{(n)}=T$,即等于计划工期。

第三,设终节点的最迟必须实现时间 $LT_{(n)}=ET_{(n)}$,逆箭头计算各节点的最迟必须实现时间 $LT_{(i)}$;如果是分枝节点,即有多条箭线发出的节点,则应对发出节点的各条箭线分别进行计算,然后取其中最小值作为该节点的 LT 值;继续计算直到起始节点。

2)工作时间参数计算

(1)工作的最早可能开始时间(ES):是指一项工作在其紧前工作都结束后,可以开始工作的最早时间。很显然工作(i,j)的最早可能开始时间就等于箭尾节点(i)的最早可能实现时间,即:

$$ES_{(i,j)}=ET_{(i)}$$

(2)工作的最早可能结束时间(EF):正常情况下,工作(i,j)若能在最早可能开始时间开

始,对应就有一个最早可能结束时间,它就等于箭尾节点的最早可能实现时间或者工作的最早可能开始时间加上工作(i,j)的持续时间 $t_{(i,j)}$,即:

$$EF_{(i,j)} = ES_{(i,j)} + t_{(i,j)}$$

(3)工作的最迟必须结束时间(LF):是指一项工作在不影响工程按总工期结束的条件下,最迟必须结束的时间,它必须在紧后工作开始之前完成。从工作终节点逆箭线计算,工作(i,j)最迟必须结束时间应等于节点 j 的最迟必须实现时间,即:

$$LF_{(i,j)} = LT_{(j)}$$

(4)工作的最迟必须开始时间(LS):在正常情况下,与工作的最迟必须结束时间相对应,有工作的最迟必须开始时间。它即为工作最迟结束时间减去该工作的持续时间。

$$LS_{(i,j)} = LF_{(i,j)} - t_{(i,j)}$$

3)工作的时差计算

时差反映工作在一定条件下的机动时间范围。通常分为总时差,局部时差,相关时差和独立时差。

(1)总时差(TF)。工作的总时差 $TF_{(i,j)}$ 是指在不影响任何一个紧后工作的最迟开始时间的条件下,工作(i,j)所拥有的最大机动时间。具体地说,它是在保证本工作以最迟完成时间完工的前提下,允许该工作推迟其最早开始时间或延长其持续时间的幅度,工作(i,j)的总时差计公式如下:

$$\begin{aligned} TF_{(i,j)} &= LT_{(j)} - ET_{(i)} - t_{(i,j)} \\ &= LF_{(i,j)} - ES_{(i,j)} - t_{(i,j)} \\ &= LS_{(i,j)} - ES_{(i,j)} \\ &= LF_{(i,j)} - EF_{(i,j)} \end{aligned}$$

由上式看出,对任何一项工作(i,j),其总时差可能有三种情况:

$TF_{(i,j)} > 0$,说明该工作存在机动时间;

$TF_{(i,j)} = 0$,说明该工作没有机动时间;

$TF_{(i,j)} < 0$,说明该工作存在负时差,计划工期长于规定工期,应采取技术组织措予以缩短,确保计划总工期。

(2)局部时差(FF)。工作的局部时差 $FF_{(i,j)}$ 是指在不影响其紧后工作的最早可能开始时间的条件下,工作(i,j)所具有的机动时间。具体地说,它是在不影响紧后工作按最早开始时间开工的前提下,允许该工作推迟最早开始时间或延长其持续时间的幅度。工作(i,j)的局部时差算公式如下:

$$FF_{(i,j)} = ET_{(j)} - ET_{(i)} - t_{(i,j)}$$

(3)相关时差(IF)。工作的相关时差 $IF_{(i,j)}$ 是指可以与紧后工作共同利用的机动时间。具体地说,是在工作总时差中,除局部时差外,剩余的那部分时差。工作(i,j)的相关时差计算公如下:

$$IF_{(i,j)} = TF_{(i,j)} - FF_{(i,j)} = LT_{(j)} - ET_{(j)}$$

(4)独立时差(DF)。工作的独立时差 $DF_{(i,j)}$ 是指为本工作所独有而其前后工作不可能利用的时差。具地说,它是在不影响紧后工作按照最早开始时间开工的前提下,允许该工作推迟其最迟开时间或延长其持续时间的幅度,其计算公式如下:

$$DF_{(i,j)} = ET_{(j)} - LT_{(i)} - t_{(i,j)}$$
$$= FF_{(i,j)} - IF_{(h,i)} (n < i)$$

式中:$IF_{(h,i)}$——紧前工作的相关时差。

当 $DF_{(i,j)} < 0$ 时,取 $DF_{(i,j)} = 0$

综上所述,四种工作时差的形成条件和相互关系如图 8-15 所示。

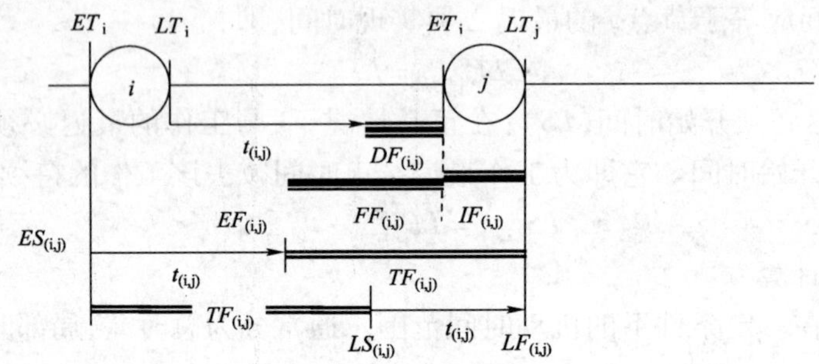

图 8-15　时间参数关系图

①总时差对其紧前工作和紧后工作均有影响。

②一项工作的局部时差只限于本工作利用,不能转移给紧后工作利用,对紧后工作的时差无影响,但对其紧前工作有影响,如运用,将使紧前工作时差减少。

③一项工作的相关时差对其紧前工作无影响,但对紧后工作的时差有影响,如果动用该时差,将使紧后工作的时差减少或消失。它可以转让给紧后工作,变为局部时差而被利用。

④一项工作的独立时差只能被本工作使用,如动用,对其紧前工作和紧后工作均无影响。

2. 图算法计算双代号网络图时间参数

图上计算法是按照各时间参数计算公式,直接在网络图上计算时间参数的方法。由于计算过程在图上直接进行,不需列计算式,既快又不易出错,计算结果直接标在网络图上。此法只限于对简单网络计划图的认识理解计算,不适合于大型网络计划图的时间参数计算。节点时间参数有两个,即节点的最早可能实现时间和节点的最迟必须实现时间。

1)节点时间参数计算

(1)计算节点最早时间(ET)。

节点最早时间即为节点的最早可能实现时间(ET),是节点后各工作的统一最早可能开始时间。网络图起始节点(1)的最早可能实现时间为零,$ET_{(1)} = 0$,沿箭线方向逐个节点地计算到网络图的终点(n),某节点的紧前工作全部完成,本工作才能最早开始。所以节点最早时间不一定等于该节点前各工作的最早可能完成时间,因为这些工作最早开始时间可能不相等,工作持续时间也可能不相同,也就是说进入这个节点的紧前工作不全部完成,本项工作就无法开始。因此,节点(j)的最早可能实现时间应等于该节点紧前工作(i,j)的最早可能完成时间的最大值。

现以图 8-16 所示的双代号网络图为例,计算各节点的最早可能实现时间如下,并按节点时间参数计算图例规定标注在图 8-16 上。

$ET_{(1)} = 0$(其他节点根据公式计算得)

$ET_{(2)} = ET_{(1)} + t_{(1,2)} = 0 + 2 = 2$

$ET_{(3)} = ET_{(1)} + t_{(1,3)} = 0 + 3 = 3$

$ET_{(4)} = ET_{(1)} + t_{(1,4)} = 0 + 4 = 4$

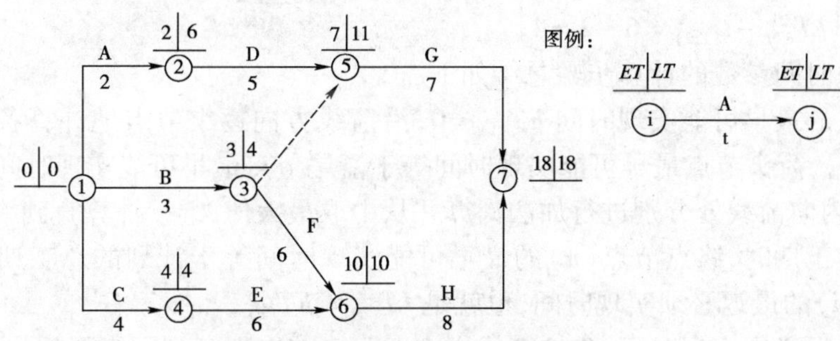

图 8-16　节点时间参数计算

$$ET_{(5)} = \max\begin{Bmatrix} ET_{(1)} + t_{(1,3)} = 0 + 3 = 3 \\ ET_{(2)} + t_{(2,5)} = 2 + 5 = 7 \end{Bmatrix} = 7$$

$$ET_{(6)} = \max\begin{Bmatrix} ET_{(3)} + t_{(3,6)} = 3 + 6 = 9 \\ ET_{(4)} + t_{(4,6)} = 4 + 6 = 10 \end{Bmatrix} = 10$$

$$ET_{(7)} = \max\begin{Bmatrix} ET_{(5)} + t_{(5,7)} = 7 + 7 = 14 \\ ET_{(6)} + t_{(6,7)} = 10 + 8 = 18 \end{Bmatrix} = 18$$

网络图终点(n)的最早可能实现时间就是计划的总工期(T),即:

$$T = ET_{(n)}$$

因此,图 8-16 双代号网络计划图的总工期 $T = 18$。

(2)计算节点最迟时间(LT)。

节点最迟时间即为节点的最迟必须实现时间(LT),是节点前各工作的统一最迟必须完成时间。由公式知,节点的最迟必须实现时间,就是计划工期确定的条件下,从网络图的终点(n)开始,逆着箭线方向逐个节点地算到网络图的起点。终点(n)节点的最迟必须实现时间也等于计划工期,即:$LT_{(n)} = T$

需要注意的是,节点最迟时间不一定等于该节点后各工作的最迟必须开始时间。箭尾节点的最迟必须实现时间等于箭头节点的最迟必须实现时间与其工作持续时间之差;当节点 i 有多条箭线同时出发时,应对每条箭线都进行计算,然后取其最小值作为该节点的最迟必须实现时间。

以图 8-16 双代号网络图为例,计算各节点的最迟必须实现时间,并将计算结果标注在图例规定的位置。

$LT_{(7)} = ET_{(7)} = 18$(其他节点根据公式计算得)

$LT_{(6)} = LT_{(7)} - t_{(6,7)} = 18 - 8 = 10$

$LT_{(5)} = LT_{(7)} - t_{(5,7)} = 18 - 7 = 11$

$LT_{(4)} = LT_{(6)} - t_{(6,4)} = 10 - 6 = 4$

$$LT_{(3)} = \min\begin{Bmatrix} LT_{(6)} - t_{(3,6)} = 10 - 6 = 4 \\ LT_{(5)} - t_{(3,5)} = 11 - 0 = 11 \end{Bmatrix} = 4$$

$LT_{(2)} = LT_{(5)} - t_{(2,5)} = 11 - 5 = 6$

$$LT_{(1)}=\min\begin{cases}LT_{(4)}-t_{(1,4)}=4-4=0\\LT_{(3)}-t_{(1,3)}=4-3=1\\LT_{(2)}-t_{(1,2)}=6-2=4\end{cases}=0$$

网络图节点时间参数的计算步骤总结如下：

①起点节点的最早可能实现时间 $ET_{(1)}=0$，沿箭线方向逐个节点地计算各节点的最早可能实现时间 $ET_{(j)}$，箭头节点最早可能实现时间等于箭尾节点最早可能实现时间与其工作持续时间之和，且在内向箭线处分别进行加法计算并从中取最大值，继续计算直到终点(n)为止。

②当无规定工期时，终点节点(n)的最早可能实现时间等于计划的总工期，即 $T=ET_{(n)}$，也等于该节点(n)的最迟必须实现时间，也就是 $LT_{(n)}=ET_{(n)}$。

③节点的最迟必须实现时间，应按箭线逆方向逐个节点地算到网络图的起点，箭尾节点的最迟必须实现时间等于箭头节点的最迟必须实现时间与其工作持续时间之差，且在外向箭线处分别进行减法计算并从中取最小值。

2)工作时间参数计算

(1)工作最早可能开始时间。

工作的最早可能开始时间，是指一项工作在具有了一定工作条件和资源条件后可以开始工作的最早时间。在工作流程上，各项工作要等到其紧前工作都结束以后方能开始。很明显工作(i,j)的最早可能开始时间就等于箭尾节点(j)的最早可能实现时间，即按照公式计算如下(并标注在图8-17上)：

$ES_{(1,2)}=ET_{(1)}=0$

$ES_{(1,3)}=ET_{(1)}=0$

$ES_{(1,4)}=ET_{(1)}=0$

$ES_{(2,5)}=ET_{(2)}=2$

$ES_{(4,6)}=ET_{(4)}=4$

$ES_{(3,6)}=ET_{(3)}=3$

$ES_{(5,7)}=ET_{(5)}=7$

$ES_{(6,7)}=ET_{(6)}=10$

(2)工作最早可能结束时间。

正常情况下，工作(i,j)若能在最早可能开始时间开始，对应就有一个最早可能结束时间，它就等于箭尾节点的最早可能实现时间或者工作的最早可能开始时间加上工作(i,j)的持续时间 $t_{(i,j)}$，即按照公式计算如下(并标注在图8-17上)：

$EF_{(1,2)}=ES_{(1,2)}+t_{(1,2)}=0+2=2$

$EF_{(1,3)}=ES_{(1,3)}+t_{(1,3)}=0+3=3$

$EF_{(1,4)}=ES_{(1,4)}+t_{(1,4)}=0+4=4$

$EF_{(2,5)}=ES_{(2,5)}+t_{(2,5)}=2+5=7$

$EF_{(3,6)}=ES_{(3,6)}+t_{(3,6)}=3+6=9$

$EF_{(4,6)}=ES_{(4,6)}+t_{(4,6)}=4+6=10$

$EF_{(5,7)}=ES_{(5,7)}+t_{(5,7)}=7+7=14$

$EF_{(6,7)}=ES_{(6,7)}+t_{(6,7)}=10+8=18$

(3)工作最迟必须结束时间。

工作最迟必须结束时间(LF)是指一项工作在不影响工程按总工期结束的条件下最迟必须结束的时间,它必须在紧后工作开始之前完成。计算工作的最迟必须结束时间应从终节点逆箭线方向向起始节点逐项进行计算。工作(i,j)就等于箭头节点(j)的最迟必须实现时间$LT_{(j)}$,按照公式计算如下(并标注在图8-17上):

$LF_{(1,2)} = LT_{(2)} = 6$

$LF_{(1,3)} = LT_{(3)} = 4$

$LF_{(1,4)} = LT_{(4)} = 4$

$LF_{(2,5)} = LT_{(5)} = 11$

$LF_{(4,6)} = LT_{(6)} = 10$

$LF_{(3,6)} = LT_{(6)} = 10$

$LF_{(5,7)} = LT_{(7)} = 18$

$LF_{(6,7)} = LT_{(7)} = 18$

(4)工作最迟必须开始时间。

在正常情况下,工作(i,j)结束的迟是因为开始的迟,所以工作(i,j)如果能在最迟必须结束时间结束,对应的就有一个最迟必须开始时间,它等于工作(i,j)的箭头节点(j)的最迟必须实现时间$LT_{(j)}$或其最迟必须结束时间$LF_{(i,j)}$减去工作(i,j)的持续时间$t_{(i,j)}$,即按照公式计算如下(并标注在图8-17上):

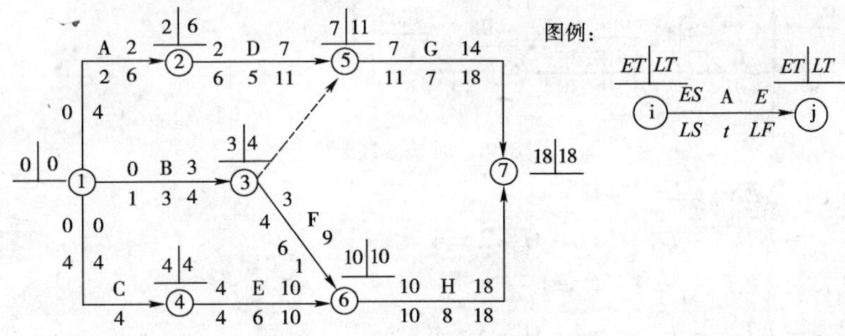

图8-17 工作时间参数计算

$LS_{(1,2)} = LF_{(1,2)} - t_{(1,2)} = 6 - 2 = 4$

$LS_{(1,3)} = LF_{(1,3)} - t_{(1,3)} = 4 - 3 = 1$

$LS_{(1,4)} = LF_{(1,4)} - t_{(1,4)} = 4 - 4 = 0$

$LS_{(2,5)} = LF_{(2,5)} - t_{(2,5)} = 11 - 5 = 6$

$LS_{(3,6)} = LF_{(3,6)} - t_{(3,6)} = 10 - 6 = 4$

$LS_{(4,6)} = LF_{(4,6)} - t_{(4,6)} = 10 - 6 = 4$

$LS_{(5,7)} = LF_{(5,7)} - t_{(5,7)} = 18 - 7 = 11$

$LS_{(6,7)} = LF_{(6,7)} - t_{(6,7)} = 18 - 8 = 10$

网络图工作时间参数的计算步骤总结如下:

①工作参数的计算以控制性参数——节点参数为依据,在节点参数的图例中,起点到终点

的节点参数符合从小到大排列的规律，因此最左边的为 ET_i，最右边的为 LT_j，称$[ET_i,LT_j]$为工作(i,j)的时间边界。

②工作的最早可能时间就是在图例中向左看齐，让开始时间对准起点的 ET_i（左边界），则最早完成时间为在左边界上加一个持续时间 $t_{(i,j)}$。

③工作的最迟时间就是在图例中向右看齐，让结束时间对准起点的 ET_i（右边界），则最迟开始时间为在右边界上减去一个持续时间 $t_{(i,j)}$。

3）时差参数计算

工作的时差也称为工作的机动时间，是在计划工期不变的条件下，工作的最早可能开始（或完成）时间与最迟必须开始（或完成）时间的差值。按时差的不同性质和作用，一般分为工作的总时差和局部时差。

（1）计算工作的总时差（TF）。

工作(i,j)的总时差 $TF_{(i,j)}$，是在不影响任何一项紧后工作(i,j)的最迟必须开始时间条件下，本工作(i,j)所拥有的极限机动时间。按公式计算如下（并标注在网络图8-18上）：

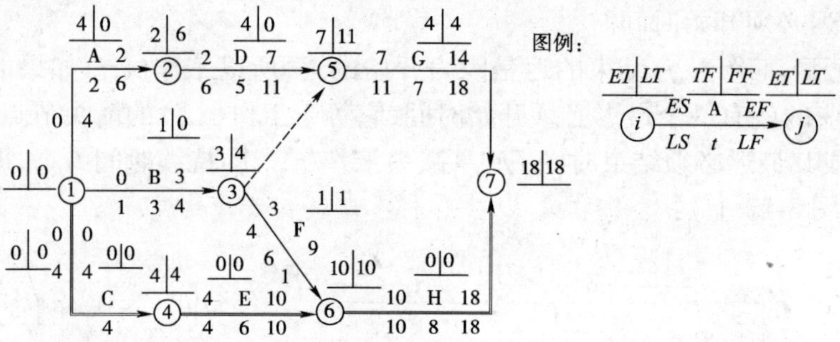

图8-18　时差参数计算

$$TF_{(1,2)}=LS_{(1,2)}-ES_{(1,2)}=4-0=4$$
$$=LT_{(2)}-ET_{(1)}-t_{(1,2)}=6-0-2=4$$
$$TF_{(1,3)}=LS_{(1,3)}-ES_{(1,3)}=1-0=1$$
$$=LT_{(3)}-ET_{(1)}-t_{(1,3)}=4-0-3=1$$
$$TF_{(1,4)}=LS_{(1,4)}-ES_{(1,4)}=0-0=0$$
$$=LT_{(4)}-ET_{(1)}-t_{(1,4)}=4-0-4=0$$
$$TF_{(2,5)}=LS_{(2,5)}-ES_{(2,5)}=6-2=4$$
$$=LT_{(5)}-ET_{(2)}-t_{(2,5)}=11-2-5=4$$
$$TF_{(3,6)}=LS_{(3,6)}-ES_{(3,6)}=4-0=4$$
$$=LT_{(6)}-ET_{(3)}-t_{(3,6)}=6-0-2=4$$
$$TF_{(4,5)}=LS_{(4,5)}-ES_{(4,5)}=4-4=0$$
$$=LT_{(5)}-ET_{(4)}-t_{(4,5)}=10-4-6=0$$
$$TF_{(5,7)}=LS_{(5,7)}-ES_{(5,7)}=4-0=4$$
$$=LT_{(7)}-ET_{(5)}-t_{(5,7)}=18-7-7=4$$
$$TF_{(6,7)}=LS_{(6,7)}-ES_{(6,7)}=10-10=0$$
$$=LT_{(7)}-ET_{(6)}-t_{(6,7)}=18-10-8=0$$

(2)计算工作的局部时差(FF)。

工作(i,j)的局部时差 $FF_{(i,j)}$,是在不影响任何一项紧后工作(i,j)最早可能开始时间的条件下,本工作(i,j)所具有的机动时间。工作(i,j)的局部时差反应了工作(i,j)最早可能完成时间到其紧后工作(j,k)最早可能开始时间之间的时间间隔,有时也被称为自由时差,它属于总时差的一部分。按公式计算如下(并标注在图 8-18 上):

$FF_{(1,2)} = ET_{(2)} - ET_{(1)} - t_{(1,2)} = 2 - 0 - 2 = 0$

$FF_{(1,3)} = ET_{(3)} - ET_{(1)} - t_{(1,3)} = 3 - 0 - 3 = 0$

$FF_{(1,4)} = ET_{(4)} - ET_{(1)} - t_{(1,4)} = 4 - 0 - 4 = 0$

$FF_{(2,5)} = ET_{(5)} - ET_{(2)} - t_{(2,5)} = 7 - 2 - 5 = 0$

$FF_{(3,6)} = ET_{(6)} - ET_{(3)} - t_{(3,6)} = 10 - 3 - 6 = 1$

$FF_{(4,6)} = ET_{(6)} - ET_{(4)} - t_{(4,6)} = 10 - 4 - 6 = 0$

$FF_{(5,7)} = ET_{(7)} - ET_{(5)} - t_{(5,7)} = 18 - 7 - 7 = 4$

$FF_{(6,7)} = ET_{(7)} - ET_{(6)} - t_{(6,7)} = 18 - 10 - 8 = 0$

工作的局部时差有以下主要特点:

①工作的局部时差总是小于或等于其总时差,即 $FF_{(i,j)} \leqslant TF_{(i,j)}$;

②使用工作的局部时差,对紧后工作的最早可能开始时间没有任何影响;

③工作的局部时差用于控制工程项目实施过程中的中间进度或称为形象进度,即用来掌握网络计划图中各项工作的最早时间,以便控制计划各阶段按期完成。

综上所述,工作时差大小的计算有十分重要的意义,计划管理人员根据时差的大小来协调施工组织,控制项目的总工期。如在时差范围内改变工作的开始或完成时间以达到施工均衡性的目的;或在机动时间内适当增加非关键工作的持续时间,相应地将其部分劳动力和设备、材料转移到关键工作中去,以确保关键工作从而达到按期或提前完成工程进度计划的目的。

网络图工作时间参数的计算采用图算法计算时差参数,主要是避免抽象记忆计算公式,而是利用图例的相对位置理解参数的计算过程和方法。因此计算步骤为:

①掌握计算工作参数的左右时间边界,找到节点参数从小到大排列的规律,分清左边最小,右边最大。

②总时差的计算是用"最右边减去最左边再减去时间"或者"最大值减去最小值再减去时间"即可求出总时差数值大小。即工作的总时差等于箭头节点最迟时间减去箭尾节点最早时间再减去其工作的持续时间。

③局部时差的计算是用"两节点上左边时间相减再减去时间"或者"左边相减再减时间"的方法即可求出局部时差的数值大小。工作的局部时差等于箭头节点最早时间减去箭尾节点最早时间再减去其工作的持续时间。

六、关键线路的确定

关键线路确定的方法有很多,下面介绍两种简单易行的方法:

(1)关键线路上所有工作的总时差均为零,反过来,如果工作的总时差为零,则它必是关键工作。由此,只要连接网络计划中总时差为零的工作,就可以确定出关键线路。

(2)关键线路上所有节点的两个时间参数均相等,反过来,如果节点的两个时间参数相等,该节点一定是关键线路上的节点,即成为关键线路上的关键节点,但是由任意两个关键节点组成的工作,并非是关键工作。如果由此判别还需加上条件:箭尾节点时间 + 工作持续时间 = 箭头节点时间,满足此两条件的工作,即为关键工作。

1. 关键工作与非关键工作区别

关键线路上的工作称为关键工作。关键工作没有任何机动时间,即工作的总时差为零。在网络计划中除了关键线路之外的线路称为非关键线路,在非关键线路中总是存在有一定数量的时差,其中存在时差的工作称为非关键工作。值得注意的是非关键线路并不是全由非关键工作组成,在网络图的任何一条线路中,只要有一项非关键工作,则这条线路就是非关键线路,其线路长度小于关键线路长度。所以,只有全部由关键工作组成的线路才能构成关键线路,即关键工作连成关键线路,不在关键线路上的工作则为非关键工作。

网络计划图中的每个节点都有两个时间参数,最早可能实现时间和最迟必须实现时间。利用节点时间参数来确定关键线路时,首先要判别节点是否为关键节点,如果节点最早可能实现时间等于节点最迟必须实现时间,即 $ET_{(j)} = LT_{(j)}$,则称节点 j 为关键节点;其次要判断两个关键节点之间的工作是否构成关键工作,其判别式为:

箭尾节点时间 + 工作持续时间 = 箭头节点时间

如果上式成立,则这项工作为关键工作,否则就是非关键工作。

2. 关键工作其他确定方法

计算网络计划时间参数的目的之一是找出计划中的关键线路。找出了关键线路也就抓住了工程进度计划的主要矛盾,这样就可使工程管理人员在施工的组织和管理工作中做到心中有数。所谓线路,是指网络计划图中顺箭线方向由起点至终点的一系列节点箭线组成的通路;在一个网络计划中,一般可以存在多条关键线路,但也有只有一条关键线路的网络计划图。

每条线路均由若干项工作组成,这些工作的持续时间之和就是这条线路的长度,即线路的总持续时间。任何一个网络计划中至少有一条最长的线路;这条线路的总持续时间决定了这个网络计划的总工期。在这种线路中,没有任何机动时间,线路上的任何工作有延误就会使总工期相应地延长;任何工作的持续时间如有缩短,则可使总工期缩短,这种线路是按期完成计划的关键所在,因而称之为关键线路。在关键线路上的各项工作称为关键工作,关键工作没有任何机动时间,即工作的总时差为零。

在网络计划中除了关键线路之外的线路都称为非关键线路,在非关键线路中总是或多或少地存在有时差,其中存在时差的工作称为非关键工作,需要指出的是非关键线路并不是全由非关键工作组成。在任何一条线路上,只要有一项非关键工作,这条线路就是非关键线路,它的总长度小于关键线路。所以,只有全部由关键工作组成的线路才能成为关键线路。

3. 关键线路的特性

(1)关键线路上各工作的总时差均为零。

(2)关键线路在网络计划中不一定只有一条,有时存在多条,但关键工作所占比重并不大。据统计资料,对于一个具有 100 项工作的网络计划,它的关键工作数目约有 12 ~ 15 项,一个具有 1000 项工作的网络计划,关键工作的数目约是 70 ~ 80 项,而一个具有 5000 项工作的网络计划,关键工作数目仅约有 150 ~ 160 项。这样就有可能使工程项目的管理者集中精力抓住主要矛盾,搞好计划管理工作。

(3)非关键工作如果将总时差全部用完,就会转化为关键工作。

(4)当非关键线路延长的时间超过它的总时差,关键线路就转变为非关键线路。

第三节　时间坐标网络计划

一、时间坐标网络计划的概念

时间坐标网络计划,简称时标网络计划,是网络计划的另一种表达形式。前面所介绍的网络计划是一般网络计划。在一般网络计划中,工作的持续时间由箭线下方标注的时间来表明,其箭线的长短与时间无关,这种网络计划的好处是修改起来方便。如果工作顺序,相互间关系及时间要求变动时,改动网络计划是很方便。但是因为没有时标,看起来就不直观,不能清楚地在网络计划图上直接看出各项工作的开始时间和结束时间。

为了克服一般网络计划所存在的不足,就产生了时间坐标网络计划。与一般网络计划相比,时标网络计划更能够表达进度计划中各项工作之间恰当的时间关系,使网络计划图易于理解、方便应用。其箭线的长短和所在位置表示工作的时间进程。此外,时标网络计划还是计划管理人员分析计划和对网络计划进行优化的有力工具。

1. 时标网络计划的特点

(1)时标网络计划结合了横道图和网络图的优点,既有通常使用的横道计划图的时间比例,又具有网络计划图中的逻辑关系,能直观地反映出整个计划的时间进程。

(2)时标网络计划能直接反映出各项工作的开始和结束时间,机动时间及网络计划中的关键线路。在计划执行过程中,可以随时查出哪些工作应该已经完成,哪些工作正在进行及哪些工作将要开始。

(3)由于时标网络计划图能清楚地表示出哪些工作需要同时进行,因此可以确定在同一时间内对劳动力、材料和机械设备等资源的需要量。

(4)通过优化调整后的时标网络计划,可以直接作为进度计划下达到执行单位使用。

(5)时标网络计划的调整比较麻烦,当情况发生变化时,如资源的变动或工期拖延后要对时标网络计划进行修改时,因为改变工作持续时间就需要改变箭线的长度和节点的位置,这样往往因移动局部几项工作而牵动整个网络计划。

2. 时标网络计划的应用

(1)利用时标网络可以方便地编制工作项目少,并且工艺过程较简单的施工进度计划,编制中能迅速地边计算、边绘制、边调整。

(2)对于大型复杂的工程,可以先用时标网络计划的形式绘制各分部工程的网络计划,然后再综合起来绘制出比较简明的总网络计划;也可以先编制一个总的施工网络计划;然后每隔一段时间,再对下一阶段应开始的分部工程绘制详细的时标子网络计划图。在执行过程中,如果时间有变化,则不必改动整个网络计划图,而只对这阶段分部工程的子网络计划进行修订就可以了。

(3)由于时间坐标网络计划清楚、直观,能直接表示各项工作的时间进程,所以可将已编制并计算优化好的一般网络计划标画成时标网络计划,并作为进度计划下达执行。

二、时间坐标网络计划的绘制

时间坐标网络计划图可以按节点最早时间、节点最迟时间和优化时间标画三种。前两种时标网络计划图主要供计划管理人员分析计划和实施资源优化之用。按优化时间标画的时标网络计划是计划执行单位完成任务的依据。

1. 按节点最早时间标画时标网络

图 8-19 所示,是一个一般网络计划图,现按节点最早时间把它标画成时标网络计划。

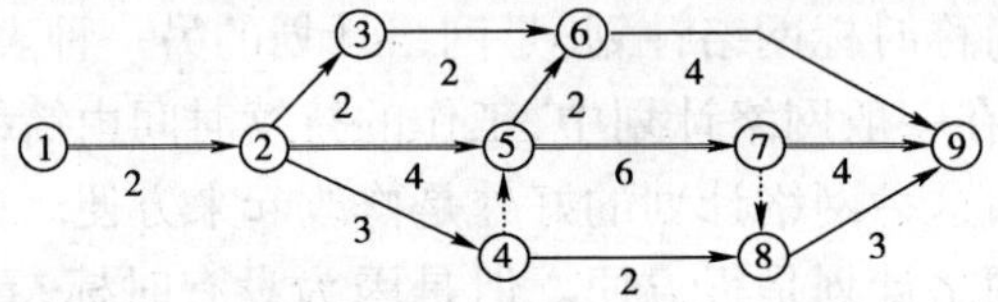

图 8-19 一般网络计划图

画法步骤如下:

(1)标画前,首先对一般网络计划进行计算,求出各节点的时间参数作为标画时标网络图的依据,并确定关键线路。

(2)作出时间坐标;按节点最早时间把关键线路标画在图中适当的位置;

(3)按节点最早时间标画非关键线路。

图 8-20 所示为按节点最早时间标画的时标网络计划图,需要注意:

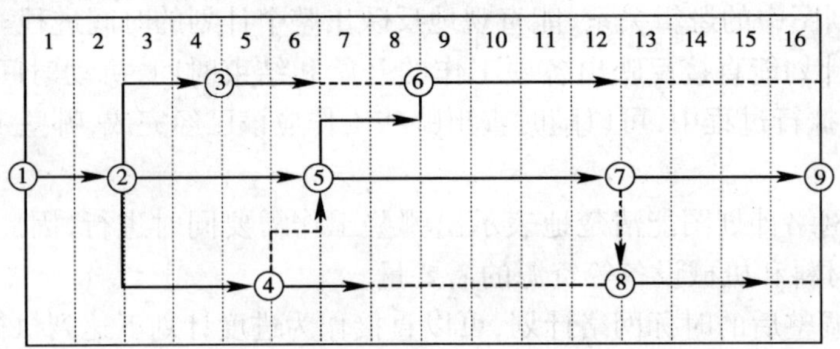

图 8-20 按节点最早时间标画的时标网络

(1)时标网络计划图中所有节点的位置,应按节点的最早可能实现时间标画在相应的时间坐标上。

(2)工作用实箭线表示,实箭线的长短表示工作持续时间的长度;虚工作仍用虚箭线表示;工作的机动时间用虚线表示,并在实箭线和虚线分界处加一节止短线。

(3)时间坐标网络计划图中各节点的纵向位置没有时间的含意。

2. 按节点最迟时间标画时标网络

这里仍以图 8-19 所示一般网络计划为例,来按节点最迟必须实现时间标画成时标网络,画法步骤如下:

(1)首先对网络计划图进行计算,求出各节点的时间参数作为画图依据,并确定关键线路。

(2)作出时间坐标,按节点最迟必须实现时间把关键线路标画在图中适当的位置。

(3)按节点最迟时间标画非关键线路。

图8-21所示为按节点最迟时间标画的时标网络计划图。同样应注意,这时时标网络计划图中所有节点的位置,应按各节点的最迟必须实现时间标画在相应的时间坐标上。图中各项工作及其持续时间、机动时间和虚工作的表示方法与按最早时间标画的时标网络计划相同。

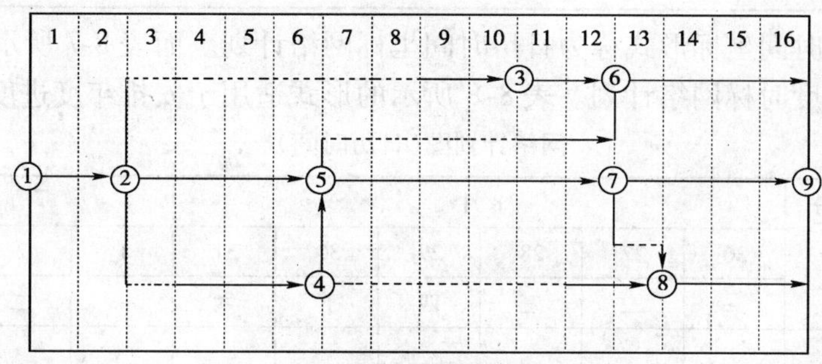

图8-21 按节点最迟时间标画的时标网络

从图8-20和图8-21可以看到,按最早时间标画的时标网络图的特点是"前紧后松",线路的机动时间多半分布在后面。此时图中所表示的机动时间为各工作的局部时差。按最迟时间标画的时标网络图的特点是"前松后紧",即线路的机动时间多半分布在前面。此时图中所表示的机动时间不是各项工作的局部时差或其他时差,它是工作以最迟必须开始时间开始,并以最迟必须结束时间结束时所具有的机动时间。

3. 直接标画时标网络计划方法

先对一般网络计划进行节点时间参数的计算,再将其标画成时标网络计划的方法比较麻烦,对于工作项目数较少,工艺过程较简单的进度网络计划,也可以不计算节点时间参数而直接标画时标网络计划图。

但在标画时要注意以下几点:

(1)在定各个节点的位置时,一定要在所有内向箭线全部绘出以后,才能最后确定该节点的位置。

(2)每项工作的实箭线长度,必须严格按照其持续时间来画,如果该工作与紧后工作的开始节点还有距离时,应用虚线加以连接。

(3)绘制的时标网络计划图最好与原一般网络计划图的形状相似,以便检查和核对。

4. 时间坐标的表示方法

时间刻度画在什么位置,采用什么形式并无一定的标准,时标可以采用垂直分格,也可以只标画在网络计划图的上方或者下方。常用的时间坐标有以下几种形式,它们各有特点,因而可以根据需要选用。

当图面比较窄时,可以使用表8-4的形式,这时时间坐标放在图的下方。

网络计划图(图面较窄时) 表8-4

										…
工作日(d)	1	2	3	4	5	6	7	8	9	…

当图面比较宽时,可以使用表8-5的形式,这时时间坐标在图的上下方都标画出来,这样

看起来方便些。

网络计划图(图面较宽时)　　表 8-5

工作日(d)	1	2	3	4	5	6	7	8	9	…
工作日(d)	1	2	3	4	5	6	7	8	9	…

表 8-6 所示的时间坐标形式称为日历时间坐标网络计划。而表 8-7 所示的时间坐标形式适用于安排月旬进度时标网络计划。表 8-8 所示的形式适用于安排年度进度计划。

网络计划图(日历时间)　　表 8-6

月份 / 日期 / 工程名称	8月						9月			
日期	26	27	28	29	30	31	1	2	3	4
工程名称	一	二	三	四	五	六	一	二	三	四

网络计划图(适于月旬)　　表 8-7

月	6	7	8	
旬	上 中 下	上 中 下	上 中 下	

网络计划图(适于年度)　　表 8-8

年	2001	2001	2002	2002
月	11	12	1	2
周	1 2 3 4	5 6 7 8	9 10 11 12	

第四节　单代号网络计划

一、单代号网络计划图的构成

单代号网络计划图和双代号网络计划图一样,也由三要素组成,但其含义却完全不同。

(1)节点:单代号网络计划图中的节点可以用圆圈或方框表示,一个节点表示一项具体的工作过程。节点所表示的工作名称、持续时间和代号一般都标注在圆圈内。值得注意的是单代号网络图的开始节点和结束节点不同于双代号网络图,而是要视网络图中最先开始的工作数量或者最后结束的工作数量的多少来决定节点的选择方式,如图 8-22 所示。

(2)箭线:在单代号网络计划图中箭线表示工作之间的相互关系,它既不消耗时间也不消耗资源,代表工作之间的直接约束关系。因此单代号网络计划图中不用虚箭线,箭线的箭头方向表示着工作的前进方向。同时逻辑关系越是复杂,表示直接联系的箭线就越多,因此就可以出现箭线交叉的情况。图 8-22 中,A 为 B、C 的紧前工作,D 为 B、C 的紧后工作。

(3)方向:与双代号网络图一样,在单代号网络计划图中,也表示物流,代表路线的方向,在网络图中,存在大量的线路,对网络图研究的中心任务是研究关键线路。

二、单代号网络计划图的绘制

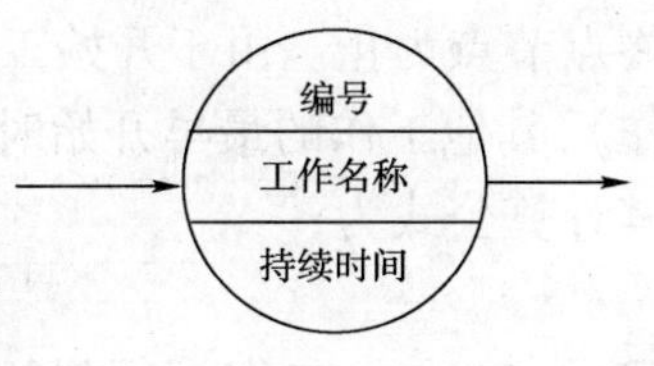

单代号网络计划图与双代号网络计划图表达的计划内容是一致的，两者的区别仅在于绘图的符号所表示的意义不同。单代号网络计划图的绘制过程和双代号网络计划图一样，先将计划任务分解成若干项具体的工作，然后确定这些工作之间的相互关系，以及各项工作的持续时间，持续时间的确定仍然应按正常情况下来进行。

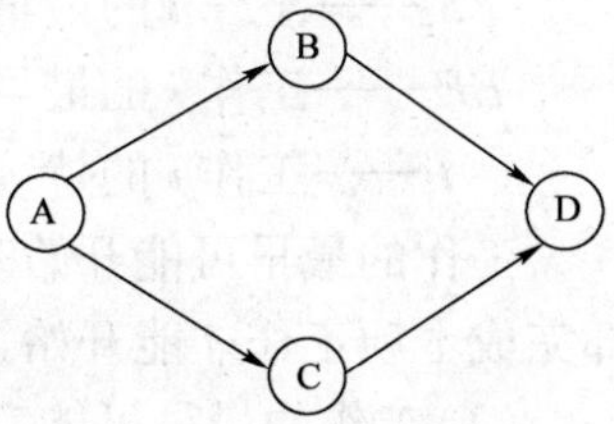

图 8-22　单代号网络图

1. 单代号网络图的绘图规则

(1)单代号网络图必须正确表述已定的逻辑关系。

(2)单代号网络图中严禁出现循环回路。

(3)单代号网络图中严禁出现双向箭线或无箭头的连线。

(4)单代号网络图中严禁出现没有箭尾节点的箭线和没有箭头节点的箭线。

(5)绘制网络图时，箭线不宜交叉。当交叉不可避免时，可采用过桥法或指向法绘制(具体方法同双代号网络图)。

(6)单代号网络图中，只能有一个起点节点和一个终点节点。当网络图中出现多项无内向箭线的工作或多项无外向箭线的工作时，应在网络图的左端或右端分设一项虚拟工作，作为该网络图的起点节点与终点节点。

2. 单代号网络图的绘制

通过单代号网络图与双代号网络图的比较可以看出，单代号网络图的绘制方法比较简单，图中各项工作的相互关系容易表达，不存在虚工作，使得单代号网络图便于检查与修改。但是单代号网络图不能绘制成时标网络图，而双代号网络图可绘成时标图，特别是双代号网络图按节点最早时间绘制时标图时，可以清楚地反映出工作的局部时差，所以进行进度计划下达和对网络计划优化时，经常采用双代号网络计划图。由于双代号网络图和单代号网络图各有优缺点，因此两种形式的网络计划图的应用都很普遍。

绘制单代号网络计划图的方法，也可采用前进法、后退法和先粗后细法。工程项目进度计划实际应用中，主要采用先粗后细法绘制单代号网络图；确定工作之间的相互关系表后，多数采用前进法或后退法绘制单代号网络图。

三、单代号网络图时间参数的计算

由于单代号网络计划图中用节点表示工作，所以它只有工作时间参数的计算，而不存在节点时间参数的计算。单代号网络图的工作时间参数计算内容和时间参数的含义及其计算目的与双代号网络图相同，即计算工作的最早时间(*ES* 与 *EF*)、工作的最迟时间(*LF* 和 *LS*)、工作的机动时间(*TF* 与 *FF*)等。单代号网络图工作时间参数的计算步骤和方法，以及计算公式与双代号网络图基本相同，下面以图算法为例予以说明。

1. 计算工作的最早时间

(1)工作最早可能开始时间(*ES*)的计算。

计算工作的最早可能开始时间应从网络图起点开始，按箭线方向逐项工作进行计算，直到终点节点为止。由于开始工作的最早可能开始时间为零,即 $ES_1=0$(1 为起始节点即开始工作),其他工作的最早开始时间应等于紧前工作最早开始时间与其工作持续时间之和最大值,其计算公式为:

$$ES_j=\max\{ES_i+t_i\}=\max\{EF_i\}$$

式中:ES_j——工作 j 的最早可能开始时间,工作 i 之紧前工作;

ES_i——工作 i 的最早可能开始时间;

EF_i——工作 i 的最早可能完成时间;

t_i——工作 i 的持续时间,$i=1\sim n-1$,$j=2\sim n$,n 为单代号网络图终点节点代号。

工作的最早可能开始时间也等于紧前工作中最早可能完成时间的最大值,即紧前工作全部完成本项工作才能开始。

(2)工作的最早可能完成时间(EF)的计算。

工作的最早可能完成时间(EF_i)的计算公式为:

$$EF_i=ES_i+t_i\quad(i=1,\cdots,n-1)$$

终点节点(n)的最早可能完成时间(EF_n)就是单代号网络计划工期(T),即 $T=EF_n$。

2. 计算工作的最迟时间

(1)工作的最迟必须完成时间(LF)的计算。

计算工作的最迟时间应从网络图的结束节点开始,逆着箭线方向逐项工作地计算到开始节点。最后结束工作的最迟必须完成时间应保证总工期不被拖延,所以网络图终点节点的最迟必须完成时间应等于该节点的最早可能完成时间,即:

$$LF_n=EF_n=T$$

本项工作 i 的最迟必须完成时间 LF_i 应等于紧后工作 j 的最迟必须完成时间 LF_j 与其工作持续时间 t_j 之差的最小值,即:

$$LF_i=\min\{LF_j-t_j\}=\min\{LS_j\}$$

即工作的最迟必须完成时间也等于紧后工作中最迟必须开始时间的最小者,这是因为任何一项工作的完成时间都不应影响紧后工作的最迟必须开始时间。

(2)计算工作的最迟必须开始时间(LS)。

工作的最迟必须开始时间的计算公式为:

$$LS_i=LF_i-t_i$$

3. 计算工作的时差

(1)计算工作的总时差(TF)。

在单代号网络计划图中,工作总时差的概念与双代号网络图完全相同,利用已经计算的各项工作最早开始和最迟开始时间,可方便地计算各项工作的总时差,所以工作的总时差计算公式为:

$$TF_i=LS_i-ES_i=LF_i-EF_i$$

(2)计算工作的局部时差(FF)。

单代号网络图中工作的局部时差概念也与双代号网络图相同,但是在单代号网络计划图中,本项工作有若干项紧后工作时,紧后工作的最早可能开始时间不一定相同。此时应取紧后工作最早可能开始时间的最小值,减去本工作的最早可能完成时间。

其他时差的计算公式基本与双代号网络图计算相同,在此不再重复。

4. 关键线路的确定

单代号网络计划图中确定关键线路的方法与双代号网络计划图基本相同,但由于单代号网络图没有节点时间参数计算,所以不存在用关键节点法来确定关键线路。因此,单代号网络图主要采用关键工作法确定关键线路,即连接工作总时差为零的关键工作自始至终的线路就是关键线路。

第五节 网络计划的优化

前面介绍了公路工程施工初始网络计划的编制,但在实际中如果计划工期超出了上级的规定,资源供应极不均衡时,还应综合考虑网络计划中的时间、资源和费用三者之间的关系,利用时差对初始网络计划进行多次调整与改善,使其工期、资源、费用达到最优的计划方案,即是网络计划的优化问题。

最优的网络计划方案的评价,应综合评定工期、资源和费用消耗等技术经济指标,但目前尚无综合评价模型,只能根据施工既定的条件,分别进行时间优化、资源优化及费用优化。

一、网络计划的检查

1. 网络计划的检查方法

进行网络计划检查,首先要在计划图上进行记录,然后根据记录的结果进行进度分析,判断进度的实际状况,并对未来的进度进行预测,为网络计划的调整提供信息。常用的检查方法有:

(1)当利用无时标网络计划检查时,采用"切割线法"。

(2)当利用时标网络计划检查时,采用"实际进度前锋线法"。

2. 切割线法

某工程的网络计划如图 8-23 所示。当计划进行到第 9d 时检查,正在进行的 D、E、F 三项工作(用切割线 MN 切割的三项工作)各需要 1d 才能完成(尚需天数注在计划持续时间旁边的方括号内),试分析其进度状况。

在检查前先要对网络计划进行计算,计算结果标在图上。

为了对进度状况进行分析,列出表 8-9。

表中(1)、(2)、(3)、(5)列都可以从图 8-23 中读到;第(4)列需经计算,被减数是图 8-23 中的工作最迟完成时间,减数是切割线的天数;第(6)列的被减数是第(4)列中的数,减数是第(3)列中的数;第(7)列的结论是通过对(5)、(6)列的比较得出的。由于工作 D 原来没有总时差,而目前反欠 1d 总时差,说明进度拖延 1d;工作 E 原来虽有 1d 总时差,而目前反欠 1d 总时差,说明进度比原计划拖了 2d,比总工期拖了 1d;工作 F 原来虽有 4d 总时差,然而目前已不存在,所以虽比原计划拖了 4d,但因有 4d 总时差,并未影响计划工期,故作"正常"对待。进一步分析 D、E 两项拖期工作,由于工作 D 关键线路上,故它拖期 1d 将导致计划工期延误 1d;工作 E 虽然拖期 1d,但因不在关键线路上,故并不构成对计划工期的影响。

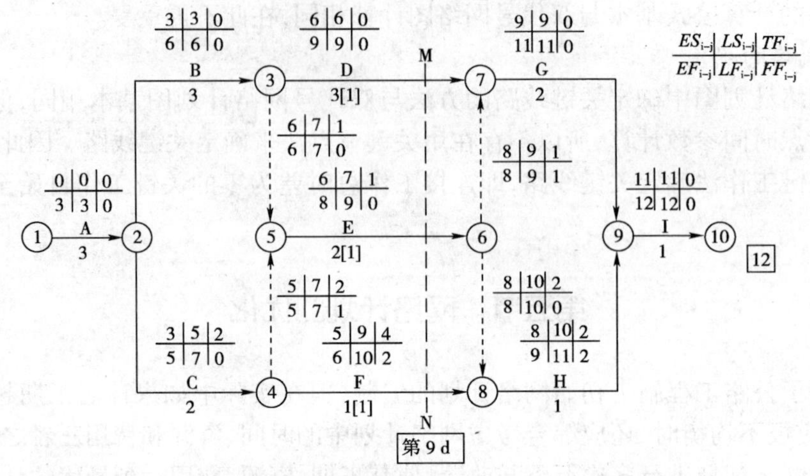

图8-23 切割线法检查网络计划

网络计划第9d检查结果　　表8-9

工作代号	工作名称	第9d时尚需作业天数	按计划最迟完成前尚有天数	总时差		进度分析
				原有	目前尚需	
(1)	(2)	(3)	(4)	(5)	(6)=(4)-(3)	(7)
3-7	D	1	9-9=0	0	0-1=-1	拖期1d
5-6	E	1	9-9=0	1	0-1=-1	拖期1d
4-8	F	1	10-9=1	4	1-1=0	正常

3. 实际进度前锋线法

"实际进度前锋线法"简称"前锋线",是时标网络计划检查时刻各项工作的实际进度达到的前锋点连接而成的折线。实际进度前锋点的标定方法有两种:一是按已完成的实物工程量(工作量)比例标定。时标网络计划图上箭线的长度与相应工作的持续时间对应,也与其实物工程量(工作量)的多少成正比;检查计划时某工作的实物工程量(工作量)完成了几分之几,其实际进度前锋点就从表示该工作箭线起点自左至右标在箭线长度几分之几的位置。二是按尚需时间标定。有些工作的持续时间难以按实物工程量(工作量)来计算,只能用经验估算,估出从该时刻起到该工作全部完成尚需的时间,从该工作的箭线末端反过来标出实际进度前锋点的位置。图8-24的三条折线就是计划进展到第5d、第10d和第15d进行检查时的实际进度前锋线。

利用已绘制的实际进度前锋线可作如下分析:

(1)分析目前进度。以检查日期为基准线,前锋线可以看成描述实际进度的波形图。前锋处于波峰上的线路相对于相邻线路超前,处于波谷上的线路相对于相邻线路滞后;前锋在基准线前面的线路比原计划提前,前锋在基准线后面的线路比原计划拖后。图8-24中A_3、B_2、F工作均比原计划提前,C_1、C_2、E工作的实际进度与原计划进度一致,B_1、D工作比原计划滞后。

(2)预测未来进度。首先看关键线路上的工作B_1、C_2、E,三次检查中每次均按计划完成,可以预测,只要按前15d的进度干下去,可保计划按期完成。关键工作B_2虽比计划提前1d,但由于其平行的关键工作C_1没有提前,故没有积极意义。A_3和F工作均比计划进度快,但由于它们都在非关键线路上,本来就有总时差,故其进度超前的结果是增大总时差,却不能促成整个计划提前完成。D工作虽然之后于计划进度2d,但由于它有2d总时差,故对工期不会造成影响。总的预测结果是,该项计划可以确保按期完成。

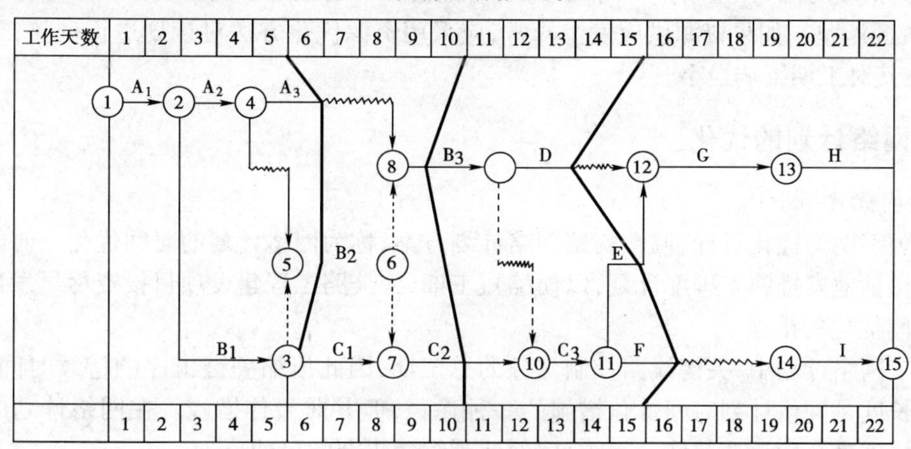

图8-24 用实际进度前锋线法检查网络计划

二、网络计划的调整

1. 网络计划调整的内容

网络计划调整的内容包括:关键线路长度的调整;非关键工作时差的调整;增减工作项目;调整逻辑关系;重新估计某些工作的持续时间;对资源的投入做相应调整。

2. 网络计划调整的方法

(1)调整关键线路的长度可以针对不同情况采用不同的方法:

①关键工作的实际进度比计划进度提前时,有两种调整方法:当不拟提前工期时,应选用资源占用量大或直接费高的后续关键工作,适当延长其持续时间,以降低其资源强度或费用;当要提前完成计划时,应将计划的未完成部分作为一个新计划,重新确定关键工作的持续时间,按新计划实施。

②关键工作的实际进度比计划进度延误时,应在未完成的关键工作中选择资源强度小或费用低的工作,缩短其持续时间,并把计划的未完成部分作为一个新计划,按工期—成本优化方法进行调整。

(2)非关键工作时差的调整,应在其时差范围内进行。每次调整均必须重新计算时间参数,观察该项调整对整个网络计划的影响。调整时可在下述方法中选择:

①将工作在其最早开始时间与其最迟完成时间范围内移动。

②延长工作持续时间。

③缩短工作持续时间。

(3)增减“工作”,应做到不打乱原计划的逻辑关系,只对局部逻辑关系进行调整;在增减“工作”以后应重新计算时间参数,分析对原网络计划的影响。当对工期有影响时,应采取调整措施,保证计划工期不变。

(4)逻辑关系的调整。只有当实际情况要求改变施工方法或组织方法时,才可进行逻辑关系的调整。调整时应避免影响原计划工期,避免影响其他工作的顺利进行。

(5)持续时间的调整。如果发现某些工作的原持续时间估计有误或实现条件不充分,应重新估算其持续时间,并重新计算时间参数,尽量使原计划工期不受影响。

(6)资源调整。如果资源供应发生异常,应采用资源优化方法对计划进行调整,或采取应急措施,使其对工期影响最小。

三、网络计划的优化

1. 时间优化

以缩短工期为优化目标,调整初始网络计划方案,称为网络计划的时间优化。时间优化的目的在于科学地安排施工进度计划,以便缩短工期,使公路工程建设项目投资尽早发挥效益。

1)时间优化的措施

在施工网络计划中,关键线路控制任务的总工期,因此压缩关键工序的持续时间,缩短关键线路的长度是网络计划时间优化措施的一种途径,但并非最佳措施。在网络计划的时间优化中最佳措施是合理地调整施工组织,以便达到缩短工期的目的。

(1)将施工顺序作业调整为平行作业。

(2)将施工顺序作业调整为交叉作业或者流水作业。

(3)相应于工序时差推迟非关键工序的开始时间。

(4)延长非关键工序持续时间相应地缩短关键工序的持续时间。

(5)从计划外增加资源加快关键工序的完成。

2)时间优化的方法

循环优化法是网络计划时间优化常用的一种方法,缩短工期必须在关键线路上考虑,循环优化法的基本步骤为:

(1)确定初始网络计划的计划工期及其关键线路;

(2)将计划工期与指令工期比较,计算出需要缩短的时间;

(3)采取合理的优化措施压缩关键线路的长度,求出调整后的网络计划的新计划工期,新计划工期若满足指令工期要求,完成了优化过程,否则重复以上步骤,再次压缩新关键线路的长度,直到满足指令工期为止。

如果需要找寻网络计划的最短工期,也可按上述步骤循环压缩关键线路的长度,直到网络计划中关键线路的长度再也不能缩短为止,此时得到的网络计划工期就是最短工期。

需要注意的是,当网络计划图同时存在多条关键线路时,必须同时压缩各条关键线路的长度,才能达到缩短工期的目的。

2. 资源优化

绘制初始网络计划以后,其资源进度可能出现以下两种不合理现象:一是在某种时间范围内所消耗的资源数量超过实际供应量,导致开工不足、工期延误;二是资源进度计划不均衡,出现突高突低的大起大落现象,给施工过程中的资源调配带来困难。因此,网络计划资源优化的目的,就是要合理地安排施工进度,解决好资源的供应矛盾问题或者均衡利用资源问题。

1)资源优化目标

资源优化目标一般有两种:

(1)工期规定资源均衡:即在工期限定的条件下,安排施工进度,实现资源的均衡利用。

(2)资源有限工期最短:即在资源有限的情况下,安排施工进度,力求使工期最短。

以上两种优化目标,都需重新安排某些工序,使网络计划的工期和资源分配得以调整与改善,且一般通过对非关键工序的调整来进行,其具体方法是:

(1)利用工序时差,推迟或提前某些非关键工序的开始时间;

(2)在条件许可时,在资源超限的时段内中断某些非关键工序;

(3)改变某些非关键工序的持续时间。

2)资源优化步骤

资源的优化是一个十分复杂的问题,由于资源种类多,如有若干个工种,多种不同规格型号的施工机械设备,各种规格的钢材、水泥等材料,很少有一项工程只需一种资源的。而进行资源优化时,又只能逐一品种分别进行,所以计算工作量很大,当工序数较多时应采用电脑软件计算,下面仅介绍具体步骤,据此可作为资源进一步优化和编制计算机软件的基础。

(1)计算出网络计划中各施工工序的各种资源的需要总量。

(2)逐个工序分析其工日的平均需要资源的数量,即以其工序的延续时间(工日)去除该工序资源的总需要量,常称为资源的强度。

(3)根据资源分析资料,绘制带有时间坐标的网络图,将该项资源的日平均需要量标注在箭杆的上方,工日标注在箭杆的下方,同时绘制该项资源的曲线(梯阶形)图。

(4)如果某种资源的总需求超过可能供应的能力,或者出现需求极不均衡的情况,这从绘制成的资源曲线图上就可获得极其准确的信息。这样,就可对各目标的网络进行调整优化,均衡其需要,实现资源的合理配置,求得最优计划方案。

3. 工期一费用优化

时间的优化,在计划任务紧迫的情况下,无疑是十分必要的,但一般并没有考虑费用问题。实践表明,对于任何一项计划任务来说,都可以采取增加人员和设备的办法来加快工作进度,缩短其工序的持续时间,实际就是突击赶工,无疑增加费用,是不经济的。显然存在一个以最少的费用去缩短工期的办法问题,也就是工期一费用优化。

1)工期一费用优化原则

在进行网络计划的工期一费用优化时,应遵循以下原则:

(1)在确定缩短整个建设工程的计划任务工期的前提下,必须采取正常的工作速度来缩短关键线路上的各道施工工序的持续时间,即不应由于作业时间的缩短而造成突击赶工情况,或产生窝工等待等浪费现象。因为一般是在合理组织和正常施工条件下进行施工时,其建设费用最低。

(2)在缩短关键线路上的各道施工工序的持续时间时,首先要选择资源消耗少的作业来缩短,以免造成大量人员、设备的增加和材料的供应量。

(3)若有多余关键线路时,要优先考虑缩短其共同作业的持续时间,还要结合所花费的总费用进行综合考虑。

2)工期一费用关系及其优化步骤

网络计划中的工期与费用(直接费、间接费、总费用)的关系曲线如图 8-25 所示。

工期一费用优化的基本步骤为:

(1)按正常工序时间编制网络计划图,并计算计划工期和完成计划的直接费用;

(2)列出整个网络计划各道工序在正常工期和最短工期时的直接费,以及缩短单位时间所需增加的费额,即费用斜率;

(3)根据费用最小原则,找出关键工序中费用斜率最小者予以先压缩,这样可使直接费增加最少;

(4)计算加快某关键工序后,计划的总工期和直接费额,并重新确定关键线路;

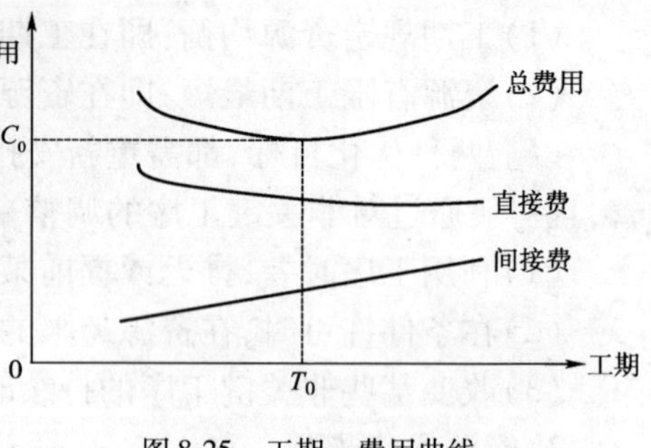

图 8-25 工期—费用曲线

(5)重复③和④步骤,直到网络计划中关键线路上的工序都达到最短持续时间,再不能压缩为止;

(6)根据以上计算结果可得到一条直接费用曲线;

(7)总费用曲线上最低的点对应的工期,就是项目计划相应的最优工期。

思考题

1. 网络计划的方法有哪些？其基本原理是什么？
2. 网络计划的特点有哪些？
3. 网络图分为哪几类？
4. 网络计划在工程施工进度控制中的作用有哪些？
5. 双代号网络图中工作逻辑关系有哪些？
6. 虚箭线在网络图中有哪些用途？
7. 绘制网络图的步骤和方法是什么？
8. 什么是关键线路？如何确定关键线路？
9. 检查网络计划的方法是什么？
10. 网络计划调整的内容有哪些？如何进行调整？
11. 网络计划优化包括哪些方面？

参考文献

[1] 中华人民共和国交通部.公路工程技术标准(JTG B01—2003).北京:人民交通出版社,2004.

[2] 中华人民共和国交通部.公路路基设计规范(JTG D30—2004).北京:人民交通出版社,2005.

[3] 中华人民共和国交通部.公路路基施工技术规范(JTG F10—2006).北京:人民交通出版社,2007.

[4] 中华人民共和国交通部.公路排水设计规范(JTJ 018—97).北京:人民交通出版社,1998.

[5] 中华人民共和国交通部.公路沥青路面设计规范(JTG D50—2006).北京:人民交通出版社,2007.

[6] 中华人民共和国交通部.公路沥青路面施工技术规范(JTG F40—2004).北京:人民交通出版社,2005.

[7] 中华人民共和国交通部.公路水泥混凝土路面设计规范(JTG D40—2002).北京:人民交通出版社,2003.

[8] 中华人民共和国交通部.公路路面基层施工技术规范(JTJ 034—2000).北京:人民交通出版社,2000.

[9] 胡长顺,黄辉华.高等级公路路基路面施工技术.北京:人民交通出版社,1994.

[10] 丛培经.建设工程技术与计量(建筑工程部分).北京:中国计划出版社,1997.

[11] 胡安邦.桥梁施工及组织管理.北京:人民交通出版社,1992.

[12] 廖正环.道路施工组织与管理.北京:人民交通出版社,1990.

[13] 吴之明.现代工程建设的计划与管理.北京:清华大学出版社,1987.

[14] 北京统筹法研究会.统筹法与施工计划管理.北京:中国建筑工业出版社,1984.

[15] 黎谷,等.建筑施工组织与管理.北京:中国人民大学出版社,1987.

[16] 路仲希.铁道工程施工组织设计.北京:中国铁道出版社,1988.

[17] 邬晓光.路桥施工组织与概预算.西安:西北大学出版社,1995.

[18] 江景波.网络计划技术.北京:冶金工业出版社,1983.

[19] 张树升.道路工程经济与管理.北京:人民交通出版社,1991.

[20] 交通部工程建设监理总站(胡兆同).工程进度监理.北京:人民交通出版社,1993.

[21] 中华人民共和国交通部.公路隧道设计规范(JTG D70—2004).北京:人民交通出版社,2004.

[22] 中华人民共和国交通部.公路桥涵设计通用规范(JTG D60—2004).北京:人民交通出版社,2004.

[23] 中华人民共和国交通部.公路桥涵施工技术规范(JTJ 041—2000).北京:人民交通出版社,2000.

[24] 中华人民共和国交通部.公路水泥混凝土路面施工技术规范(JTG F30—2003).北京:人民交通出版社,2003.

[25] 于书翰,杜谟远.隧道施工.北京:人民交通出版社,1999.

[26] 李宇峙.公路工程概论.武汉:华中理工大学出版社,1995.